全国高职高专电气类精品规划教材

继电保护技术

主　编　许建安　连晶晶
副主编　路文梅　蔡光华　王　晖

内 容 提 要

本书阐述了继电保护的基本原理，利用故障分量的继电保护基本原理，序分量的获取方法及作用，微机保护原理，故障识别和处理，利用故障分量的保护原理，自适应保护的实现等内容。主要有：电力系统继电保护概述、继电保护的基本元件、输电线路电流电压保护、输电线路距离保护、输电线路全线快速保护、电力变压器保护、发电机保护、母线保护等。

书中内容反映了继电保护新技术与成果，文字和图形符号采用最新国家标准。

本书可作为高职高专教材，也可供工程技术人员参考，还可作为新型继电保护培训教材。

图书在版编目（CIP）数据

继电保护技术/许建安，连晶晶主编．—北京：中国水利水电出版社，2004（2017.2 重印）
全国高职高专电气类精品规划教材
ISBN 978-7-5084-2199-5

Ⅰ．继…　Ⅱ．①许…②连…　Ⅲ．继电保护-高等学校：技术学校-教材　Ⅳ．TM77

中国版本图书馆 CIP 数据核字（2007）第 009999 号

书　名	全国高职高专电气类精品规划教材 **继电保护技术**
作　者	主编　许建安　连晶晶
出版发行	中国水利水电出版社 （北京市海淀区玉渊潭南路 1 号 D 座　100038） 网址：www.waterpub.com.cn E-mail：sales@waterpub.com.cn 电话：（010）68367658（营销中心）
经　售	北京科水图书销售中心（零售） 电话：（010）88383994、63202643、68545874 全国各地新华书店和相关出版物销售网点
排　版	北京安锐思技贸有限公司
印　刷	北京嘉恒彩色印刷有限责任公司
规　格	184mm×230mm　16 开本　19 印张　371 千字
版　次	2004 年 8 月第 1 版　2017 年 2 月第 12 次印刷
印　数	46101—48100 册
定　价	**34.00** 元

序

教育部在《2003－2007年教育振兴行动计划》中提出要实施“职业教育与创新工程”，大力发展职业教育，大量培养高素质的技能型特别是高技能人才，并强调要以就业为导向，转变办学模式，大力推动职业教育。因此，高职高专教育的人才培养模式应体现以培养技术应用能力为主线和全面推进素质教育的要求。教材是体现教学内容和教学方法的知识载体，进行教学活动的基本工具；是深化教育教学改革，保障和提高教学质量的重要支柱和基础。因此，教材建设是高职高专教育的一项基础性工程，必须适应高职高专教育改革与发展的需要。

为贯彻这一思想，2003年12月，在福建厦门，中国水利水电出版社组织全国14家高职高专学校共同研讨高职高专教学的目前状况、特色及发展趋势，并决定编写一批符合当前高职高专教学特色的教材，于是就有了《全国高职高专电气类精品规划教材》。

《全国高职高专电气类精品规划教材》是为适应高职高专教育改革与发展的需要，以培养技术应用为主线的技能型特别是高技能人才的系列教材。为了确保教材的编写质量，参与编写人员都是经过院校推荐、编委会答辩并聘任的，有着丰富的教学和实践经验，其中主编都有编写教材的经历。教材较好地反映了当前电气技术的先进水平和最新岗位资格要求，体现了培养学生的技术应用能力和推进素质教育的要求，具有创新特色。同时，结合教育部两年制高职教育的试点推行，编委会也对各门教材提出了满足这一发展需要的内容编写要求，可以说，这套教材既能适应三年制高职高专教育的要求，也适应两年制高职高专教育的要求。

《全国高职高专电气类精品规划教材》的出版，是对高职高专教材建设的一次有益探讨，因为时间仓促，教材可能存在一些不妥之处，敬请读者批评指正。

《全国高职高专电气类精品规划教材》编委会

2004年8月

前　言

本教材是根据面向21世纪教学改革的目标和高职高专电力系统及其自动化专业的要求编写的，同时本课程是经福建省教育厅立项的精品课程。本教材阐述了电力系统继电保护的构成原理及微机继电保护技术的最新成果。由于微机技术、信息技术和通信技术的发展，使继电保护的原理和技术都发生了深刻的变化。而且，微机继电保护已占据了主导地位，因此，本教材始终将微机保护原理贯穿所有内容。同时，力求重点突出，理论结合实际。图形、文字符号采用最新国家标准。本教材重点介绍了继电保护基本概念和要求、保护的基础元件以及微机保护软硬件结构和原理、输电线路电流电压保护、输电线路距离保护、输电线路差动保护和高频保护、变压器保护、发电机保护以及母线保护等，系统介绍了保护原理、性能分析和整定计算方法。

本教材第1章、第4章和第5～8章的微机保护部分由福建水利电力职业技术学院许建安编写；第2章及第3章的1～4节由河北工程技术高等专科学校路文梅编写；第3章5～7节和第5章由长江工程职业技术学院蔡光华编写；第6章由南昌工程学院连晶晶编写；第7章、第8章由四川电力职业技术学院王晖编写。本教材由许建安、连晶晶任主编。

由于作者水平有限，书中的错误和不足在所难免，请读者批评指正。

编　者

2004年8月

符 号 说 明

一、设备、继电器文字符号

T——变压器

G——发电机

QF——断路器

UR——电抗变换器

UV——电压变换器

TBL——自耦变流器

TA——电流互感器

TV——电压互感器

U——整流桥

V——二极管

KG——气体继电器

KM——中间继电器

KCO——保护出口中间继电器

KA——电流继电器

KV——电压继电器

KI——阻抗继电器

KVI——绝缘监察继电器

KVN——负序电压继电器

KE——接地继电器

KP——极化继电器

KS——信号继电器

KT——时间继电器

KP——功率继电器

KD——差动继电器

XB——连接片（切换片）

YT——跳闸线圈

二、系数

K_{unp}——非周期分量系数

K_{st}——电流互感器同型系数

f_{er}——电流互感器误差

K_{rel}——可靠系数

K_{ur}——电抗变换器变换系数

K_{k}——短路类型系数

K_{con}——接线系数

K_{uv}——电压变换器变换系数

K_{re}——返回系数

K_{sen}——灵敏系数

K_{ss}——自起动系数

K_{c}——配合系数

三、符号下角标注

ust——不同时

arc——弧光

swi——振荡

cal——计算

com——补偿

as——自适应

ra——当前

dir——方向

pol——极化
br——制动
w——工作
in——插入
op——动作
max——最大
N——额定
min——最小
s——闭锁
set——整定
eq——等值
res——剩余、制动
h——高
L——低、负荷
k——短路
b——平衡、分支
F——故障
en——允许
er——误差

目录

第 1 章

电力系统继电保护概述

【教学要求】 通过本章学习理解电力系统继电保护含义、任务；了解继电保护装置基本原理及组成；熟悉对继电保护的基本要求；熟悉继电器的图形符号、文字符号以及型号的表示方法；理解对运行方式、主保护、后备保护、辅助保护等几个重要名词定义；对继电保护的发展历史也应有所了解。

1.1 电力系统继电保护的作用

1.1.1 电力系统故障和异常运行

电力系统由发电机、变压器、母线、输配电线路及用电设备组成。各电气元件及系统整体通常处于正常运行状态，但也可能出现故障或异常运行状态。在三相交流系统中，最常见的，同时也是最危险的故障是各种形式的短路。直接连接(不考虑过渡电阻)的短路一般称为金属性短路。电力系统的正常工作遭到破坏，但未形成故障，称为异常工作状态。

与其他电气元件相比较，输电线路所处的条件决定了它是电力系统中最容易发生故障的一环。在输电线路上，还可能发生断线或几种故障同时发生的复杂故障。变压器和各种旋转电机所特有的一种故障形式是同一相绕组上的匝间短路。

短路总要产生很大的短路电流，同时使系统中电压大大降低。短路点的电流及短路电流的热效应和机械效应会直接损坏电气设备。电压下降影响用户的正常工作，影响产品质量。短路更严重的后果是因电压下降可能导致了电力系统发电厂之间并列运行的稳定性遭受破坏，引起系统振荡，直至使整个系统瓦解。

最常见的异常运行状态是电气元件的电流超过其额定值，即过负荷状态。长时间的过负荷会使电气元件的载流部分和绝缘材料的温度过高，从而加速设备的绝缘老化，或者损坏设备，甚至发展成事故。此外，由于电力系统出现功率缺额而引起的频率降低、水轮发电机组突然甩负荷引起的过电压以及电力系统振荡，都属于异常运行状态。

故障和异常运行状态都可能发展成系统中的事故。事故是指整个系统或其中一部分的正常工作遭到破坏，以致造成对用户少送电、停止送电或电能质量降低到不能允许的地步，甚至造成设备损坏和人身伤亡。

在电力系统中，为了提高供电可靠性，防止造成上述严重后果，要对电气设备进行正确地设计、制造、安装、维护和检修；对异常运行状态必须及时发现，并采取措施予以消除；一旦发生故障，必须迅速并有选择性地切除故障元件。

1.1.2　继电保护的任务

继电保护装置是一种能反映电力系统中电气元件发生的故障或异常运行状态，并动作于断路器跳闸或发出信号的一种自动装置。它的基本任务是：

(1) 当电力系统的被保护元件发生故障时，继电保护装置应能自动、迅速、有选择地将故障元件从电力系统中切除，并保证无故障部分迅速恢复正常运行。

(2) 当电力系统被保护元件出现异常运行状态时，继电保护应能及时反应，并根据运行维护条件，动作于发出信号、减负荷或跳闸。此时一般不要求保护迅速动作，而是根据对电力系统及其元件的危害程度规定一定的延时，以免不必要动作和由于干扰而引起的误动作。

1.2　继电保护的基本原理和保护装置的组成

1.2.1　继电保护的基本原理

继电保护的基本原理是利用被保护线路或设备故障前后某些突变的物理量为信息量，当突变量达到一定值时，起动逻辑控制环节，发出相应的跳闸脉冲或信号。

1. 利用基本电气参数量的区别

发生短路故障后，利用电流、电压、线路测量阻抗、电压电流间相位、负序和零序分量的出现等的变化，可构成过电流保护、低电压保护、距离(低阻抗)保护、功率方向保护、序分量保护等。

(1) 过电流保护。反映电流增大而动作的保护称为过电流保护。如图1-1所示，若在BC线路上三相短路，则从电源到短路点K之间将流过短路电流I_k，可以使保护1或2反映到这个电流，首先由保护2动作于断路器QF2跳闸。

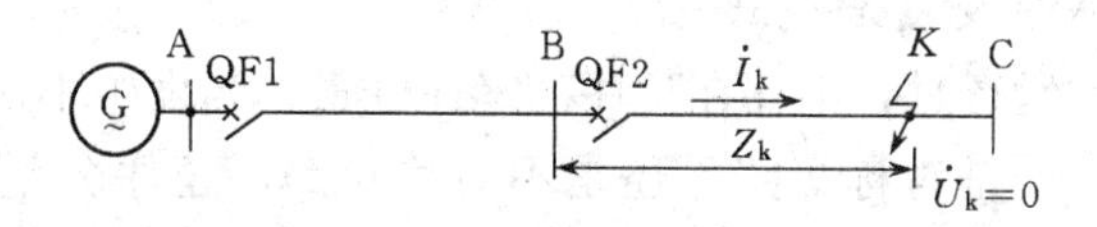

图 1-1　单侧电源线路

(2) 低电压保护。反映电压降低而动作的保护称为低电压保护。如图 1-1 所示，BC 线路 K 点发生三相短路时，短路点电压降到零，各母线上的电压都有所下降，保护 1、2 都能反映到电压下降，首先由保护 2 动作于允许跳闸信号。

(3) 距离保护。距离保护也称低阻抗保护，反映保护安装处到短路点之间的阻抗下降而动作的保护称为低阻抗保护。在图 1-1 中，若以 Z_k 表示保护 2 到短路点之间的阻抗，则母线 B 上残余电压 $\dot{U}_{res}=\dot{I}_k Z_k$，保护 2 的测量阻抗 $Z_m=\dot{U}_{res}/\dot{I}_k=Z_k$，它的大小等于保护安装处到短路点间的阻抗，正比于短路点到保护 2 之间的距离。

2. 利用比较两侧的电流相位(或功率方向)

如图 1-2 所示的双电源网络，若规定电流的正方向是从母线指向线路。正常运行时，线路 AB 两侧的电流大小相等相位差为 180°；当在线路 BC 的 K_1 点发生短路故障时，线路 AB 两侧电流大小仍相等相位差仍为 180°；当在线路 AB 内部的 K_2 点发生短路故障时，线路 AB 两侧短路电流大小一般不相等，相位相同(不计阻抗的电阻分量时)。从分析可知，若两侧电流相位(或功率方向)相同，则判为被保护线路内部故障；若两侧电流相位(或功率方向)相反，则判为区外短路故障。利用被保护线路两侧电流相位(或功率方向)，可构成纵联差动保护、相差高频保护、方向保护等。

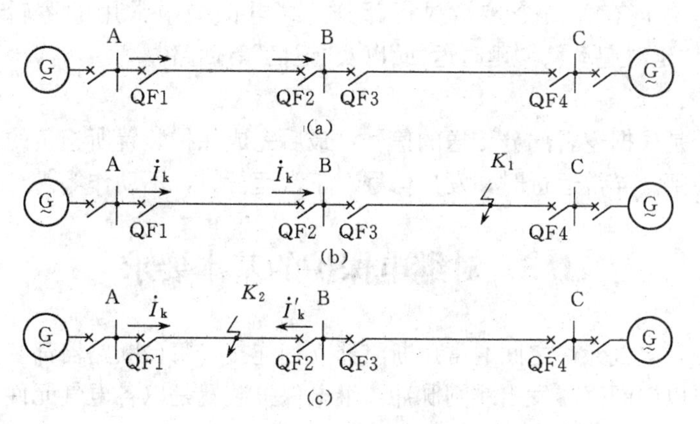

图 1-2　双侧电源网络

(a)正常运行；(b)外部故障；(c)内部故障

3. 反映序分量或突变量是否出现

电力系统在对称运行时，不存在负序、零序分量；当发生不对称短路时，将出现负序、零序分量；无论是对称短路，还是不对称短路，正序分量都将发生突变。因此，可以根据是否出现负序、零序分量构成负序保护和零序保护；根据正序分量是否突变构成对称短路、不对称短路保护。

4. 反映非电量保护

反映变压器油箱内部故障时所产生的瓦斯气体而构成瓦斯保护；反映绕组温度升高而构成的过负荷保护等。

1.2.2 继电保护装置的组成

继电保护的构成原理虽然很多，但是在一般情况下，整套继电保护装置是由测量部分、逻辑部分和执行部分组成的，其原理结构如图 1-3 所示。

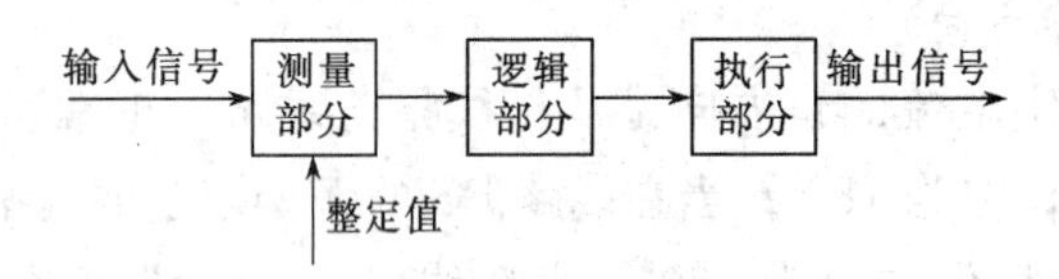

图 1-3 继电保护装置的原理方框图

1. 测量部分

测量部分是测量从被保护对象输入的有关物理量，并与给定的整定值进行比较，根据比较的结果，给出“是”或“非”性质的一组逻辑信号，从而判断保护是否应该起动。

2. 逻辑部分

逻辑部分是根据测量部分各输出量的大小、性质、输出的逻辑状态、出现的顺序或它们的组合，使保护装置按一定的逻辑关系工作，然后确定是否应该使断路器跳闸或发出信号，并将有关命令传给执行部分。继电保护中常用的逻辑回路有“或”、“与”、“否”、“延时起动”、“延时返回”以及“记忆”等回路。

3. 执行部分

执行部分是根据逻辑部分传送的信号，最后完成保护装置所担负的任务。如故障时，动作于跳闸；异常运行时，发出信号；正常运行时，不动作等。

1.3 对继电保护的基本要求

电力系统各电气元件之间通常用断路器互相连接，每台断路器都装有相应的继电保护装置，可以向断路器发出跳闸脉冲。继电保护装置是以各电气元件或线路作为被保护对象的，其切除故障的范围是断路器之间的区段。

实践表明，继电保护装置或断路器有拒绝动作的可能性，因而需要考虑后备保

护。实际上，每一电气元件一般都有两种继电保护装置：主保护和后备保护。必要时还另外增设辅助保护。

反映整个被保护元件上的故障并能以最短的延时有选择性地切除故障的保护称为主保护。主保护或其断路器拒绝动作时，用来切除故障的保护称为后备保护。后备保护分近后备和远后备两种。主保护拒绝动作时，由本元件的另一套保护实现后备，谓之近后备；当主保护或其断路器拒动时，由相邻元件或线路的保护实现后备的，谓之远后备。为补充主保护或后备保护的不足而增设的比较简单的保护称为辅助保护。

电力系统继电保护装置应满足可靠性、选择性、灵敏性和速动性的基本要求。这些要求之间，需要针对不同使用条件，分别地进行综合考虑。

1.3.1　可靠性

保护装置的可靠性是指在规定的保护区内发生故障时，它不应该拒绝动作，而在正常运行或保护区外发生故障时，则不应该误动作。

可靠性主要指保护装置本身的质量和运行维护水平而言。不可靠的保护本身就成了事故的根源。因此，可靠性是对继电保护装置的最根本要求。

为保证可靠性，一般来说，宜选用尽可能简单的保护方式及有运行经验的微机保护产品；应采用由可靠的元件和简单的接线构成的性能良好的保护装置，并应采取必要的检测、闭锁和双重化等措施。当电力系统中发生故障而主保护拒动时，靠后备保护的动作切除故障，有时不仅扩大了停电范围，而且拖延了切除故障的时间从而对电力系统的稳定运行带来很大危害。此外，保护装置应便于整定、调试和运行维护，对于保证其可靠性也具有重要的作用。

1.3.2　选择性

保护装置的选择性是指保护装置动作时，仅将故障元件从电力系统中切除，使停电范围尽量缩小，以保证电力系统中的无故障部分仍能继续安全运行。在图 1-4 所示的网络中，当线路 L4 上 K_2 点发生短路时，保护 6 动作跳开断路器 QF6，将 L4 切除，继电保护的这种动作是有选择性的。K_2 点故障，若保护 5 动作于将 QF5 断开，

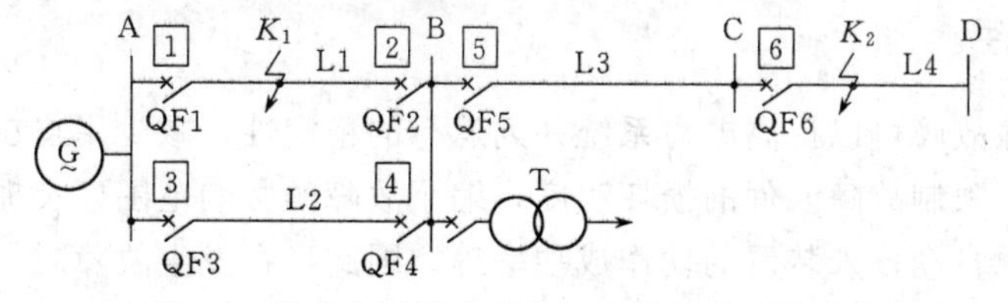

图 1-4　单侧电源网络中保护选择性动作说明图

则变电所C和D都将停电，继电保护的这种动作是无选择性的。同样K_1点故障时，保护1和保护2动作于断开QF1和QF2，将故障线路L1切除，才是有选择性的。

如果K_2点故障，而保护6或断路器QF6拒动，保护5将断路器QF5断开，故障切除，这种情况虽然是越级跳闸，但却是尽量缩小了停电范围，限制了故障的发展，因而也认为是有选择性动作。

运行经验表明，架空线路上发生的短路故障大多数是瞬时性的，线路上的电压消失后，短路会自行消除。因此，在某些条件下，为了加速切除短路，允许采用无选择性的保护，但必须采取相应措施，例如采用自动重合闸或备用电源自动投入装置予以补救。

为了保证选择性，对相邻元件有后备作用的保护装置，其灵敏性与动作时间必须与相邻元件的保护相配合。

1.3.3 灵敏性

保护装置的灵敏性是指保护装置对其保护区内发生故障或异常运行状态的反应能力。满足灵敏性要求的保护装置应该是在规定的保护区内短路时，不论短路点的位置、短路形式及系统的运行方式如何，都能灵敏反应。保护装置的灵敏性一般用灵敏系数K_{sen}来衡量。

对于反映故障时参数增大而动作的保护装置，其灵敏系数是

$$K_{sen}=\frac{\text{保护区末端金属性短路时保护安装处测量到的故障参数的最小计算值}}{\text{保护整定值}}$$

对于反映故障时参数降低而动作的保护装置，其灵敏系数是

$$K_{sen}=\frac{\text{保护整定值}}{\text{保护区末端金属性短路故障时保护安装处测量到的故障参数的最大计算值}}$$

实际上，大多短路情况是非金属性的，而且故障参数在计算时会有一定误差，因此，必须要求$K_{sen}>1$。在部颁的《继电保护和安全自动装置技术规程》中，对各类短路保护装置的灵敏系数最小值都作了具体规定。对于各种保护装置灵敏系数的校验方法，将在各保护的整定计算中分别讨论。

1.3.4 速动性

快速地切除故障可以提高电力系统并列运行的稳定性，减少用户在电压降低情况下的工作时间，限制故障元件的损坏程度，缩小故障的影响范围以及提高自动重合闸装置和备用电源自动投入装置的动作成功率等。因此，在发生故障时，应力求保护装置能迅速动作切除故障。

上述对作用于跳闸的保护装置的基本要求，一般也适用于反映异常运行状态的保护装置。只是对作用于信号的保护装置不要求快速动作，而是按照选择性要求延时发出信号。

对继电保护的基本要求是互相联系而又互相矛盾的。例如，对某些保护装置来说，选择性和速动性不可能同时实现，要保证选择性，必须使之具有一定的动作时间。

可以这样说，继电保护这门技术，是随着电力系统的发展，在不断解决保护装置应用中出现的对基本要求之间的矛盾，使之在一定条件下达到辩证统一的过程中发展起来的。因此，对继电保护的基本要求是分析研究各种继电保护装置的基础，是贯穿本课程的一条基本线索。在本课程的学习过程中，应该注意学会按对保护基本要求的观点，去分析每种保护装置的性能。

1.4 继 电 器

继电器是各种继电保护装置的基本组成元件。一般来说，按预先整定的输入量动作，并具有电路控制功能的元件称为继电器。即继电器的工作特点是，用来表征外界现象的输入量达到整定值时，其输出电路中的被控电气量将发生预定的阶跃变化。

继电器的输入量和输出量之间的关系如图 1-5 所示。图中 X 是加于继电器线圈的输入量，Y 是继电器触点电路中的输出量。当输入量 X 从零开始增加时，在 $X<X_{op}$的过程中，输出量 $Y=Y_{min}$ 保持不变($Y_{min}\approx0$)。当输入量等于起动量时，输出量突然由最小 Y_{min}变到最大 Y_{max}，称为继电器动作。当输入量减小时，在 $X>X_{re}$的过程中，输出量保持不变。当输入量减到 X_{re}值时，称为继电器返回。返回值与动作值之比称为继电器的返回系数，以 K_{re}表示，即

$$K_{re}=\frac{X_{re}}{X_{op}} \tag{1-1}$$

图 1-5 所示的这种输入量连续变化，而输出量总是跃变的特性，称为继电特性。

通常，继电器在没有输入量(或输入量未达到整定值)的状态下，断开着的触点称为常开触点；闭合着的触点称为常闭触点。常开触点也称动合触点，常闭触点又称动断触点。

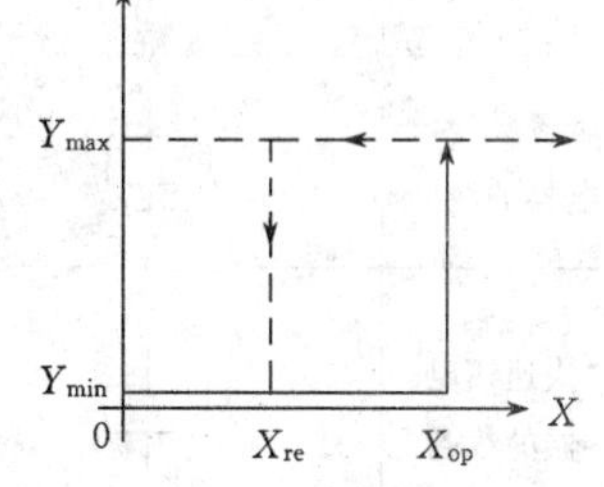

图 1-5 继电特性

使继电器的正常位置时的功能产生变化，称为起动。继电器完成所规定的任务，称为动作。继电器从动作状态回到初始位置，称为复归。继电器失去动作状态下的功

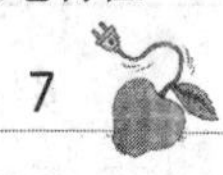

能，称为返回。电力系统继电保护装置用的继电器，称为保护继电器，按输入物理量的不同分为电气继电器与非电气继电器两类；按功能可分为测量继电器与逻辑继电器。

国产的保护继电器，一般用汉语拼音字母表示出它的型号。型号中第一个字母表示继电器的工作原理。第二(或第三)个字母代表继电器的用途。例如DL代表电磁型电流继电器，LCD代表整流型差动继电器。常用的继电器型号中字母的意义如表1-1所示；常用继电器线圈及触点的表示方法如表1-2所示；常用测量继电器和保护装置示例如表1-3所示。

表1-1　常用保护继电器型号中字母的含义

第一个字母	第二、三个字母	
D——电磁型 L——整流型 B——半导体型 J——极化型或晶体管型	L——电流继电器 Y——电压继电器 G——功率方向继电器 X——信号继电器	Z——阻抗继电器 FY——负序电压继电器 CD——差动继电器 ZB——中间继电器

表1-2　继电器线圈和触点的表示方法

名　称	图形符号	说　明	名　称	图形符号	说　明
继电器线圈		=IEC	机械保持继电器的线圈		=IEC
具有两个线圈的继电器		=IEC 组合表示法	极化继电器的线圈		=IEC
		=IEC 分离表示法	动合(常开)触点		=IEC
缓慢释放继电器的线圈		=IEC	动断(常闭)触点		=IEC
缓慢吸合继电器的线圈		=IEC	先合后断的转换触点		=IEC
快速继电器的线圈		=IEC	被吸合时延时闭合的动合触点		=IEC

表 1-3　　　　常用继电器和保护装置示例

名　称	图形符号	说　明	名　称	图形符号	说　明
低电压继电器	$U<$	＝IEC	瞬时过电流保护	$I>$	
过电压继电器	$U>$	＝IEC	延时过电流保护	$I>$	
低功率继电器	$P<$	＝IEC	低电压起动的过电流保护	$I>$ $U<$	
低阻抗继电器	$Z<$	＝IEC	复合电压起动的过电流保护	$I>$ $U_1<+U_2>$	
功率方向继电器	P →		线路纵联差动保护	PP	
接地距离保护	Z⏚		距离保护	Z	
定子接地保护	S⏚		差动保护	I_d	
转子接地保护	R⏚ *		零序电流差动保护	I_{d0}	

1.5　电力系统继电保护的发展

电力系统继电保护技术是随着电力系统的发展而发展的。首先是与电力系统对运行可靠性要求的不断提高密切相关的。熔断器就是最初出现的简单过电流保护。这种保护时至今日仍广泛应用于低压线路和用电设备。熔断器的特点是融保护装置与切断电流的装置于一体，因而最为简单。由于电力系统的发展，用电设备的功率、发电机的容量不断增大，发电厂、变电所和供电电网的结线不断复杂化，电力系统中正常工作电流和短路电流都不断增大，单纯采用熔断器保护就难以实现选择性和快速性要求，于是出现了作用于专门的断流装置(断路器)的过电流继电器，利用继电器和断路器的配合来切除故障设备。19世纪90年代出现了装于断路器上并直接作用于断路器的一次式的电磁型过电流继电器。20世纪初随着电力系统的发展，继电器开始广泛应用于电力系统的保护。这个时期可认为是继电保护技术发展的开端。

1901年出现了感应型过电流继电器，1908年提出了比较被保护元件两端电流的电流差动保护原理。1910年方向性电流保护开始得到应用，在此时期也出现了将电压与电流相比较的保护原理，并导致了20世纪20年代初距离保护装置的出现。随着电力系统的载波通讯发展，在1927年前后，出现了利用高压输电线路上高频载波电流传送和比较输电线路两端功率方向或电流相位的高频保护装置。在20世纪50年代，微波中继通讯开始应用于电力系统，从而出现了利用微波传送和比较输电线路两端故障电气量的微波保护。利用故障点产生的行波实现快速继电保护的设想，经过20余年的研究，20世纪70年代诞生了行波保护装置。显然，随着光纤通信在电力系统中的大量采用，利用光纤通道的微机继电保护也将得到更为广泛的应用。

20世纪50年代以前的继电保护装置都是由电磁型、感应型或电动型继电器组成的。这些继电器都具有机械转动部件，统称为机电式继电器。由这些继电器组成的继电保护装置称为机电式保护装置。机电式继电器所采用的元件、材料、结构型式和制造工艺在近30余年来，经历了重大的改进，积累了丰富的运行经验，工作比较可靠，因而目前仍是电力系统中应用的保护装置。

20世纪50年代，由于半导体晶体管的发展，开始出现了晶体管式继电保护装置。这种保护装置体积小，功率消耗小，动作速度快，无机械转动部分，称为电子式静态保护装置。

由于集成电路技术的发展，出现了体积更小、工作更加可靠的集成运算放大器和集成电路元件。20世纪80年代后期，标志着静态继电保护从第一代(晶体管式)向第二代(集成电路式)的过渡。

在20世纪60年代末，就提出用小型计算机实现继电保护的设想。因为当时小型计算机价格昂贵，难以在实用上采用。但由此开始了对继电保护计算机算法的大量研究，对后来微型计算机式继电保护的发展奠定了理论基础。随着微处理器技术的迅速发展及其价格急剧下降，在20世纪70年代后半期，出现了比较完善的微型计算机保护样机，并投入到电力系统中试运行。20世纪80年代微型计算机保护在硬件结构和软件技术方面已趋成熟，并已在一些国家推广应用，这就是第三代的静态继电保护装置。微型计算机保护具有巨大的计算、分析和逻辑判断能力，有很强的存储记忆功能，因而可用以实现和完善各种复杂的保护功能。微型计算机保护可连续不断地对本身的工作情况进行自检，其工作可靠性很高。此外，微型计算机保护可用同一个硬件实现不同的保护原理，这使保护装置的制造大为简化，也容易实行保护装置的标准

化。微型计算机保护除了保护功能外，还有故障录波、故障测距、事故顺序记录和调度计算机交换信息等辅助功能，这对简化保护的调试、事故分析和事故后的处理等都有重大意义。由于微型计算机保护装置功能的不断完善，进入 20 世纪 90 年代以来，它在我国已得到了广泛的应用，受到电力系统运行人员的欢迎，已经成为继电保护装置的主要型式，成为电力系统保护、控制、运行调度及事故处理的综合自动化系统的组成部分。

小　　结

电力系统的稳定非常重要，一旦发生故障，电力系统的正常运行就被破坏，将对正常供电、人身安全和设备造成危害。因此要求电力系统在发生短路故障的瞬间，能迅速地将故障部分切除，最大限度地恢复并保证其他部分的正常运行。

短路故障最明显的特征是电流增大、电压降低，因此可以通过电流或电压的变化构成电流、电压保护。在发生不对称短路故障时，将出现负序分量；发生接地短路故障时，将出现零序分量。可利用负序、零序分量构成反映序分量原理的保护；根据被保护线路阻抗的变化可构成距离保护；线路内部和外部短路故障时，被保护线路两端电流的相位不同，可构成差动保护；利用故障分量的特点，可构成各种利用故障分量原理的继电保护。

继电保护的基本要求是衡量继电保护装置性能的重要指标，也是评价各种原理构成的继电保护装置的主要依据。简单地说，选择性就是在保护区内发生短路故障时，保护动作；在保护区外发生短路故障时，保护拒动。灵敏性是判别保护装置反映故障能力的重要指标，不满足灵敏性要求的保护装置，是不允许装设的。对继电保护的基本要求是互相联系而又互相矛盾的，在不断解决保护装置应用中出现的对基本要求之间的矛盾，使之在一定条件下达到辩证统一的过程中发展起来的。因此，继电保护的基本要求是分析研究各种继电保护装置的基础，是贯穿本课程的一条基本线索。

习　　题

1-1　何谓电力系统的“故障”、“异常运行状态”与“事故”？

1-2　何谓继电保护装置？它的作用是什么？

1-3　何谓主保护、后备保护及辅助保护？何谓近后备和远后备？

1-4　何谓继电器与继电特性？为什么要求保护继电器必须具有继电特性？

1-5　继电器的常开触点与常闭触点如何区分？

1-6 继电保护装置一般有哪些组成部分？各部分有何作用？

1-7 说明“继电器”、“继电保护装置”和“继电保护”的含义和区别。

1-8 图1-6所示网络中，各断路器处均装设有保护装置，请回答：

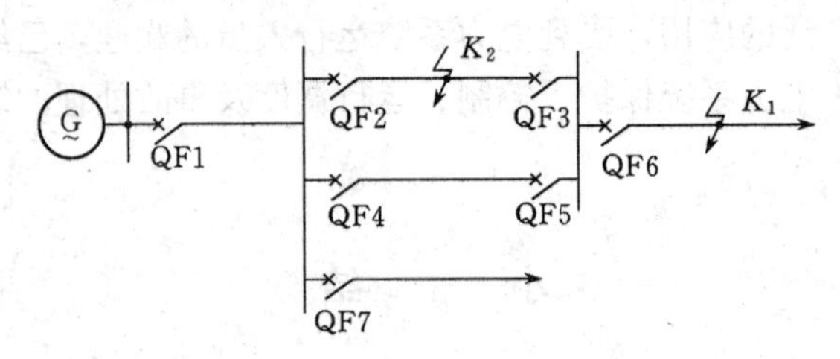

图1-6 习题1-8系统接线图

(1) 当K_1点发生短路故障时，根据选择性要求，应由哪些保护起动并断开哪台断路器？若断路器QF6失灵而拒动，保护应如何动作？

(2) 当K_2点发生短路故障时，根据选择性要求，应由哪些保护起动并断开哪些断路器？如果保护2拒动，对保护1的动作又应作何评价？

1-9 在图1-7所示网络中，若在K_1、K_2点发生短路故障，评价保护1、保护2是否满足保护的基本要求：

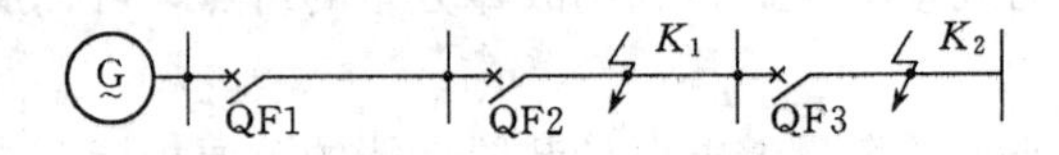

图1-7 习题1-9系统接线图

(1) K_1点发生短路故障：

1) 保护2按整定时间先动作，断开QF2，保护1起动并在故障切除后返回；

2) 保护1和保护2同时起动，并断开QF1和QF2；

3) 保护1起动，但未断开QF1，保护2动作，断开QF2；

4) 保护1动作，保护2未起动，断开QF1；

5) 保护1和保护2均未起动。

(2) K_2点发生短路故障：

1) 保护2和保护3同时将QF2和QF3断开；

2) 保护3拒动或FQ3失灵，保护1将QF1断开。

第 2 章

继电保护的基本元件

【教学要求】 掌握电流互感器减极性标注的规定，10%误差曲线的含义及应用；掌握变换器的作用，理解电抗变换器的原理；掌握对称分量滤过器的作用及结构原理；了解电磁型电流、电压继电器及中间继电器的基本结构及原理；掌握微机保护装置的基本构成及各部分的原理。掌握微机保护的软件配置情况。

2.1 电 流 互 感 器

2.1.1 电流互感器的极性

电流互感器(TA)能按一定比例将电力系统一次电流变成二次电流以满足保护的需要，利用电流互感器取得保护装置所必须的相电流的各种组合。工作时一次绕组串联在供电系统的一次电路中而二次绕组则与仪表、继电器的电流线圈串联形成一个闭合回路。二次绕组的额定电流一般为 5A 或 1A。为了防止其一、二次绕组绝缘击穿时危及人身和设备的安全，电流互感器二次侧有一端必须接地。

为了简便、直观地分析继电保护的工作，判别电流互感器一次与二次电流间的相位关系，电流互感器一次和二次绕组的绕向用极性符号表示。常用的电流互感器极性都按减极性原则标注，即当系统一次电流从极性端流入时，电流互感器的二次电流从极性端流出。常用的一次绕组端子注有 L1、L2，二次绕阻端子注有 K1、K2，其中 L1 和 K1 为同极性端子。同极性端注以符号“ * ”，如图 2-1 所示。

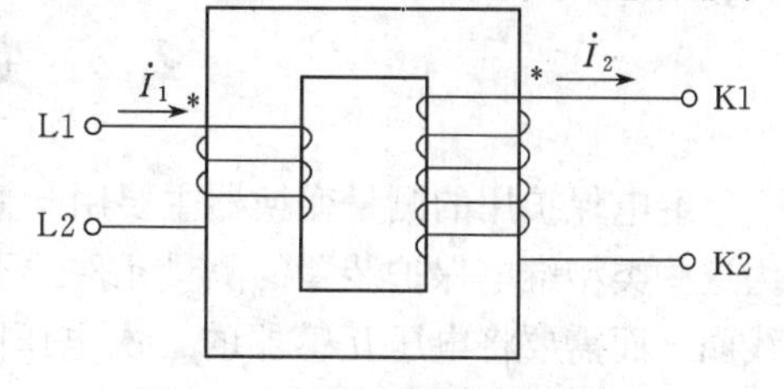

图 2-1　电流互感器极性标注

2.1.2 电流互感器的10%误差曲线

电流互感器的磁势平衡方程为

$$N_1\dot{I}'_1-N_2\dot{I}_2=N_1\dot{I}_0 \tag{2-1}$$

由式(2-1)可见，由于励磁电流的存在，电流互感器的一次折算后的电流和二次电流大小不相等，相位不相同，说明电流转换中将出现数值和相位误差。

变比误差用f_{er}表示。定义为二次侧电流与一次折算后的电流的算术差与一次折算后的电流之比的百分数。即

$$f_{er}=[(I_2-I'_1)/I'_1]\times 100\% \tag{2-2}$$

角度误差指$\dot{I}'_1$与$\dot{I}_2$的电流相位差。

当一次侧发生短路故障时，流入电流互感器的一次电流远大于其额定值，因铁芯饱和电流互感器会产生较大误差。为了控制误差在一定的范围，对一次电流倍数及二次侧的负载阻抗有一定的限制。

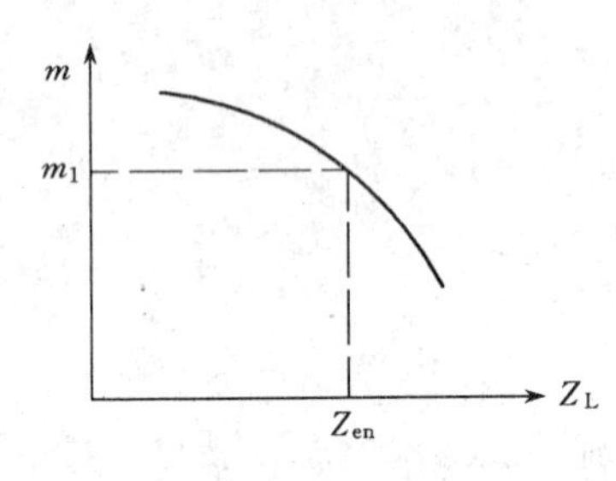

图2-2 电流互感器的10%误差曲线

生产厂按照试验所绘制的10%误差曲线是指一次电流倍数m与最大允许负载阻抗Z_{en}的关系曲线，称为10%误差曲线。允许变比误差为10%，角度误差为7°，如图2-2所示。可见，对于同一个电流互感器来说在保证其误差不超过允许值的前提下，如果二次负荷阻抗较大则允许的一次电流倍数m就较小。如果二次负荷阻抗较小，则允许的一次电流倍数m就较大。

选定保护用的电流互感器时，都要按电流互感器10%误差曲线校验。如果已知电流互感器的一次电流倍数，就可从对应的10%误差曲线查得允许的二次负荷阻抗Z_{en}。只要实际的二次负荷阻抗$Z_2\leqslant Z_{en}$就满足要求。

2.2 变 换 器

继电保护用的测量变换器主要用于整流型、静态型及数字型继电保护装置中。因为这些类型继电保护装置的测量元件，不能直接接入电流互感器或电压互感器的二次线圈，而需要将电压互感器的二次电压降低，或将电流互感器的二次电流变为电压后，才能应用。这种中间变换装置称为测量变换器，其作用有：

(1) 变换电量。将电流互感器二次侧的强电压(100V)、强电流(5A)转换成弱电压，以适应弱电元件的要求。

(2) 隔离电路。将保护的逻辑部分与电气设备的二次回路隔离。因为电流、电压互感器二次侧从安全出发必须接地，而弱电元件往往与直流电源连接，但直流回路又不允许直接接地，故需要经变换器将交直流电隔离。另外弱电元件易受干扰借助变换器屏蔽层可以减少来自高压设备的干扰。

(3) 用于定值调整。借助于变换器一次绕组或二次绕组抽头的改变可以方便地实现继电器定值的调整或扩大定值的范围。

(4) 用于电量的综合处理。通过变换器将多个电量综合成单一电量有利于简化保护。

常用的测量变换器有以下三种：电压变换器、电流变换器、电抗变换器。它们的原理接线如图 2-3 所示，虚线表示屏蔽接地。

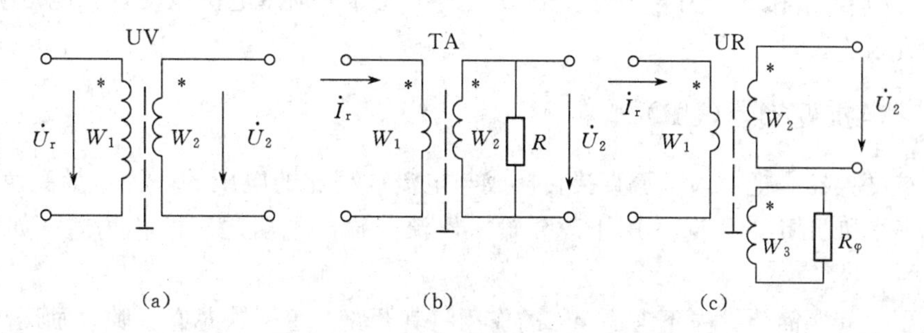

图 2-3 测量变换器原理图

(a)电压变换器；(b)电流变换器；(c)电抗变换器

2.2.1 电压变换器(UV)

电压变换器结构原理与电压互感器、变压器相同。一般用来把输入电压降低或使之可以调节，如图 2-3(a)所示。

电压变换器只要一、二次侧存在漏阻抗，就会由于负载电流和励磁电流通过漏阻抗而产生压降使变换器产生电压误差和角度误差。因此为了减小误差要求励磁电流小(励磁阻抗大)、连接负载 Z_L 要大、漏抗要小，使铁芯工作在磁化曲线的直线部分。电压变换器二次侧电压 $\dot{U}_2$ 与一次侧电压 $\dot{U}_r$ 的关系可近似表示为

$$\dot{U}_2 = K_{uv}\dot{U}_r \tag{2-3}$$

式中 K_{uv}——电压变换器的变比。

2.2.2 电流变换器(TA)

电流变换器的主要作用是将一次侧电流 $\dot{I}_r$ 变换为一个与之成正比的二次侧电压 $\dot{U}_2$。它是由一台小型电流互感器和并联在二次侧的小负载电阻 R 所组成。如图 2-3(b)所示。由于中间变流器漏抗很小接近于零。在二次侧并联一个小电阻 R 的目的是保证等效负载阻抗小于 R 且远远小于励磁阻抗使得励磁电流可忽略，这样二次电压可近似表示为

$$\dot{U}_2 = \dot{I}_2 R = \frac{R}{n}\dot{I}_r = K_L \dot{I}_r \tag{2-4}$$

式中 K_L——电流变换器的变换系数。

当铁芯不饱和时，输出电压波形基本保持一次侧电流的波形。如严格要求 $\dot{I}_r$ 与 $\dot{U}_2$ 同相位时，可在 R 上并联一小电容 C，其容抗等于励磁电抗以使励磁电流被电容电流所补偿。

2.2.3 电抗变换器(UR)

电抗变换器是把输入电流直接转换成与电流成正比的电压的一种电量变换装置。二次侧 W_3 和调相电阻 R_φ，用于改变输入电流与输出电压之间的相角差，如图 2-3(c)所示。

为了使问题简化，先不考虑 W_3 的作用将其开路。由于铁芯有气隙，励磁阻抗很小，在工作电流范围内铁芯不会饱和，从而使电抗变换器的二次输出电压与一次输入电流保持线性比例关系的范围加大。在使用中，因二次负载阻抗 Z_L 很大，接近开路运行，所以 $Z'_e \ll Z_L$。因铁芯损耗和一、二次绕组的漏抗都很小，所以一次电流 $\dot{I}'_r$ 全部作为励磁电流 $\dot{I}'_e$ 流入励磁回路，其等效电路图如图 2-4(a)所示，可见，二次侧的电压 $\dot{U}_2$ 为

$$\dot{U}_2 = \dot{I}'_r Z'_e = \dot{K}_{ur} \dot{I}_r \tag{2-5}$$

式中 $\dot{K}_{ur}$——带有阻抗量纲的复常数；

$\dot{I}'_r$——一次向二次折算电流。

根据 2-4(a)图所示的各相量的假定正方向，其相量图如图 2-4(b)。二次电势 $\dot{E}_2 = \dot{U}_2$ 超前磁通 $\dot{\Phi}$ 的相位为 90°。励磁电流由两部分组成，有功分量电流 $\dot{I}'_{ea}$，无功分量电流 $\dot{I}'_{er}$。无功分量电流 $\dot{I}'_{er}$ 与磁通 $\dot{\Phi}$ 同相位，用以在铁芯中建立磁通；而有功分量电流 $\dot{I}'_{ea}$ 超前磁通 $\dot{\Phi}$ 的相位为 90°，与 $\dot{U}_2$ 同相位，用于铁芯损耗。若忽略铜损、铁损耗时，$\dot{U}_2$ 将超前一次电流 90°(实际上略小于 90°)。

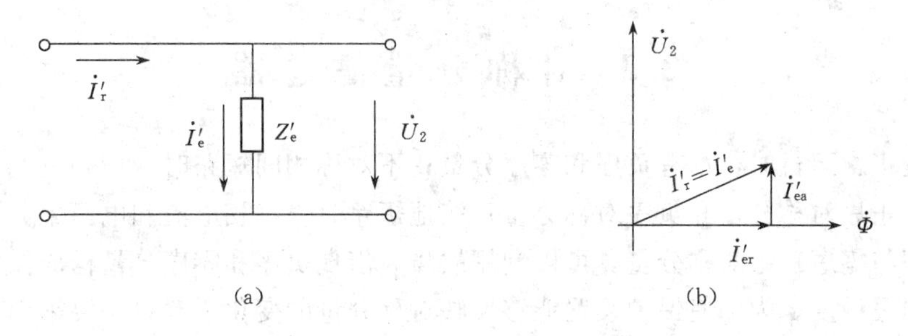

图 2-4　电抗变换器简化电路及相量图

(a)简化电路；(b)相量图

为了满足保护要求，需要根据被保护线路阻抗角的不同调整 $\dot{K}_{ur}$的相位，所以要引入 W_3，接入调相电阻 R_φ 来实现。由等值电路图 2-5(a)可见，在 W_3 回路中出现电流 $\dot{I}'_\varphi$，电流 $\dot{I}'_\varphi$ 与 $\dot{U}_2$ 间的相位差决定于绕组 W_3 和 R_φ 回路的阻抗角。由相量图可见，$\dot{U}_2$ 超前 $\dot{I}'_r$ 的角度比不接入调相电阻时小，也就是 $\dot{K}_{ur}$的阻抗角减小。所以只要适当选择调相电阻即可调节 $\dot{K}_{ur}$的阻抗角，见图 2-5(b)所示。

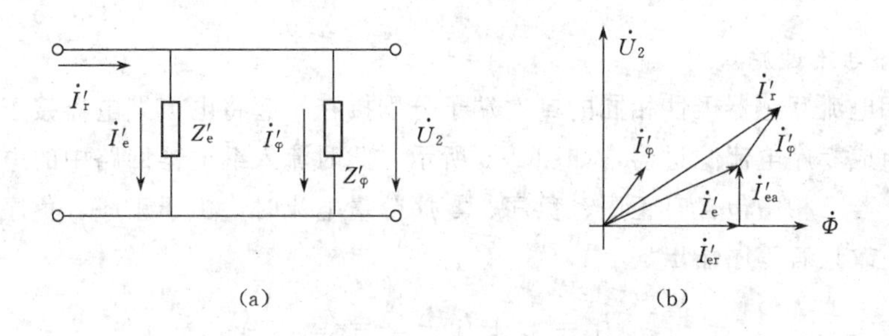

图 2-5　接入调相电阻时电抗变换器及相量图

(a)电路图；(b)相量图

电抗变换器具有电感的性质，有放大高次谐波的作用；有较强的抑制非周期分量的作用；有较大的线性工作范围。电流变换器，对高次谐波和非周期分量的反应与负载的性质有关；当负载为容性时反而能抑制一次电流中的高次谐波，其抑制非周期分量的能力不如电抗变换器，其铁芯的线性范围也不如电抗变换器宽。

为使继电保护能准确工作，要求电抗变换器的输出电压与输入电流间呈线性关系，即要求其转移阻抗是常数。当电流足够大时，铁芯呈现饱和，导磁系数又下降。可见，随着一次电流变化，二次输出电压并非线性关系，即转移阻抗不是常数。为了消除大电流时铁芯饱和的影响，可以选取适当长度的空气隙，使在实际中有最大电流出现时，铁芯不会饱和。

2.3　对称分量滤过器

系统正常运行时，没有负序和零序分量；不对称相间短路时，三相电流、电压中分别存在正序对称分量和负序对称分量；接地短路时，三相电流和电压中分别存在正序、负序与零序三组对称分量。可以利用故障时出现负序和零序分量构成保护，可提高保护的灵敏度。为了使保护装置能够反映对称分量的变化，有时需要采用对称分量滤过器取出有关相序的电流、电压分量或它们的组合。因此对称分量滤过器已经成为继电保护装置中的重要组成元件。

某一相序分量滤过器是指在其输入端加以三相的电流或电压其中可能含有正序、负序、零序分量而在其输出端只输出与某一分量成正比的电压或电流，如果只输出零序电压则称为零序电压滤过器，如果只输出负序电压则称为负序电压滤过器；有时，根据需要按预定复合方式输出复合的相序分量则称为复合对称分量滤过器。

2.3.1　零序分量滤过器

1. 零序电流过滤器

将三相电流互感器极性相同的二次端子分别接在一起将电流继电器接于两个连接端之间即组成零序电流滤过器，如图 2-6 所示。此时流入继电器回路中的电流为三相电流之和。若三相中包含有正序、负序、零序分量电流时，由于正序、负序三相电流之和为零，故只有零序输出

$$\dot{I}_{\mathrm{r}} = \dot{I}_{\mathrm{a}} + \dot{I}_{\mathrm{b}} + \dot{I}_{\mathrm{c}} = 3\dot{I}_{0} \tag{2-6}$$

若考虑每相电流互感器的励磁电流后，则零序电流滤过器输出电流为

$$\begin{aligned}\dot{I}_{\mathrm{r}} &= \dot{I}_{\mathrm{a}} + \dot{I}_{\mathrm{b}} + \dot{I}_{\mathrm{c}} = \frac{1}{n_{\mathrm{i}}}[(\dot{I}_{\mathrm{A}} - \dot{I}_{\mathrm{e.A}}) + (\dot{I}_{\mathrm{B}} - \dot{I}_{\mathrm{e.B}}) + (\dot{I}_{\mathrm{C}} - \dot{I}_{\mathrm{e.C}})] \\ &= -\frac{1}{n_{\mathrm{i}}}(\dot{I}_{\mathrm{e.A}} + \dot{I}_{\mathrm{e.B}} + \dot{I}_{\mathrm{e.C}}) = -\dot{I}_{\mathrm{unb}}\end{aligned} \tag{2-7}$$

$\dot{I}_{\mathrm{unb}}$称为不平衡电流。它是由三相励磁电流的不对称所造成的。当发生不接地的相间短路时，此时一次电流中虽不含有零序电流，但由于电流互感器的一次电流增大，而且含有非周期性分量导致铁芯严重饱和，三相励磁电流的不对称情况将更为显著，因此不平衡电流比正常运行时大得多。当发生接地性短路时三相电流中存在零序分量电流 $3\dot{I}_0$，此时的不平衡电流 $\dot{I}_{\mathrm{unb}}$会比 $3\dot{I}_0$ 小得多，可以忽略。

2. 零序电压滤过器

为了取得零序电压，需采用零序电压滤过器。构成零序电压滤过器时，必须考虑零序磁通的铁芯路径，所以采用的电压互感器铁芯型式只能是三个单相式的或三相五柱式的。三相五柱式电压互感器二次绕组顺极性接成开口三角，如图 2-7 所示，以获得零序电压，即

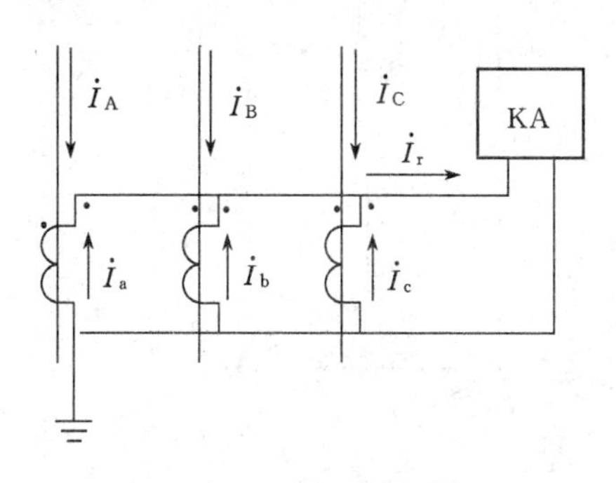

图 2-6　零序电流滤过器原理接线

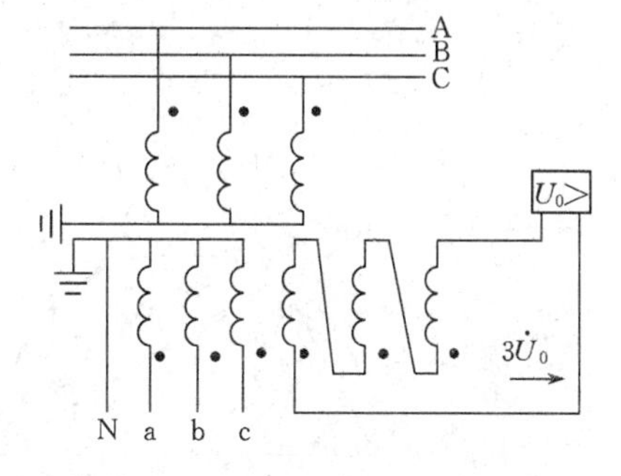

图 2-7　零序电压滤过器接线图

$$\dot{U}_{out} = \dot{U}_a + \dot{U}_b + \dot{U}_c = 3\dot{U}_0 \tag{2-8}$$

实际上在正常运行和电网相间短路时，由于电压互感器的误差及三相系统对地电压不平衡，在开口三角形侧会有数值不大的电压输出，此电压称为不平衡电压，零序电压保护应躲过其影响。

2.3.2　负序滤过器

1. 负序电压滤过器

负序电压滤过器是从三相全电压中滤出负序电压分量的滤过器，用于反映不对称短路的故障。下面介绍单相式负序电压滤过器。

这种电压滤过器有三个输入端 a、b、c，分别接在电压互感器副边的三相电压端子上，两个输出端 m、n 接到负载，如图 2-8 所示。两个阻容臂 R_1、X_1 和 R_2、X_2 分别接于线电压，而线电压不存在零序分量，因此该电压滤过器无须采用其他消除零序电压的措施。为了避免正序分量通过，滤过器阻抗臂的参数应该满足如下关系

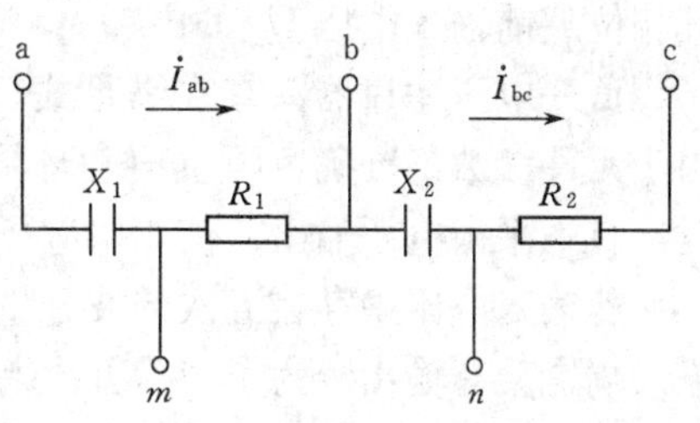

图 2-8　负序电压滤过器

$$R_1 = \sqrt{3}X_1, \qquad X_2 = \sqrt{3}R_2 \tag{2-9}$$

当输入正序电压时，因 $R_1=\sqrt{3}X_1$，故电流 $\dot{I}_{ab1}$ 超前电压 $\dot{U}_{ab1}$ 30°；又因为 $X_2=\sqrt{3}R_2$，故电流 $\dot{I}_{bc1}$ 超前 $\dot{U}_{bc1}$ 60°。各相量关系如图 2-9(a)所示。图中电压三角形 anb 和电压三角形 bmc，两顶点 m、n 重合，即输出电压 $\dot{U}_{mn.1}=0$，故滤过器的输出电压为零。

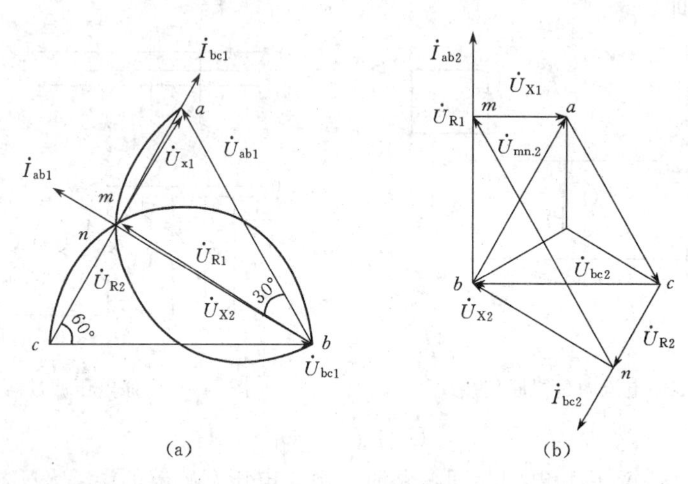

图 2-9 相量图

(a)输入为正序电压时；(b)输入为负序电压时

当输入负序电压时，负序电压相序与正序相反，此时负序电压滤过器的相量关系如图 2-9(b)所示。$\dot{I}_{ab2}$ 超前电压 $\dot{U}_{ab2}$ 30°，而 $\dot{I}_{bc2}$ 超前 $\dot{U}_{bc2}$ 60°，输出电压为

$$U_{mn.2}=\sqrt{3}U_{R1}=1.5U_{ab2} \tag{2-10}$$

上式表明，当输入三相负序电压时，滤过器的输出电压为输入电压的 1.5 倍，而其相位超前输入电压 $\dot{U}_{ab2}$ 60°。

负序电压滤过器只有在满足式(2-9)的条件下，对正序电压才无输出。实际上，由于元件参数不准确，阻抗值随环境温度及系统频率变化等原因，使加入正序电压时，有不平衡电压输出，使用中应予注意。

若输入电压中存在五次谐波分量，则由于五次谐波分量的相序与基波负序相同，输出端也会有输出。为了消除五次谐波的影响，可以在输出端加装五次谐波滤波器。

如果将负序电压滤过器任意两个输入端互相换接，则滤过器就会变成为正序电压滤过器。

2. 负序电流滤过器

负序电流过滤器的输入是三相或两相全电流，输出的是与输入电流负序分量成比例的单相电压，并从原理接线上应保证正序电流和零序电流不能通过滤过器。常用的

负序电流过滤器有两类，感抗移相式负序电流滤过器和电容移相式电流滤过器。感抗移相式负序电流滤过器如图 2-10 所示。

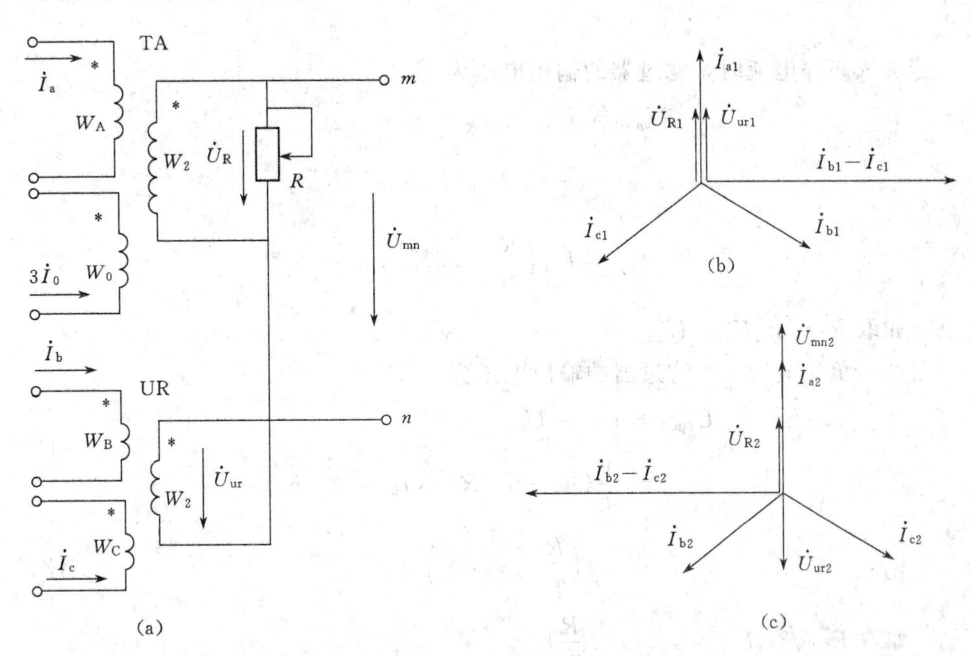

图 2-10 负序电流滤过器

(a)原理接线图；(b)加正序电流时相量图；(c)加负序电流时相量图

电抗变换器的一次侧有两个匝数相同的线圈，即 $W_B=W_C$，分别通入 $\dot{I}_b$ 和 $-\dot{I}_c$，其二次侧输出电压

$$\dot{U}_{ur}=(\dot{I}_b-\dot{I}_c)\dot{K}_{ur} \tag{2-11}$$

式中 $\dot{K}_{ur}$——电抗变换器的转移电抗。

TA 有两个一次线圈 W_A 和 W_0，并且 $W_A=3W_0$，正常运行时零序磁势平衡，即

$$\dot{I}_aW_A-3\dot{I}_0W_0=\dot{I}_aW_2 \tag{2-12}$$

设 TA 的变比 $n_i=W_2/W_A$，则二次输出电流为$(\dot{I}_a-\dot{I}_0)/n_i$，故 TA 二次输出电压为

$$\dot{U}_R=\frac{1}{n_i}(\dot{I}_a-\dot{I}_0)R \tag{2-13}$$

负序电流滤过器输出电压为 $\dot{U}_R$ 与 $\dot{U}_{ur}$的相量差，即

$$\begin{aligned}\dot{U}_{mn}&=\dot{U}_R-\dot{U}_{ur}\\&=\frac{1}{n_i}(\dot{I}_a-\dot{I}_0)R-(\dot{I}_b-\dot{I}_c)\dot{K}_{ur}\end{aligned} \tag{2-14}$$

当加入零序电流时 $\dot{I}_a=\dot{I}_b=\dot{I}_c=\dot{I}_0$，由于 $W_A=3W_0$，$W_B=W_C$，所以电流变换器与电抗变压器一次磁势互相抵消，或从(2-14)也可得到 $\dot{U}_{mn}=0$，故不反映零序分量。

当加入正序电流时，滤过器的输出电压为

$$\begin{aligned}\dot{U}_{mn.1}&=\dot{U}_{R1}-\dot{U}_{bc1}\\&=\frac{1}{n_i}\dot{I}_{a1}R-(\dot{I}_{b1}-\dot{I}_{c1})\dot{K}_{ur}\\&=\dot{I}_{a.1}\left(\frac{R}{n_i}-\sqrt{3}\dot{K}_{ur}\right)\end{aligned} \tag{2-15}$$

可见，如取 $R=\sqrt{3}n_iK_{ur}$，$\dot{U}_{mn.1}=0$。

当加入负序电流时，滤过器的输出电压为

$$\begin{aligned}\dot{U}_{mn.2}&=\dot{U}_{R2}-\dot{U}_{ur2}\\&=\frac{1}{n_i}(\dot{I}_{a2}-\dot{I}_0)R-(\dot{I}_{b2}-\dot{I}_{c2})\dot{K}_{ur}\\&=\dot{I}_{a.2}\left(\frac{R}{n_i}+\sqrt{3}\dot{K}_{ur}\right)\end{aligned} \tag{2-16}$$

可见，如取 $R=\sqrt{3}n_iK_{ur}$，$\dot{U}_{mn.2}=2\dfrac{R}{n_i}\dot{I}_{a.2}$。

以上分析中没有考虑电流变换器和电抗变换器的角度误差。实际上，由于励磁电流的存在，电流变换器的二次电流将超前一次电流，加上变换器的铁芯损耗，其二次电压超前一次电流的角度将小于 90°，可以在正常运行时输出一不平衡电压。为此，通常可采用在电流互感器二次侧负载电阻 R 上并联补偿电容器 C，适当选择电容值，以使电流互感器二次电流后移一角度，可使 $\dot{U}_R$ 与 $\dot{U}_{ur}$ 同相。也可用其他办法来消除不平衡电压。

2.4 电磁型继电器

保护继电器按其在继电保护装置电路中的功能可分测量继电器(又称量度继电器)和有或无继电器两大类。测量继电器装设在继电保护装置的第一级用来反映被保护元件的特性量变化，如电流保护中的电流继电器，当其特性量达到动作值时即动作，它属于主继电器或起动继电器。有或无继电器(辅助继电器)是一种只按电气量是否在其工作范围内或者为零时而动作的电气继电器，包括时间继电器、中间继电器、信号继电器等。在

继电保护装置中用来实现特定的逻辑功能属辅助继电器过去亦称逻辑继电器。

2.4.1 电磁型电流继电器和电压继电器

电磁型继电器的结构型式主要有三种：即螺管线圈式、吸引衔铁式及转动舌片式，如图 2-11 所示。

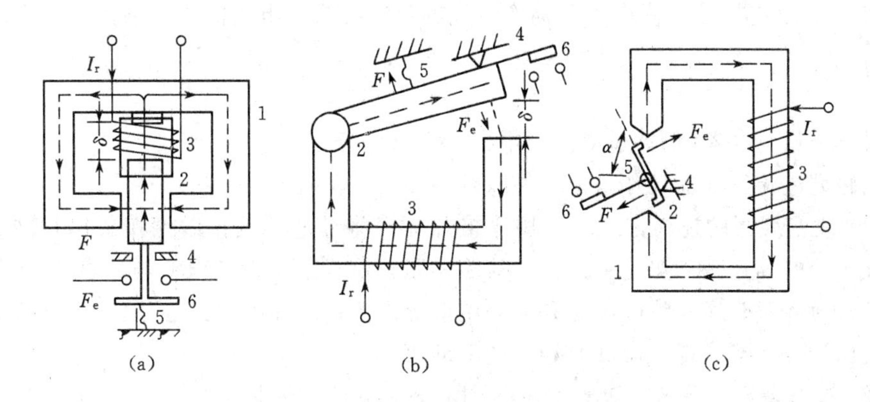

图 2-11 电磁型继电器三种基本结构型式

(a)螺管线圈式；(b)吸引衔铁式；(c)转动舌片式

1—电磁铁；2—可动衔铁；3—线圈；4—止挡；5—反作用弹簧；6—触点

电磁型电流继电器和电压继电器在继电保护装置中均为起动元件属于测量继电器。电流继电器的文字符号为 KA，电压继电器为 KV。

1. 电磁型电流继电器

常用的 DL 系列电磁型电流继电器的基本结构如图 2-11(c)所示。

由图 2-11(c)可知当继电器线圈 3 通过电流 I_r 时，电磁铁 1 中产生磁通 Φ，磁通经铁芯、可动舌片和气隙形成回路，使舌片磁化与铁芯的磁极产生电磁力，使 Z 形舌片 2 向磁极偏转。电磁转矩 M_e 可以表示为

$$M_e = K_1\Phi^2 = K_2 \frac{I_r^2}{\delta^2} \tag{2-17}$$

式中 K_1、K_2——比例系数；

δ——电磁铁与可动铁芯之间的气隙。

当铁芯未饱和且气隙不变时，K_1、K_2 为常数。实际上，继电器衔铁运动时，气隙在发生变化。如果舌片转动时保持线圈中的电流不变，则气隙的减小将引起磁通 Φ 的增加，从而电磁转矩增大，有利于继电器动作。

轴上的弹簧反作用力矩力图阻止舌片偏转。当继电器线圈中的电流增大到使舌片

所受的转矩大于弹簧的反作用力矩和摩擦力矩之和时，舌片便被吸近磁极使常开触点闭合、常闭触点断开，称作继电器动作。过电流继电器动作后减小线圈电流到一定值时，弹簧的作用力矩大于电磁力矩及摩擦力矩时，舌片返回到起始位置，称继电器返回。

过电流继电器线圈中的使继电器动作的最小电流，称为继电器的动作电流，用 I_{op} 表示。使继电器由动作状态返回到起始位置的最大电流，称为继电器的返回电流，用 I_{re} 表示。继电器的返回电流与动作电流的比值称为继电器的返回系数，用 K_{re} 表示

$$K_{re}=\frac{I_{re}}{I_{op}} \tag{2-18}$$

对于过量继电器(例如过电流继电器) K_{re} 总小于 1。

电磁型电流继电器动作电流的调整可采用以下两种办法：

(1) 改变线圈的连接方式。利用连接片可以将继电器两个线圈接成串联或并联。由于继电器的动作磁动势是一定的，线圈串联时流入继电器的电流与通过线圈的电流相等；改为并联时通入线圈电流是流入继电器电流的 1/2，因此必须使流入继电器的电流增加一倍才能获得与串联时相同的磁动势。

(2) 通过调整把手改变弹簧的反作用力矩。要注意的是调整把手的刻度盘的标度不一定准确，需要进行实测，同时当采用并联接法时刻度盘的数值应该乘以 2。

2. 电磁型电压继电器

电磁式电压继电器的基本结构与 DL 系列电磁型电流继电器相同。当在线圈上加电压 U_r 时，电流 $I_r=\frac{U_r}{Z}$(Z 是线圈阻抗)，继电器的电磁力矩为

$$M=K_1I_r^2=K_1\left(\frac{U_r}{Z}\right)^2=K_2U_r^2 \tag{2-19}$$

即在线圈阻抗不变的情况下 M 与 U_r^2 成正比。当 U_r 足够大，达到过电压继电器起动所需的最小动作电压，继电器动作。

电压继电器分为低电压继电器和过电压继电器两种。

(1) 过电压继电器。过电压继电器其动作电压、返回电压和返回系数的概念及表达式和过电流继电器相似。

(2) 低电压继电器。低电压继电器是一种欠量继电器，它与过电流继电器及过电压继电器等过量继电器在许多方面不同。典型的低电压继电器它具有一对常闭触点，正常情况下，继电器加的是电网的工作电压(电压互感器二次电压)，触点断开。当电压降低到“动作电压”时，继电器动作，触点闭合。这个使继电器动作的最大电压，称为继电器的动作电压。当电压再继续增高时，使继电器触点重新打开的最小电压，称为继电器的返回电压，显然此时低电压继电器的返回系数大于 1。

2.4.2 电磁型时间继电器

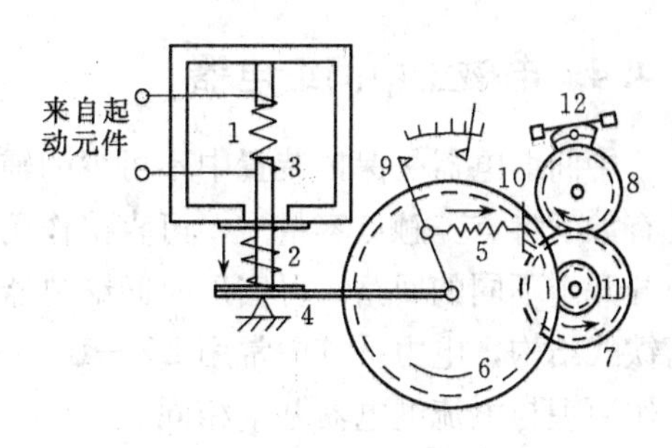

图 2-12 时间继电器结构

1—线圈；2—弹簧；3—衔铁；4—连杆；5—弹簧；6—传动齿轮；7—主传动齿轮；8—钟表延时机构；9、10—动、静触点；11—刺轮；12—摆卡摆锤

电磁型时间继电器在继电保护装置中用来使保护装置获得所要求的延时(时限)。时间继电器的文字符号为KT。

电力系统中常用的DS—110、120系列电磁型时间继电器，DS—110系列用于直流；DS—120系列用于交流。基本结构如图2-12所示。主要由电磁部分、时钟部分和触点组成。当继电器的线圈1通电时，衔铁在磁场作用下向下运动，时钟部分开始计时，动触点随时钟机构而旋转，延时的时间决定于动触点旋转至静触点接通所需转过的角度，这一延时从可读盘上可粗略地估计。当线圈失压时，时钟机构在返回弹簧的作用下返回。有的继电器还有滑动延时触点，即当动触点在静触点上滑过时才闭合的触点。

2.4.3 电磁型信号继电器

信号继电器作为装置动作的信号指示，标示装置所处的状态或接通灯光信号(音响)回路。信号继电器触点为自保持触点，应由值班人员手动复归或电动复归。信号继电器的文字符号为KS。

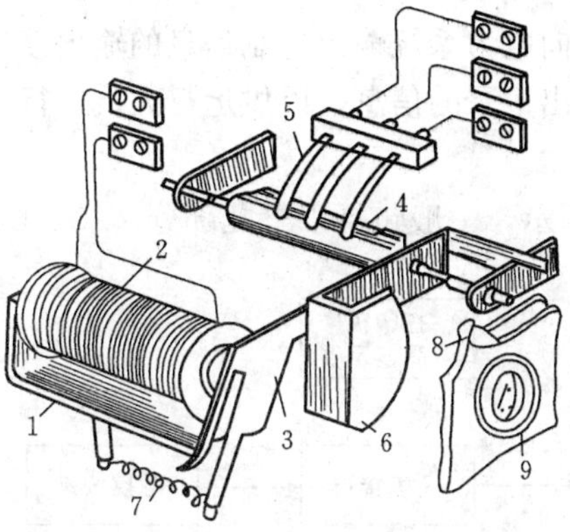

供电系统常用的有DX—11型电磁式信号继电器有电流型和电压型两种：电流型(串联型)信号继电器的线圈为电流线圈，阻抗小串联在二次回路内不影响其他二次元件的动作；电压型信号继电器的线圈为电压线圈，阻抗大、必须并联使用，其结构如图2-13所示。当线圈加入的电流大于继电器动作值时，衔铁被吸起，信号牌失去支持，靠自身重量落下，且保持于垂直位置，通过窗口可以看到掉牌。与此同时，常开触点闭合，接通光信号和声信号回路。

图 2-13 DX—11型信号继电器的结构原理图

1—铁芯；2—线圈；3—衔铁；4、5—动、静触点；6—信号掉牌；7—弹簧；8—复归把手；9—观察孔

2.4.4 电磁型中间继电器

中间继电器是保护装置中不可少的辅助继电器，与电磁式电流、电压继电器相比具有如下特点：触点容量大，可直接作用于断路器跳闸；触点数目多，可同时接通或断开几个不同的回路；可实现时间继电器难以实现的延时。通常中间继电器采用吸引衔铁式结构，电力系统中常用 DZ—10 系列中间继电器，一般采用吸引衔铁结构，其工作原理与电流继电器基本相同。

2.5 微机保护装置硬件原理

传统保护的实现是利用硬件电路，如定时限过电流保护是由电流继电器、时间继电器、信号继电器等组成；而微机保护的实现，要利用微机保护的硬件装置同时还需要软件构成。

目前微机保护在电力系统中得到广泛的应用，它与传统保护相比有明显的优越性，如灵活性强，易于解决常规保护装置难于解决的问题，使保护功能得到改善；综合判断能力强；性能稳定，可靠性高；体积小、功能全；运行维护工作量小，现场调试方便等。

2.5.1 微机保护装置硬件结构

微机继电保护的主要部分是微机，因此，除微机本体外，还必须配备自电力系统向计算机输入有关信息的输入接口和计算机向电力系统输出控制信息的输出接口。此外计算机还要输入有关计算和操作程序，输出记录的信息，以供运行人员进行分析事故，即计算机还必须有人机联系部分。

微机继电保护装置硬件系统如图 2-14 所示，一般包括以下几部分。

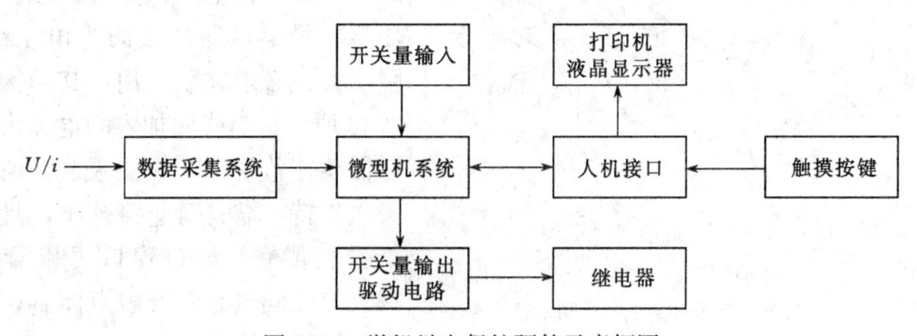

图 2-14 微机继电保护硬件示意框图

1. 模拟量输入系统(或称数据采集系统)

由于微机系统是一种数字电路设备，只能识别数字量，所以就需要将来自 TA、TV 的电流、电压这一类模拟信号转换为相应的微机系统能接受的数字信号。

2. 微机系统

微机系统用来分析计算电力系统的有关电量和判定系统是否发生故障，然后决定是否发出跳闸信号。微机系统是微机保护装置的核心，一般包括：微处理器(CPU)、只读存储器、随机存取存储器以及定时器、“看门狗”等。

CPU 是微机系统自动工作的指挥中枢，计算机程序的运行依赖于 CPU 来实现。因此，CPU 的性能好坏在很大程度上决定了计算机系统性能的优劣。当前应用于电力系统中所采用的 CPU 多种多样，且多为 8 位或 16 位 CPU，随着微电子技术近几年来突飞猛进的发展，新一代 32 位的 CPU 已得到应用。另一方面，随着数字信号处理器(DSP)的广泛应用，变电站微机保护装置采用 DSP 来完成变化功能、实现保护算法已成为一种发展趋势。

计算机利用存储器把程序和数据保存起来，常见的存储器包括 EPROM(紫外线擦除电可编程只读存储器)、E^2PROM(电擦除可编程只读存储器)、SRAM(静态随机存储器)、FLASH(快擦写存储器)以及 NVRAM(非易失性随机存储器)等。运行程序和一些固定不变的数据通常保存在 EPROM 中，这是由于 EPROM 的可靠性较高，通常只有紫外线长时间照射才可以擦除保存在 EPROM 中的内容。而 E^2PROM 可以在运行时在线改写，且掉电后又可以保证内容不丢失，因此常用来保存整定值。SRAM 主要作用是保存程序运行过程中临时需要暂存的数据。NVRAM 和 FLASH 都是近几年来迅速发展的非易失性存储器，由于它们具有掉电后数据不丢失，而且读写简单方便等优点，通常将它们用来保存故障数据，以便事后分析事故用。还有一些新的变电站将 FLASH 替代 EPROM 作为保存运行程序和固定参数用。随着大规模集成电路的发展，现在已有不少 CPU 将 SRAM、FLASH、EPROM 等集成在一起，一方面降低了 CPU 外围电路的复杂性，另一方面也加强了整个系统的抗干扰能力。

定时器/计数器，除计时作用外，它还有两个主要用途：①用来触发采样信号，引起中断采样；②在电压—频率(V/F)变换式 A/D 中，定时器/计数器是把频率信号转换为数字信号的关键部件。

3. 开关量(或数据量)输入/输出系统

开关量输入/输出回路由若干个并行接口适配器、光电隔离器件及有触点的中间继电器等组成。例如，微机保护装置的压板，连接片、屏上切换开关，其他保护动作的触点等均作为开关量输入至微机保护，而微机保护的执行结果则通过开关量输出电路驱动一些继电器，如起动继电器、跳闸出口继电器、信号继电器等，完成各种保护的出口跳闸、信号警报等功能。

4. 人机对话接口回路

该回路主要功能用于人机对话，如调试、定值整定、工作方式设定、动作行为记录、与系统通信等。人机对话接口回路主要包括打印、显示、键盘及信号灯、音响或语言告警等。

5. 电源

微机保护的电源是一套微机保护装置的重要组成部分。通常采用逆变稳压电源，一般集成电路芯片的工作电压为5V，而数据采集系统的芯片通常需要双极性的±15V或±12V工作电压，继电器回路则需要24V电压。

2.5.2 微机保护数据采集系统

数据采集系统又称模拟量输入系统，采用A/D芯片的A/D式数字采集系统，由电压形成、模拟滤波器(ALF)、采样保持(S/H)、多路转换开关(MPX)与模数转换器(ADC)几个环节组成，如图2-15所示。其作用是将电压互感器(TV)和电流互感器(TA)二次输出的电压、电流模拟量经转化为成计算机能接受与识别的，而且大小与输入量成比例相位不失真的数字量，然后送入CPU主系统进行数据处理及运算。

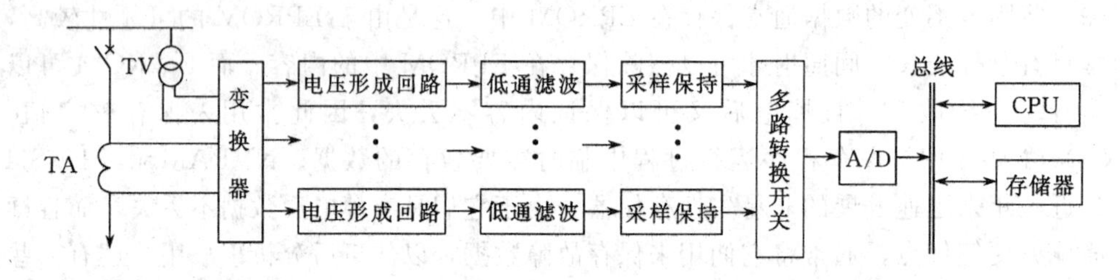

图2-15 A/D式数据采集系统图

1. 电压形成回路

微机继电保护要从被保护的电力线路或设备的电流互感器、电压互感器上取得信息。但这些互感器的二次数值、输入范围对典型的微机继电保护电路却不适用，需要降低和变换。在微机继电保护中通常要求输入信号为±5V或±10V的电压信号，具体决定于所用的模数转换器。因此，一般采用中间变换器来实现以上的变换，另外加中间变换器还起到电气隔离作用，防止交流二次回路的干扰信号进入弱电部分。

交流电压的变换一般采用电压变换器；交流电流的变换一般采用电流变换器，也有采用电抗变换器。

2. 保持电路与模拟低通滤波器

(1) 采样保持电路的原理及采样方式。在微机保护中被保护元件的电气量(如电

流、电压等)都是模拟量，而微机保护中的计算机只能对数字量进行运算和判断，所以必须对来自被保护元件的模拟量进行模/数(A/D)变换，在进行A/D变换之前，首先要将连续的模拟量变为离散量。这就需要对模拟信号进行采样，即按时间段进行量化，此功能由采样保持芯片完成。

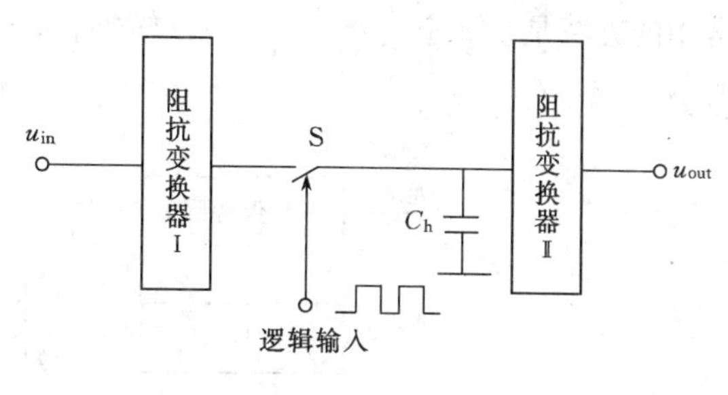

图 2-16　采样保持电路原理图

采样电路的工作原理可由图 2-16 来说明。它由一个电子模拟开关S，电容 C_h 以及两个阻抗变换器组成。开关S受逻辑输入端电平控制，在高电平时S闭合，电路处于采样状态。电容 C_h 迅速充电或放电到 u_{in} 在采样时刻的电压值。电子模拟开关S每隔 T_s 短暂闭合一次，将输入信号接通，实现一次采样。如果开关每次闭合的时间为 T_c，那么采样器的输出将是一串重复周期为 T_s 宽度为 T_c 的脉冲，而脉冲的幅度，则是重复着的在这段 T_c 时间内的信号幅度。

电子模拟开关S的闭合时间应满足使 C_h 有足够的充电或放电时间，即采样时间。显然希望采样时间越短越好，因而应用阻抗变换器Ⅰ，它在输入端呈高阻抗，而输出阻抗很低，使 C_h 上的电压能迅速跟踪 u_{in} 值。电子模拟开关S打开时，电容 C_h 保持着S打开瞬间的电压值，电路处于保持状态。同样，为了提高保持能力，电路中应用了另一个阻抗变换器Ⅱ，它对 C_h 呈现高阻抗。而输出阻抗很低，以增强带负载能力。

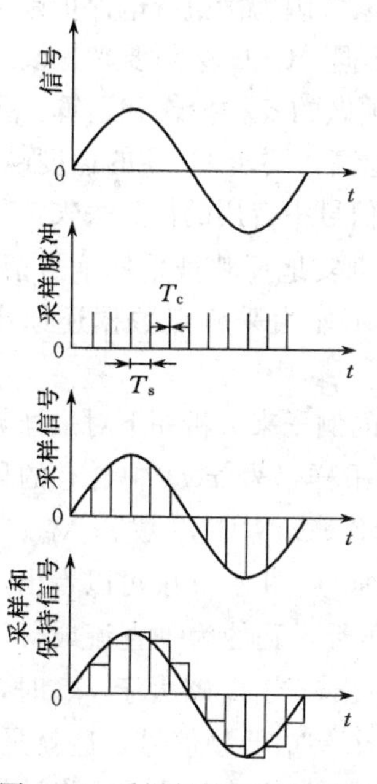

图 2-17　采样保持过程示意图

显然，S/H电路的作用是：在一个极短的时间测出模拟量在该时刻的瞬时值；并要求在A/D转换期间保持不变，采样保持过程如图 2-17 所示。T_c 为采样脉冲宽度，T_s 为采样周期(或称采样间隔)。

继电保护原理绝大多数基于多个输入信号，比如 i_a、i_b、i_c、i_0、u_a、u_b、u_c、u_0 等。多通道采样就是在每一个采样周期 T_s 里对这些通道的量全部采样，使用比较多的是同时采样。即在每一个采样周期对所有需要采样的各个通道的量在同一时刻一起采样，称同时采样。一般情形，保持各个(或某些个)输入离散化的同时性对微机继电保护才有意义。

常用的方案是多通道合用一个 A/D 转换器，同时采样，依次 A/D 转换，如图 2-18 所示。

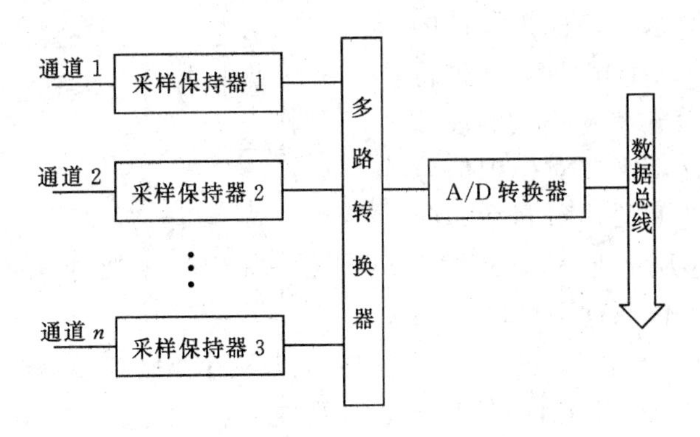

图 2-18 同时采样、依次 A/D 转换

目前，采样保持电路大多集成在单一芯片中，但其中不包括电容 C_h。采样保持其芯片可分为通用型芯片、高速型芯片和高分辨率芯片三类。通用型芯片由 LF198、LF398、AD582K、AD583K 等，常用的一种型号是 LF398 采样保持芯片。

(2) 低通滤波。图 2-17 中，采样间隔 T_s 的倒数称为采样频率 f_s。采样频率的选择是微机保护中的一个关键问题，需要综合考虑许多因素。因为微机继电保护是个实时系统，数据采集系统以采样频率不断地向 CPU 输入数据，CPU 必须要来得及在两个相邻采样间隔时间 T_s 内处理完对每一组采样值所必须做的各种操作和运算，否则 CPU 将跟不上实时节拍而无法工作。可见，采样频率越高，要求 CPU 的速度越高，即对硬件的要求越高。采样频率过低，采样时可能将原信号中有用的信息丢失，采样点的数据将不能真实地反映被采样信号情况，换句话来说，将不能由采样点数据还原出原信号。

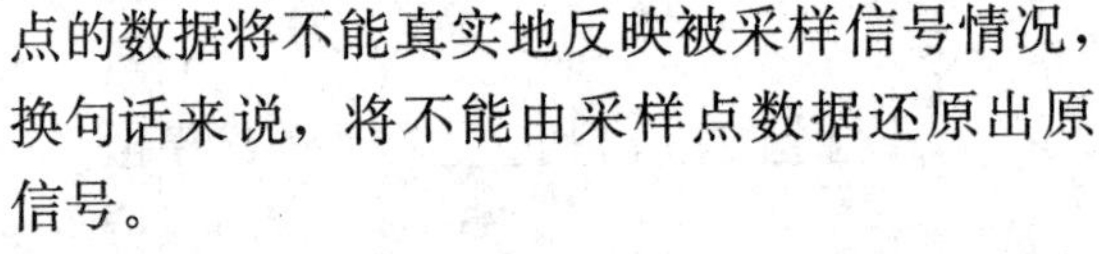

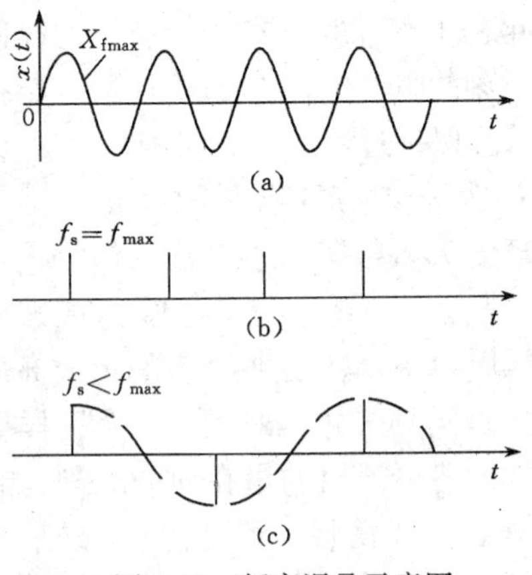

图 2-19 频率混叠示意图

下面从简单的例子来分析一下对采样频率 f_s 的要求。设被采样信号 $x(t)$ 中含有的最高频率为 f_{max}，若将 $x(t)$ 中这一成分 X_{fmax} 单独画在图 2-19(a)中，从图 2-19 中可以看出，当 $f_s=f_{max}$ 时，采样所看到的为一直流成分，而从图 2-19(c)中看出，当 f_s 略大于 f_{max} 时，采样所看到的是一个差拍低频信号。这就是说，一个高于 $f_s/2$ 的频率成分在采样后将被错误

地认为是一个低频信号，或称高频信号“混叠”到了低频段，产生了混叠误差。可以证明，如果被采样信号中所含最高频率信号的频率为 f_{max}，则采样频率 f_s 必须大于 $2f_{max}$，这时将不会出现这种混叠现象，这就是采样定理。

对微机保护而言，在故障初瞬，电流、电压中可能含有相当高的频率信号(2kHz以上)，为了防止混叠误差，要求 f_s 很高，势必增加对硬件的要求。实际上目前大多数微机保护原理多是反映工频量的，或反映某些高次谐波，故可以在采样之前将最高信号波频率分量限制在一定频带内。一般在采样前用一个低通滤波器(ALF)将高频分量滤掉，这样可降低 f_s，从而降低对硬件的要求，另外，也可减少谐波分量对某些算法的影响。一般仅用低通滤波器(ALF)滤掉 $f_s/2$ 以上的分量，以消除频率混叠。

采用低通模拟滤波消除混叠误差后，采样频率的选择很大程度上取决于保护原理计算法的要求，同时还要考虑硬件的速度。

3. 多路转换开关

在实际的数据采集模块中，被测量或被控制量往往可能是几路或几十路。例如，阻抗、功率方向等都要求对各个模拟量同时采样，以准确的获得各个量之间的相位关系，以进行保护计算。对这些回路的模拟量进行采样和A/D转换时，为了满足计算的要求或节省硬件，可以利用多路开关轮流切换各通路，达到分时转换的目的，共用A/D转换器。

多路转换开关包括选择接通路数的二进制译码电路和由它控制的各路电子开关，它们被集成在一个集成电路芯片中。图2-20为16路多路转换芯片AD7506的内部结构图。

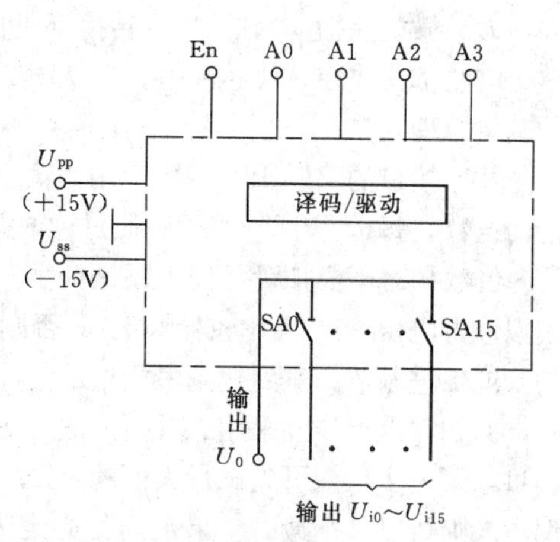

图2-20 多路转换开关芯片AD7506内部结构

A0、A1、A2、A3：是四个路数选择线，CPU通过并行接口芯片或其他硬件电路给它们赋以不同的二进制码，选通SA0～SA15中相应的一路电子开关闭合，将此路接通到输出端。

En(Enable)：使能端，只有在En端为高电平时多路开关才工作，否则不论A0～A3在什么状态，SA0～SA15均处于断开状态。设置该端是为了可以用二片(或更多片)AD7506，将其输出端并联以扩充多路转换开关的路数。

4. 模数转换器(ADC)

模数转换器是一种能把输入模拟电压或电流变成与它成正比的数字量，以便计算机进行处理、存储、控制和显示。A/D 转换器的种类很多，但从原理上可以分为以下四种：计数器式 A/D 转换器，双积分式 A/D 转换器，逐次逼近式 A/D 转换器，并行 A/D 转换器。

微机保护用的模数转换器绝大多数都是应用逐次逼近法实现的。图 2-21 为模数转换器基本原理框图及逐次逼近过程。

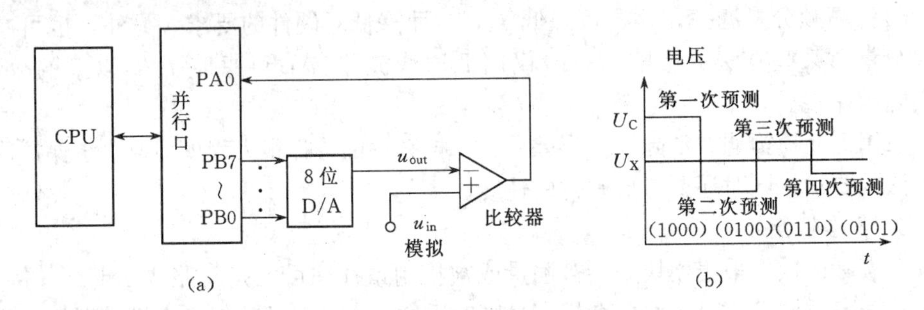

图 2-21　模数转换器基本原理框图及逐次逼近过程
(a)原理框图；(b)逐次逼近过程

该图是在 CPU 控制下由软件来实现逐位逼近的，因而转换速度较慢，实用价值并不大。微机保护应用的 A/D 转换都是由硬件控制电路自动进行逐次逼近的，并且整个电路都集成在一块芯片上。但从图 2-21 中可以清楚的理解逐次逼近法 A/D 转换的基本原理。

并行接口的 B 口 PB0～PB7 用作输出，由 CPU 通过该口往 8 位 D/A 转换器试探性的送数。每送一个数，CPU 通过读取并行口的 PA0 的状态(“1”或“0”)来试探试送的 8 位数相对于模拟量是偏大还是偏小。如果偏大，即 D/A 的输出 u_{out} 大于待转换的模拟输入电压 u_{in}，则比较器输出“0”否则为“1”。如此通过软件不断的修正送往 D/A 的 8 位二进制数，直到找到最相近的值即为转换结果。

例如，逼近步骤采用二分搜索法，对于四位转换器来说，最大可能的转换输出为 1111，第一步试探可先试最大值的 1/2，即试送 1000，如果比较器的输出为“1”，即偏小，则可以肯定最终结果最高位必定为 1；第二步应当试送 1100。如果试送 1000 后比较器的输出为“0”，则可以肯定最终结果最高位必定是“0”，则第二部应试送 0100。如此逐位确定，直到最低位，全部比较完成。图 2-21(b)表示四位 A/D 转换器的逐次逼近过程。转换结果能否准确逼近模拟信号，主要取决于寄存器的位数和D/A 的位数。位数越多，越能准确逼近模拟量，但转换时间也越长。

值得注意的是，随着大规模集成电路技术的发展，生产集成电路产品的公司将采样保持器和 A/D 转换器或多路开关和 A/D 转换器集成在一个芯片上。例如，常用的 ADC0809 是带 8 路多路开关的 8 位 A/D 转换芯片，不加任何扩展，ADC0809 本身可以具有 8 路模拟量的输入通道；又如 AD1674，是与 AD574A 管脚兼容的 12 位 A/D 转换芯片，但 AD1674 与 AD574A 不同之处主要在于 AD1674 内部有采样保持器，且转换速度只需 10μs，因此 AD1674 的性能价格比更高，可以是 AD574A 的替换产品。

美国 Maxim Integrated Products 公司更进一步提高集成度，把多路开关、采样保持器和 A/D 转换器这三大环节集成在一个芯片中，并把这种高集成度的芯片称为数据采集系统 DAS，例如 MAX197 是多量程的 12 位 DAS(数据采集系统)，只需要一个＋5V 的单一电源供电，片内包括 8 路的模拟输入通道和一个 5MHz 宽频带的采样跟踪/保持器与 12 位的 A/D 转换器。它可应用于工业控制系统、数据采集系统和自动测试系统。

5. 电压—频率(VFC)式数据采集系统

除了应用 A/D 芯片的 A/D 式数据采集系统外，有的微机保护装置中还采用电压—频率(VFC)式数据采集系统。前者在 A/D 变换过程中，CPU 要使保持电路、模拟量多路转换开关 MPX、A/D 三个芯片之间控制协调好，因此接口电路复杂。

VFC 式的模数转换是将电压模拟量成比例地变换为数字脉冲频率，然后由计数器对脉冲计数，将计数值送给 CPU。如图 2-22 所示。

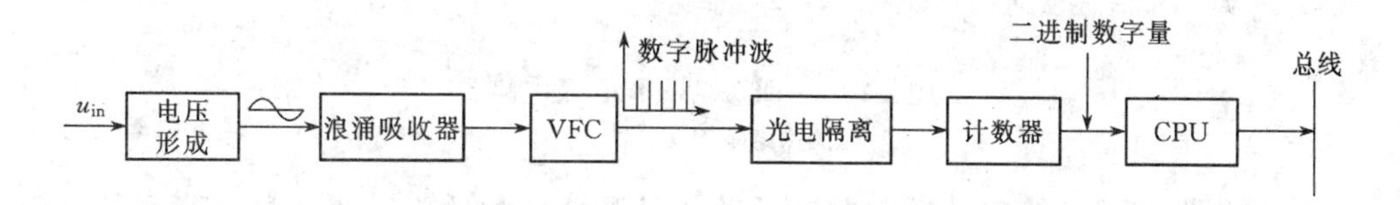

图 2-22 VFC 式数据采集系统框图

图 2-22 中电压形成回路的作用与逐位逼近 A/D 式数据采集系统一样，浪涌吸收器是为抗干扰而设计的阻容吸收电路。VFC 芯片是该系统的核心芯片，其作用是把输入的模拟信号转换成重复频率，正比于输入电压瞬时值的一串等幅脉冲，由计数器记录在一采样间隔内的脉冲个数，CPU 每隔一个采样间隔时间 T_s，读取计数器的脉冲计数值，并根据比例关系算出输入电压 u_{in} 对应的数字量，从而完成了模数变换。

VFC 型的 A/D 变换方式及与 CPU 的接口，要比 ADC 型变换方式简单得多，CPU 几乎不需对 VFC 芯片进行控制。保护装置采用 VFC 型的 A/D 变换，建立了一种新的变换方式，为微机型保护带来了很多好处。

(1) VFC 芯片 AD654 的结构。AD654 芯片是一个单片 VFC 变换芯片，最高输出频率为 500kHz，中心频率为 250kHz。它是由阻抗变换器 A、压控振荡器和驱动输出级回路构成。压控振荡器是一种由外加电压控制振荡频率的电子振荡器件，芯片只需外接一个简单 RC 网络，经阻抗变换器 A 变换输入阻抗可达到 250MΩ。振荡脉冲经驱动级输出可带 12 个负荷或光电耦合器件。要求光隔器件具有高速光隔性能。

AD654 芯片的工作方法可有两种方式，即正端输入和负端输入方式。在保护装置上大多采用负端输入方式。因此 4 端接地，3 端输入信号，见图 2-23(b)。由于 AD654 芯片只能转换单极性信号，所以对于交流电压的信号输入，必须有个负的偏置电压，它在 3 端输入。此偏置电压为−5V。输出频率与输入电压 U_{in} 呈线性关系。

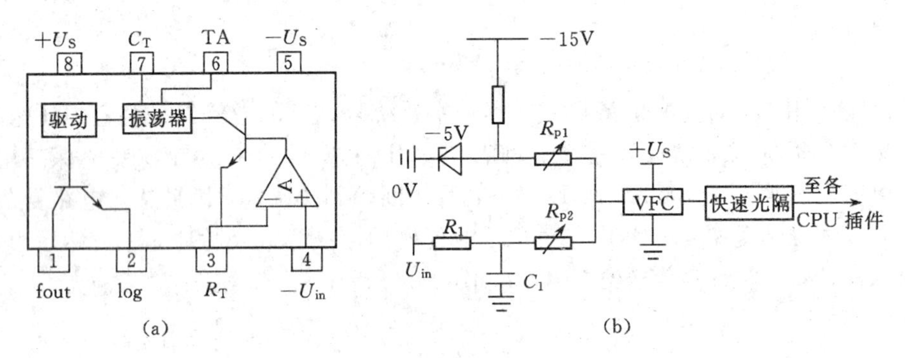

图 2-23 AD654 芯片结构及电路图

(a)结构图；(b)工作电路图

计数器对 VFC 输出的数字脉冲计数值是脉冲计数的累计值，在需要进行计数时，取相邻 N 个采样间隔的计数器值相减，其差值为 NT_s 期间的脉冲数，此脉冲数与 NT_s 期间内模拟信号的积分值具有对应关系。

(2) 采用 A/D 芯片的数据采集系统与 VFC 式数据采集系统的比较。其中：

1)经过 A/D 芯片的转换结果可直接用于保护的有关算法。而电压—频率转换芯片每个 T_s 时间读得的计数值不能直接用于算法，必须取相隔 NT_s 的计数值相减后才能用于各种算法。

2)A/D 芯片选定后，其数字输出位数不可改变，即分辨率不可改变。而 VFC 系统中，可通过增大计算间隔提高分辨率。

3)对 A/D 式数据采集系统，A/D 芯片的转换时间必须小于 T_s/n(n 为通道数)。而 VFC 数据采集系统是对输入脉冲不断计数，不存在转换速度问题。但应注意到

8253 芯片的脉冲频率不能超过 8253 芯片的极限计数频率。

4)A/D 式数据采集系统中需要由定时器按规定的采样间隔给采样/保持芯片发出采样脉冲，而 VFC 式数据系统只需要按采样间隔读取计数器的值就可以。

2.5.3 CPU 模块工作原理

目前我国微机保护装置的 CPU 大多数采用 16 位的 8098 单片微机、DSP 芯片，也有的采用 8 位的 8031 芯片。保护的 CPU 插件，是利用单片微机具有较强的外部扩展功能，通过标准电路来构成保护的单片微机系统。

当采用的单片机不能满足保护的需要时，根据采用的芯片不同以及实现保护的功能不同，单片机的扩展电路也不尽相同。

1. 具有 ADC 变换接口的保护 CPU 模块原理

对于 ADC 模块变换方式的保护 CPU 模块，当保护的单片机内不含 A/D 功能或 A/D 通道数不够用时，均应扩展 ADC 功能。一般 A/D 模数芯片与 ALF 低通滤过器、S/H 采样保持芯片及多路转换开关均安排在同一个 ADC 插件上，因此在保护 CPU 模块上就不配置 A/D 变换芯片。为了防止干扰，CPU 的总线不得引出插件板，为此可在保护 CPU 模块上设置 8255 并行扩展芯片，利用 8255 扩展的并行接口与 ADC 变换插件的 A/D 芯片相连。

如图 2-24 所示，CPU 是采用 8098 芯片，而 8098 片内已含有四个 A/D 模数转换

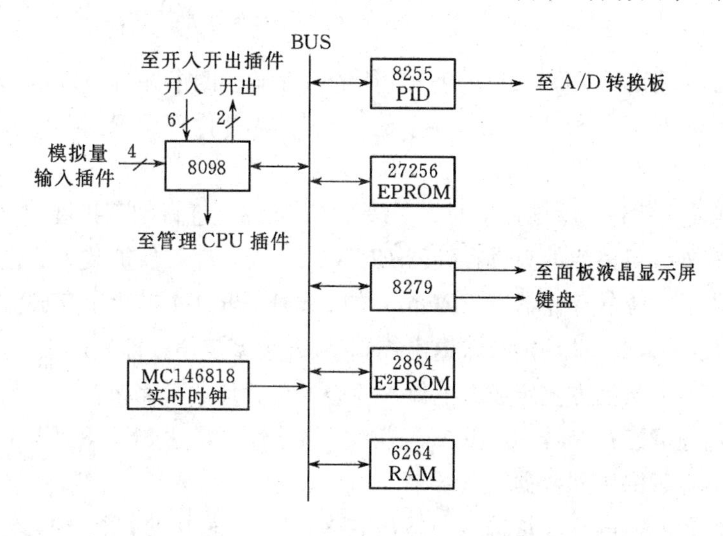

图 2-24 保护 CPU 插件原理框图

通道，如果这四个通道保护不够用则利用 8255 扩展并行口与 ADC 变换插件板相连。

框图中模拟量输入是指四个A/D通道的模拟量输入电路。该图为单CPU保护模块，所以总线上还挂有时钟芯片MC146818和人机接口扩展芯片8279。

2. 具有VFC接口的保护CPU模块框图原理

图2-25为具有VFC变换接口的保护CPU模块框图原理图。保护CPU插件采用8031单片微机，VFC变换接口芯片为8253。

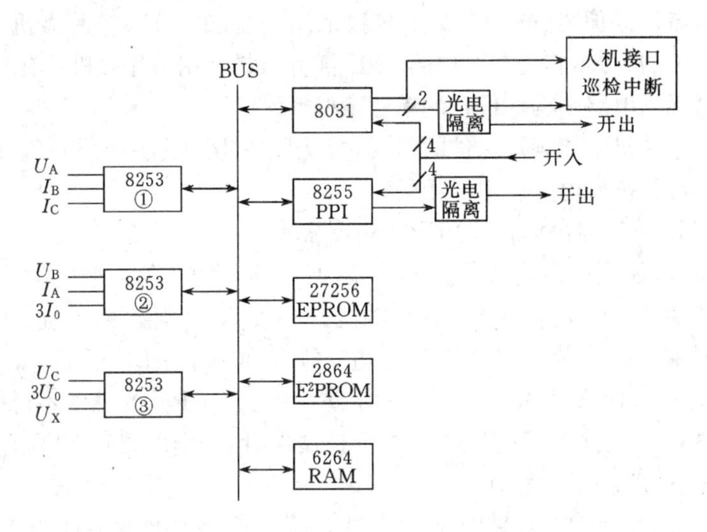

图2-25　VFC变换方式的保护CPU插件原理框图

8031内部包括由CPU、21个特殊功能的寄存器、四个并行I/O口、一个全双工串行口、两个定时器/计数器、128字节的RAM。芯片内部无ROM，RAM的容量仅128字节。

当保护插件采用8031单片机时，一般CPU插件上进行如下扩展。

扩展有紫外线可擦除的只读存储器EPROM，用以存储保护装置的程序。

扩展有电可擦除的存储器E^2PROM，如2864E^2PROM芯片，存放保护装置的整定值(数值型定值)和保护功能投入退出控制字(开关型定值、即软压板)，这些数值可根据需要由调度人员远方整定或继电保护检修人员就地调整修改。

扩展有高速静态存储器6264RAM芯片。该芯片容量达8K×8，用于存放数值计算及逻辑运算过程的中间数据及其结果。

当保护装置所需的开关量输入与输出较多，CPU芯片的并行I/O端口不能满足要求，必须扩展并行I/O端口。8255是可编程并行接口芯片，用于该保护插件I/O扩展。输入和输出的开关量必须经光隔处理后才能进入保护的CPU插件。

3. 定值固化

定值固化电路由一片 E^2PROM 芯片 2817 和相应的控制电路构成，如图 2-26 所示。在片选信号有效时，该 E^2PROM 被选中，地址总线 AB（A0～A10）就指向 EPROM 里某个存储单元。在 RD 或 WR 控制线有效时 CPU 通过数据总线（D0～D7）DB，对 AB 指定存储单元内的内容进行读或写操作。

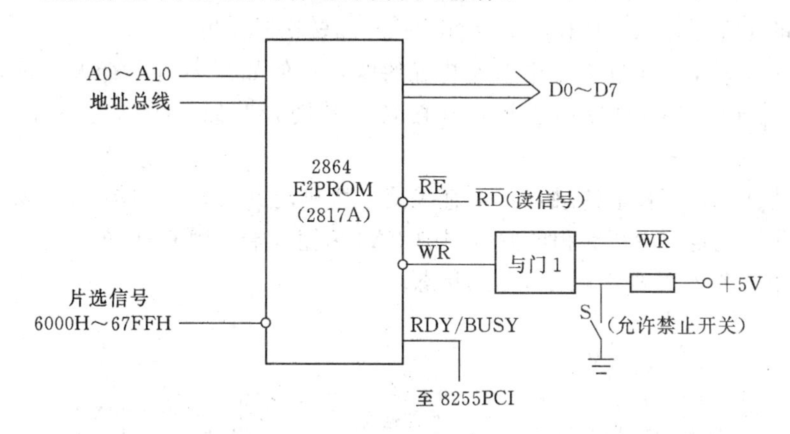

图 2-26 定值固化电路

（1）定值固化。CPU 来的写信号 WR 与固化开关 S 组成与门 1 电路才输出低电平，允许对 2817A 进行改写。在写过程中，由 BUSY 端给出一个低电平，通知 CPU 还没有写完成，以免造成数据改写出错。

（2）读操作。当继电保护工作人员需要检查固化定值时，通过人机接口面板的键盘，下发查询命令，在 RD 读信号有效时（RD 低电平），软件将根据定值区号，查 E^2PROM 中对应的定值表，它通过数据总线 D0～D7 传送，把所读定值在液晶显示器上显示出来。

2.5.4 开关量输入/输出回路

开关量输出、输入系统的主要作用是输出跳闸、信号等信息；与外围设备包括打印机和调试、整定设备等接口。变电站的开关量有断路器、隔离开关的状态，继电器和按键触点的通断等。断路器和隔离开关的状态一般通过辅助触点给出信号，继电器和按键则由本身的触点直接给出信号。为了防止干扰的侵入，通常经过光电隔离电路将开关量输出、输入回路与微机保护的主系统进行严格的隔离，使两者不存在电的直接联系，这也是微机保护保证可靠性的重要措施之一。隔离常用的方法有光电隔离、继电器隔离、继电器和光电耦合器双重隔离。

1. 开关量输入电路

开关量输入电路包括断路器和隔离开关的辅助触点、跳合闸位置继电器触点、有载调压变压器的分接头位置等输入、外部装置闭锁重合闸触点输入、装置上连接片位置输入等回路，这些输入可分成两大类：

(1) 安装在装置面板上的触点。这类触点包括在装置调试时用的或运行中定期检查装置用的键盘触点以及切换装置工作方式用的转换开关等。

(2) 从装置外部经过端子排引入装置的触点。例如需要由运行人员不打开装置外盖而在运行中切换的各种压板、连接片、转换开关以及其他装置和操作继电器等。

对于装在装置面板上的触点，可直接接至微机的并行口，如图 2-27 所示。只要在可初始化时规定图中可编程的并行口的 PA0 为输入端，则 CPU 就可以通过软件查询，随时知道图 2-27 外部触点 K1 的状态。

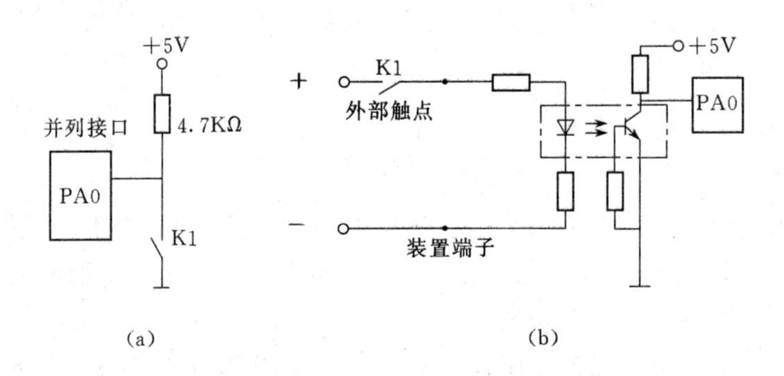

图 2-27 开关量输入电路原理图

(a)装置内触点输入回路；(b)装置外触点输入回路

对于从装置外部引入的触点，应经光电隔离，以防止外部干扰传入对微机系统造成影响。如图 2-27(b)所示。图中虚线框内是一个光电耦合器件，集成在一个芯片内。当外部触点 K1 接通时，有电流通过光电器件的发光二极管回路，使光敏三极管导通。

2. 开关量输出回路

在变电站中，计算机对断路器、隔离开关的分、合闸控制和对主变压器分接开关位置的调节命令，以及告警及巡检中断都是通过开关量输出接口电路去驱动继电器，再由继电器的辅助触点接通跳、合闸回路或主变压器分接开关控制回路而实现的。不同的开关量输出驱动电路可能不同。

如图 2-28 所示为开关量输出电路，一般都采用并行接口的输出来控制有触点继

电器(干簧或密封小中间继电器)的方法，但为提高抗干扰能力，最好也经过一级光电隔离，只要通过软件使并行口的PB0输出“0”，PB1输出“1”，便可使与非门H1输出低电平，光敏三极管导通，继电器K被吸合。在初始化和需要继电器K返回时，应使PB0输出“1”，PB1输出“0”。

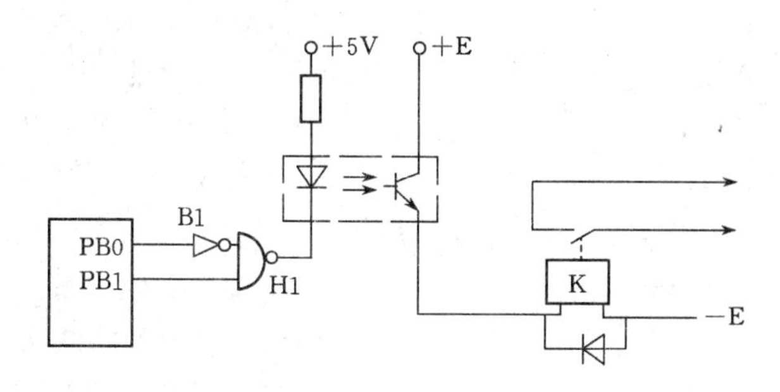

图2-28 开关量输出电路

2.5.5 人机接口回路原理

1. 人机接口原理

微机保护的人机接口回路是指键盘、显示器及接口CPU插件电路。人机接口回路的主要作用，是通过键盘和显示器完成人机对话任务、时钟校对及与各保护CPU插件通信和巡检任务。

在单CPU结构的保护中，接口CPU就由保护CPU兼任。键盘、显示器与CPU的连接可以采用不同方式。如，采用8255扩展I/O口的键盘、显示器接口；串行口硬件译码键盘显示器接口；8279键盘、显示器接口。采用8279键盘、显示器接口，可减轻保护CPU的负担，完成键盘、显示器与保护CPU的接口任务，时钟校对由MC146818独立完成。如图2-29所示。

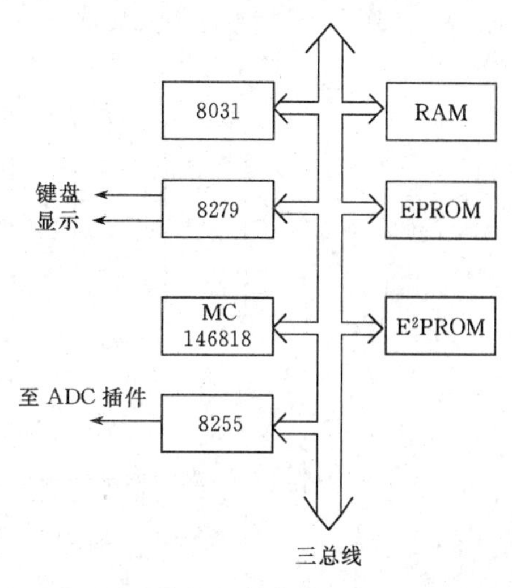

图2-29 单CPU结构保护的人机接口芯片与保护CPU的连接

在多CPU结构的保护中，另设有专用的人机接口CPU插件，该CPU除了要完成人机接口(键盘、显示器)的任务外，还要完成与各CPU通信管理、巡检及时间校

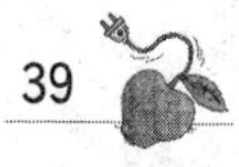

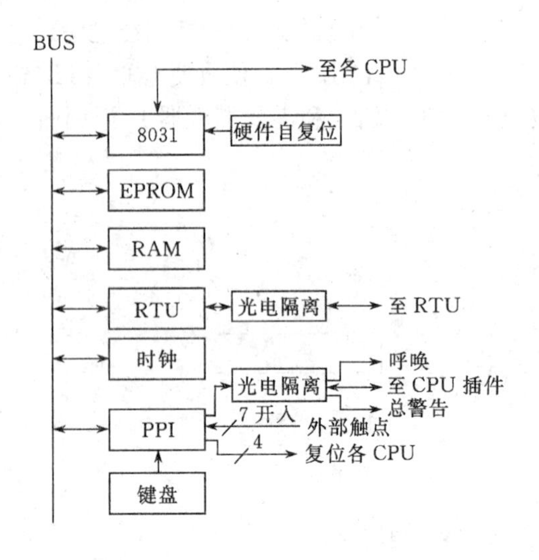

图2-30 多CPU结构保护的接口插件框图

对、程序出格自复位等多项任务。人机接口CPU插件框图如图2-30所示。与保护CPU相类似，在接口CPU插件上除了8031CPU外，还扩展有EPROM、RAM，串行及并行扩展芯片8256，时钟电路MC146818芯片及自复显示位用的计数器74LS393。

2. 键盘、显示器接口

键盘、显示器接口有不同的形式，简单介绍如下。

(1) 单片机扩展的I/O组成的行列式键盘。人机接口的面板上键盘只有七个键："↑"、"↓"、"←"、"→"、"Q"(返回键)、"复位"和"确认"键。这样可以使得电路十分简单，操作也很方便。键盘输入电路有两种，一种是独立键盘电路，另一种是行列式按键电路。

行列式键盘又叫阵式键盘。I/O口线组成行、列结构，按键设置在行列交叉点上，当按键数量较多时，可以节约I/O口线。

图2-31为8256扩展的I/O组成的行列式键盘。该电路采用非编码矩阵式键盘，设有16个按键，按照4行4列构成，在行与列交叉处接入开关式按键。其中按键的行号由并行口8256的P2口的P2.4～P2.7来提供，列号由经过双向数据缓冲器与微

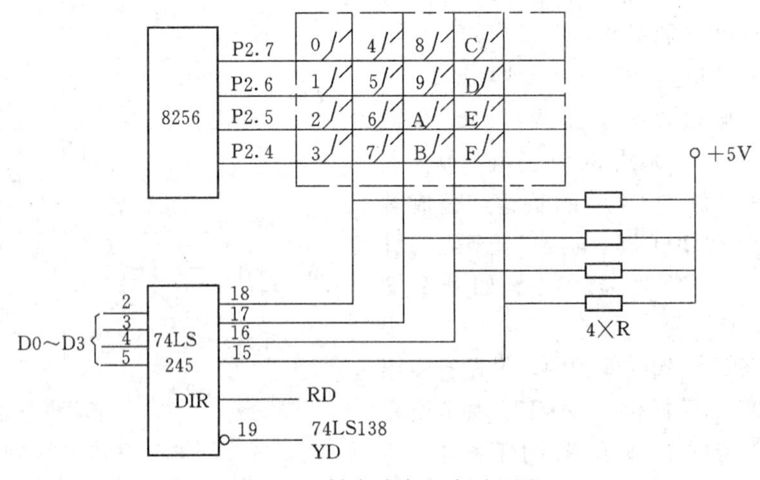

图2-31 键盘响应电路原理图

处理器数据总线的低 4 位相连来提供。

对键盘的处理包括以下三个内容：

1)落键识别。判断是否有按键落下。方法是使 8256P2.4～P2.7 四根线输出低电位，然后从 74L5245 读入按键的状态，当无键按下时，D0～D3 全是“1”。有键按下时，D0～D3 四位至少有一位为 0。采用软件去抖动措施。

2)键号的识别。采用逐行、逐列扫描的方法。

键号＝行号＋列号×4。键号存入累加器中。

3)重键处理。软件采用当按下键释放后，才能接收下一个按键的处理方法。

(2) 液晶显示电路。液晶显示器也叫 LCD 显示器。一般在保护装置的人机对话面板上设有液晶显示模块，同时保留打印机接口。液晶显示电路以菜单的形式显示出各个键盘操作及执行的结果，给用户调试和检修微型机装置提供方便，使人机联系更加直观。

液晶显示电路如图 2-32 所示。该电路主要由多功能异步通信接收发送器 8256 芯片的两个并行口控制。图中并行口 8256 芯片的 P1 口工作在输出方式，P2.0～P2.7 提供液晶显示器的数据，而 P1 口的 P1.4、P1.5、P1.6 三条线作为液晶显示器的控制线。

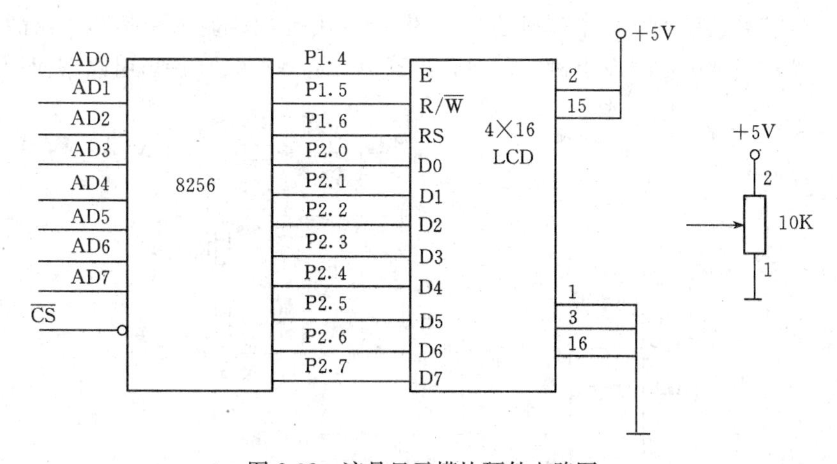

图 2-32 液晶显示模块硬件电路图

点阵式液晶显示器体积小、功耗小、接口简单，微机保护中，采用字符型液晶显示模块，依照显示字符的行数及每行显示字符的个数不同分为多种型号。在液晶显示屏上可并列排放着若干点阵的字符显示位，每一位显示一个字符。根据需要将要输出的数据或信息转换成显示符代码后，再通过 8256 芯片的 P2 口将需要显示的数据输送到不同的显示位上。

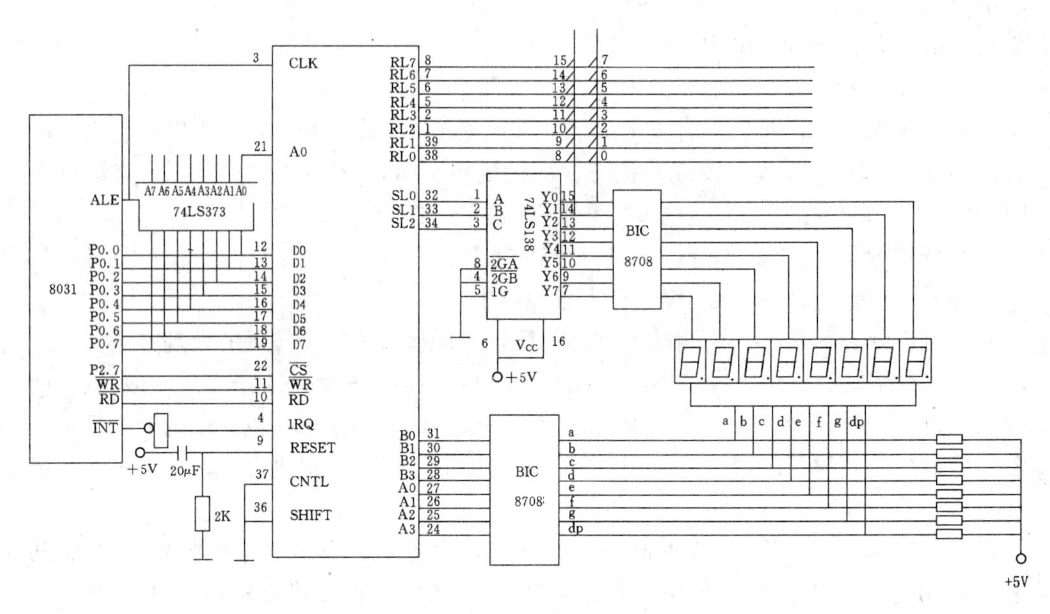

图 2-33　实际的 8279 键盘、显示器接口电路

(3) 采用 8279 键盘、显示器接口芯片。图 2-33 为实际的 8279 键盘、显示器接口电路。可编键盘、显示器专用接口芯片 8279 是专用键盘、显示控制芯片，能对显示器自动扫描；识别键盘上按下键的键号，可充分提高效率。在接口电路中应用较多。

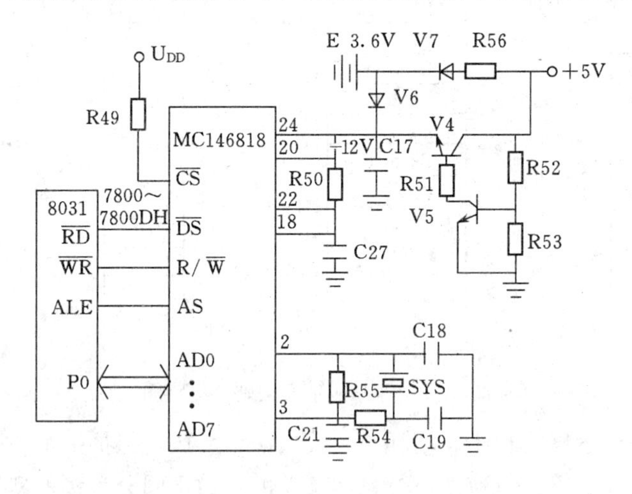

图 2-34　硬件时钟电路

3. 硬件时钟电路

接口插件设置了一个硬件时钟电路，由一片 MC146818 时钟芯片及辅助元器件

组成，如图 2-34 所示。

MC146818 芯片是智能式硬件时钟，其内部由电子钟和存储器两部分组成。可计年、月、日、时、分、秒、星期；能处理闰月闰年；可将当前时间实时存储，以便人机接口 CPU 随时读取。该接口电源正常时，由装置+5V 电源供电，V4 导通，V6 截止，5V 通过 V7 对电池充电。当直流 5V 消失时 V6 导通，自动由电池对 MC146818 供电，以保证硬件时钟继续运行。

芯片时钟的工作方式分述如下：

(1) 正常运行方式。当接口 CPU 复位重新开始执行程序初始化工作完成后，从硬件时钟取时间值通过 CPU 串行通信口送到保护 CPU 插件内部时钟存储单元，去校对保护 CPU 的软件时钟。此外每隔一定时间，该硬件时钟对保护内部时钟的存储单元同步校正一次，实现了对各 CPU 软件时钟的同步校对。

(2) 修改时间。运行人员欲修改时间，可在运行方式下按提示的格式输入正确时间，确认后硬件时钟按所输入的时间开始运行。

(3) 保护装置直流电源掉电时。保护软件时钟丢失，但接口硬件时钟由电池供电继续运行，直流恢复后又重新把接口硬件时钟的时间通过串行通信送入保护内部软件时钟存储单元，确保时钟不间断计时。

4. 硬件自复位电路

硬件自复位电路相当于“看门狗”电路。其作用是当由于干扰信号侵入地址或数据总线是造成单片机不能正常执行程序(程序出格)时利用该电路自动给单片机一个复位脉冲，使程序从头开始运行。硬件自复位电路如图 2-35 所示。由 MC146818、74LS393 计数器和 8031CPU 组成。

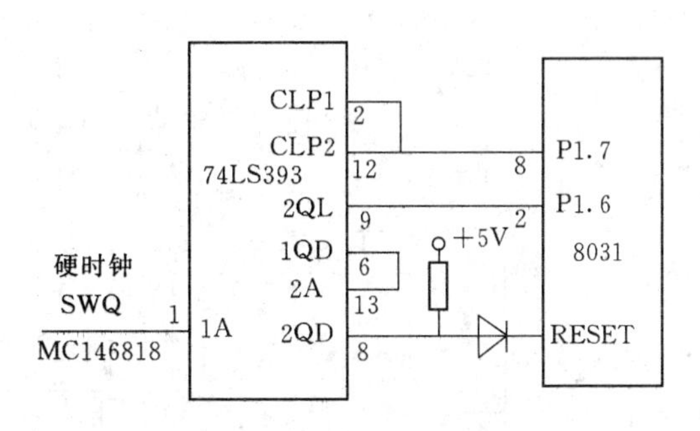

图 2-35 硬件自复位电路

MC146818 的 SWQ 端每隔 500ms 发送一准脉冲给 74LS393 计数器的输入端 1A，8031 单片机程序中安排每隔一定时间通过 P1.6 端定时对 74LS393 计数器 2QL 检测是否计数已满，并通过 P1.7 端对计数器(CLP)清零。如果接口插件由于程序出格，CPU 就不能对计数器进行正常检测并清零，那么经过一定的时间，74LS393 计数器因计数溢出，将通过其 2QD 端向 8031 发复位信号，使接口插件重新投入正常工作。

5. 出口及信号插件

(1) 保护出口及信号插件。WBH—100 微机型变压器成套保护装置提供 8 个相同的出口继电器及信号回路，每个回路有 1 对跳闸触点和 3 对信号触点。继电器动作信号有 LED 灯指示，出口继电器及信号回路输入为低电平或对地短接有效，可由保护模块的 8 个开关量输出回路驱动。其中 1 个回路的原理图如图 2-36 所示。

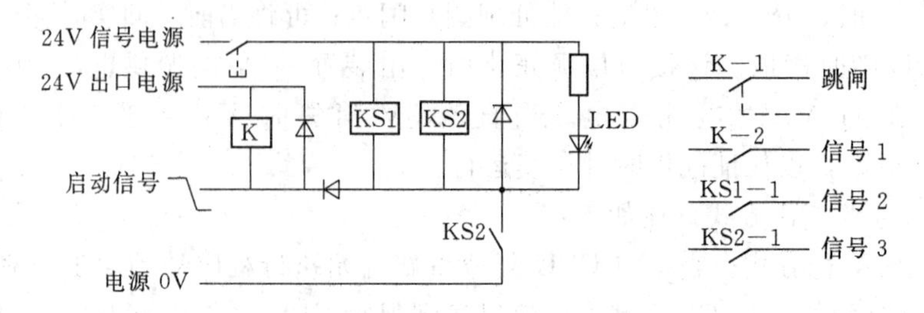

图 2-36　保护出口及信号插件原理图

（2）非电量保护信号转换插件。每个插件提供 8 个相同的开关信号转换回路，每个回路提供 3 对信号触点。动作信号有 LED 灯指示，信号回路输入为 DC220V (110V)有效，可作为变压器瓦斯、温度等非电量类保护转换与触点重动。其中 1 个回路的原理图如图 2-37 所示。

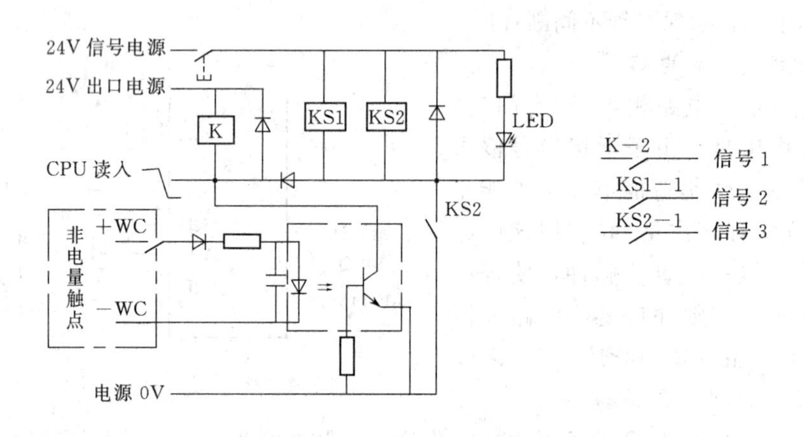

图 2-37　辅助信号插件原理图

（3）通信管理接口插件。通信接口插件主要功能是：对保护运行状况进行监视；统一 CPU 时钟，完成保护定值管理。

通信接口插件由 CPU 及存储器、实时时钟等外围芯片组成。插件面板上设有 4 行×16 列液晶显示器和 1 个 9 键触摸键盘，为就地操作提供人机接口，还提供标准的并行打印机；接口和串行通信接口（RS232/RS485）。通过串行通信接口，可实现远方监控保护系统。通信接口还提供 3 对独立的继电器触点，分别用于报警、控制打

印机和监控遥控复归保护动作信号，原理框图如图 2-38 所示。

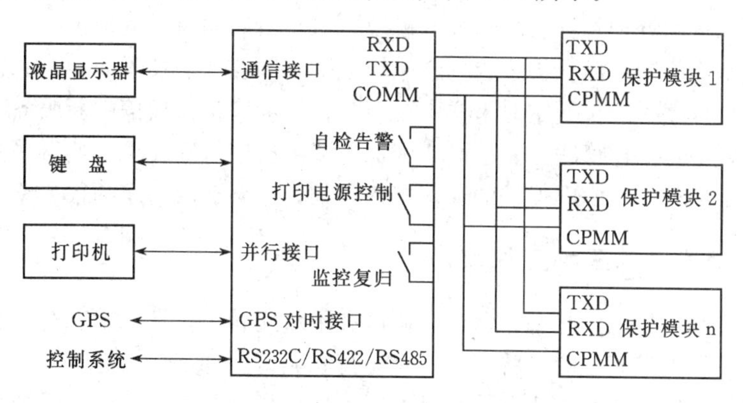

图 2-38　通信接口插件框图

2.6　微机保护的软件系统配置

由于微机保护的硬件分为人机接口和保护两大部分，因此相应的软件也就分为接口软件和保护软件两大部分。

2.6.1　接口软件

接口软件是指人机接口部分的软件，其程序可分为监控程序和运行程序。调试方式下执行监控程序，运行方式下执行运行程序。由接口面板的工作方式或显示器上显示的菜单选择执行哪一部分程序。

监控程序主要就是键盘命令处理程序，是为接口插件(或电路)及各 CPU 保护插件(或采样电路)进行调节和整定而设置的程序。

接口的运行程序由主程序和定时中断服务程序构成。主程序主要完成巡检(各 CPU 保护插件)、键盘扫描和处理及故障信息的排列和打印。定时中断服务程序包括了以下几个部分：软件时钟程序、以硬件时钟控制并同步各 CPU 插件的软时钟、检测各 CPU 插件起动元件是否动作的检测起动程序。软件时钟就是每经 1.66ms 产生一次定时中断，在中断服务程序中软件计数器加 1，当软计数器加到 600 时，秒计数加 1。

2.6.2　保护软件的配置

各保护 CPU 插件的保护软件配置为主程序和中断服务程序。主程序通常都有三

个基本模块：初始化和自检循环模块、保护逻辑判断模块和跳闸处理模块。通常把保护逻辑判断和跳闸处理总称为故障处理模块。对于不同的原理的保护，一般而言，前后两个模块基本相同，而保护逻辑判断模块就随不同的保护装置而相差甚远。

中断服务程序一般包括定时采样中断服务程序和串行口通信中断服务程序。在不同的保护装置中，采样算法有些不同或因保护装置有些特殊要求，使得采样中断服务程序部分也不尽相同。不同保护的通信规约不同，也会造成程序的很大差异。

2.6.3 保护软件的三种工作状态

保护软件有三种工作状态：运行、调试和不对应状态。不同状态时程序流程也就不相同。有的保护没有不对应状态，只有运行和调试两种工作状态。

选择保护插件面板的方式开关或显示器菜单选择为“运行”，则该保护就处于运行状态，执行相应的保护主程序和中断服务程序。当选择为“调试”时，复位 CPU 后就工作在调试状态。当选择为“调试”但不复位 CPU 并且接口插件工作在运行状态时，就处于不对应状态。也就是说保护 CPU 插件与接口插件状态不对应。设置不对应状态是为了对模数插件进行调整，防止在调试过程中保护频繁动作及告警。

2.6.4 中断服务程序及其配置

1.“中断”的作用

“中断”是指 CPU 暂时停止原程序执行转为外部设备服务（执行中断服务程序），并在服务完成后自动返回原程序的执行过程。采用“中断”方式可以提高 CPU 的工作效率，提高实时数据的处理时效。保护执行运行程序时，需要在限定的极短时间内完成数据采样，在限定时间内完成分析判断并发出跳闸合闸命令或告警信号等，当产生外部随机事件（主要是指电力系统状态、人机对话、系统机的串行通信要求）时，凡需要 CPU 立即响应并及时处理的事件，就要求保护中断自己正在执行的程序，而去执行中断服务程序。

2. 保护的中断服务程序配置

根据中断服务程序基本概念的分析，一般保护装置总是配有定时采样中断服务程序和串行通信中断服务程序。对单 CPU 保护，CPU 除保护任务之外还有人机接口任务，因此还可以配置有键盘中断服务程序。

保护定时采样系统状态时，一般采用定时器中断方式的采样服务程序，称为定时采样中断服务程序。即每经 1.66ms 中断原程序的运行，转去执行采样计算的服务程序，采样结束后通过存储器中的特定存储单元将采样计算结果传送给原程序，然后再回去执行原被中断了的程序。在采样中断服务程序中，除了有采样和计算外，通常还

含有保护的起动元件程序及保护某些重要程序。如高频保护在采样中断服务程序中安排检查收发信机的收信情况；距离保护中还设有两健全相电流差突变元件，用以检测发展性故障；零序保护中设有 $3U_0$ 突变量元件等，因此保护的采样中断服务程序是微机保护的重要软件组成部分。

串行口通信中断服务程序，是为满足系统机与保护的通信要求而设置的。这种通信常采用主从式串行口通信来实现。当系统主机对保护装置有通信要求时，或者接口 CPU 对保护 CPU 提出巡检要求时，保护串行通信口就提出中断请求，在中断响应时，就转去执行串行口通信的中断服务程序。串行通信是按一定的通信规约进行的，其通信数字帧常有地址帧和命令帧两种。系统机或接口 CPU(主机)通过地址帧呼唤通信对象，被呼唤的通信对象(主机)就执行命令帧中的操作任务。从机中的串行口中断服务程序就是按照一定规约，鉴别通信地址和执行主机的操作命令的程序。

保护装置还应随时接受工作人员的干预，即改变保护装置的工作状态、查询系统运行参数、调试保护装置，这就是利用人机对话方式来干预保护工作。这种人机对话是通过键盘方式进行的，常用键盘中断服务程序来完成。有的保护装置不采用键盘中断方式，而采用查询方式。当按下键盘时，通过硬件产生了中断要求，中断响应时就转去执行中断服务程序。键盘中断服务程序或键盘处理程序常属于监控程序的一部分，它把被按的键符及其含义翻译出来并传递给原程序。

2.6.5 微机保护的算法

2.6.5.1 概述

微机继电保护是用数学运算方法实现故障量的测量、分析和判断的。而运算的基础是若干个离散的、量化了的数字采样序列。因此，微机继电保护的一个基本问题是寻找适当的离散运算方法，使运算结果的精确度能满足工程要求。微机保护装置根据模数转换器提供的输入电气量的采样数据进行分析、运算和判断，以实现各种继电保护的功能的方法称为算法。按算法的目标可分为两大类：一类是根据输入电气量的若干点采样值通过数学式或方程式计算出保护所反映的量值，然后与给定值进行比较；另一类算法，它是直接模仿模拟型保护的实现方法，根据动作方程来判断是否在动作区内，而不计算出具体的数值。虽然这一类算法所依循的原理和常规的模拟型保护相同，但通过计算机所特有的数学处理和逻辑运算，可以使某些保护的性能有明显的提高。例如，为实现距离保护，可根据电压和电流的采样值计算出复阻抗的模和幅角或阻抗的电阻和电抗分量，然后同给定的阻抗动作区进行比较。这一类算法利用了微机能进行数值计算的特点，从而实现许多常规保护无法实现的功能。这种数字式距离保护的动作特性的形状可以非常灵活，不像常规距离保护的动作特性形状决定于一定的动作方程。继电保护的类型很多，然而，不论哪一类保护的算法，其核心问题归根结底是算出可表征被保护对象运行特点的物理量。如电流和电压的有效值、相位、阻抗等，或者算出它们的序分量、基波分量和某次谐波分量的大小和相位等。利用这些基本的电气量的计算值，就可以很容易地构成各种不同原理的保护。

算法是研究微机继电保护的重点之一。分析和评价各种不同的算法优劣的标准是精度和速度。速度包括两个方面的内容：一是算法所要求的数据窗长度(或称采样点数)；二是算法运算工作量。精度和速度又总是相互矛盾的。若要计算精确则往往要利用更多的采样点和进行更多的计算工作量。

研究算法的实质是如何在速度和精度两方面进行权衡。所以有的快速保护选择的采样点数较少，而后备保护不要求很高的计算速度，但对计算精度要求就提高了，选择采样点数就较多。对算法除了有精度和速度要求之外，还要考虑算法的数字滤波功能，有的算法本身就具有数字滤波功能，所以评价算法时要考虑对数字滤波的要求。没有数字滤波功能的算法，其保护装置采样电路部分就要考虑装设模拟滤波器。微机保护的数字滤波用程序实现，因此不受温度影响，也不存在元件老化和负载阻抗匹配等问题。模拟滤波器还会因元件差异而影响滤波效果，可靠性较低。

2.6.5.2 正弦函数模型的算法

假设被采样的电压、电流信号都是纯正弦特性，即不含有非周期分量，又不含有高频分量。这样可以利用正弦函数一系列特性，从若干个采样值中计算出电压、电流的幅值、相位以及功率和测量阻抗的量值。

正弦量的算法是基于提供给算法的原始数据为纯正弦量的理想采样值。以电流为例，可表示为

$$i(nT_s)=\sqrt{2}I\sin(\omega nT_s+\alpha_{0I}) \tag{2-20}$$

式中 ω——角频率；

I——电流有效值；

T_s——采样间隔；

α_{0I}——$n=0$ 时的电流相角。

实际上故障后电流、电压都含有各种暂态分量，而且数据采集系统还会引入各种误差，所以这一类算法要获得精确的结果，必须和数字滤波器配合使用。也就是说式(2-20)中的 $i(nT_s)$ 应当是数字滤波器的输出，而不是直接应用模数转换器提供的原始采样值。

1. 两点乘积算法

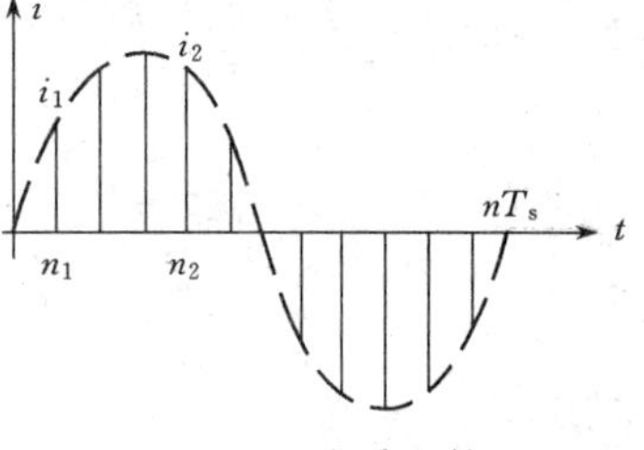

图 2-39 两点乘积算法采样示意图

采样值算法是利用采样值的乘积来计算电流、电压、阻抗的幅值和相角等电气参数的方法，由于这种方法是利用 2～3 个采样值推算出整个曲线情况，所以属于曲线拟合法。其特点是计算的判定时间较短。

以电流为例，设 i_1 和 i_2 分别为两个相隔为 $\pi/2$ 的采样时刻 n_1 和 n_2 的采样值(如图 2-39 所示)，即

$$\omega(n_2T_s - n_1T_s) = \frac{\pi}{2} \tag{2-21}$$

根据式(2-20)有

$$i_1(n_1T_s) = \sqrt{2}I\sin(\omega n_1T_s + \alpha_{0I}) = \sqrt{2}I\sin\alpha_{1I} \tag{2-22}$$

$$i_2(n_2T_s) = \sqrt{2}I\sin(\omega n_2T_s + \alpha_{0I} + \pi/2) = \sqrt{2}I\cos\alpha_{1I} \tag{2-23}$$

式中 $\omega n_1T_s + \alpha_{0I}$——$n_1$ 采样时刻电流的相角，可能为任意值。

将式(2-22)和式(2-23)平方后相加，即得

$$2I^2 = i_1^2 + i_2^2 \tag{2-24}$$

再将(2-22)和式(2-23)相除，得

$$\mathrm{tg}\alpha_{1I} = \frac{i_1}{i_2} \tag{2-25}$$

式(2-24)和式(2-25)表明，只要知道任意两个相隔 $\pi/2$ 的正弦量的瞬时值，就可以计算出该正弦量的有效值和相位。

如欲构成距离保护，只要同时测出 n_1 和 n_2 时刻的电流和电压 u_1、i_1 和 u_2、i_2，类似用式(2-24)和(2-25)即可求得电压的有效值 U 及在 n_1 时刻的相角 α_{1U}，即

$$2U^2 = u_1^2 + u_2^2 \tag{2-26}$$

$$\mathrm{tg}\alpha_{1U} = \frac{u_1}{u_2} \tag{2-27}$$

从而可求出复阻抗的模量 Z 和幅角 α_Z 为

$$Z = \frac{U}{I} = \frac{\sqrt{u_1^2 + u_2^2}}{\sqrt{i_1^2 + i_2^2}} \tag{2-28}$$

$$\alpha_Z = \alpha_{1U} - \alpha_{1I} = \mathrm{tg}^{-1}(u_1/u_2) - \mathrm{tg}^{-1}(i_1/i_2) \tag{2-29}$$

实用上，更方便的算法是求出复阻抗的电阻分量 R 和电抗分量 L 即可。

将电流和电压写成复数形式

$$\dot{U} = U\cos\alpha_{1U} + \mathrm{j}U\sin\alpha_{1U}$$

$$\dot{I} = I\cos\alpha_{1I} + \mathrm{j}I\sin\alpha_{1I}$$

参照式(2-22)和式(2-23)，可得

$$\dot{U}=\frac{u_2+\mathrm{j}u_1}{\sqrt{2}}$$

$$\dot{I}=\frac{i_2+\mathrm{j}i_1}{\sqrt{2}}$$

于是

$$\frac{\dot{U}}{\dot{I}}=\frac{u_2+\mathrm{j}u_1}{i_2+\mathrm{j}i_1} \tag{2-30}$$

将上式的实部和虚部分开，其实部为 R，虚部则为 X，因此

$$R=\frac{u_1 i_1+u_2 i_2}{i_1^2+i_2^2} \tag{2-31}$$

$$X=\frac{u_1 i_2-u_2 i_1}{i_1^2+i_2^2} \tag{2-32}$$

由于式(2-31)和式(2-32)中用到了两个采样值的乘积，因此称为两点乘积法。

U、I 之间的相角差可由下式计算

$$\mathrm{tg}\theta=\frac{u_1 i_2-u_2 i_1}{u_1 i_1+u_2 i_2} \tag{2-33}$$

事实上，两点乘积法从原理上并不是必须用相隔 $\pi/2$ 的两个采样值。用正弦量任何两点相邻的采样值都可以算出有效值和相角。

2. 导数算法

导数算法只需知道输入正弦量在某一个时刻 t_1 的采样值及在该时刻采样值的导数，即可算出有效值和相位。设 i_1 为 t_1 时刻的电流瞬时值，表达式为

$$i_1=\sqrt{2}I\sin(\omega t_1+\alpha_{0\mathrm{I}})=\sqrt{2}I\sin\alpha_{1\mathrm{I}} \tag{2-34}$$

则 t_1 时刻电流导数为

$$i'_1=\omega\sqrt{2}I\cos\alpha_{1\mathrm{I}} \tag{2-35}$$

将式(2-34)、式(2-35)和式(2-22)、式(2-23)对比，可得

$$2I^2=i_1^2+(i'_1/\omega)^2 \tag{2-36}$$

$$\mathrm{tg}\alpha_{1\mathrm{I}}=\frac{i_1}{i'_1}\omega \tag{2-37}$$

$$R=\frac{\omega^2 u_1 i_1+u'_1 i'_1}{(\omega i_1)^2+(i'_1)^2} \tag{2-38}$$

$$X=\frac{\omega(u_1 i'_1-u'_1 i_1)}{(\omega i_1)^2+(i'_1)^2} \tag{2-39}$$

为求导数，可取 t_1 为两个相邻采样时刻 n 和 $n+1$ 的中点，如图 2-40 所示。然后用差分近似求导(如图 2-41 所示)，则有

$$i'_1 = \frac{i_{n+1} - i_n}{T_s};\quad u'_1 = \frac{u_{n+1} - u_n}{T_s} \tag{2-40}$$

而 t_1 时刻的电流、电压瞬时值则用平均值

$$i_1 = \frac{i_{n+1} + i_n}{2};\quad u_1 = \frac{u_{n+1} + u_n}{2} \tag{2-41}$$

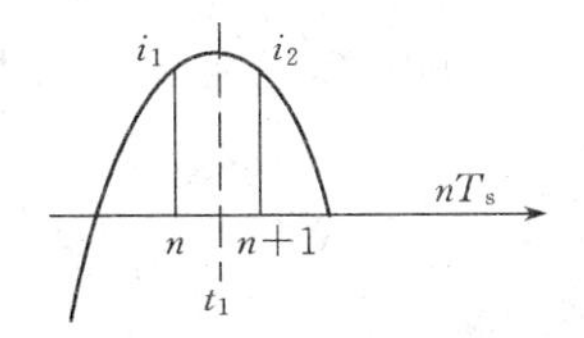

图 2-40 导数算法采样示意图

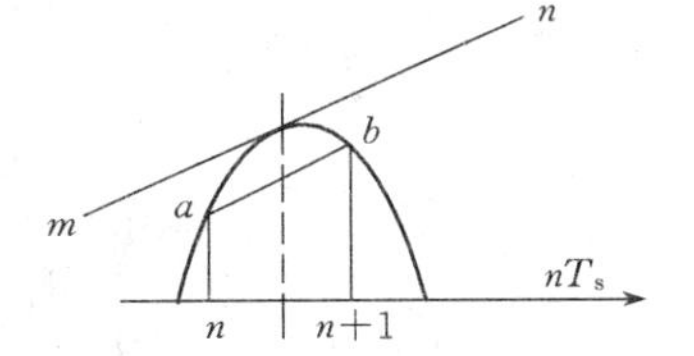

图 2-41 用差分方程近似求导示意图

可见导数算法需要的数据窗较短，仅为一个采样间隔，算式和乘积法相似也不复杂。采用导数算法，要求数字滤波器有良好的滤去高频分量的能力(求导数将放大高频分量)，要求较高的采样率。

3. 解微分方程算法

(1) 基本原理。解微分方程算法仅用于计算阻抗，以应用于线路距离保护为例，假设被保护线路的分布电容可以忽略，因而从故障点到保护安装处线路的阻抗可用一电阻和电感串联电路来表示。于是在短路时下列微分方程成立，即

$$u = R_1 i + L_1 \frac{\mathrm{d}i}{\mathrm{d}t} \tag{2-42}$$

式中 R_1、L_1——分别为故障点至保护安装处线路段的正序电阻和电感；

u、i——分别为保护安装处的电压、电流。

若用于反映线路相间短路保护，则方程中电压、电流的组合与常规保护相同；若用于反映线路接地短路保护，则方程中的电压用相电压、电流用相电流加零序补偿电流。

式(2-42)中的 u、i 和 $\mathrm{d}i/\mathrm{d}t$ 都是可以测量、计算的，未知数为 R_1 和 L_1。如果在两个不同的时刻 t_1 和 t_2 分别测量 u、i 和 $\mathrm{d}i/\mathrm{d}t$，就可得到两个独立的方程

$$u_1 = R_1 i_1 + L_1 D_1$$

$$u_2 = R_1 i_2 + L_1 D_2$$

式中，D 表示 $\mathrm{d}i/\mathrm{d}t$，下标“1”和“2”分别表示测量时刻为 t_1 和 t_2。

联立求解上述两个方程可求得两个未知数 R_1 和 L_1。

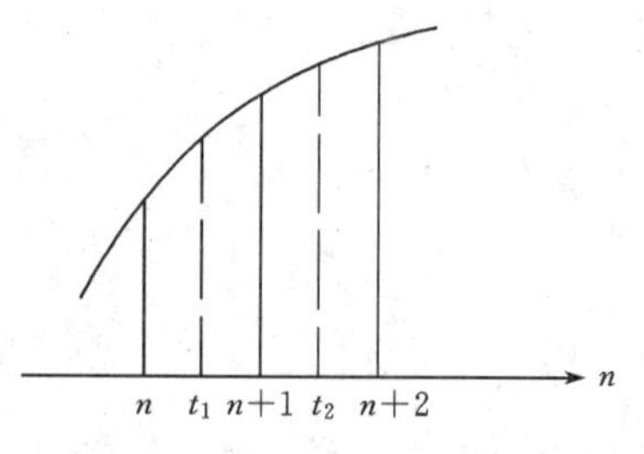

图 2-42 用差分近似求导数法

$$L_1 = \frac{u_1 i_2 - u_2 i_1}{i_2 D_1 - i_1 D_2} \tag{2-43}$$

$$R_1 = \frac{u_2 D_1 - u_1 D_2}{i_2 D_1 - i_1 D_2} \tag{2-44}$$

在用计算机处理时，电流的导数可用差分来近似计算，最简单的方法是取 t_1 和 t_2 分别为两个相邻的采样瞬间的中间值，如图 2-42 所示。于是近似有

$$D_1 = \frac{i_{n+1} - i_n}{T_s}$$

$$D_2 = \frac{i_{n+2} - i_{n+1}}{T_s}$$

电流、电压取相邻采样的平均值，有

$$i_1 = \frac{i_n + i_{n+1}}{2}$$

$$i_2 = \frac{i_{n+1} + i_{n+2}}{2}$$

$$u_1 = \frac{u_n + u_{n+1}}{2}$$

$$u_2 = \frac{u_{n+1} + u_{n+2}}{2}$$

从上述的方程可以看出，解微分方程法实际上解的是一组二元一次代数方程，带微分符号的量 D_1 和 D_2 是测量计算得到的已知数。

目前在微机保护和监控装置中采用的算法很多，各有优势，且不断有新的快速、精确的算法被提出并被应用，因此对微机保护来说，采用何种算法求出所需的值，是值得研究的问题。

小　　结

电流互感器的极性标注方法是采用减极性标注法，一、二次电流同相位；电流互感器 10%误差曲线是用于检验保护用的电流互感器的准确性，10%误差曲线是反映了一次电流倍数与二次负载允许值之间的关系曲线。

整流型、晶体管型及微机保护中，常常要将电流互感器二次电流、电压互感器的二次侧电压按一定比例变换成电压。为实现这种变换要求，保护中常采用电流、电压

和电抗变换器。虽然变换器的工作原理与互感器有相近之处，但变换器是二次设备。

负序、零序分量是电力系统发生不对称短路故障的特征，它只在不对称短路故障时出现。正常运行时虽然有不对称分量存在，但其数值很小，而发生不对称短路故障时，负序、零序分量有较大数值。为了提高保护的灵敏度，采用反映负序、零序分量构成的保护被广泛应用。零序电流、电压滤过器及负序电流、电压滤过器是获得零序分量及负序分量的工具。正序分量滤过器的工作原理与负序分量滤过器相同，仅是相序不同而已。

继电器的动作值、返回值及返回系数是表征基本参数。但反映过量继电器与反映欠量继电器动作、返回的定义是不相同的。

分析了微机保护的硬件结构及各部分的组成、微机保护数字采集系统的各部分组成、采样保持电路、多路转换开关、模数转换器的结构原理；CPU 模块的工作原理及其接口、具有 ADC 变换接口的保护 CPU 模块原理、具有 VFC 接口的保护 CPU 模块原理框图。定值固化电路的原理；开关量输入及输出路的电路原理；人机接口回路的原理，键盘输入电路、显示电路、时钟电路、自复位电路、出口及信号插件的原理。

介绍了微机保护的软件配置，掌握接口软件、保护软件的作用；中断服务程序的作用。

微机继电保护是用数学运算方法实现故障量的测量、分析和判断的。而运算的基础是若干个离散的、量化了的数字采样序列。因此，微机继电保护的一个基本问题是寻找适当的离散运算方法，本章仅介绍了两点乘积算法、导数算法和解微分方程算法。

习　　题

2-1　在继电保护装置中为什么要采用电流互感器？电流互感器的极性是怎样标注的？怎样规定电流互感器中一、二次电流的正方向？

2-2　什么叫电流互感器的10%误差曲线？该曲线如何得来的？有何用途？

2-3　说明电抗变换器的工作原理。电抗变换器转移阻抗的大小和阻抗角是怎样调整的？增加调整电阻 R_{φ} 的阻抗值时 K_{ur} 的阻抗角如何变化？增加电抗变换器的一次线圈匝数时 K_{ur} 值是如何变化的？

2-4　画出零序电压、电流滤过器的原理接线，并说明其基本原理。分析负序电流滤过器、负序电压滤过器的工作原理。

2-5　说明电磁型电流继电器的结构和工作原理以及动作电流、返回电流及返回系数的概念。电流继电器的返回系数为什么小于1？

2-6　低电压继电器的动作电压、返回电压及返回系数是如何定义的？

2-7　说明信号继电器、时间继电器及中间继电器在保护装置中的作用。在继电保护中为什么信号继电器不设计成动作后可自动返回的？

2-8　微机保护的硬件由哪几部分组成？各部分的作用是什么？

2-9　微机保护数据采集系统由哪几部分组成？各部分的工作原理如何？

2-10　开关量输入电路中，装置内触点输入电路与装置外触点输入电路有何不同？为什么？开关量输出电路接线有何特点？

2-11　分析键盘输入电路、时钟电路、自复位电路、保护出口及信号插件的原理。

2-12　微机保护的软件是怎样构成的？各有什么作用？

第3章

输电线路电流电压保护

【教学要求】 掌握三段式电流保护的基本原理，整定计算及原理接线图；掌握电流保护的接线方式及各自的特点；了解方向电流保护的原理，了解功率方向继电器的工作原理，掌握功率方向继电器的接线，影响其正确动作的因素及采取的措施，了解其整定计算的特点；掌握中性点非直接接地系统单相接地的特点及绝缘监察装置的原理及接线；掌握中性点直接接地系统接地短路的特点，掌握零序电流保护、方向电流保护的原理及整定计算。

3.1 单侧电源输电线路相间短路的电流电压保护

输电线路发生短路时，电流突然增大，电压降低。利用电流突然增大使保护动作而构成的保护装置，称为电流保护。利用电压降低构成的保护，称为电压保护。电流、电压保护在35kV及以下输电线路中被广泛采用。

3.1.1 瞬时(无时限)电流速断保护

瞬时电流速断保护(又称第Ⅰ段电流保护)它是反映电流升高，不带时限动作的一种电流保护。

1. 工作原理及整定计算

在单侧电源辐射形电网各线路的始端装设有瞬时电流速断保护。当系统电源电势一定，线路上任一点发生短路故障时，短路电流的大小与短路点至电源之间的电抗(忽略电阻)及短路类型有关，三相短路和两相短路时，流过保护安装地点的短路电流为

$$I_{k}^{(3)}=\frac{E_{s}}{X_{s}+X_{1}l} \tag{3-1}$$

$$I_k^{(2)} = \frac{\sqrt{3}}{2} \times \frac{E_s}{X_s + X_1 l} \tag{3-2}$$

式中　E_s——系统等效电源相电势；

X_s——系统等效电源到保护安装处之间的电抗；

X_1——线路单位公里长度的正序电抗；

l——短路点至保护安装处的距离，km。

从式(3-1)和式(3-2)可见，当系统运行方式一定时，E_s 和 X_s 是常数，流过保护安装处的短路电流，是短路点至保护安装处间距离 l 的函数。短路点距离电源越远(l 越大)，短路电流值越小。

当系统运行方式改变或故障类型变化时，即使是同一点短路，短路电流的大小也会发生变化。在继电保护装置的整定计算中，一般考虑两种极端的运行方式，即最大运行方式和最小运行方式。流过保护安装处的短路电流最大时的运行方式称为系统最大运行方式，此时系统的阻抗 X_s 为最小；反之，当流过保护安装处的短路电流最小的运行方式称为系统最小运行方式，此时系统阻抗 X_s 最大。必须强调的是，在继电保护课程中的系统运行方式与电力系统分析课程中所提到的运行方式相比，概念上存在着某些差别。图 3-1 中曲线 1 表示最大运行方式下三相短路电流随 l 的变化曲线。曲线 2 表示最小运行方式下两相短路电流随 l 的变化曲线。

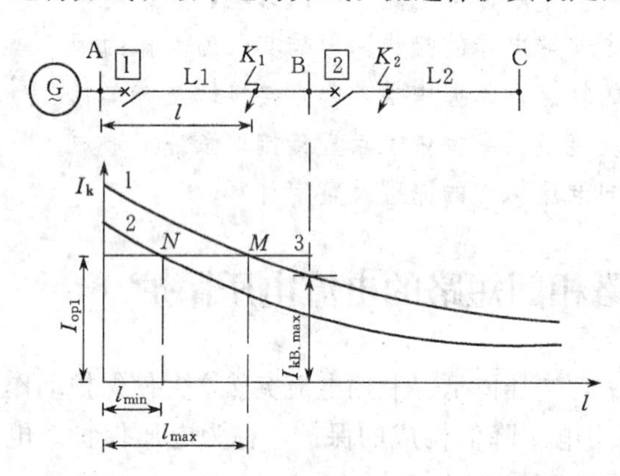

图 3-1　瞬时电流速断保护动作特性分析

假定在线路 L1 和线路 L2 上分别装设瞬时电流速断保护。根据选择性的要求，瞬时电流速断保护的动作范围不能超出被保护线路，即对保护 1 而言，在相邻线路 L2 首端 K_2 点发生短路故障时，不应动作，而应由保护 2 动作切除故障。因此，瞬时电流速断保护 1 的动作电流应大于 K_2 点短路时流过保护安装处的最大短路电流。由于在相邻线路 L2 首端 K_2 点短路时的最大短路电流和线路 L1 末端 B 母线上短路时的最大短路电流几乎相等。故保护 1 瞬时电流速断保护的动作电流可按大于本线路末端短路时流过保护安装处的最大短路电流来整定，即

$$I_{op1}^{\mathrm{I}} = K_{rel}^{\mathrm{I}} I_{kB.max} \tag{3-3}$$

式中　I_{op1}^{I}——保护装置 1 瞬时电流速断保护的动作电流，又称一次动作电流；

K_{rel}^{I}——可靠系数，考虑到继电器的整定误差、短路电流计算误差和非周期分

量的影响等而引入的大于 1 的系数，一般取 1.2～1.3；

$I_{kB.max}$——被保护线路末端 B 母线上三相短路时流过保护安装处的最大短路电流，一般取次暂态短路电流周期分量的有效值。

在图 3-1 中，以动作电流画一平行于横坐标的直线 3，其与曲线 1 和曲线 2 分别相交于 M 和 N 两点，在交点到保护安装处的一段线路上发生短路故障时，$I_k > I_{op1}^{I}$，保护 1 会动作。在交点以后的线路上发生短路故障时，$I_k < I_{op1}^{I}$，保护 1 不会动作。因此，瞬时电流速断保护不能保护本线路的全长。同时从图 3-1 中还可看出，瞬时电流速断保护范围随系统运行方式和短路类型而变。在最大运行方式下三相短路时，保护范围最大，为 l_{max}；在最小运行方式下两相短路时，保护范围最小，为 l_{min}。对于短线路，由于线路首末端短路时，短路电流数值相差不大，在最小运行方式下保护范围可能为零。瞬时电流速断保护的选择性是依靠保护整定值保证的。

瞬时电流速断保护的灵敏系数，是用其最小保护范围来衡量的，规程规定，最小保护范围 l_{min} 不应小于线路全长的 15%～20%。

保护范围既可以用图解法求得，也可以用计算法求得。用计算法求解的方法如下：

图 3-1 中在最小保护区末端(交点 N)发生短路故障时，短路电流等于由式(3-3)所决定的保护的动作电流，即

$$I_{op1}^{I} = \frac{\sqrt{3}}{2} \times \frac{E_s}{X_{s.max} + X_1 l_{min}} \tag{3-4}$$

解上式得最小保护长度

$$l_{min} = \frac{1}{X_1}\left(\frac{\sqrt{3}}{2} \times \frac{E_s}{I_{op1}^{I}} - X_{s.max}\right) \tag{3-5}$$

式中 $X_{s.max}$——系统最小运行方式下，最大等值电抗，Ω；

X_1——输电线路单位公里正序电抗，Ω/km。

同理，最大保护区末端短路时

$$I_{op1}^{I} = \frac{E_s}{X_{s.min} + X_1 l_{max}} \tag{3-6}$$

解得最大保护长度

$$l_{max} = \frac{1}{X_1}\left(\frac{E_s}{I_{op1}^{I}} - X_{s.min}\right) \tag{3-7}$$

式中 $X_{s.min}$——系统最大运行方式下，最小等值电抗，Ω。

通常规定，最大保护范围 $l_{max} \geqslant 50\% l$（l 为被保护线路长度），最小保护范围 $l_{min} \geqslant (15\%\sim20\%) l$ 时，才能装设瞬时电流速断保护。

2. 线路—变压器组瞬时电流速断保护

瞬时电流速断保护一般只能保护线路首端的一部分，但在某些特殊情况下，如电网的终端线路上采用线路—变压器组的接线方式时，如图3-2所示，瞬时电流速断保护的保护范围可以延伸到被保护线路以外，使全线路都能瞬时切除故障。因为线路—变压器组可以看成一个整体，当变压器内部故障时，切除变压器和切除线路的后果是相同的，所以当变压器内部故障时，由线路的瞬时电流速断保护切除故障是允许的，因此线路的瞬时电流速断保护的动作电流可以按躲过变压器二次侧母线短路流过保护安装处最大短路电流来整定，从而使瞬时电流速断保护可以保护线路的全长。

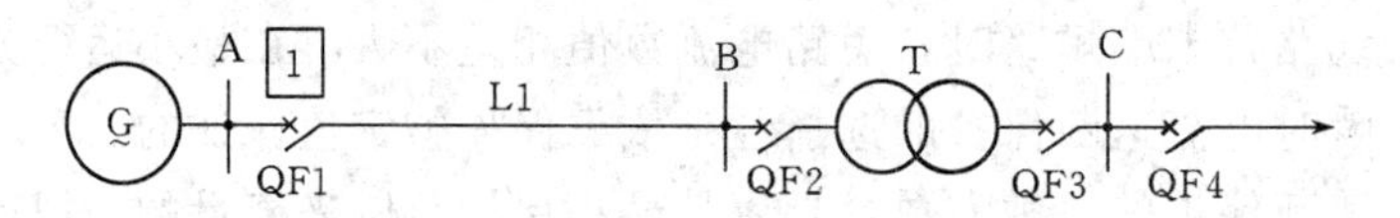

图3-2 线路—变压器组的瞬时电流保护

瞬时电流速断保护动作电流为

$$I_{op} = K_{co} I_{kC.max} \tag{3-8}$$

式中 K_{co}——配合系数，取1.3；

$I_{kC.max}$——变压器低压母线C短路，流过保护安装处最大短路电流。

3. 原理接线

瞬时电流速断保护单相原理接线，如图3-3所示，它是由电流继电器KA(测量元件)、中间继电器KM、信号继电器KS组成。

正常运行时，流过线路的电流是负荷电流，其值小于其动作电流，保护不动作。当在被保护线路的速断保护范围内发生短路故障时，短路电流大于保护的动作值，KA常开触点闭合，起动中间继电器KM，KM触点闭合，起动信号继电器KS，并通过断路器的常开辅助触点，接到跳闸线圈YT构成通路，断路器跳闸切除故障线路。

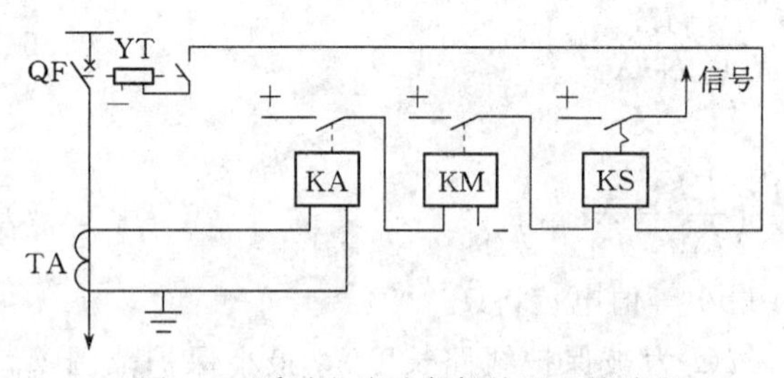

图3-3 瞬时电流速断保护原理接线图

接线图中接入中间继电器KM，这是因为电流继电器的接点容量比较小，若直接接通跳闸回路，会被损坏，而KM的触点容量较大，可直接接通跳闸回路。另外，考虑当线路上装有管型避雷器时，当雷击线路使避雷器放电时，而避雷器放

电的时间约为 0.01s，相当于线路发生瞬时短路，避雷器放电完毕，线路即恢复正常工作。在这个过程中，瞬时电流速断保护不应误动作，因此可利用带延时 0.06～0.08s 的中间继电器来增大保护装置固有动作时间，以防止管型避雷器放电引起瞬时电流速断保护的误动作。信号继电器 KS 的作用是用以指示保护动作，以便运行人员处理和分析故障。

3.1.2 限时电流速断保护

由于瞬时电流速断保护不能保护线路全长，因此可增加一段带时限的电流速断保护(又称第Ⅱ段电流保护)。用以保护瞬时电流速断保护保护不到的那段线路，因此，要求限时电流速断保护应能保护线路全长。

1. 工作原理及整定计算

由于瞬时电流速断保护不能保护线路的全长，其保护范围以外的故障必须由其他的保护来切除。为了较快地切除其余部分的故障，可增设限时电流速断保护，它的保护范围应包括本线路全长，这样做的结果，其保护范围必然要延伸到相邻线路的一部分。为了获得保护的选择性，以便和相邻线路保护相配合，限时电流速断保护就必须带有一定的时限(动作时间)，时限的大小与保护范围延伸的程度有关。为了尽量缩短保护的动作时限，通常是使限时电流速断保护的范围不超出相邻线路瞬时电流速断保护的范围，这样，它的动作时限只需比相邻线路瞬时电流速断保护的动作时限大一时限级差 Δt。

限时电流速断保护的工作原理和整定原则可用图 3-4 来说明。图中线路 L1 和 L2 都装设有瞬时电流速断保护和限时电流速断保护，线路 L1 和 L2 的保护分别为保护 1 和保护 2。为了区别起见，右上角用Ⅰ、Ⅱ分别表示瞬时电流速断保护和限时电流速断保护，下面讨论保护 1 限时电流速断保护的整定计算原则。

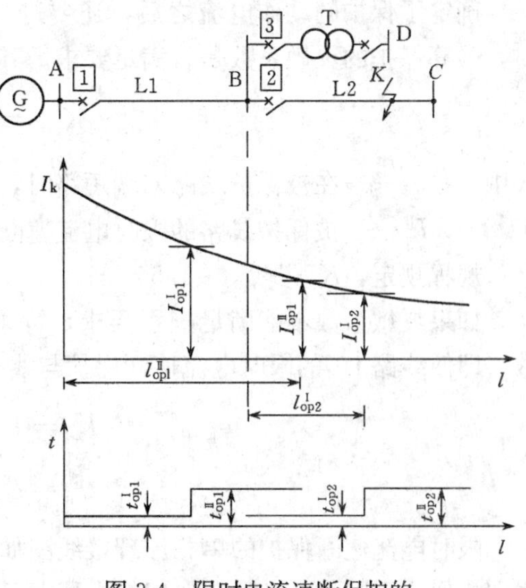

图 3-4 限时电流速断保护的动作电流与动作时限

为了使线路 L1 的限时电流速断保护的保护范围不超出相邻线路 L2 瞬时电流速断保护的保护范围，必须使保护 1 限时电流速断保护的动作电流 I_{op1}^{II} 大于保护 2 的瞬时电流速断保护的动作电流

I_{op2}^{I}，即

$$I_{op1}^{\mathrm{II}} > I_{op2}^{\mathrm{I}}$$

写成等式

$$I_{op1}^{\mathrm{II}} = K_{rel}^{\mathrm{II}} I_{op2}^{\mathrm{I}} \tag{3-9}$$

式中 K_{rel}^{II}——可靠系数，因考虑短路电流非周期分量已经衰减，一般取 1.1～1.2。

同时也不应超出相邻变压器速断保护区以外，即

$$I_{op1}^{\mathrm{II}} = K_{co} I_{kD.max} \tag{3-10}$$

式中 K_{co}——配合系数，取 1.3；

$I_{kD.max}$——变压器低压母线 D 点发生短路故障时，流过保护安装处最大短路电流。

为了保证选择性，保护 1 的限时电流速断保护的动作时限 t_1^{II}，还要与保护 2 的瞬时电流速断保护、保护 3 的差动保护(或瞬时电流速断保护)动作时限 t_2^{I}、t_3^{I} 相配合，即

$$t_1^{\mathrm{II}} = t_2^{\mathrm{I}} + \Delta t \tag{3-11}$$

或

$$t_1^{\mathrm{II}} = t_3^{\mathrm{I}} + \Delta t$$

式中 Δt——时限级差。

对于不同型式的断路器及保护装置，Δt 在 0.3～0.6s 范围内。

2. 灵敏系数的校验

确定了保护的动作电流之后，还要进行灵敏系数校验，即在保护区内发生短路时，验算保护的灵敏系数是否满足要求。其灵敏系数计算公式为

$$K_{sen} = \frac{I_{k.min}}{I_{op}^{\mathrm{II}}} \tag{3-12}$$

式中 $I_{k.min}$——在被保护线路末端短路时，流过保护安装处的最小短路电流；

I_{op}^{II}——被保护线路的限时电流速断保护的动作电流。

规程规定，$K_{sen} \geqslant 1.3 \sim 1.5$。

如果灵敏系数不能满足规程要求，可采用降低动作电流的方法来提高其灵敏系数。即使线路 L1 的限时电流速断保护与线路 L2 的限时电流速断保护相配合，即

$$\left.\begin{aligned} I_{op1}^{\mathrm{II}} &= K_{rel}^{\mathrm{II}} I_{op2}^{\mathrm{II}} \\ t_{op1}^{\mathrm{II}} &= t_{op2}^{\mathrm{II}} + \Delta t \end{aligned}\right\} \tag{3-13}$$

限时电流速断保护的单相原理接线图如图 3-5 所示，它与瞬时电流速断保护的接线图相似，不同的是必须用时间继电器 KT 代替图 3-3 中的中间继电器，时间继电器是用来建立保护装置所必须的延时，由于时间继电器接点容量较大，故可直接接通跳

闸回路。当保护范围内发生短路故障时，电流继电器KA起动，其动合触点闭合，起动时间继电器KT，经整定延时闭合其动合触点，并起动信号继电器KS发出信号，接通断路器的跳闸线圈YT，使断路器跳闸，将故障切除。

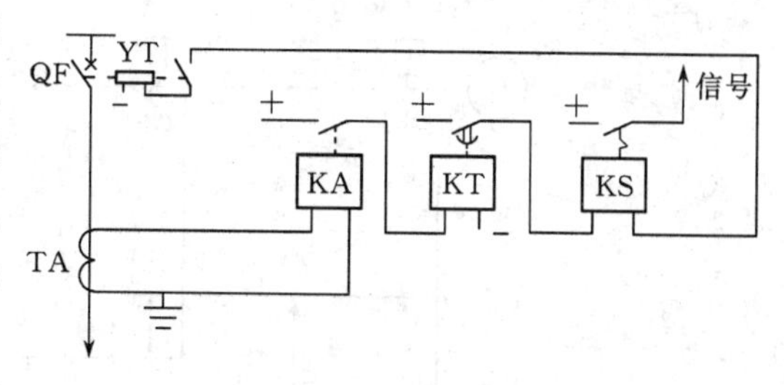

图 3-5 限时电流速断保护单相原理接线图

与瞬时电流速断保护比较，限时电流速断保护的灵敏系数较高，它能保护线路的全长，并且还能作为该线路瞬时电流速断保护的近后备保护，即被保护线路首端故障时，如果瞬时电流速断保护拒动，由限时电流速断保护动作切除故障。

3.1.3 定时限过电流保护

1. 工作原理

定时限过电流保护(又称第Ⅲ段电流保护)。前面已阐述瞬时电流速断保护和带时限电流速断保护的动作电流都是根据某点短路值整定的，而定时限过电流保护与上述两种保护不同，它的动作电流按躲过最大负荷电流整定。正常运行时它不应起动，而在发生短路时起动，并以时间来保证动作的选择性，保护动作于跳闸。这种保护不仅能够保护本线路的全长，而且也能保护相邻线路的全长及相邻元件全部，可以起到远后备保护的作用。过电流保护的工作原理可用图 3-6 所示的单侧电源辐射形电网来说明。过电流保护 1、2、3 分别装设在线路 L1、L2、L3 靠电源的一端。当线路 L3 上 K_1 点发生短路时，短路电流 I_k 将流过保护 1、2、3，一般 I_k 均大于保护装置 1、2、3 的动作电流。所以，保护 1、2、3 均将同时起动。但根据选择性的要求，应该由距离故障点最近的保护 3 动作，使断路器 QF3 跳闸，切除故障，而保护 1、2 则在故障切除后立即返回。显然要满足故障切除后，保护 1、2 立即返回的要求，必须依靠各保护装置具有不同的动作时限来保证。用 t_1、t_2、t_3 分别表示保护装置 1、2、3 的动作时限，则有

$$t_1 > t_2 > t_3$$

写成等式

$$\left.\begin{aligned} t_1 &= t_2 + \Delta t \\ t_2 &= t_3 + \Delta t \end{aligned}\right\} \tag{3-14}$$

保护动作时限如图 3-6 所示。由图 3-6 可知，各保护装置动作时限的大小是从用户到电源逐级增加的，越靠近电源，过电流保护动作时限越长，其形状好比一个阶梯，故称为阶梯形时限特性。由于各保护装置动作时限都是分别固定的，而与短路电

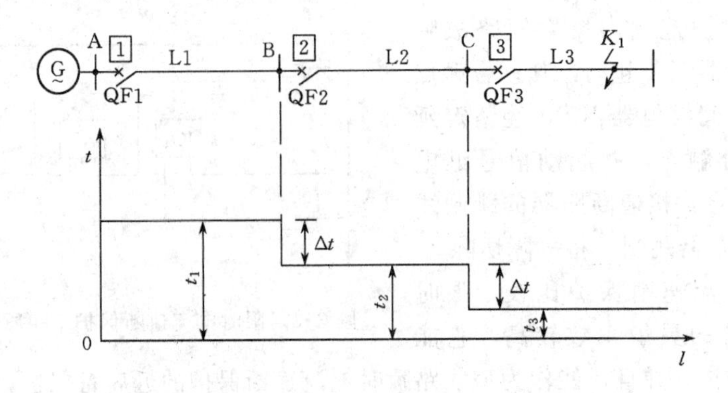

图 3-6　定时限过电流保护工作原理图

流的大小无关，故这种保护称为定时限过电流保护。

2. 整定计算

定时限过电流保护动作电流整定一般应按以下两个原则来确定：

(1) 在被保护线路通过最大正常负荷电流时，保护装置不应动作，即

$$I_{op}^{Ⅲ} > I_{L.max}$$

(2) 为保证在相邻线路上的短路故障切除后，保护能可靠地返回，保护装置的返回电流 I_{re} 应大于外部短路故障切除后流过保护装置的最大自起动电流 $I_{s.max}$，即

$$I_{re} > I_{s.max}$$

根据第 2 条件，过电流保护的整定式为

$$I_{op}^{Ⅲ} = \frac{K_{rel}^{Ⅲ} K_{ss}}{K_{re}} I_{L.max} \tag{3-15}$$

式中　$K_{rel}^{Ⅲ}$——可靠系数，取 1.15～1.25；

K_{ss}——自起动系数，由电网电压及负荷性质所决定；

K_{re}——返回系数，与保护类型有关；

$I_{L.max}$——最大负荷电流。

3. 灵敏系数校验

灵敏系数仍按公式 $K_{sen} = I_{k.min}/I_{op}^{Ⅲ}$ 进行灵敏系数的校验。

应该说明的是，对于过电流保护应分别校验本线路近后备保护和相邻线路及元件远后备保护的灵敏系数。当过电流保护作为本线路主保护的近后备保护时，$I_{k.min}$ 应采用最小运行方式下，本线路末端两相短路的短路电流来进行校验，要求 $K_{sen} \geqslant 1.3 \sim 1.5$；当过电流保护作为相邻线路的远后备保护时，$I_{k.min}$ 应采用最小运行方式下，相邻线路末端两相短路时的短路电流来进行校验，要求 $K_{sen} \geqslant 1.2$；作为 y，d 连接的变压器远后备保护时，短路类型应根据过电流保护接线而定。

4. 时限整定

为了保证选择性，过电流保护的动作时限按阶梯原则进行整定，这个原则是从用户到电源的各保护装置的动作时限逐级增加一个 Δt。

从上面的分析可知，在一般情况下，对于线路 Ln 的定时限过电流保护动作时限整定的一般表达式为

$$t_{\mathrm{n}} = t_{(\mathrm{n}+1)\max} + \Delta t \tag{3-16}$$

式中　　t_{n}——线路 Ln 过电流保护的动作时间，s；

$t_{(\mathrm{n}+1)\max}$——由线路 Ln 供电的母线上所接的线路、变压器的过电流保护最长动作时间，s。

定时限过电流保护的原理接线图与限时电流速断保护相同。

3.1.4 电流保护的接线方式

前面分析的电流保护接线图是单相原理接线图。实际的电力系统是三相线路，为了能反映各种类型的相间短路，应合理的选择保护的接线方式。电流保护的接线方式是指电流继电器线圈与电流互感器二次绕组之间的连接方式。流入电流继电器的电流与电流互感器二次绕组电流的比值称为接线系数，用 K_{con} 表示。作为相间短路的电流保护，其基本的接线方式主要有以下三种。

1. 三相三继电器完全星形接线

如图 3-7 所示，三相三继电器完全星形接线是将三相电流互感器的二次绕组与三个电流继电器的线圈分别按相连接，三相电流互感器的二次绕组和电流互感器的线圈均接成星形。三个电流继电器的接点并联连接，构成“或”门。当其中任一接点闭合，均可起动时间继电器或中间继电器。因此，这种接线方式，$K_{\mathrm{con}}=1$，它能反映三相短路、两相短路、中性点直接接地电网的单相接地短路。

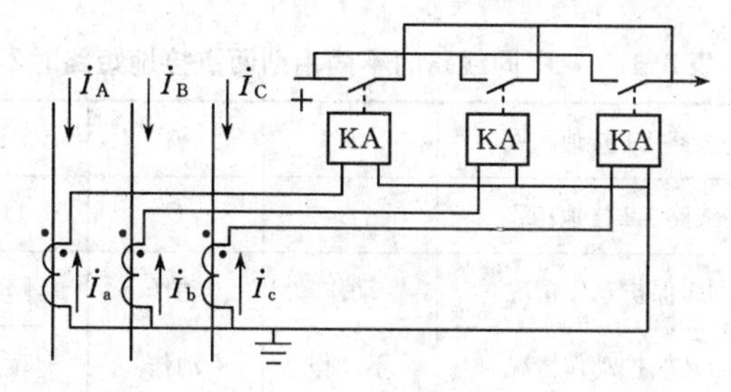

图 3-7　三相完全星形接线

这种接线方式所需元件数目较多，但可提高保护动作的可靠性和灵敏度。因此广泛用于发电机、变压器等贵重设备的保护中，在中性点直接接地系统中采用此接线可反映相间、接地故障。

2. 两相两继电器不完全星形接线

两相两继电器不完全星形接线是将两个电流继电器的线圈和在 A、C 两相上装设

的两个电流互感器的二次绕组分别按相连接，如图 3-8 所示。这种接线方式，接线系数 $K_{con}=1$，它能反映三相短路、两相短路。在中性点不接地系统线路应采用这种接线方式。

在小接地电流系统中，发生单相接地故障时，没有短路电流，只有较小的电容电流，相间电压仍然是对称的。为提高供电可靠性，允许电网带一点接地继续运行一段时间。故在这种电网中，在不同地点发生两点接地短路时，要求保护动作只切除一个接地故障点。

若采用不完全星形接线且电流互感器装设在同名的两相上，在不同线路的不同相别上发生两相接地短路时，有 6 种故障的可能，其中有 4 种情况只切除一条线路，也即 2/3 的几率切除一条线路，1/3 的几率切除两条线路，如图 3-9 和表 3-1 所示。

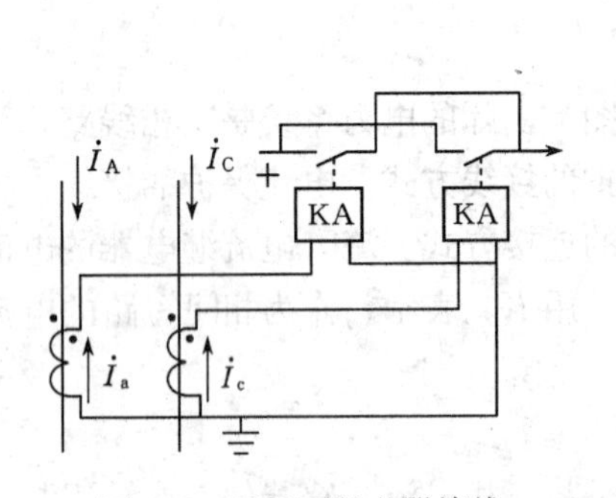

图 3-8 两相两继电器接线

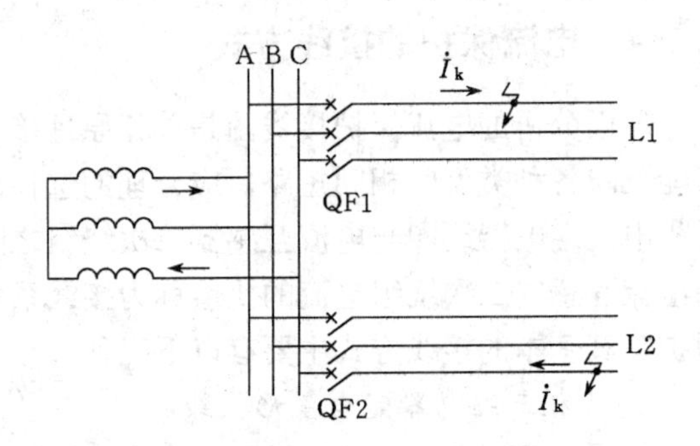

图 3-9 两回线路示意图

表 3-1 不同线路的不同相别两点接地短路时不完全星形接线保护动作情况

线路 L1 接地相别	A	A	B	B	C	C
线路 L2 接地相别	B	C	C	A	A	B
L1 保护动作情况	动作	动作	不动作	不动作	动作	动作
L2 保护动作情况	不动作	动作	动作	动作	动作	不动作
停电线路数	1	2	1	1	2	1

两相不完全星形接线方式较简单、经济，对中性点非直接接地系统在不同线路的不同相别上发生两点接地短路时，有 2/3 的机会只切除一条线路，这比三相完全星形接线优越。因此在中性点非直接接地系统中，广泛采用两相不完全星形接线。

3. 两相三继电器不完全星形接线

两相不完全星形接线，用于 Y,d11 接线变压器(设保护装在 Y 侧)时，其灵敏度

将受到影响。为了简化问题的讨论，假设变压器的线电压比 $n_T=1$，当变压器 d 侧 ab 两相发生短路故障时，根据短路相、序分量边界条件，可得 $\dot{I}_{c.k}=0$，$\dot{I}_{c1}=-\dot{I}_{c2}$。画出相量图如图 3-10(b)所示，经过转角得 Y 侧电流相量图，如图 3-10(c)所示。由相量图及电流分布图可知，Y 侧三相均有短路电流存在，而 B 相短路电流是其余两相的 2 倍。但 B 相没装电流互感器，不能反映该相的电流，其灵敏系数是采用三相完全星形接线保护的一半。为克服这一缺点，可采用两相三继电器式接线，如图 3-11 所示。第三个继电器接在中性线上，流过的是 A、C 两相电流互感器二次电流的相量和，等于 B 相电流的二次值，从而可将保护的灵敏系数提高一倍，与采用三相完全星型接线相同。

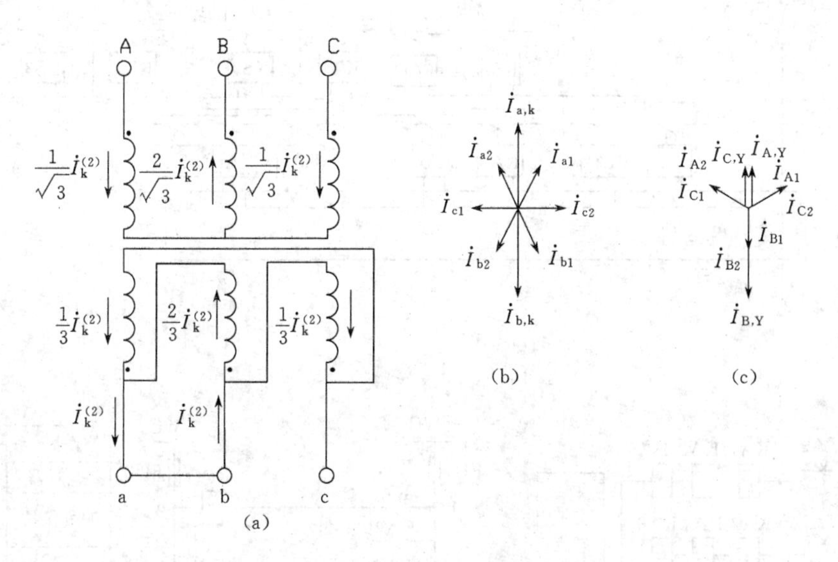

图 3-10 Y,d11 接线变压器 d 侧 ab 两相短路时的电流分布

(a)电流分布图；(b)d 侧电流相量图；(c)Y 侧电流相量图

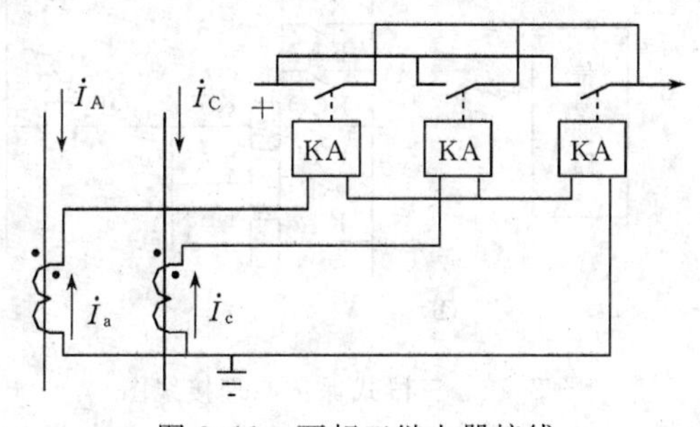

图 3-11 两相三继电器接线

3.1.5　线路相间短路的三段式电流保护装置

由瞬时电流速断保护、限时电流速断保护、定时限过电流保护组合构成三段式电流保护装置。其中Ⅰ段瞬时电流速断保护，Ⅱ段限时电流速断保护作主保护，Ⅲ段定时限过电流保护是后备保护。保护原理接线图如图 3-12 所示。

由 KA1、KA2、KCO、KS1 组成Ⅰ段；KA3、KA4、KT1、KS2 组成Ⅱ段；KA5、KA6、KA7、KT2、KS3 组成Ⅲ段。

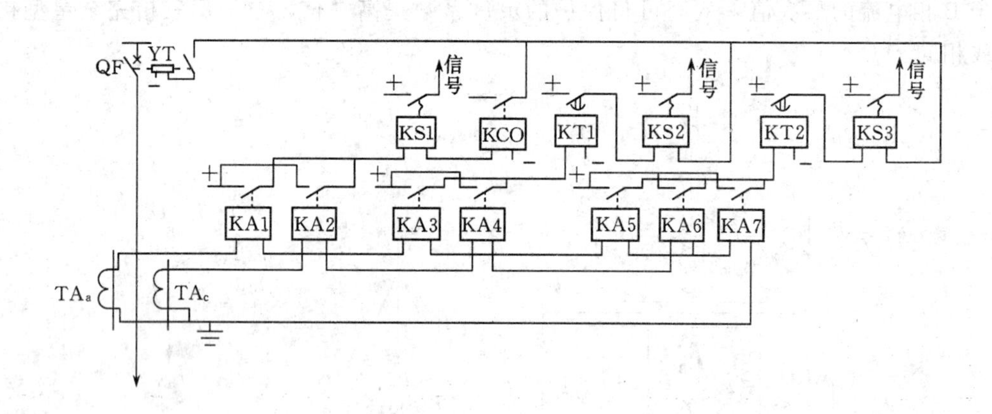

(a)

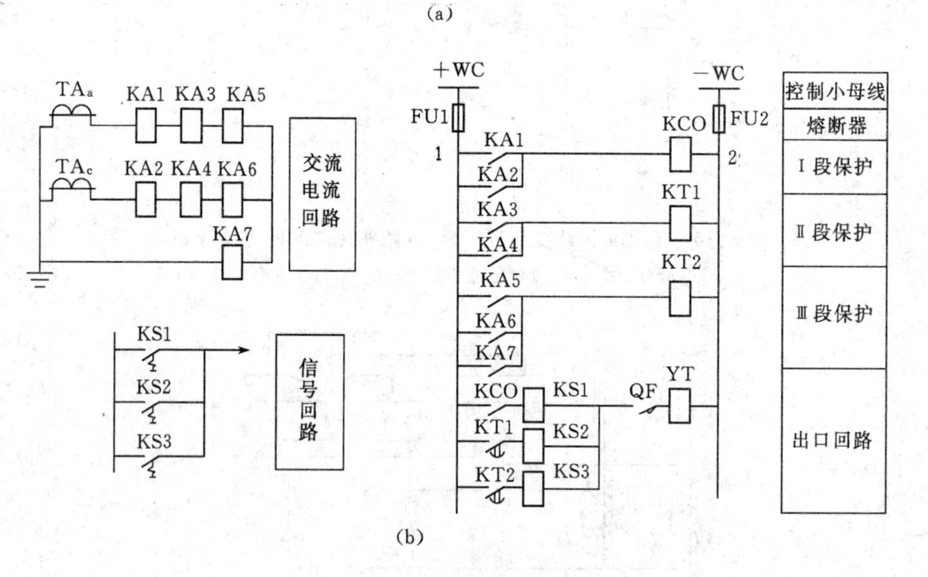

(b)

图 3-12　三段式保护原理接线图

(a)原理图；(b)展开图

原理图中各元件均以完整的图形符号表示，如图 3-12(a)所示，这样便于阅读，对保护的动作有整体概念；但原理图不便于现场查线及调试，接线复杂的保护原理图绘制、阅读比较困难。

展开图是以电气回路为基础，将继电器和各元件的线圈、触点按保护动作顺序，自左而右、自上而下绘制的接线图。图 3-12(b)为三段式电流保护的展开图。展开图的特点是分别绘制保护的交流电流回路、交流电压回路、直流回路及信号回路。各继电器的线圈和触点也分开，分别画在其各自所属的回路中，但属于同一个继电器或元件的所有部件都注明同样的文字符号。所有继电器元件的图形符号按国家标准统一编制。

阅读展开图时，一般是按先交流回路后直流回路，从上而下，自左向右。

【例 3-1】 如图 3-13 所示 35kV 单侧电源放射状网络，AB 和 BC 均设有三段式电流保护。已知：1) 线路 AB 长 20km，线路 BC 长 30km，线路电抗 $X_1=0.4\Omega/\text{km}$；

2) 变电所 B、C 中变压器连接组别为 Y,d11，且在变压器上装设差动保护；

3) 线路 AB 的最大传输功率为 9.5MW，功率因数 $\cos\varphi=0.9$，自起动系数取 1.3；

4) T1、T2 变压器归算至被保护线路电压等级的阻抗为 28Ω；

5) 系统最大电抗 $X_{s.max}=7.9\Omega$，系统最小电抗 $X_{s.min}=5.4\Omega$。

试对 AB 线路的保护进行整定计算并校验其灵敏度。

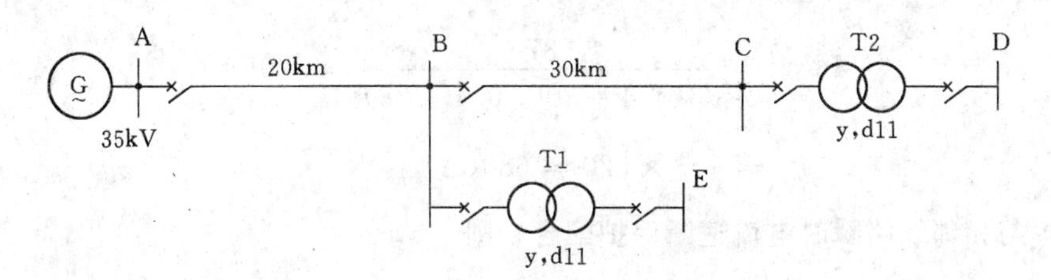

图 3-13　三段电流保护整定计算网络图

解：1. 短路电流计算

B 母线短路最大三相短路电流为

$$I_{kB.max}^{(3)}=\frac{E_s}{X_{s.min}+X_1 l}=\frac{37}{\sqrt{3}(5.4+20\times 0.4)}=1590(\text{A})$$

$$I_{kB.min}^{(2)}=\frac{\sqrt{3}}{2}\times\frac{E_s}{X_{s.max}+X_1 l}$$

$$=\frac{\sqrt{3}}{2}\times\frac{37}{\sqrt{3}(7.9+20\times0.4)}=1160(\mathrm{A})$$

$$I_{\mathrm{kC.max}}^{(3)}=\frac{37}{\sqrt{3}(5.4+50\times0.4)}=840(\mathrm{A})$$

$$I_{\mathrm{kC.min}}^{(2)}=\frac{\sqrt{3}}{2}\times\frac{37}{\sqrt{3}(7.9+50\times0.4)}=660(\mathrm{A})$$

$$I_{\mathrm{kE.min}}^{(3)}=\frac{37}{\sqrt{3}(7.9+20\times0.4+28)}=490(\mathrm{A})$$

2. 整定计算

(1) 保护1的Ⅰ段定值为

$$I_{\mathrm{op1}}^{\mathrm{I}}=K_{\mathrm{rel}}I_{\mathrm{kB.max}}^{(3)}=1.25\times1590=1990(\mathrm{A})$$

$$l_{\min}=\frac{1}{X_1}\left(\frac{\sqrt{3}}{2}\times\frac{E_{\mathrm{s}}}{I_{\mathrm{op1}}^{\mathrm{I}}}-X_{\mathrm{s.max}}\right)=\frac{1}{0.4}\left(\frac{\sqrt{3}}{2}\times\frac{37/\sqrt{3}}{1.99}-7.9\right)$$

$$=3.49(\mathrm{km})$$

$l_{\min}/l=17.5\%$,满足要求。

(2) 保护1的Ⅱ段定值为

1) 按躲过变压器低压侧母线短路计算

$$I_{\mathrm{kE.max}}^{(3)}=\frac{37}{\sqrt{3}(5.4+20\times0.4+28)}=520(\mathrm{A})$$

$$I_{\mathrm{op1}}^{\mathrm{I}}=1.3\times520=680(\mathrm{A})$$

2) 与相邻线路瞬时电流速断保护配合，则

$$I_{\mathrm{op1}}^{\mathrm{II}}=K_{\mathrm{rel}}^{\mathrm{II}}I_{\mathrm{op2}}^{\mathrm{I}}=1.15\times1.25\times840=1210(\mathrm{A})$$

选以上计算较大的动作电流作为 $I_{\mathrm{op1}}^{\mathrm{II}}$，则 $I_{\mathrm{op1}}^{\mathrm{II}}=1210(\mathrm{A})$

灵敏度校验

$$K_{\mathrm{sen}}=\frac{I_{\mathrm{k.B.min}}^{(2)}}{I_{\mathrm{op1}}^{\mathrm{II}}}=\frac{1160}{1210}<1.25$$

改与T1低压侧母线短路配合，$I_{\mathrm{op1}}^{\mathrm{II}}=680(\mathrm{A})$

$$K_{\mathrm{sen}}=\frac{I_{\mathrm{k.B.min}}^{(2)}}{I_{\mathrm{op1}}^{\mathrm{II}}}=\frac{1160}{680}=1.71$$

值得注意的是，选用与相邻变压器配合时，相当于是与Ⅱ段配合，所以保护的动作时间取1s。

3. 定时限过电流保护

$$I_{L.max}=\frac{9.5\times10^3}{\sqrt{3}\times0.95\times35\times0.9}=183(A)$$

$$I_{op1}^{Ⅲ}=\frac{K_{rel}K_{ss}}{K_{re}}I_{L.max}=\frac{1.2\times1.3\times183}{0.85}=335(A)$$

4. 灵敏度校验

作本线路后备保护时

$$K_{sen}=\frac{I_{k.B.min}^{(2)}}{I_{op1}^{Ⅲ}}=\frac{1160}{335}=3.46>1.5$$

作相邻线路后备保护时，应分别按相邻线路和相邻变压器末端最小短路电流校验

$$K_{sen}=\frac{I_{k.C.min}^{(2)}}{I_{op1}^{Ⅲ}}=\frac{660}{335}=1.97>1.2$$

$$K_{sen}=\frac{I_{k.E.min}^{(3)}}{I_{op1}^{Ⅲ}}=\frac{490}{335}=1.46>1.2\text{(保护接线采用两相三继电器)}$$

灵敏度满足要求。保护的时限按阶梯原则，比相邻元件后备保护最大动作时间大一个时间级差Δt。

3.1.6 阶段式电流电压保护

当系统运行方式变化较大时，线路电流保护Ⅰ段、Ⅱ段可能在保护区和灵敏度方面不满足要求。但考虑到在线路上发生短路故障时，母线电压的变化一般比流过保护的短路电流的变化大，因此在许多情况下采用躲开线路末端短路时，保护安装处母线上的残余电压整定的电压速断保护在保护范围和灵敏度方面性能更好。不过，仅用电压元件来构成保护，当同一母线引出的其他线路上发生短路以及电压互感器二次侧熔断器熔断时会误动作。为此，可以采用电流电压联锁速断保护。这种保护既反映电流的增大，也反映电压的降低，保护的测量元件由电流继电器和电压继电器共同组成，它们的接点构成“与”回路输出。保护装置的选择性及保护区是依靠电压元件和电流元件相互配合整定的。

同样可以采用延时电流、电压保护，也可采用电压闭锁过流保护。

3.2 双侧电源输电线路相间短路的方向电流保护

3.2.1 过电流保护的方向性

由上述分析可知，在单电源网络中，各种电流保护是安装在被保护线路靠近电源一侧，在发生短路故障时，它们的功率方向都是从母线流向线路，保护的动作具有选择性。而随着电力系统的发展和用户对供电可靠性要求的提高，出现了双侧电源辐射形电网和单侧电源环形网络。在这样的电网中，为了切除故障元件，应在线路两侧都装设断路器和保护装置。假设装设前述的过电流保护，将不能保证保护的选择性。

以图 3-14(a)为例，当在线路 L1 上发生 K_1 点短路时，装在线路 L1 两侧的保护 1、2 动作，使断路器 QF1、QF2 断开，将故障线路 L1 从电网中切除。故障线路切除后，接在 A 母线上的用户以及 B、C、D 母线上的用户，仍然由 A 侧电源和 D 侧电源分别继续供电。从而大大地提高了对用户供电的可靠性。但是，这种电网也给继电保护带来了新的问题。若将阶段式电流、电压保护直接用在这种电网中，靠动作值和动作时限的配合，不能完全满足保护动作选择性的要求。

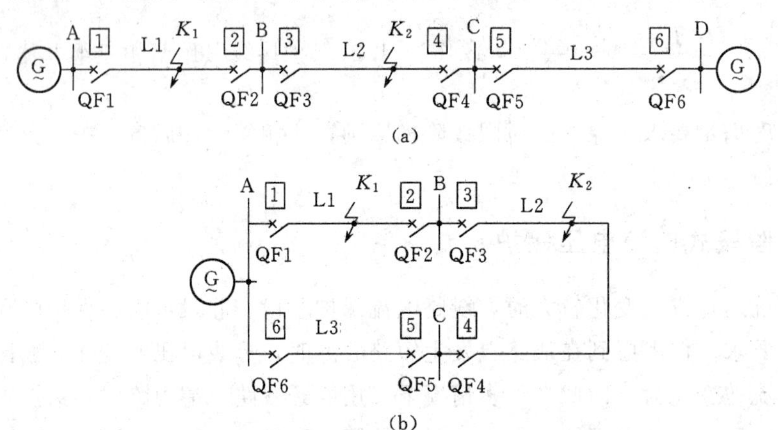

图 3-14 保护动作特性接线图

(a)双侧电源；(b)单侧环形网络

图 3-14(a)所示的双电源辐射形电网，图中各断路器上分别装设与断路器编号 QF1～QF6 相同的保护装置。为了保证保护动作的选择性，断路器 QF1、QF3、QF5 应该有选择地切除由 A 侧电源提供的短路电流，QF2、QF4、QF6 应该有选择地切除由 D 侧电源提供的短路电流。

对于瞬时电流速断保护，由于它没有方向性，只要短路电流大于其动作电流整定值，就可能动作。因此，为了保证选择性，瞬时电流速断保护 1 的动作电流应大于正向 B 母线短路时流过保护安装处的最大短路电流，同时，也要大于反向 A 母线短路时流过瞬时电流速断保护 1 最大短路电流。如果 A 母线短路电流大于 B 母线短路时的短路电流，显然，动作电流应按躲过 A 母线短路最大短路电流条件整定，才能保证保护选择性。很显然这势必降低了保护的灵敏度，若按 B 母线短路电流整定，保护又会发生误动作。

对于过电流保护，若不采取措施，同样会发生无选择性误动作。在图 3-14(a)中，对 B 母线两侧的保护 2 和 3 而言，当 K_1 点短路时，为了保证选择性，要求 $t_2 < t_3$；而当 K_2 点短路时，又要求 $t_3 < t_2$。显然，这两个要求是相互矛盾的。分析位于其他母线两侧的保护，也可以得出同样的结果。这说明过电流保护在这种电网中无法满足选择性的要求。

为了解决上述问题，必须进一步分析在双侧电源辐射形电网中发生短路时，流过保护的短路功率的方向。

在图 3-14(a)所示电网中，当线路 L1 的 K_1 点发生短路时，流经保护 2 的短路功率方向是由母线指向线路，保护 2 应该动作；而流经保护 3 的短路功率是由线路指向母线，保护 3 不应该动作。当线路 L2 的 K_2 点发生短路时，流经保护 2 的短路功率方向是由线路指向母线，保护 2 不应动作；而流过保护 3 的短路功率方向是由母线指向线路，保护 3 应该动作。从前面分析可看出，只有当短路功率的方向从母线指向线路时，保护动作才是有选择性的。为此，我们只需在原有的电流保护的基础上加装一个功率方向判别元件——功率方向元件，并且规定短路功率方向由母线指向线路为正方向。只有当线路中的短路功率方向与规定的正方向相同，保护才动作。

3.2.2 方向过电流保护的工作原理

在过电流保护的基础上加装一个方向元件，就构成了方向过电流保护。下面以图 3-15 所示双侧电源辐射形电网为例，说明方向过电流保护的工作原理。

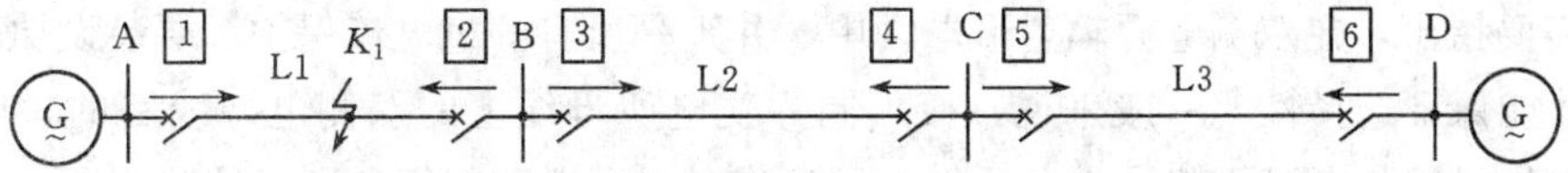

图 3-15 方向过电流保护工作原理

在图 3-15 所示的电网中，各断路器上均装设了方向过电流保护。图中所示的箭头方向即为各保护动作方向。当 K_1 点短路时通过保护 2 的短路功率方向是从母线指向线路，符合规定的动作方向，保护 2 正确动作；而通过保护 3 的短路功率方向由线路指向母线，与规定的动作方向相反，保护 3 不动作。因此，保护 3 的动作时限不需要与保护 2 配合。同理，保护 4 和 5 动作时限也不需要配合。而当 K_1 点短路时，通过保护 4 的短路功率的方向与保护 2 相同，与规定动作方向相同。为了保证选择性，保护 4 要与保护 2 的动作时限配合，这样，可将电网中各保护按其动作方向分为两组单电源网络，A 侧电源、保护 1、3、5 为一组；D 侧电源、保护 2、4、6 为一组。对各电源供电的网络，其过电流保护的动作时限仍按阶梯形原则进行配合，即 A 侧电源供电网络中，$t_1 > t_3 > t_5$；D 侧电源供电网络中，$t_6 > t_4 > t_2$。两组方向过电流保护之间不需要考虑配合。

方向过电流保护单相原理接线图如图 3-16 所示。它主要由启动元件（电流继电器 KA）、方向元件（功率方向继电器 KP）、时间元件（时间继电器 KT）、信号元件（信号继电器 KS）构成。其中起动元件是反映在保护区内是否发生短路故障，时间元件是保证保护动作的选择性，信号元件是用于记录故障的作用，而方向元件则是用来判断短路功率的方向。由于在正常运行时，通过保护的功率也可能从母线指向线路，保护装置中的方向元件也可能动作，故在接线中，必须将电流继电器 KA 和功率方向继电器 KP 一起配合使用，将它们的触点串联后，再接入时间继电器 KT 的线圈。只有当正方向保护范围内故障时，电流继电器 KA 和功率方向继电器 KP 都动作时，整套保护才动作。

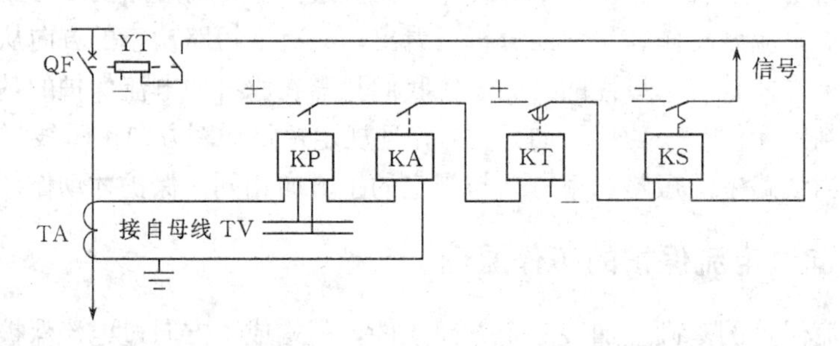

图 3-16 方向过电流保护原理接线

需要指出，在双侧电源辐射形电网中，并不是所有的过电流保护都要装设功率方向元件才能保证选择性。一般来说，接入同一变电所母线上的双侧电源线路的过电流保护，动作时限长者可不装设方向元件，而动作时限短者和相等者则必须装方向元件。

值得注意的是，由于在正常运行时，通过保护的功率也可能从母线指向线路，保护装置中的方向元件也可能动作，故在接线中，必须将电流继电器 KA 和功率方向继电器 KP 一起配合使用，将它们的触点串联后，再接入时间继电器 KT 的线圈。

3.2.3　功率方向继电器的工作原理

功率方向继电器的作用是判别功率的方向。正方向故障，功率从母线流向线路时就动作；反方向故障，功率从线路流向母线时不动作。

下面以图 3-17 所示网络来说明功率方向继电器的原理。

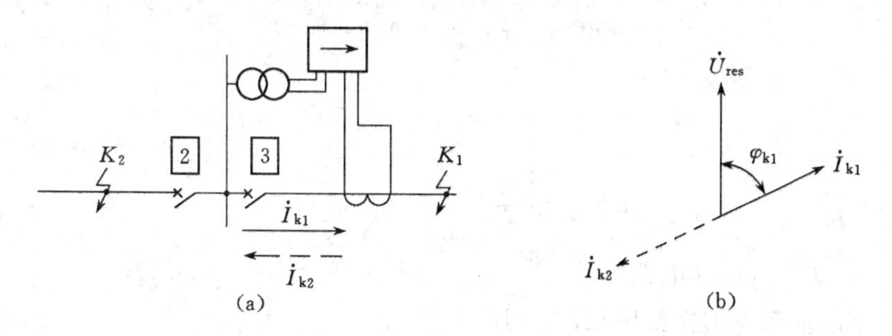

图 3-17　功率方向继电器的原理

(a)原理图；(b)相量图

对保护 3 而言，加入功率方向继电器的电压 $\dot{U}_r$ 是保护安装处母线电压的二次电压，通过继电器中的电流 $\dot{I}_r$ 是被保护线路中电流的二次电流，$\dot{U}_r$ 和 $\dot{I}_r$ 分别反映了一次电压和电流的相位和大小。在正方向 K_1 点短路时，流过保护 3 的短路电流 $\dot{I}_{k1}$ 从母线指向线路，由于输电线路的短路阻抗呈感性，这时，接入功率方向继电器的一次短路电流 $\dot{I}_{k1}$ 滞后母线残余电压 $\dot{U}_{res}$ 的角度 φ_{k1} 为 0°～90°，以母线上的残压 $\dot{U}_{res}$ 为参考量，其相量图如图 3-17(b)所示，显然，通过保护 3 的短路功率为 $P_{k1}=U_{res}I_{k1}\cos\varphi_{k1}>0$；当反方向 K_2 点短路时，通过保护 3 的短路电流 $\dot{I}_{k2}$ 从线路指向母线，如果仍以母线上的残压 $\dot{U}_{res}$ 为参考量，则 $\dot{I}_{k2}$ 滞后 $\dot{U}_{res}$ 的角度 φ_{k2} 为 180°～270°，其相量图如图 3-17(b)所示，通过保护 3 的短路功率为 $P_{k2}=U_{res}I_{k2}\cos\varphi_{k2}=-U_{res}I_{k2}\cos\varphi_{k1}<0$。功率方向继电器可以做成当 $P_k>0$ 时动作，当 $P_k<0$ 时不动作，从而实现其方向性。

可见，随着短路电流的方向不同，功率方向继电器感受功率也不相同。正方向故障时，其功率为正值，反方向故障，其功率为负值。

1. 相位比较式功率方向继电器

功率方向继电器的工作原理，实质上就是判断母线电压和流入线路电流之间的相位角，是否在－90°～90°范围内。常用的表达式为

$$-90^\circ \leqslant \arg\frac{\dot{U}_r}{\dot{I}_r} \leqslant 90^\circ \tag{3-17}$$

构成功率方向继电器，既可直接比较 $\dot{U}_r$ 和 $\dot{I}_r$ 间的夹角，也可间接比较电压 $\dot{C}$、$\dot{D}$ 之间的相角。

$$\dot{C}=\dot{K}_{uv}\dot{U}_r \tag{3-18}$$

$$\dot{D}=\dot{K}_{ur}\dot{I}_r \tag{3-19}$$

式中 $\dot{K}_{uv}$、$\dot{K}_{ur}$——相量，决定于继电器内部结构与参数。

$$-90^\circ \leqslant \arg\frac{\dot{C}}{\dot{D}} \leqslant 90^\circ \tag{3-20}$$

$$-90^\circ-\alpha \leqslant \arg\frac{\dot{U}_r}{\dot{I}_r} \leqslant 90^\circ-\alpha \tag{3-21}$$

$$\alpha=\arg\frac{\dot{K}_{uv}}{\dot{K}_{ur}} \tag{3-22}$$

式中 α——功率方向继电器内角。

功率方向继电器动作范围见图 3-18。

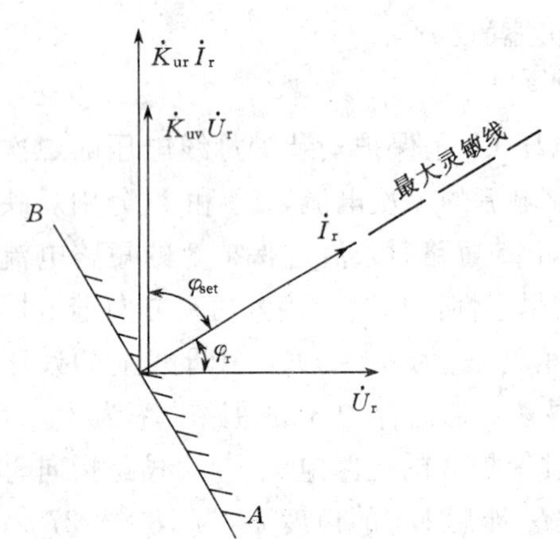

图 3-18 相间短路保护功率方向继电器的动作区

2. 幅值比较式功率方向继电器

幅值比较原理就是比较两个电气量的幅值大小，而不再比较它们的相位关系，可以分析，相位比较和绝对值比较之间存在互换关系。比较幅值的两个电气量可按下式构成

$$\dot{A}=\dot{C}+\dot{D} \tag{3-23}$$

$$\dot{B}=\dot{D}-\dot{C} \tag{3-24}$$

可以分析，当 $|\dot{A}|>|\dot{B}|$ 时继电器动作，$|\dot{A}|<|\dot{B}|$ 继电器不动作。

整流型功率方向继电器一般是利用绝对值比较原理构成的。它主要由电压形成回路(电抗变换器 UR)和电压变换器 UV、比较回路(整流桥 U1、U2)和执行元件(极化继电器 KP)组成。其原理接线如图 3-19 所示，LG—11 型功率方向继电器，它可作为相间短路保护中的方向元件；LG—12 型功率方向继电器，它可作为接地短路保护中的方向元件。

(1) 电压形成回路。电压形成回路的作用是将加到继电器中的电流 $\dot{I}_r$ 和电压 $\dot{U}_r$ 变换成与其成比例的 $\dot{K}_{ur}\dot{I}_r$ 和 $\dot{K}_{UV}\dot{U}_r$，以便进行绝对值比较。LG—11 型功率方向继电器的电压形成回路由两部分组成，一部分是电流变换回路，另一部分是电压变换回路。

电流变换回路由电抗变换器 UR 构成，它的一次绕组 $W1$ 接至电流互感器的二次

侧，以取得工作电流 $\dot{I}_r$。它有三个二次绕组，其中 $W2$ 和 $W3$ 为工作绕组，其输出电压为 $\dot{K}_{ur}\dot{I}_r$；$W4$ 为移相绕组，$\dot{K}_{ur}\dot{I}_r$ 超前 $\dot{I}_r$ 的相位角 φ_{set}（电抗变换器 UR 的转移阻抗角），可利用选择不同的电阻 $R3$ 和 $R4$ 来改变。φ_{set}的余角定义为继电器的内角，以 α 表示，$\alpha=90°-\varphi_{set}$，以适应不同线路参数的需要。当接入 $R3$ 时，$\varphi_{set}=60°$，$\alpha=30°$；当接入 $R4$ 时，$\varphi_{set}=45°$，$\alpha=45°$。

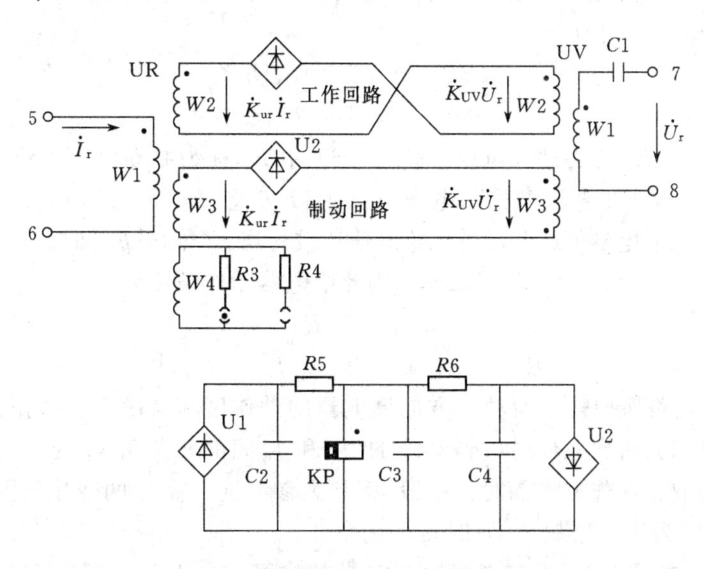

图 3-19 整流型功率方向继电器

电压变换回路由带小气隙（铁芯不易饱和）的电压变换器 UV 和电容 $C1$ 构成，如图 3-20。电压变换器 UV 一次绕组的等效电感 L、等效电阻 R 与电容 $C1$ 串联后，构成一个在工频下谐振电路，其等值电路图如图 3-20(b)。由于电路处于谐振状态，故 $X_L=X_C$，电路呈纯电阻性，故一次绕组中的电流 $\dot{I}_u$ 与电压 $\dot{U}_r=\dot{U}_R$ 同相位，而 $\dot{U}_L=-\dot{U}_C$，$\dot{U}_L$ 超前加入功率方向继电器的电压 $\dot{U}_r 90°$，见图 3-20(c)，即加在 UV 一次绕

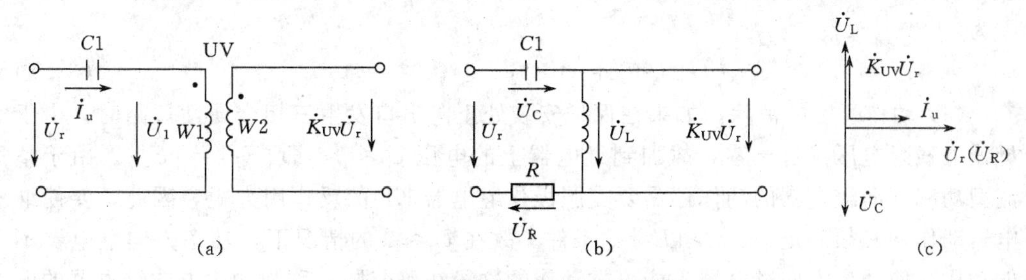

图 3-20 串联谐振回路工作原理

(a)原理图；(b)等值图；(c)相量图

组上的电压 $\dot{U}_1$ 超前 $\dot{U}_R 90^\circ$，而UV的二次电压 $\dot{K}_{uv}\dot{U}_r$ 与一次电压 $\dot{U}_1$ 方向相同，所以二次电压 $\dot{K}_{uv}\dot{U}_r$ 超前 $\dot{U}_r 90^\circ$。

(2)比较回路。在图3-19中，U1、U2为两组桥式全波整流器，电阻 $R5$、$R6$ 及电容 $C2$、$C4$ 构成阻容滤波电路。电容 $C3$ 与极化继电器KP的线圈并联，以便进一步滤去交流分量，防止KP动作时触点抖动。根据图中所示的正方向，加到U1及U2交流侧的电压分别为

$$\dot{E}_1 = \dot{K}_{ur}\dot{I}_r + \dot{K}_{uv}\dot{U}_r \tag{3-25}$$

$$\dot{E}_2 = \dot{K}_{ur}\dot{I}_r - \dot{K}_{uv}\dot{U}_r \tag{3-26}$$

式(3-25)中 $\dot{E}_1$ 称为动作电压，式(3-26)中 $\dot{E}_2$ 称为制动电压，将 $\dot{E}_1$、$\dot{E}_2$ 经过整流后，在U1及U2直流侧输出电压分别为 $|\dot{E}_1|$ 及 $|\dot{E}_2|$，它们经过滤波后分别加到执行元件极化继电器KP上，进行绝对值比较。当 $|\dot{E}_1|>|\dot{E}_2|$ 时，极化继电器KP动作；当 $|\dot{E}_1|<|\dot{E}_2|$ 时，KP不动作，因此继电器动作条件为

$$|\dot{E}_1| \geqslant |\dot{E}_2|$$

即

$$|\dot{K}_{ur}\dot{I}_r+\dot{K}_{uv}\dot{U}_r| \geqslant |\dot{K}_{ur}\dot{I}_r-\dot{K}_{uv}\dot{U}_r| \tag{3-27}$$

(3)相间短路保护整流型功率方向继电器的动作区和灵敏角。根据公式(3-27)，利用相量图可以分析出能使继电器动作的 $\dot{U}_r$ 和 $\dot{I}_r$ 间的相位角 φ_r 的变化范围，即继电器的动作区域。在作相量图时，一般以 $\dot{U}_r$ 为参考量，看 $\dot{I}_r$ 的变化范围。并规定 $\dot{I}_r$ 滞后 $\dot{U}_r$ 时，φ_r 为正；$\dot{I}_r$ 超前 $\dot{U}_r$ 时，φ_r 为负。

在图3-18中，以 $\dot{U}_r$ 为参考量，画在横轴位置，作 $\dot{K}_{uv}\dot{U}_r$ 超前 $\dot{U}_r 90^\circ$，$\dot{K}_{ur}\dot{I}_r$ 超前 $\dot{I}_r$ 一个整定阻抗角 φ_{set}，当 $\dot{K}_{ur}\dot{I}_r$ 与 $\dot{K}_{uv}\dot{U}_r$ 重合时，$|\dot{K}_{ur}\dot{I}_r+\dot{K}_{uv}\dot{U}_r|$ 最大，$|\dot{K}_{ur}\dot{I}_r-\dot{K}_{uv}\dot{U}_r|$ 最小，继电器工作在最灵敏状态，此时的 $\dot{I}_r$ 与 $\dot{U}_r$ 的相位角 $\varphi_r=-(90^\circ-\varphi_{set})=-\alpha$ 称为灵敏角，以 φ_{sen} 表示。与 $\varphi_r=-\alpha$ 时的 $\dot{I}_r$ 重合的线称为最大灵敏线。当 $\dot{K}_{ur}\dot{I}_r$ 与 $\dot{K}_{uv}\dot{U}_r$ 的相位差为 $\pm 90^\circ$ 时，$|\dot{K}_{ur}\dot{I}_r+\dot{K}_{uv}\dot{U}_r|=|\dot{K}_{ur}\dot{I}_r-\dot{K}_{uv}\dot{U}_r|$ 继电器处于动作边界，故继电器的动作边界线 AB 与最大灵敏线垂直，直线 AB 上边带阴影的动作区和灵敏角的一侧为动作区域。从图3-18可知，能使继电器动作的 φ_r 的范围为

$$-(90^\circ+\alpha) \leqslant \varphi_r \leqslant (90^\circ-\alpha) \tag{3-28}$$

(4)动作死区的消除。如果在保护安装处正向出口发生三相金属性短路时，由于母线上残余电压接近于零，故加到继电器上的电压 $\dot{U}_r\approx 0$，即 $|\dot{E}_1|=|\dot{E}_2|$。由于整流型功率方向继电器的动作还需要克服极化继电器KP的反作用力矩，因此，要使继电器动作，必须满足 $|\dot{E}_1|>|\dot{E}_2|$ 的条件。故在 $\dot{U}_r\approx 0$ 的情况下，功率方向继电器不能动作。使功率方向继电器不能可靠动作的这段线路范围，称为功率方向继电器的电压死区。为了消除电压死区，在整流型功率方向继电器的电压回路中串接了电容 $C1$，

以便和 UV 的一次绕组构成在工频下的串联谐振记忆回路。当被保护线路保护安装处正向出口发生三相金属性短路时，$\dot{U}_r$ 突然下降为零，但是谐振回路内还储存有电场能量和磁场能量，它将按照原有频率进行能量交换，在这个过程中，$\dot{K}_{uv}\dot{U}_r\neq 0$，且保持着故障前电压 $\dot{U}_r$ 的相位，一直到储存的能量消耗完为止，$\dot{K}_{uv}\dot{U}_r$ 才为零。因此，该回路相当于记住了故障前电压的大小和相位，故称该回路为谐振记忆回路。在记忆作用这段时间里，$\dot{K}_{uv}\dot{U}_r\neq 0$，就可以继续进行绝对值比较，保证继电器可靠动作，从而消除了电压死区。记忆作用消失后，电压死区仍然存在。因此，对于方向瞬时电流速断保护，其记忆作用可消除方向元件的电压死区。而方向限时电流速断保护和过电流保护，由于动作带有时限，记忆作用时间短，因此不能消除方向元件的电压死区。

3.2.4 功率方向继电器接线

1. 功率方向继电器接线方式

功率方向继电器的接线方式，是指在三相系统中继电器电压及电流的接入方式。即接入继电器的电压 $\dot{U}_r$ 和电流 $\dot{I}_r$ 一定组合方式。对接线方式的要求是：

（1）应能正确反应故障的方向。即正方向短路时，继电器动作，反方向短路时应拒动。

（2）正方向故障时，加入继电器的电压电流尽量大，并尽可能使 $\dot{U}_r$ 和 $\dot{I}_r$ 之间的夹角 φ_r 尽量地接近最大灵敏角。

为了满足上述要求，在相间短路保护中，接线方式广泛采用 90°接线方式，如表 3-2 和图 3-21 所示。

表 3-2　功率方向继电器接入的电流及电压

功率方向继电器	电流 $\dot{I}_r$	电压 $\dot{U}_r$
KP1	$\dot{I}_A$	$\dot{U}_{BC}$
KP2	$\dot{I}_B$	$\dot{U}_{CA}$
KP3	$\dot{I}_C$	$\dot{U}_{AB}$

90°接线方式是指系统三相对称，且功率因数 $\cos\varphi=1$ 的情况下，加入继电器的电流 $\dot{I}_r$，超前电压 $\dot{U}_r$90°的接线方式。应该注意功率方向继电器的电流线圈和电压线圈的极性，与电流互感器和电压互感器二次线圈极性必须正确连接。否则，若有一个线圈的极性接错，将导致正方向短路时拒动，而反方向短路时误动的严重后果。

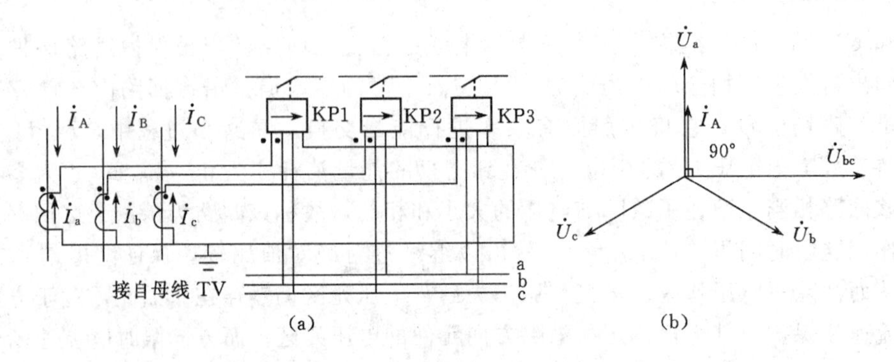

图 3-21　功率方向继电器的 90°接线图

(a)接线图；(b)相量图

2. 功率方向继电器 90°接线方式分析

分析 90°接线的目的是选择一个合适的功率方向继电器的内角 α，保证在各种线路上发生各种相间短路故障时，功率方向继电器都能正确判断短路功率方向。

功率方向继电器的动作条件可用角度来表示，式(3-28) 也可改写为

$$-90^\circ \leqslant (\varphi_r + \alpha) \leqslant 90^\circ \tag{3-29}$$

这一动作条件也可用余弦函数来表示为

$$\cos(\varphi_r + \alpha) \geqslant 0 \tag{3-30}$$

式(3-29) 和式(3-30)说明，在线路上发生短路时，功率方向继电器能否动作，主要取决于 $\dot{U}_r$ 与 $\dot{I}_r$ 的相位角 φ_r 和继电器的内角 α。

可通过分析各种类型的相间短路时，$\dot{U}_r$ 和 $\dot{I}_r$ 之间夹角的变化范围，最终确定功率方向继电器的内角 α。

正方向三相短路时。在保护区内发生三相短路时，保护安装处的残余电压为 $\dot{U}_a$、$\dot{U}_b$、$\dot{U}_c$，短路电流 $\dot{I}_a$、$\dot{I}_b$、$\dot{I}_c$ 滞后各对应的相电压 φ_k 角(短路点至保护安装处之间线路的阻抗角)，$0^\circ < \varphi_k < 90^\circ$。

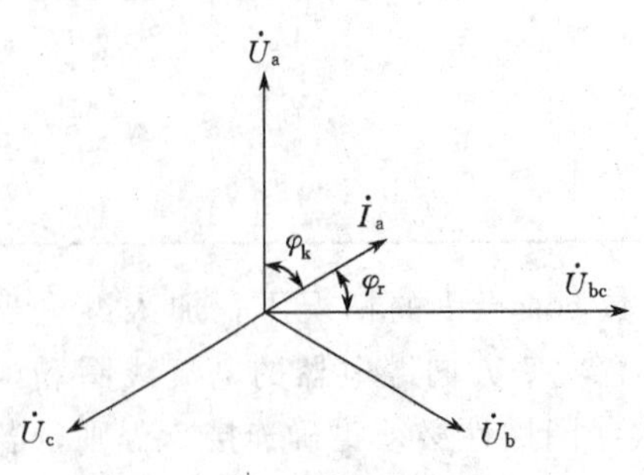

图 3-22　正方向三相短路时的电流、电压相量图

由于三相短路是对称短路，三个功率方向继电器的工作情况相同，可以只取 A 相的继电器 KP1 进行分析，如图 3-22 所示。

接入 A 相功率方向继电器的电流 $\dot{I}_r = \dot{I}_a$，电压 $\dot{U}_r = \dot{U}_{bc}$，由于 $\dot{I}_a$ 滞后 $\dot{U}_a$ 一个 φ_k 角，所以 $\varphi_r = -(90^\circ - \varphi_k)$。在一般情况下，电网中任何架空线路和电缆线路阻抗角的变化范围是：$0^\circ \leqslant \varphi_k \leqslant 90^\circ$，所在三相短路时 φ_r 可能的范围是

$-90° \leqslant \varphi_r \leqslant 0°$。将 φ_r 代入式(3-29)，可得出能使继电器动作的条件为

$$0° \leqslant \alpha \leqslant 90° \tag{3-31}$$

同样，可以分析线路发生两相短路时，φ_r 的变化范围为 $-120° \leqslant \varphi_r \leqslant 30°$，从而得到 $30° \leqslant \alpha \leqslant 60°$。

因此，综合各种故障情况，实际应用中，可选定 $\alpha = 30°$ 或 $45°$ 为最佳。

3.2.5 非故障相电流的影响与按相起动

按相起动是指将同名相电流元件和同名相功率方向元件的常开触点串联后，分别组成独立的跳闸回路。图 3-23(a)为按相起动接线，图 3-23(b)为不按相起动接线。

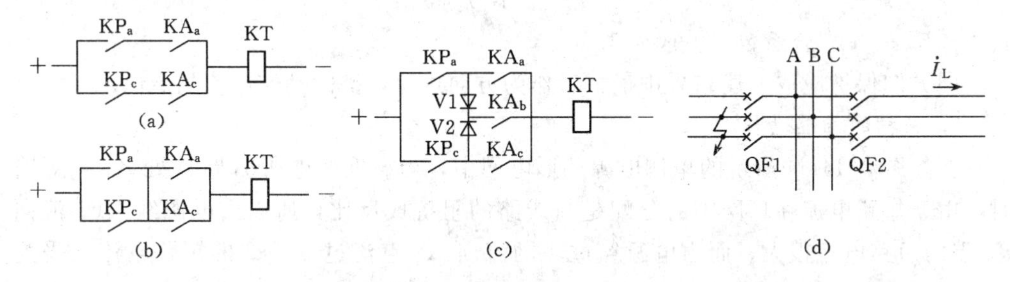

图 3-23 方向过电流保护的起动方式

(a)按相起动；(b)不按相起动；(c)两相三继按相起动；(d)一次系统接线

设图 3-23(d)的 QF2 上装有方向电流保护，采用非按相起动接线，正常运行时的负荷电流 $\dot{I}_L$ 从母线流向线路，功率方向为正，在反向发生两相(如 BC 两相)故障，则故障相短路电流 $\dot{I}_K$ 的方向与负荷电流的方向相反，而非故障相电流依然从母线流向线路。QF2 处的 KP_a 在 $\dot{I}_L$ 作用下动作，KA_c 在 $\dot{I}_K$ 的作用下动作，KP_a 与 KA_c 接通，使保护误动。若采用按相起动，保护就不会误动了，所以方向电流保护必须采用按相起动接线。

3.2.6 方向过电流保护整定计算

由于方向电流保护加装了方向元件，因此它不必考虑反方向故障，只需考虑同方向的保护相配合即可。同方向的阶段式方向电流保护的Ⅰ、Ⅱ、Ⅲ段的整定计算，可分别按单侧电源输电线路相间短路电流保护中所介绍的整定计算方法进行，但应注意以下一些特殊问题。

1. 方向过电流保护动作电流的整定

方向过电流保护动作电流可按下列两条件整定：

(1) 躲过被保护线路中的最大负荷电流。值得注意的是在单侧电源环形电网中，不仅要考虑闭环时线路的最大负荷电流，还考虑开环时负荷电流的突然增加。

(2) 同方向的保护，它们的灵敏度应相互配合，即同方向保护的动作电流应从据电源远的保护开始，向着电源逐级增大。以图 3-14(a)中保护 1、3、5 为例，即当在 K_2 点发生短路故障时，如果短路电流 I_K 介于 $I_{op1}^{Ⅲ}$ 和 $I_{op3}^{Ⅲ}$ 之间，即 $I_{op1}^{Ⅲ}<I_K<I_{op3}^{Ⅲ}$，保护 1 将发生误跳 QF1。为了避免误动，则同方向保护的动作电流应满足

$$I_{op1}^{Ⅲ} > I_{op3}^{Ⅲ} > I_{op5}^{Ⅲ} \tag{3-32}$$

$$I_{op6}^{Ⅲ} > I_{op4}^{Ⅲ} > I_{op2}^{Ⅲ} \tag{3-33}$$

以保护 4 为例，其动作电流为

$$I_{op4}^{Ⅲ} = K_c I_{op2}^{Ⅲ} \tag{3-34}$$

式中　K_c——配合系数，一般取 1.1。

同方向保护应取上述结果中最大者作为方向过流保护的动作电流整定值。

2. 保护的相继动作

在如图 3-14(b)所示的单侧电源环形电网中，当靠近变电所 A 母线处 K_1 点短路时，由于短路电流在环网中的分配是与线路的阻抗成反比，所以由电源经 QF1 流向 K_1 点的短路电流很大，而由电源经过环网流向 K_1 点流过保护 2 的短路电流几乎为零。因此，在短路刚开始时，保护 2 不能动作，只有保护 1 动作跳开 QF1 后，电网开环运行，通过保护 2 的短路电流增大，保护 2 才动作跳开 QF2。保护装置的这种动作情况，称为相继动作。相继动作的线路长度，称为相继动作区域。

3. 方向过电流保护灵敏系数的校验

方向过电流保护灵敏系数，主要取决于电流元件。其校验方法与不带方向元件的过电流保护相同，但在环网中允许用相继动作的短路电流来校验灵敏度，例如在图 3-14 中，在校验保护 2 的灵敏系数时，可按 K_1 点短路时 QF1 跳闸后来校验。

3.3　输电线路接地故障保护

目前在我国，3～35kV 的电网采用中性点非直接接地系统，中性点不接地或经消弧线圈接地的电网发生单相接地故障时，由于不能构成回路，或短路回路中阻抗很大，因而故障电流很小，故又称为小电流接地系统。

3.3.1　中性点非直接接地系统单相接地的特点

在中性点非直接接地电网中发生单相接地时，由于故障点的电流很小，且三相相间电压仍保持对称，对负荷供电没有影响，因此，一般都允许再继续运行一段时间，

而不必立即跳闸。但是单相金属性接地后，非故障相对地电压升高。为了防止故障进一步扩大，要求继电保护装置能有选择地发出信号，以便运行人员及时处理，必要时保护应动作于跳闸。

图 3-24(a)示出了中性点不接地电网，其中 C_{0L1} 为线路 L1 每相对地电容，C_{0L2} 为线路 L2 每相对地电容，C_{0L3} 为线路 L3 每相对地电容；$\dot{I}_{0L1}$、$\dot{I}_{0L2}$、$\dot{I}_{0L3}$ 分别为线路 L1、L2、L3 由母线流向被保护线路的零序电流。

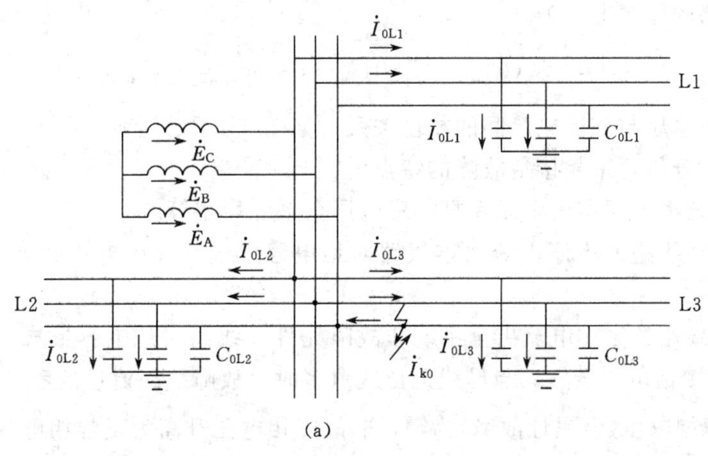

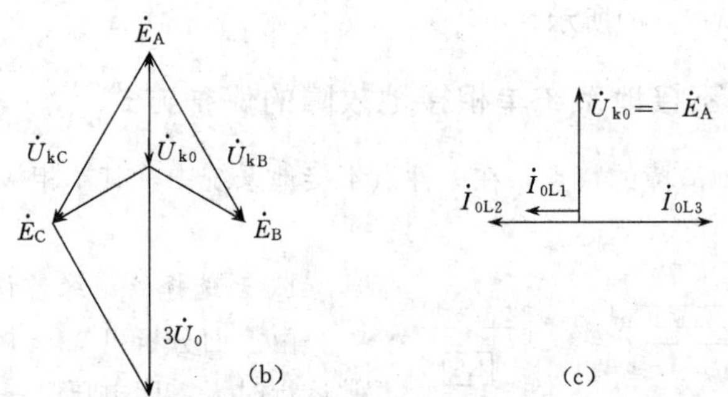

图 3-24 中性点非直接接地系统

(a)网络图；(b)电压相量图；(c)零序电流与电压时的相量图

若在线路 L3 的 K 点发生 A 相接地时，有 $\dot{U}_{kA}=0$，$\dot{U}_{kB}=\dot{E}_B-\dot{E}_A$、$\dot{U}_{kC}=\dot{E}_C-\dot{E}_A$，于是 K 点 A 相接地时的零序电压 U_{k0} 为

$$\dot{U}_{k0}=\frac{1}{3}(\dot{U}_{kA}+\dot{U}_{kB}+\dot{U}_{kC})=-\dot{E}_A \tag{3-35}$$

由图明显可见，故障点的零序电流由所有元件对地电容形成，$\dot{I}_{k0}$ 为

$$\dot{I}_{k0}=-3\dot{U}_{k0}(j\omega C_{0L1}+j\omega C_{0L2}+jC_{0L3})=-3j\omega C_{0\Sigma}\dot{U}_{k0} \tag{3-36}$$

式中　$C_{0\Sigma}$——网络中各元件对地电容之总和。

非故障线路 L1、L2 的零序电流分别为

$$\dot{I}_{0L1}=j\omega C_{0L1}\dot{U}_{k0}$$

$$\dot{I}_{0L2}=j\omega C_{0L2}\dot{U}_{k0} \tag{3-37}$$

故障线路的零序电流为

$$\dot{I}_{0L3}=-j\omega(C_{0L1}+C_{0L2})\dot{U}_{k0}=-j\omega(C_{0\Sigma}-C_{0L3})\dot{U}_{k0} \tag{3-38}$$

作出零序电压与零序电流间的相位关系，如图 3-24(c)所示。

根据以上分析，单相接地故障的特点为：

(1)全系统都出现零序电压，且零序电压全系统均相等。

(2)非故障线路的零序电流由本线路对地电容形成，零序电流超前零序电压 90°相角。

(3)故障线路的零序电流由全系统非故障元件、线路对地电容形成，零序电流滞后零序电压 90°相角。显然，当母线上出线愈多时，故障线路流过的零序电流愈大。

(4) 故障相电压(金属性故障)为零，非故障相电压升高为正常相电压的$\sqrt{3}$倍，即相间电压，如图 3-24(b)所示。

3.3.2　中性点不接地系统单相接地故障的保护方式

根据上述接地故障的特点，在中性点不接地系统中，其单相接地故障的保护方式主要有以下几种。

1. 无选择性绝缘监视装置

由上面分析可知，中性点不接地系统正常运行时无零序电压，一旦发生单相接地故障时就会出现零序电压。因此，可利用有无零序电压来实现无选择性的绝缘检查装置。

绝缘监视装置原理接线如图 3-25 所示。在发电厂和变电所的母线上装设一台三相五柱式的电压互感器，电压互感器开口三角形上的过电压继电器，可带延时动作于信号。电压互感器二次侧接入的三个电压表的指示情况判别故障相，以检测各相对地电压。

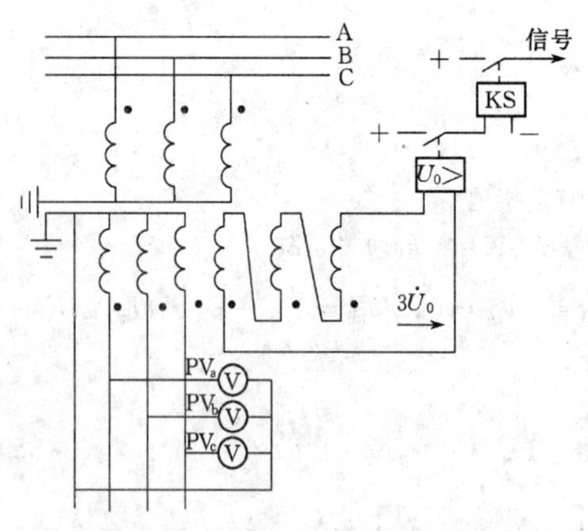

图 3-25　绝缘监视装置原理接线

正常运行时，电网三相电压是对称的，没有零序电压，所以三只电压表的读数相等，电压继电器不动作。当任一出线发生接地故障时，开口三角出现零序电压，过电压继电器动作给出接地信号，接地相对地电压为零，而其他两相对地电压比正常值高$\sqrt{3}$倍，可从三只电压表上读出来。此时值班人员可根据接地信号及电压指示，判断电网已发生单相接地故障和接地相别。运行人员可依次断开(与重合闸配合工作)每条线路的方法来寻找故障线路。当断开某条线路时，若零序电压消失(或故障相电压恢复正常)，则表明该线路为故障线路。显然，这种方式只适用于比较简单并且允许短时停电的电网。

2. 零序电流保护

零序电流保护是利用故障线路的零序电流大于非故障线路的零序电流的特点，区分出故障线路，从而构成有选择性的保护。根据需要保护可动作与信号，也可动作于跳闸。

这种保护一般使用在有条件安装零序电流互感器的线路上，或在电缆线路或经电缆引出的架空线路上。保护装置的动作电流 I_{op0}。应大于本线路的对地电容电流，即

$$I_{op0}=K_{rel}3U_{p}\omega C_{0L1} \tag{3-39}$$

式中 U_p——相电压有效值；

K_{rel}——可靠系数，考虑到暂态电流可能比稳态值大很多，一般取值较大，取 4～5，采用延时动作的零序电流保护时，可取 1.5～2；

C_{0L1}——被保护线路每相对地电容。

被保护线路单相接地时，流经该线路的零序电流为 $3U_p\omega(C_{0\Sigma}-C_{0L1})$。因此灵敏系数为

$$K_{sen}=\frac{3U_{p}\omega(C_{0\Sigma}-C_{0L1})}{K_{rel}3U_{p}\omega C_{0L1}}=\frac{C_{0\Sigma}-C_{0L1}}{K_{rel}C_{0L1}} \tag{3-40}$$

校验灵敏系数时应采用最小运行方式。显然，当出线回路愈多，$C_{0\Sigma}$ 也愈大，保护越灵敏。

3. 零序功率方向保护

该保护利用故障线路与非故障线路零序功率方向恰好相差 180°的特点来构成有选择性的零序方向保护，动作于信号或跳闸。它适用于零序电流保护灵敏度不满足的场合和接线复杂的网络中。其接线图为 3-26。

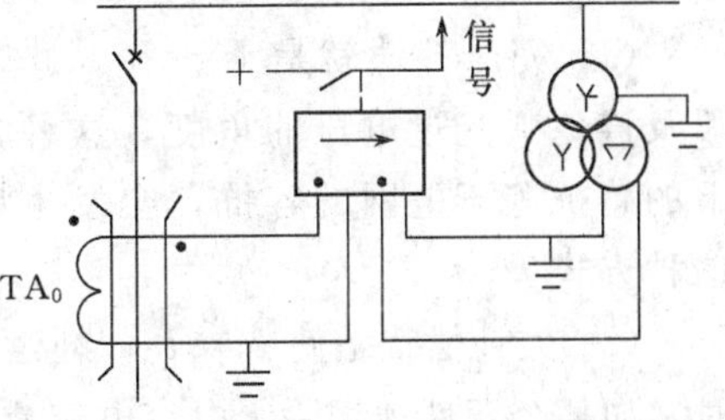

图 3-26 零序功率方向保护原理接线图

零序功率方向继电器的零序电流及零序电压均由装在保护安装处的零序滤过器取得，零序功率方向继电器可选用整流型功率方向继电器或其他产品。

3.3.3　中性点经消弧线圈接地电网中单相接地故障的特点

根据上面的分析，中性点不接地系统中发生单相接地时，接地点的故障电流为整个系统电容电流之和。如果这个电流值较大，就会在接地点产生电弧，引起弧光过电压，甚至造成非故障相的绝缘损坏，发展成相间短路或多点接地短路，使事故扩大。为此，在接地故障电流大于一定值的电网中，中性点均应采用经消弧线圈接地的方式。消弧线圈是一个具有铁芯的电感线圈。中性点经消弧线圈接地系统发生单相接地时，电容电流的分布与图 3-24(a)完全相同。但是在中性点对地电压的作用下，在消弧线圈中产生一个电感电流 $\dot{I}_L$，此电流也经接地故障点而构成回路，如图 3-27 所示。这时接地故障点的电流包括两个成分，即原来的接地电容电流 $\dot{I}_C$ 和消弧线圈的电感电流 $\dot{I}_L$，因为电感电流 $\dot{I}_L$ 的相位与电容电流 $\dot{I}_C$ 的相位相反，相互抵消，起到了补偿作用，结果使接地点故障电流减小，从而使接地故障点的电弧消除。

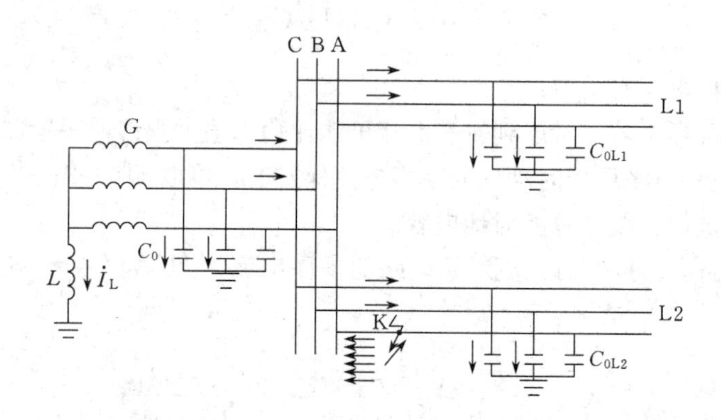

图 3-27　中性点经消弧线圈接地系统单相接地故障

消弧线圈对电容电流的补偿有完全补偿、欠补偿和过补偿三种方式。其中：

(1) 完全补偿就是 $\dot{I}_L=\dot{I}_C$，此时接地故障点的电流为零。从消除故障点的电弧及避免弧光过电压的角度，这种方式最好。但它存在严重缺点，因在这种情况下的感抗等于电网的容抗，会发生串联谐振，使系统产生过电压，实际中不采用这种方式。

(2) 欠补偿就是使 $\dot{I}_L<\dot{I}_C$，补偿后的接地点电流是容性的。当系统运行方式变化时，如某个元件被切除，电容电流减小，又会出现完全补偿引起过电压。因此，实际

中也不采用欠补偿方式。

(3) 过补偿就是使 $\dot{I}_L > \dot{I}_C$，补偿后接地点电流是感性的。它不会发生串联谐振产生过电压的问题，在实际中得到广泛应用。

中性点经消弧线圈接地电网中可采用无选择性绝缘监视装置，还可采用5次谐波检测、暂态零序电流保护的方法。

目前，变电站中广泛采用利用中性点不接地系统发生单相接地的特点，构成的微机型接地选线装置，可在不停电的情况下，自动查找接地线路。

3.4　中性点直接接地系统输电线路接地故障保护

我国110kV级以上系统采用中性点直接接地方式。发生一点接地时构成接地短路，故障相中流过很大电流，故又称大接地电流系统。统计表明，在大接地电流系统中发生的故障，绝大多数是接地短路故障。因此，在这种系统中需装设有效的接地保护，并使之动作于跳闸，将短路故障切除。从原理上讲，接地保护可以与三相星形接线的相间短路保护共用一套设备，但实际上这样构成的接地保护灵敏度低(因继电器的动作电流必须躲开最大短路电流或负荷电流)，动作时间长(因保护的动作时限必须满足相间短路时的阶梯原则)，所以普遍采用专门的接地保护装置。

3.4.1　中性点直接接地系统接地时零序分量的特点

中性点直接接地系统中发生接地短路故障时，系统中出现很大的零序电流，因此可利用零序电流的特点构成保护。

在电力系统中发生单相接地短路时，如图3-28(a)所示，可以利用对称分量的方法将电流和电压分解为正序、负序和零序分量，并可利用复合序网来表示它们之间的关系。短路计算的零序等效网络如图3-28(b)所示。

从图中可看出，零序电流可以看成是在故障点出现一个零序电压 $\dot{U}_{k0}$ 而产生的，它必须经过变压器接地的中性点构成回路。对零序电流的正方向，仍然采用流向故障点为正，而对零序电压的正方向，线路高于大地为正。由上述等效网络可见，零序分量具有如下特点：

(1) 故障点的零序电压最高为 $\dot{U}_{k0}$，离故障点越远处的零序电压越低，变压器中性接点的零序电压为零。在变电所A母线上零序电压为 $\dot{U}_{A0}$，变电所B母线上零序电压为 $\dot{U}_{B0}$ 等。

(2) 由于零序电流是由 $\dot{U}_{k0}$ 产生的，计及电阻时的相量图为3-28(d)图。零序电流的分布，主要决定于输电线路的零序阻抗和中性点接地变压器的零序阻抗，而与电源的数目和位置无关，如图 3-28(a)中，当变压器 T2 的中性点不接地时，则$\dot{I}''_0=0$。

(3) 在电力系统运行方式变化时，如果输电线路和中性点接地的变压器数目不变，则零序阻抗和零序等效网络就是不变的。但电力系统正序阻抗和负序阻抗要随着系统运行方式而变化，将间接影响零序分量的大小。

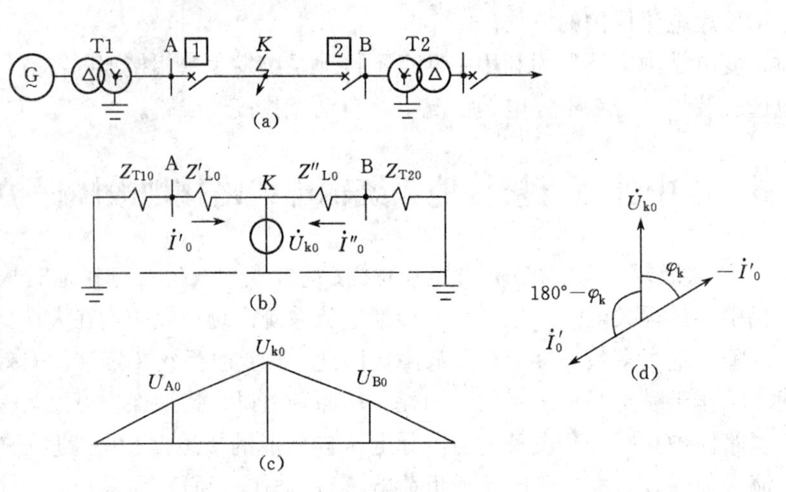

图 3-28　接地短路时的零序等效网络

(a)系统接线；(b)零序网络；(c)零序电压分布；(d)相量图

(4) 对于发生故障的线路，两端零序功率方向与正序功率方向相反，零序功率方向实际上都是由线路流指向母线的。

则 A 侧保护安装处的零序电压与电流之间的关系为

$$\dot{U}_{A0}=-\dot{I}'_0Z_{T1.0} \tag{3-41}$$

式中　$Z_{T1.0}$——变压器 T1 的零序阻抗。

可见接入保护装置的零序电压与零序电流的相位差，只取决于保护安装处背后变压器的零序阻抗而与被保护线路的零序阻抗及故障点的位置无关。

3.4.2　零序电流保护

零序电流保护与相间电流保护一样，也可以构成阶段式保护。通常，采用三段式保护，也有采用四段式的。第Ⅰ段为零序电流速断，第Ⅱ段为零序限时电流速断，第Ⅲ为零序过流保护。

从保护构成的情况看，三段式零序保护与三段式相间保护相类似，其主要区别在于零序电流保护的测量元件(电流继电器)，接在零序滤过器二次回路上，如图 3-29 所示。

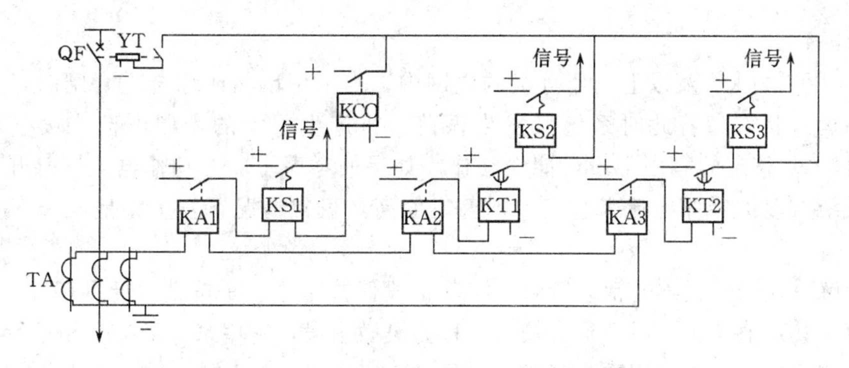

图 3-29 三段式零序电流保护原理接线

1. 零序电流速断保护(零序Ⅰ段)

零序电流速断保护工作原理与反映相间短路故障的电流速断保护相似，所不同的是零序电流速断保护，仅反映电流中零序分量。

当在被保护线路 AB 上发生单相或两相接地短路，故障点沿线路 AB 移动时，流过保护 1 的最大 3 倍零序电流变化曲线，如图 3-30 所示的曲线。为保证保护的选择性，其动作电流按下述原则整定：

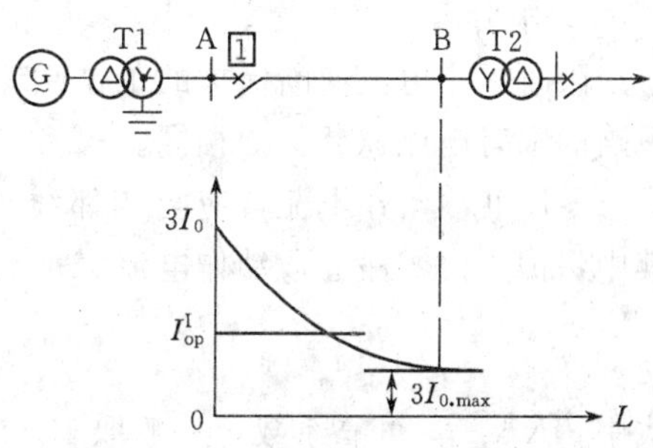

图 3-30 零序Ⅰ段动作电流计算说明图

(1) 躲过被保护线路末端单相或两相接地短路时，流过保护的最大零序电流 $3I_{0.\max}$，即

$$I_{\mathrm{op1}}^{\mathrm{I}} = K_{\mathrm{rel}}^{\mathrm{I}} 3I_{0.\max} \tag{3-42}$$

式中 $K_{\mathrm{rel}}^{\mathrm{I}}$——可靠系数，一般取 1.2～1.3。

(2) 躲过断路器三相触头不同时合闸时，流过保护的最大零序电流 $3I_{0.\mathrm{ust}}$，即

$$I_{\mathrm{op1}}^{\mathrm{I}} = K_{\mathrm{rel}}^{\mathrm{I}} 3I_{0.\mathrm{ust}} \tag{3-43}$$

式中 $K_{\mathrm{rel}}^{\mathrm{I}}$——可靠系数，一般取 1.1～1.2；

$3I_{0.\mathrm{ust}}$——三相触头不同时合闸时，出现的最大零序电流。

$I_{0.\mathrm{ust}}$的计算可按一相断线或两相断线的公式计算，比较繁琐，若保护动作时间大于断路器三相不同期时间(快速开关)，本条件可不考虑。

保护的整定值取这两条整定原则中较大者。若按照整定原则(2) 整定使动作电流较大，灵敏度不满足要求时，可在零序电流速断的接线中装一个小延时的中间继电器，使保护装置的动作时间大于断路器三相触头不同时合闸的时间，则整定原则(2)

可不考虑。

(3) 在220kV及以上电压等级的电网中，当采用单相或综合重合闸时，会出现非全相运行状态，若此时系统又发生振荡，将产生很大的零序电流。按整定原则(1)、(2)来整定的零序Ⅰ段可能误动作。如果使零序Ⅰ段的动作电流按躲开非全相运行系统振荡的零序电流来整定，则整定值高，正常情况下发生接地故障时保护范围缩小。

为解决这个问题，通常设置两个零序Ⅰ段保护。一个是按整定原则(1)、(2)整定，由于其定值较小，保护范围较大，称为灵敏Ⅰ段，它用来保护在全相运行状态下出现的接地故障。在单相重合闸时，将灵敏零序Ⅰ段自动闭锁。按躲开非全相振荡的零序电流整定，其定值较大，灵敏系数较低，称为不灵敏Ⅰ段，用来保护在非全相运行状态下的接地故障。灵敏的零序Ⅰ段，其灵敏系数按保护范围的长度来校验，要求最小保护范围不小于线路全长的15%。

2. 限时零序电流速断保护(零序Ⅱ段)

限时零序电流速断保护的工作原理与相间短路限时电流速断相似，其作用与相间短路的限时电流速断保护相同。

零序Ⅱ段动作电流，应与相邻线路零序Ⅰ段配合整定。现以图3-31网络为例，其中保护1的零序Ⅱ段动作电流

$$I_{op1}^{II} = K_{rel}^{II} I_{0.cal}^{I} \tag{3-44}$$

式中 K_{rel}^{II}——可靠系数，一般取1.1～1.2；

$I_{0.cal}^{I}$——相邻线路零序Ⅰ段保护范围末端短路时，流过本保护的最大零序电流计算值。

动作时间

$$t_{op1}^{II} = t_{op2}^{I} + \Delta t \tag{3-45}$$

式中 t_{op1}^{II}——本线路零序电流保护1的动作时间，s。

当两个保护之间的变电所母线上，接有中性点接地变压器时，如图3-31所示网络。曲线1为线路发生接地短路时，故障点位于线路上不同地点流过保护1的最大零序电流变化曲线；曲线2为在线路BC上不同地点发生接地短路时，流过保护2的最大零序电流变化曲线；$I_{0.cal}^{I}$为在相邻线路BC零序电流速断保护范围末端短路时，流过保护1的

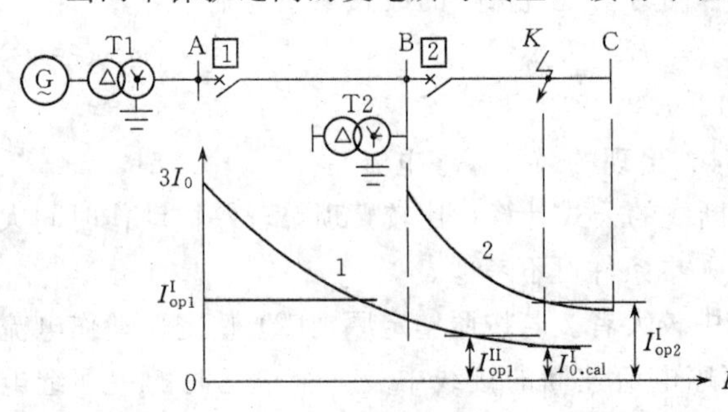

图3-31 零序Ⅱ段动作电流计算说明图

最大零序电流计算值。

灵敏系数
$$K_{sen}=\frac{3I_{0.cal.min}}{I_{op1}^{\text{II}}} \tag{3-46}$$

式中 $3I_{0.cal.min}$——本线路末端接地短路，流过保护安装处最小的零序电流计算值；

K_{sen}——要求 $K_{sen}\geqslant 1.3\sim1.5$。

在求 $3I_{0.cal.min}$ 的值时，应注意要考虑系统运行方式，接地短路的类型及电网连接形式。

当下级线路比较短或运行方式变化比较大，灵敏系数不满足要求时，可采用下列措施加以解决：

(1) 使本线路的零序Ⅱ段与下一线路的零序Ⅱ段相配合，其动作电流、动作时限都与下一线路的零序Ⅱ段配合；动作电流为 $I_{op1}^{\text{II}}=K_{rel}^{\text{II}}I_{0.cal}^{\text{II}}$，动作时限为1s。

(2) 保留原来0.5s时限的零序Ⅱ段，增设一个与下一线路零序Ⅱ段配合的、动作时限为1s左右的零序Ⅱ段，它们与瞬时零序电流速断及零序过电流保护一起，构成四段式零序电流保护。

(3) 从电网接线的全局考虑，改用接地距离保护。

3. 零序过电流保护(零序Ⅲ段)

零序过电流保护与相间短路过电流保护类似，用作本线路接地短路的近后备和下级线路接地短路的远后备。零序过电流保护在正常运行及下一线路相间短路时不应动作，而此时零序电流滤过器有不平衡电流输出并流过本保护，所以零序Ⅲ段的动作电流，应按躲过下级线路相间短路时流过本保护的最大不平衡电流来整定，即
$$I_{op1}^{\text{III}}=K_{rel}^{\text{III}}I_{unb.max} \tag{3-47}$$

式中 K_{rel}^{III}——可靠系数，取1.2～1.3；

$I_{unb.max}$——相邻线路始端发生三相短路流过本保护的最大不平衡电流。

根据运行经验，一般取零序过电流保护的动作电流为2～4A(二次侧值)。

各零序Ⅲ段保护之间在灵敏度上要逐级配合。就是零序Ⅲ段的保护不能超出相邻线路Ⅲ段的保护范围。当相邻线路有分支时，参考3-31图的分析，保护1的零序Ⅲ段动作电流
$$I_{op1}^{\text{III}}=K_{rel}I_{0.cal}^{\text{III}} \tag{3-48}$$

式中 K_{rel}——可靠系数，一般取1.1～1.2；

$I_{0.cal}^{\text{III}}$——相邻线路零序Ⅲ段保护区末端短路时，流过本保护装置的零序电流计算值。

零序电流保护Ⅲ段的灵敏系数，按保护范围末端接地短路时流过本保护的最小零序电流来校验。作近后备时，校验点取本线路末端，要求 $K_{sen}\geqslant 1.3\sim1.5$，作下一线

路的远后备时，校验点取相邻线路末端，要求 $K_{sen} \geqslant 1.25$。

按上述原则整定的零序过电流保护，其起动电流一般都很小。因此，在本电压级网络中发生接地短路时，它都可能起动，这时，为了保证保护的选择性，各保护的动作时限也应按照阶梯原则来整定。如图 3-32 所示的网络接线中，安装在受端变压器 T2 上的零序过电流保护 2 可以是瞬时动作的，因为在 Y,d 变压器低压侧的任何故障都不能在高压侧引起零序电流，因此无需考虑和保护 4 的配合关系。按照选择性的要求，保护 2 应比保护 3 高出一个时间级差，保护 1 又应比保护 2 高出一个时限级差等等。

为了便于比较，在图 3-32 中也给出了反映相间短路过电流保护的动作时限。从图 3-32 可以清楚地看到，在同一线路上的零序过电流保护与相间短路定时限过电流保护相比，将具有较小的时限，这也是它的一个优点。

但是，相间短路的过电流保护则不同。由于相间故障不论发生在变压器的 d 侧，还是在 Y 侧，故障电流均要从电源一直流至故障点，所以整个电网过电流保护的动作时限，应从离电源最远处的保护开始，逐级按阶梯原则进行配合。图 3-32 中也表示了相间保护的时限特性。保护 3 的时限 t_3，要与变压器 T2 后的保护 4 相配合；保护 4 的时限还要与下一元件的保护时限相配合。比较接地保护的时限特性曲线和相间过电流保护的时限特性曲线可知：虽然它们在配合上均遵循阶梯原则，但零序过电流保护需要配合的范围小，其动作时限要比相间短路保护短，这是装设零序过电流保护的又一优点。

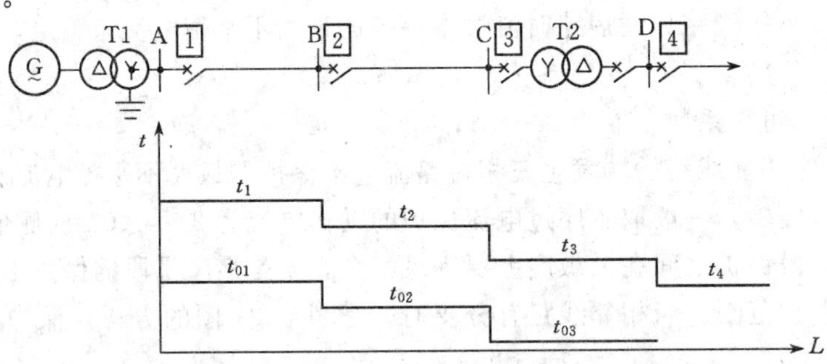

图 3-32 零序过电流保护的时限特性

3.4.3 零序方向电流保护

在双侧电源两侧变压器的中性点均接地的电网中，当线路上发生接地短路时，故障点的零序电流将分为两个支路分别流向两侧的接地中性点。这种情况与双侧电源电网中实施相间短路的电流保护一样，不装设方向元件将不能保证保护动作的选

择性。

零序功率方向继电器接于零序电压 $3\dot{U}_0$ 和零序电流 $3\dot{I}_0$ 之上，它只反映于零序功率的方向而动作。当保护范围内部故障时，按规定的电流、电压正方向看，$3\dot{I}_0$ 超前于 $3\dot{U}_0$ 为 95°～110°(对应于保护安装地点背后的零序阻抗角为 85°～70°的情况)，继电器此时应正确动作，并应工作在最灵敏的条件之下。

根据零序分量的特点，零序功率方向继电器显然应该采用最大灵敏角 $\varphi_{sen}=-(95°\sim110°)$，当按规定极性对应加入 $3\dot{U}_0$ 和 $3\dot{I}_0$ 时，继电器正好工作在最灵敏的条件下，其接线如图 3-33(a)所示，简单清晰，易于理解。

但是目前在电力系统中广泛使用的整流型功率方向继电器，都是把最大灵敏角做成 $\varphi_{sen}=70°$，即要求加入继电器的 $\dot{U}_r$ 应超前 $\dot{I}_r$70°时动作最灵敏。为了适应这个要求，对此种零序功率方向继电器的接线应采用如图 3-33(b)所示，将电流线圈与电流互感器二次绕组之间同极性相连，即 $\dot{I}_r=3\dot{I}_0$，将电压线圈与电压互感器二次绕组之间反极性相连，$\dot{U}_r=-3\dot{U}_0$，相量图如图 3-33(c)所示，刚好符合最灵敏的条件。

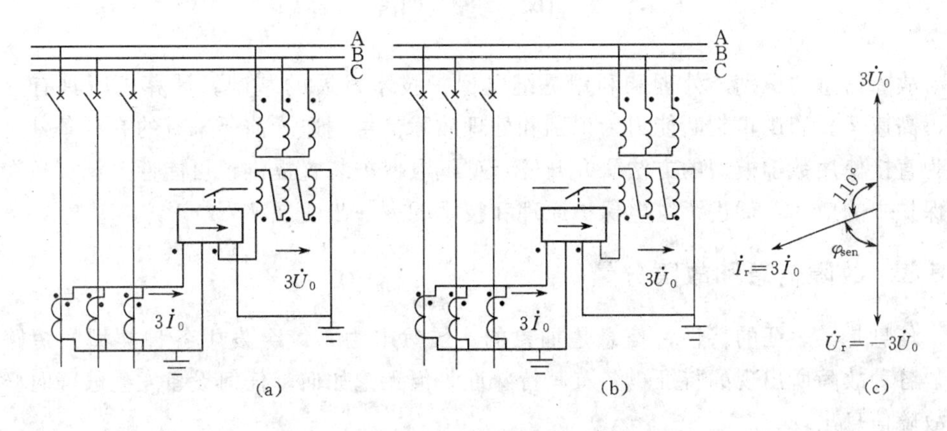

图 3-33 零序功率方向继电器的接线方式

(a)采用 $\varphi_{sen}=-110°$接线；(b) 采用 $\varphi_{sen}=70°$接线；(c)相量图

图 3-33(a)和 3-33(b)的接线实质上完全一样，只是继电器电压线圈的极性标注方法不同而已。由于在正常运行情况下，没有零序电流和电压，零序功率方向继电器的极性接线错误不易被发现，因此在实际工作中应给予特别注意。

三段式零序方向电流保护的原理接线图，如图 3-34 所示。与图 3-29 相比，增加了一个零序功率方向继电器 KP。它的触点控制了保护的操作电源，因而只有在零序功率方向元件动作后，零序电流保护才能动作于跳闸。所以，只要零序功率方向继电器的接线是正确的，则三段式零序电流保护就只能在正向接地故障时才动作。

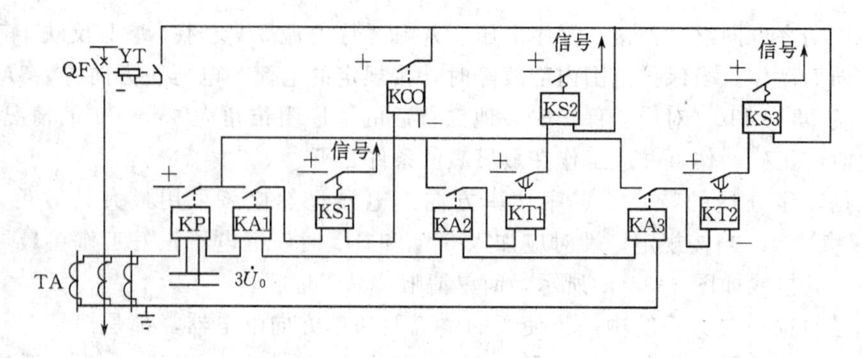

图 3-34　三段式零序方向电流保护的原理接线

在零序电流保护中加装方向元件后，只需同一方向的保护在保护范围和动作时限上进行配合。

3.5 故 障 信 息

故障信息的识别、处理和利用是继电保护技术发展的基础。计算机所具有的记忆，高速运算和逻辑判断能力为识别和处理故障信息创造了前所未有的有利条件，并且为直接使用数学模型的方法研究开发新型继电保护装置提供了可能性。计算机在继电保护中的应用，促进了继电保护原理和技术的进一步发展。

3.5.1　故障信息和故障分量

信息是其表征的特性，信息是抽象的。虽然电力系统会发生各种类型的短路故障，各种故障所出现的特征也各有其特殊性，但无论如何，任何设备发生故障时必然有故障信息出现。

从继电保护技术的特点出发，故障信息可分为内部故障信息和外部故障信息两类。故障信息是继电保护原理的根本依据，既可单独使用一类信息，也可联合使用两类信息。内部故障信息用于切除故障设备，外部故障信息用于防止切除非故障设备。利用内部故障信息或外部故障信息的特征来区分故障和非故障设备一直是对继电保护原理与装置提出的根本要求。

根据故障信息在非故障状态下不存在，只在设备发生故障时才出现的基本观点，可用叠加原理来加以研究故障信息的特征。在线性电路的假设前提下，可以把网络内发生的故障视为非故障状态与故障附加状态的叠加，如图 3-35 所示。

图 3-35 利用叠加原理分析短路故障

图 3-36 表示出网络内某点发生单相接地短路故障叠加原理。发生故障的网络所处的状态称为故障状态，如图 3-36(a)所示。当采用叠加原理时，故障状态等效于在短路点加入两个在非故障状态下与该点大小相等、方向相反的电压，如图 3-36(b)所示。故障状态又分为非故障状态，如图 3-36(c)所示；故障附加状态，如图 3-36(d)所示。非故障状态是多种多样的，而故障点所加的电压 $\dot{U}_F$ 是假定故障点处无短路时该点的电压。由图 3-35 和图 3-36 可知，故障后网络内 m 点的电压、电流，可表示为

$$u_m = u_{m.unF} + u_{m.F} \tag{3-49}$$

$$i_m = i_{m.unF} + i_{m.F} \tag{3-50}$$

式中 u_m、i_m——发生短路后 m 点的实测电压、电流；

$u_{m.unF}$、$i_{m.unF}$——非故障状态下 m 点的电压、电流；

$u_{m.F}$、$i_{m.F}$——故障状态下 m 点的电压、电流。

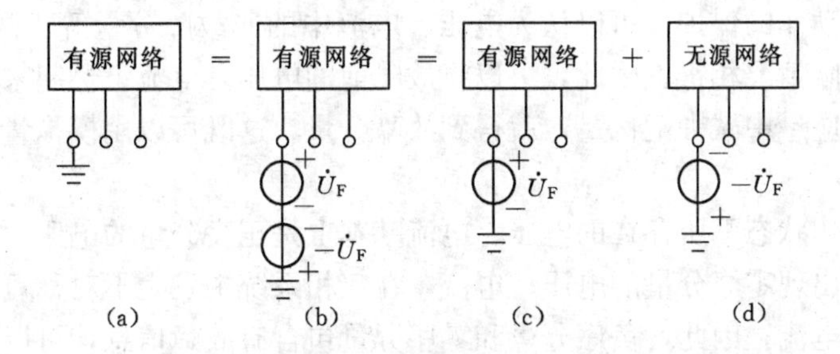

图 3-36 单相接地短路故障

由图 3-35 和式(3-49)、式(3-50)可知，故障附加状态下所出现的故障分量 $u_{m.F}$、$i_{m.F}$中包含的只是故障信息。因此故障附加状态可作为分析、研究故障信息的依据。因为，故障附加状态是在短路点加上与该点非故障状态下大小相等、方向相反的电压，并令网络内所有电势为零的条件下得到的。由此可以得出有关故障分量的以下主要特征：

(1) 非故障状态下不存在故障分量电压、电流，故障分量只有在故障状态下才出现。

(2) 故障分量独立于非故障状态，但仍受系统运行方式的影响。

(3) 故障点的电压故障分量最大，系统中性点的电压为零。

(4) 保护安装处的电压故障分量和电流故障分量间的相位关系由保护装设处到系统中性点间的阻抗决定，且不受系统电势和短路点过渡电阻的影响。

故障分量中包含有稳态成分和暂态成分，两种成分都是可以利用的。

3.5.2　故障信息的识别和处理

1. 故障信息与非故障信息的区分方法

继电保护技术的关键在于正确区分故障信息与非故障信息以及正确获得内部故障信息和外部故障信息。

消除非故障分量法的理论依据是叠加原理。由式(3-49) 和式(3-50)可知，在发生短路时，由保护安装处的实测电压、电流减去非故障状态下的电压、电流就可得到电压、电流的故障分量。应指出的是，非故障状态下的电压、电流的准确获得是一个复杂的问题，因为，严格地说，在故障附加状态下，加在故障点的电压并不是该点在故障前的电压，而是故障发生后假设故障点不存在时的电压。除了故障的状态外，它还与一系列因素有关，如故障发生后励磁调节器的作用、系统出现摇摆或振荡及负荷的变化等，这些因素的影响实际上只能用估计的方法来分析。因此，故障分量的精确提取是有待进一步研究解决的复杂问题。

对于快速动作的保护，可以认为电压、电流中的非故障分量等于故障前的分量，这一假设与实际情况相符。因此，可以将故障前的电压、电流记忆起来，然后从故障时测量到的相应量中减去记忆量，就得到故障分量，这既可以用模拟量也可用数字量实现。

在正常工作状态下所存在的电压、电流基本上是正序分量的电压、电流，在不对称接地短路时出现零序分量的电压、电流，在三相系统中发生不对称短路时出现负序分量的电压、电流。因此，负序分量和零序分量包含有故障信息，可以利用负序分量或零序分量检出故障。负序分量和零序分量在保护技术中得到广泛应用，其缺点是不能检出三相对称短路。

由于正常运行时有正序分量存在，因此，反映正序分量方法的原理在过去继电保护中应用的远不如负序分量或零序分量那么广泛。若用消除非故障分量的方法提取出的正序故障分量却包含着比负序或零序分量更丰富的故障信息。由对称分量法的基本原理可知，只有正序故障分量在各种类型故障下都存在。正序分量的这一独特的性能为简化和完善继电保护开辟了新的途径，受到关注。

2. 内部和外部故障信息的提取方法

内部故障信息的提取方法是根据比较被保护对象输入和输出电气量的基本原理实现的。按被比较电气量的性质来划分，提取内部故障信息的方法有：

(1) 电流差动法。电流差动法是应用最广泛且性能特别优越的一种获得内部故障信息的方法。其所以性能特别优越，是因为这种方法兼有区分非故障状态与故障状态和故障设备与非故障设备的双重功能。

纵联差动的理论基础是基尔霍夫第一定理，即当被保护对象正常运行时，输入电流恒等于输出电流。这种保护原理广泛应用于发电机、变压器、母线、电动机和电力系统中的许多其他设备。它被公认为最简单有效地获得内部故障信息的方法。

横联差动保护的原理是建立在电流平衡的基础上。如平行线路在正常运行和外部故障时，两回线路上的电流相等，而在线路内部故障时，双回线路的平衡关系状态被破坏，两回线路上的电流出现差值，于是出现内部故障信息。

(2) 电流相位比较法。电流相位比较法是电流差动法的一种特殊情况，它只利用了电流相量中的相位信息，舍去了幅值信息。

(3) 方向比较法。方向比较法是根据被保护对象输入和输出各端的功率方向判定内部或外部故障。在规定指向被保护对象的功率方向为正方向时，则其所有的联系线上的功率方向均为正方向时即可判定为内部故障，当不符合上述条件时判为外部故障。

用方向比较法提取内部故障信息时，需要在被保护对象的各端获得方向信息，而方向信息是由电压和电流之间的相位关系决定的，不仅需要电压量，也需要电流量。

(4) 量值区分法。量值区分法是用数值大小来区分内部或外部故障。如电流速断和距离保护Ⅰ段等。但是，利用这种方法提取的内部故障信息是不完全的，它丢失了保护范围以外的内部故障信息。

(5) 逻辑判定法。根据逻辑关系获得故障信息是逻辑判定法的基础。如过电流保护中的电流元件只能判别出现故障，但不具有获得内部故障信息的能力。为了取得内部故障信息，增设了时间元件。在规定的时间内故障未被消除，则判定为内部故障。

3.5.3 反映故障分量继电保护的应用前景

进一步发掘、识别、处理和利用故障信息从而改进现有保护装置和开发新型继电保护装置是研究利用故障分量的继电保护所力图达到的目的。

正常负荷电流对传统的继电保护的影响是众所周知。按躲过最大负荷电流条件整定的电流元件灵敏度低，有时甚至无法采用。电流相位差动保护在负荷电流的影响下使特性变差；方向保护、距离保护和带制动特性的差动保护也同样受到负荷电流的影响。因此，利用故障分量是改善传统保护性能的一条有效途径。

反映故障分量的继电保护，它不受正常负荷电流、系统振荡和两相运行的影响。反映故障分量的方向元件有明确的方向性，且不受过渡电阻的影响，也不存在电压动作死区。因此，可以预期，故障分量进一步得到开发利用的前景十分广阔。

反映故障分量的保护是建立在故障附加状态所产生的故障信息的基础上，而故障附加状态的有关参数是可以实时测量确定，这就为进一步提高保护的性能提供了可能。

3.6 利用故障分量的电流保护

电流速断保护必须躲过保护对象外部故障的最大短路电流。过电流保护在原理上必须躲过最大负荷电流。因此，按这种整定方式的电流保护灵敏度受系统运行方式影响很大，甚至无法应用。

使简单经济的电流保护能摆脱上述困境的一个出路在于采用故障分量电流。

当采用故障分量的电流保护时，由于以下原因可以使电流保护的性能大为改进：

(1) 电流元件按反应故障分量的原理构成时，电流保护可以在原理上不受负荷电流的影响，其定值只需躲过非故障状态下电流元件中的不平衡电流。虽然不平衡电流的大小与故障分量电流的提取方法有关，但总将远小于最大负荷电流。这将为提高过电流保护的灵敏度提供了可能。

(2) 利用保护装设处的电压、电流故障分量可以实时计算出被保护线路背侧系统阻抗的大小，根据系统阻抗和线路阻抗的计算结果，电流速断保护便能自动调整其定值。

当然，利用故障分量实现电流保护时将会遇到许多新问题。其一是电流元件的动作和返回问题。虽然说精确提取故障分量相当困难。假定在正常运行的情况下发生故障，此时可根据式(3-50)的关系求出故障分量。在用模拟量时可用集成运算放大器构成全通滤波器作为延迟回路得到故障分量，如图3-37所示。在采用数字量时可将故障前的一个周波或半个周波的电流采样值记忆下来，再与故障后的电流采样值相加或相减即可得到故障分量，提取故障分量的算法可表示为

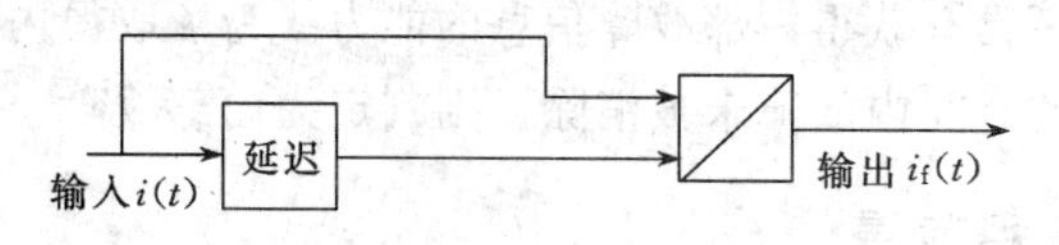

图3-37 用模拟量实现的示意图

$$i_f(t) = i(t) - (-1)^n i(t - nT/2) \quad (n = \pm 1, \pm 2, \cdots) \tag{3-51}$$

式中 $i_f(t)$——故障分量电流；

$i(t)$——实测电流；

T——工频周期。

上述的算法虽不精确，但基本上能满足要求，且简单易行，如在式(3-51)中取 $n=2$ 时，即用相邻两个周波的对应采样值相减得到故障分量。当线路故障时，电流元件在故障分量作用下动作，但在故障进入稳态时电流元件将返回，因此为了可靠地断开断路器或与时间元件的动作配合，必须将电流元件的动作记忆下来。当故障线路断开后，系统由故障状态转入正常运行，又应使电流元件自动返回。应用由故障状态转入正常状态所出现的电流变化量和附加其他措施可解决电流元件的自动返回问题。

利用故障分量实现电流保护的另一个重要问题是如何保证选择性。图 3-38 所示的单电源辐射形网络，各线路均传送正常负荷，各线路的过电流保护动作时间如图 3-38 所示。假设在线路 K 点发生三相短路，则电网内反映故障分量的电流元件均能动作。除了保护 1 和保护 2 的动作时间能够进行配合外，电网内其余所有保护的整定时间均小于故障线路的整定值，于是保护将出现误动作。这是由于故障分量的特点所决定的，由图 3-38(a)可见，被保护系统原是一个单电源辐射形网络，但在求解故障分量时就转化成一个单电源的环形网络了，如图 3-38(b)所示，而这个单电源又是随故障点变化的，它总是在故障点处，因此只有加装方向元件才能保证选择性，从而使传统单电源辐射形网络的过电流保护复杂化了。

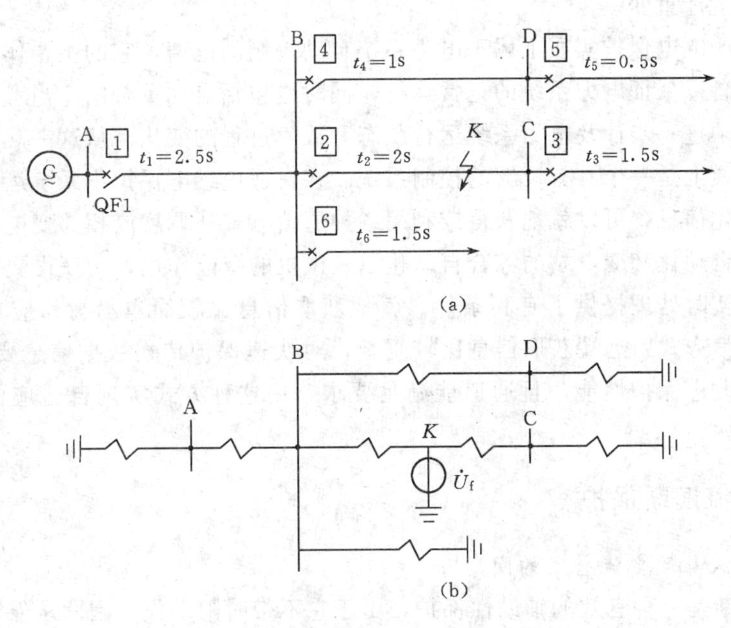

图 3-38 单电源幅射形网络

(a)接线图；(b)附加状态

3.7　自适应电流保护

自适应继电保护是在 20 世纪 80 年代提出的一个较新的研究课题，自适应继电保护可以定义为能够根据电力系统运行方式和故障状态的变化而实时改变保护性能、特性或定值的保护。

自适应继电保护的基本思想是使保护能尽可能地适应电力系统的各种变化，进一步改善保护的性能。电力系统的运行状态及用户的组成处于频繁的变化之中，除正常运行方式外，电力系统中还可能发生各种类型的故障，故障可能是瞬时性或永久性的，故障又可能是金属性短路也可能是经过过渡电阻短路等。因此要适应电力系统的变化，是一项十分困难的任务。

瞬时电流速断保护是按系统最大运行方式下，线路末端发生三相短路考虑，过电流保护按线路最大负荷电流考虑。这种按最严重的条件确定保护定值的方法，能保证所有可能的正常运行和故障条件下，保护都有选择性，但却存在不足。按上述方法设定的定值，在其他运行方式下不是最佳的；最小运行方式或最不利的短路条件下，保护失效或性能严重变差。

电力系统继电保护实质上属于电力系统自动控制的范畴，它的主要作用是切除发生故障的设备以保证电力系统的正常运行，同时也包括自动重合闸。当考虑自适应保护时，就必须进一步计及电力系统运行状态和故障过程的变化。从这一观点观察，自适应保护实质上是一个具有反馈的控制系统。在自适应继电保护中系统运行状态和故障过程的变化信息，可以就地获得或利用各种通信方式从调度或相邻变电站得到。电力系统调度自动化和变电站的综合自动化以及微机的智能作用，为获得更多的有用信息，并加以实时处理提供了有利条件。就地获取信息比较简单易行，应首先予以考虑。利用通信方式由远端获取信息比较复杂，对快速保护传送数据信息要求也较高，但如能显著改进保护性能，且通道能满足要求，用这种方式实现自适应保护也是合理的。

3.7.1　电流速断保护

1. 按最大短路电流整定的问题

电流速断是一种有效的辅助性保护，由于它不带时限动作，因此从保证选择性出发，电流速断的定值应按躲过在最大运行方式下，相邻线路出口三相短路时流过保护安装处的电流整定，表示为

$$I_{op1}^{I}=K_{rel}^{I}I_{K.max}=\frac{K_{rel}^{I}E_{s}}{Z_{s.min}+Z_{L}} \tag{3-52}$$

上式符号含义见式(3-1)、式(3-3)。

因为短路电流的大小与系统运行方式、短路类型和电路点在被保护线路上的位置有关。设在线路上 αZ_L 处短路，则短路电流为

$$I_{k}=\frac{K_{k}E_{s}}{Z_{s}+\alpha Z_{L}} \tag{3-53}$$

式中 Z_s——保护安装处到等效电源之间的实际阻抗；

K_k——短路类型系数。

若式(3-52)和式(3-53)相等，即可求出在实际运行方式下电流速断保护范围 α 为

$$\alpha=\frac{K_{k}(Z_{s.min}+Z_{L})-K_{rel}^{I}Z_{s}}{K_{rel}^{I}Z_{L}} \tag{3-54}$$

由于式(3-54)中，$K_{rel}^{I}>1$，$K_k<1$，$Z_s>Z_{s.min}$。因此实际的保护范围 α 总小于最大运行方式下的保护范围，且保护范围将随短路类型系数 K_k 变小和 Z_s 增大而缩短。由此可得出保护范围等于零的条件为

$$Z_{s}=\frac{K_{k}}{K_{rel}^{I}}(Z_{s.min}+Z_{L}) \tag{3-55}$$

2. 自适应电流速断保护

(1) 基本原理。为克服按式(3-55)确定整定值的电流速断保护的缺点，自适应电流速断保护的定值应随系统运行方式和短路类型的实际情况而变化，其电流整定值可表示为

$$I'_{op}=\frac{K_{k}K_{rel}^{I}E_{s}}{Z_{s}+Z_{L}} \tag{3-56}$$

要实现电流速断保护按式(3-56)整定，必须实时测量故障类型系数 K_k 和保护安装处到系统等值电源之间的阻抗 Z_s。在此基础上，令式(3-53)与式(3-56)相等，可得出自适应电流速断保护的保护范围 α' 为

$$\alpha'=\frac{Z_{L}-(K_{rel}^{I}-1)\ Z_{s}}{K_{rel}^{I}Z_{L}} \tag{3-57}$$

由式(3-57)可知，α' 也不是常数，它随着实际系统的阻抗 Z_s 的增大、减小而变化，但总是能满足电流速断保护动作原理的基本要求，而处于最佳状态。系统阻抗可由图 3-41 中的故障分量 $\dot{U}_{mf}$ 和 $\dot{I}_{mf}$ 求出。

自适应电流速断的保护范围等于零的条件可表示为

$$Z_{s}=\frac{Z_{L}}{K_{rel}^{I}-1} \tag{3-58}$$

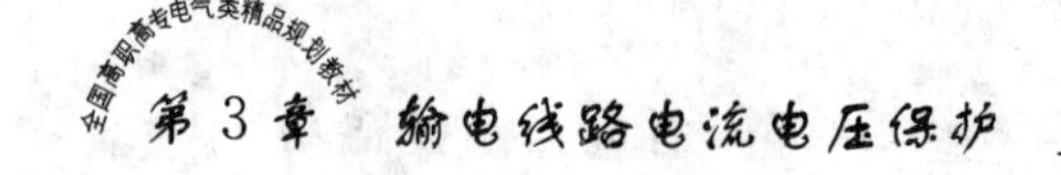

(2) 保护范围。将式(3-54) 与式(3-57) 进行比较可得

$$\alpha' = \frac{(Z_L + Z_s - K_{rel}^{I} Z_s)\alpha}{K_k(Z_L + Z_{s.min}) - K_{rel}^{I} Z_s} \tag{3-59}$$

由于

$$K_k(Z_L + Z_{s.min}) \leqslant (Z_L + Z_s) \tag{3-60}$$

所以有

$$\alpha' \geqslant \alpha \tag{3-61}$$

显然，采用自适应保护后，电流速断保护的性能得到显著提高。

(3) 双端电源线路的电流速断保护。如图 3-39 所示的双端电源线路，为保证选择性，电流速断保护的整定值应考虑对端电源有无影响的问题。

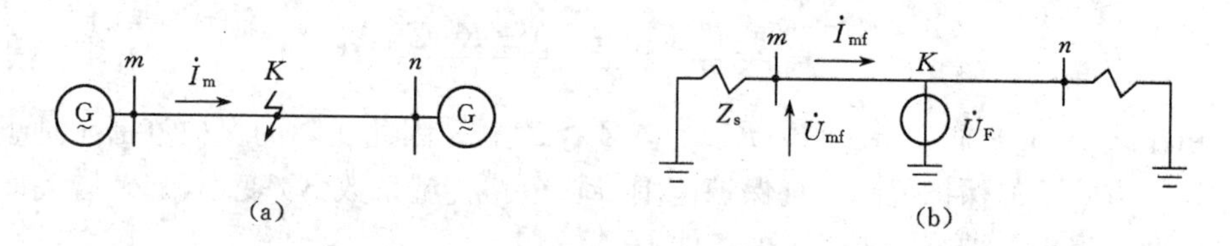

图 3-39　线路故障及其附加状态

设线路 m、n 两端的最小阻抗分别为 $Z_{m.min}$、$Z_{n.min}$，线路阻抗为 Z_L，则当线路 n 端母线出口处发生三相短路时，流过 m 端的短路电流为

$$\dot{I}_{nk} = \frac{\dot{E}_s}{Z_{m.min} + Z_L} \tag{3-62}$$

则 m 端的电流速断保护的整定值为

$$I_{op}^{I} = K_{rel}^{I} I_{nk} \tag{3-63}$$

而当线路 m 端母线短路时，流过线路 m 端的短路电流为

$$\dot{I}_{mk} = \frac{\dot{E}_s}{Z_{n.min} + Z_L} \tag{3-64}$$

由式(3-63) 和式(3-64)，可得出 m 端电流速断保护误动的条件为

$$I_{mk} \geqslant K_{rel}^{I} I_{nk} \tag{3-65}$$

或表示为

$$Z_{n.min} \leqslant \frac{Z_{m.min} - (K_{rel}^{I} - 1)\ Z_L}{K_{rel}^{I}} \tag{3-66}$$

为了防止在上述条件下电流速断保护误动，可考虑加装方向元件。

实际上，随着系统运行方式的变化，m、n 两端的系统阻抗变化范围为

$$\begin{cases} Z_{m.min} \leqslant Z_m \leqslant Z_{m.max} \\ Z_{n.min} \leqslant Z_n \leqslant Z_{n.max} \end{cases} \tag{3-67}$$

由此可以得出 m 端电流速断保护误动的实际条件为

$$Z_n \leqslant \frac{Z_m - (K_{rel}^{I} - 1)\ Z_L}{K_{rel}^{I}} \tag{3-68}$$

式(3-61) 是双端电源线路实现自适应无方向性电流速断应考虑的条件。

3.7.2 自适应过电流保护

1. 过电流保护问题

按最大负荷电流整定的过电流保护是否能起作用，决定于其灵敏系数。当灵敏系数满足要求时，可以采用过电流保护。在最小短路电流一定的条件下，动作电流的大小，对灵敏系数能否满足要求，起着决定性的作用。由于按最大负荷电流条件决定动作的，而在大多数情况下，线路的实际负荷电流都小于整定值。同时，起动电流受返回系数和自起动系数的制约也使保护灵敏度显著下降。

2. 对自适应过电流保护的要求

目前在电力系统中采用的过电流保护也具有某些自适应功能，如过电流反时限特性等，但这种自适应功能只有在预先设定好的人工干预条件下才能实现。在自适应过电流保护中则是对每回线路的电流电压进行实时监视和分析，自动改变继电器的整定值和特性，从而达到使过电流保护更加灵敏、可靠的目的。

3. 自适应过电流保护的基本原理

自适应过电流保护的主要特征是过电流保护的定值能够实时自动调整或改变以适应负荷和运行方式的要求。

在反时限过电流保护中，设最大负荷电流为 $I_{L.max}$，则过电流保护的起动电流整定值可表示为

$$I_{op} = K_{rel} I_{L.max} \tag{3-69}$$

式中　K_{rel}——可靠系数，取>1.5。

根据式(3-69) 可选用保护装置对应的一条反时限电流整定值可表示为

$$t = f(I) \tag{3-70}$$

当线路故障时，在短路电流小于 $I_{L.max}$ 的情况下，按上式特性动作的过电流保护将不能检出故障，但是通过对负荷电流的实时监视，将根据实际负荷电流 I_L 自动改变为更灵敏的另一条反时限特性，表示为

$$t = \Psi(I) \tag{3-71}$$

当保护装置的时间、电流特性由式(3-70)改变为式(3-71) 后，过电流保护装置

将有可能更灵敏，并且更快地切除故障。

3.7.3 自适应电流电压速断保护

传统的电流、电压速断保护普遍存在着受系统运行方式变化的影响的问题，因而必须根据在最不利的系统运行方式下进行整定计算才能保证保护的选择性动作，其结果是在其他运行方式下(包括主要运行方式)保护的动作性能变坏，有时甚至使保护动作失效。

自适应保护可允许和寻找对各种保护功能进行调节使它们更适应当时的电力系统工况。自适应保护关键的设想是要对保护系统作某种改变来响应因负荷的变化或系统运行方式的变化。这个目标在常规保护上常常是设法使继电器的整定值在可能出现的各种电力系统情况下都正确的方法来实现。常规的电流电压速断保护是按经常运行方式下有较长的保护区考虑，而不管系统运行方式的变化。按这种方法整定存在着不足：系统运行方式改变时，保护区不是常数；两相短路和三相短路的保护区也不同。如果保护能随着系统运行方式的变化及短路类型的不同自动调整整定值，很显然这就要求保护必须具有自适应功能。

1. 基本原理

35kV 线路采用电磁型保护方式时，通常采用电流电压速断来提高保护的灵敏度(即保护区长度)，其整定式如下：

(1) 电流元件整定值为

$$I_{op}=\frac{E_{sp}}{Z_{s.us}+0.8Z_L} \tag{3-72}$$

式中 E_{sp}——系统等值相电势；

$Z_{s.us}$——系统经常运行方式时动作阻抗；

Z_L——被保护线路阻抗。

(2) 电压元件整定值为

$$U_{op}=\sqrt{3}I_{op}0.8Z_L \tag{3-73}$$

按上述式(3-72)和式(3-73)整定电流、电压元件动作值，可保证系统在经常运行方式下，电流电压速断保护区能达到被保护线路全长的80%。若系统运行方式不变。当发生两相短路时，其保护区小于80%；而当系统运行方式改变时，其保护区都将小于80%。虽然这样确定整定值，保护不会发生误动，但其灵敏度将受到影响。

2. 短路类型的自适应

由于微机式保护功能、可靠性等方面比传统保护强，因此得到广泛应用。当然，对35kV 线路也可以按照常规的整定方法进行整定，当若是这样，保护随短路类型、

系统运行方式而变的缺点依然存在。解决这一问题的最好办法是加入自适应功能。自适应保护能在识别故障状态后，自动改变整定值，使两相短路与三相短路具有相同的保护区，从而提高了保护的性能指标。

35kV 配电系统采用中性电不接地方式，电流电压速断保护的任务是反映相间短路故障。

(1) 利用负序电流区分短路类型。两相短路的判据为

$$I_{2F} > K_1 I_{1F} \tag{3-74}$$

式中 I_{2F}、I_{1F}——负序、正序故障分量电流；

K_1——系数小于 1。

在只利用两相电流的条件下(只有 A、C 两相装设电流互感器)，中性点不接地系统 $\dot{I}_B=-(\dot{I}_A+\dot{I}_C)$，则

$$\dot{I}_1=\frac{1}{\sqrt{3}}(\dot{I}_A e^{-j30^\circ}+\dot{I}_C e^{-j90^\circ})$$

$$\dot{I}_2=\frac{1}{\sqrt{3}}(\dot{I}_A e^{j30^\circ}+\dot{I}_C e^{j90^\circ}) \tag{3-75}$$

上述算法同样实用于三相装设电流互感器的条件，它的缺点是不能同时选出故障相别。

(2) 利用相电流故障分量区分两相及三相短路。选相算法为：

BC 两相短路 $$I_{AF} < KI_{CF} \tag{3-76}$$

AB 两相短路 $$I_{CF} < KI_{AF} \tag{3-77}$$

CA 两相短路 $$|\dot{I}_{AF}+\dot{I}_{CF}| < KI_{AF} \tag{3-78}$$

在式(3-76) ~式(3-78) 中，$K<1$，当其中一式条件满足时即为两相短路；而当式(3-79) 、式(3-77) 和式(3-78) 均不满足时判定为三相短路。

3. 系统运行方式自适应

在继电保护的整定计算时，系统运行方式以系统等值阻抗 Z_s 来表征。因此系统等值阻抗 Z_s 的计算是自适应电流电压速断保护的关键问题，它可根据故障分量理论求出。在图 3-40 中给出了电力系统故障及其附加状态。由故障附加状态可得

$$Z_s=-\frac{\dot{U}_{mF}}{\dot{I}_{mF}} \tag{3-79}$$

式中 $\dot{U}_{mF}$、$\dot{I}_{mF}$——保护处的故障分量的电压、电流。

在三相电力系统中，系统阻抗可由对称分量法求出，系统的正、负序阻抗 Z_{1s}、Z_{2s}可表示为

$$Z_{1s}=-\frac{\dot{U}_{1mF}}{\dot{I}_{1mF}} \tag{3-80}$$

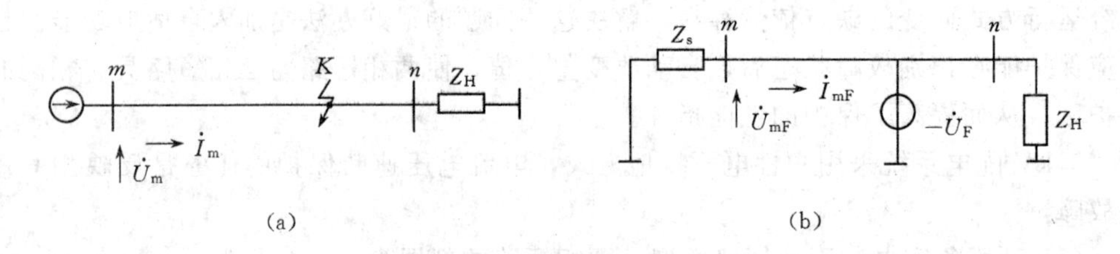

图 3-40　电力系统故障及其附加状态

(a)故障；(b)附加状态

$$Z_{2s} = -\frac{\dot{U}_{2mF}}{\dot{I}_{2mF}} \tag{3-81}$$

式中　$\dot{U}_{1mF}$、$\dot{I}_{1mF}$——保护安装处的正序故障分量电压、电流；

$\dot{U}_{2mF}$、$\dot{I}_{2mF}$——保护安装处的负序故障分量电压、电流。

当系统正、负序阻抗相等时，可只用式(3-80)进行计算。

4. 自适应电流电压速断保护动作值

(1) 电流元件动作值确定。其中：

三相短路时

$$I_{op.x} = \frac{E_{sp}}{Z_{s1} + 0.8Z_L} \tag{3-82}$$

式中　Z_{s1}——系统正序等值阻抗。

两相短路时

$$I_1 = \frac{E_{sp}}{Z_{s1} + Z_{s2} + 1.6Z_L}$$

$$I_{op.x} = \sqrt{3}I_1 \tag{3-83}$$

如果系统等值阻抗的正、负序分量相等，则

$$I_{op.x} = \frac{\sqrt{3}}{2} \times \frac{E_{sp}}{Z_{s1} + 0.8Z_L} \tag{3-84}$$

显然按式(3-82)、式(3-83)和式(3-84)确定的电流元件动作值是一个变量，其动作电流与系统的运行方式及短路类型有关。

(2) 电压元件动作值确定为

$$U_{op.x} = \sqrt{3}I_{op.x}0.8Z_L \tag{3-85}$$

(3) 动作条件为

$$I_{mk} \geqslant I_{op.x}$$

$$U_{mk} \leqslant U_{op.x} \tag{3-86}$$

3.7.4 自适应电压速断保护

(1) 传统电压速断保护。传统电压速断保护不带时限动作，因此从保护选择性出发，其定值应按躲过在最小运行方式下，下一回线路出口短路时，保护处最低电压 $U_{m.min}$ 整定，表示为

$$U_{op}^{I}=\frac{U_{m.min}}{K_{rel}}=\frac{E_{sp}Z_{L}}{K_{rel}(Z_{s.max}+Z_{L})} \tag{3-87}$$

式中 U_{op}^{I}——电压速断保护的整定值；

E_{sp}——系统等值相电势；

$Z_{s.max}$——最小运行方式下的系统阻抗；

Z_{L}——被保护线路的阻抗；

K_{rel}——可靠系数，$K_{rel}>1$。

实际上，故障时保护处的电压大小不仅与系统阻抗大小有关，而且还与故障点的位置有关，设在线路 αZ_{L} 处短路，则保护安装处电压 U_{mk} 可表示为

$$U_{mk}=\frac{E_{sp}\alpha Z_{L}}{Z_{s}+\alpha Z_{L}} \tag{3-88}$$

式中 Z_{s}——故障时的实际系统阻抗；

α——故障位置系数，$\alpha=0\sim1$。

保护动作条件为

$$U_{mk}\leqslant U_{op}^{I} \tag{3-89}$$

将式(3-87) 和式(3-88) 代入式(3-89) 可求出在当前运行方式下电压速断保护范围，表示为

$$\alpha_{ra}=\frac{Z_{s}}{K_{rel}Z_{s.max}+(K_{rel}-1)\ Z_{L}} \tag{3-90}$$

由于 $K_{rel}>1$，$Z_{s}\leqslant Z_{s.max}$，因此，实际的保护范围 α_{L} 一般总小于最小运行方式下的保护范围，将 $Z_{s}=Z_{s.max}$ 代入式(3-90)，可得在最小运行方式下保护的最大保护范围为

$$\alpha_{ra.max}=\frac{1}{K_{rel}+(K_{rel}-1)\dfrac{Z_{L}}{Z_{s.max}}} \tag{3-91}$$

将 $Z_{s}=Z_{s.min}$ 代入式(3-90)，可求出最小保护范围为

$$\alpha_{ra.max}=\frac{1}{K_{rel}\dfrac{Z_{s.max}}{Z_{s.min}}+(K_{rel}-1)\ \dfrac{Z_{L}}{Z_{s.min}}} \tag{3-92}$$

(2) 自适应电压速断保护。自适应电压速断保护的主要特点是它能在发生故障时实时求出对应于当时运行方式下的系统电源侧的综合阻抗，自动进行整定计算，从而使电压速断保护的性能达到最佳状态。自适应电压速断保护的动作值为

$$U_{op}^{I}=\frac{E_{sp}Z_{L}}{K_{rel}(Z_{s}+Z_{L})} \tag{3-93}$$

由式(3-93)可见，自适应电压速断保护动作值不是根据最小运行方式下的系统阻抗 $Z_{s.max}$，而是根据故障时实际的系统阻抗 Z_s 确定的。Z_s 的计算方法可根据式(3-80)与式(3-81)求得。显然，动作值 U_{op}^{I} 不是固定的，它随系统运行方式变化而变化，但总是使动作值保持在理想状态。

自适应电压保护的动作条件表示为

$$U_{mk}\leqslant U_{op}^{I} \tag{3-94}$$

自适应电压速断保护的在线自动计算整定及动作过程如下：

1) 事先输入被保护线路参数 Z_L 及 K_{rel} 值。

2) 电势 E_{sp} 可根据网络电压事先设定，也可在线实时计算。

3) 故障时在线计算系统综合阻抗 Z_s。

4) 由式(3-93)求出 U_{op}^{I}。

5) 根据故障时数据求出 U_{mk}。

6) 保护的动作条件为 $U_{mk}\leqslant U_{op}^{I}$。

将式(3-78)、式(3-93)代入式(3-94)可得自适应电压速断保护范围的表达式为

$$\alpha_{as}=\frac{1}{K_{rel}+(K_{rel}-1)\ Z_L/Z_s} \tag{3-95}$$

将 $Z_s=Z_{s.max}$ 代入式(3-95)可得出最小运行方式下的最大保护范围为

$$\alpha_{as.max}=\frac{1}{K_{rel}+(K_{rel}-1)\ Z_L/Z_{s.max}} \tag{3-96}$$

将 $Z_s=Z_{s.min}$ 代入式(3-95)可得出最小运行方式下的最小保护范围为

$$\alpha_{as.min}=\frac{1}{K_{rel}+(K_{rel}-1)\ Z_L/Z_{s.min}} \tag{3-97}$$

由式(3-93)和式(3-96)可知传统电压速断保护和自适应电压速断保护在最小运行方式下有着相同的保护范围，比较式(3-92)与式(3-97)可见，除在最小运行方式外，在其他任何方式下，自适应电压速断保护范围均较大，而且比值 $Z_{s.max}/Z_{s.min}$ 越大，即运行方式变化越大，传统电压速断保护范围将进一步急剧减小。

3.8 利用故障分量的方向元件及保护原理

整流型或晶体管型的方向元件按 90°接线法使用，虽然这种接线在不对称短路时

无电压死区，但在三相短路时存在电压死区，且其特性受故障点过渡电阻的影响。分析表明，在 Y,d 接线变压器后发生两相短路时，这种接法的方向元件还可能发生误动作。

负序和零序功率方向元件可以反映故障分量，但由于负序和零序分别是在不对称短路和接地短路时出现的故障分量，有一定的局限性，因为它们无法反映三相对称短路。尽管如此，它们与相间短路保护用的整流型方向元件相比仍具有明显的优点。

利用故障分量的方向元件，其动作原理是比较保护安装处故障分量的电压和电流的相位。如图 3-41(a)所示的双端电源的线路，图 3-41(b)和图 3-41(c)分别是在正方向 K_1 点和反方向 K_2 点发生故障时的故障附加状态网络图。假设电流正方向为由母线指向被保护线路，在正方向 K_1 点故障时有

$$\dot{U}_{Fm} = -\dot{I}_{Fm} Z_m \tag{3-98}$$

在反方向 K_2 点故障时有

$$\dot{U}_{Fm} = \dot{I}_{Fm}(Z_L + Z_n) \tag{3-99}$$

按式(3-98) 和式(3-99) 作出的相量图如图 3-41(d)和图 3-41(e)所示。

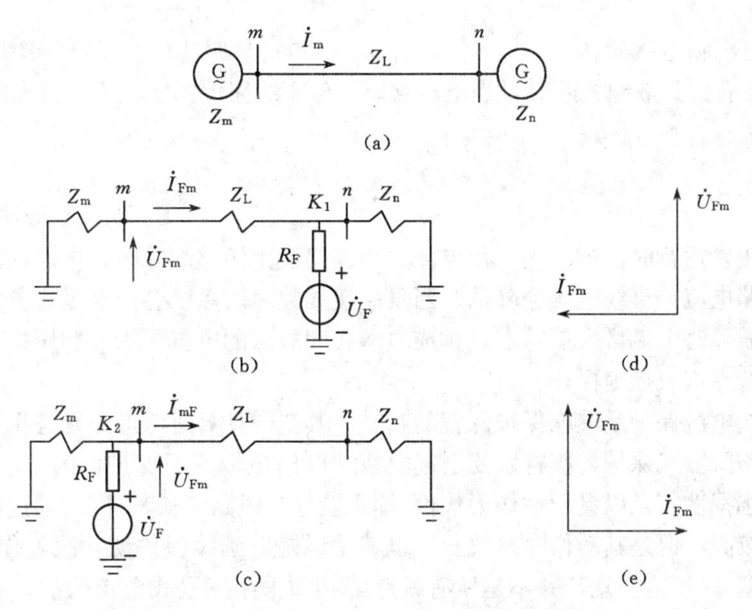

图 3-41 线路正、反方向故障时的相量图

(a)双端电源线路；(b)正方向故障时附加状态网络图；(c)反方向故障时附加状态网络图；(d)正方向故障时相量；(e)反方向故障时相量

当带有短路故障的线路由一端(设 m 端)合闸时，方向元件的动作行为与电压互感器的位置有关。图 3-42(a)和图 3-42(b)中分别给出了电压互感器在母线侧和线路侧的故障附加状态网络图。由图 3-42(a)可写出

$$\dot{U}_{Fm}=-\dot{I}_{Fm}Z_m \tag{3-100}$$

由图 3-42(b)可写出

$$\dot{U}_{Fm}=\dot{I}_{Fm}(Z_L+Z_n) \tag{3-101}$$

其对应的相量图如图 3-41(d)和图3-41(e)所示。由此可见，当电压互感器位于线路侧时，方向元件拒动。

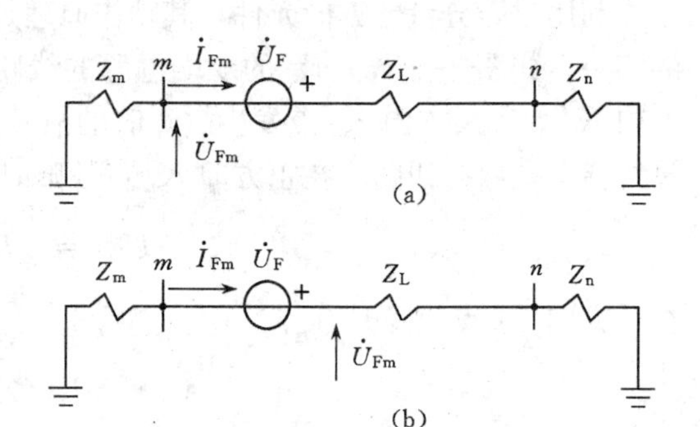

图 3-42　一端合闸于故障时的故障附加状态网络

(a)互感器接母线；(b)互感器接线路

由上述分析结果可看出，利用故障分量的方向元件有以下特征：

(1) 不受负荷电流的影响。

(2) 不受故障点过渡电阻的影响。

(3) 故障分量的电压、电流间的相角由线路背侧的系统阻抗决定，方向性明确。

(4) 可消除电压死区。

(5) 在合闸到故障线路时，当电压互感器位于线路侧的条件下，方向元件拒动。

小　　结

电网正常运行时流过的是负荷电流。当线路发生短路故障时，电源向故障点提供很大的短路电流，母线电压会降低，当发生接地故障时系统会出现零序分量。可利用线路短路故障时电流增大等特点，构成电网相间故障的电流保护，利用接地故障时零序分量的特点构成接地保护。

三段式电流保护是继电保护课程的基础，其整定计算时考虑原则是贯穿所有型式的输电线路阶段式保护，应特别要引起重视。瞬时电流速断保护，为了获得快速性，又要保证选择性，是以灵敏性作为代价(即不能保护线路全长)；定时限过电流保护虽然灵敏度较高，但是其动作时限较长，也就是说是以延缓保护切除故障作为代价(即快速性较差)。但应注意，并不是所有线路都必须采用三段式电流保护，有时是采用二段式或采用四段式，视线路的电压等级而定。

对双电源或单电源环形网络，若不考虑方向性，保护的灵敏度和选择性将得不到保证。为了提高双侧电源供电线路和单侧电源环网系统的保护选择性和灵敏性，提出

了功率方向问题。比相原理可以由相位比较或绝对值比较来实现，它们相互之间是可以转换的。微机保护一般采用比相原理实现；传统保护一般采用绝对值原理实现。为了消除保护两相短路故障的动作死区，功率方向继电器采用 90°接线方式。阶段式方向电流保护的整定计算原则基本与三段式电流保护相同，但方向过电流保护必须考虑同向保护间的配合问题。

根据电力系统发生接地故障出现零序分量这一特点，分析了发生接地故障时，零序电压和零序电流的特点，以零序电压和零序电流的特点构成反映接地故障的保护。中性点非直接接地系统发生单相接地故障时，利用零序电压特点构成无选择性绝缘监察保护；利用故障线路与非故障线路零序电流大小或功率方向的差别构成有选择性的零序电流保护、零序功率方向保护。目前，有选择性的接地保护广泛采用微机选线装置。

中性点接地系统的零序电流保护，与相间短路的阶段式电流保护类似也构成阶段式保护，所不同的是计算时需要用零序电流。阶段式零序电流保护接线简单，保护范围受运行方式的影响较小，灵敏度高。

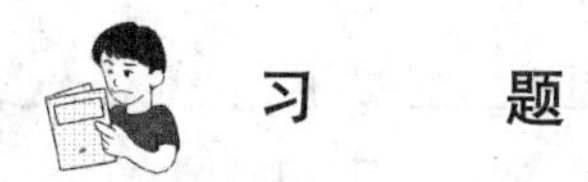

习　　题

3-1　瞬时电流速断保护的动作电流及灵敏系数是如何计算的？为什么在瞬时电流速断保护装置的接线中要加入中间继电器？

3-2　过电流保护是如何保证选择性的？在整定计算中为什么要考虑返回系数及自起动系数？

3-3　三段式电流保护是怎样构成的？画出三段式电流保护各段的保护的原理接线图。

3-4　在 Y,d11 接线的变压器 d 侧发生两相生短路时，装在 Y 侧的电流保护采用三相三继电器完全星形接线与采用两相两继电器不完全星形接线其灵敏系数为什么不同？为什么采用两相三继电器不完全星形接线就可以使它的灵敏系数与采用三相三继电器完全星形接线相同？

3-5　图 3-43 所示网络，AB、BC、BD 线路上均装设了三段式电流保护，变压器装设了差动保护。已知Ⅰ段可靠系数取 1.25，Ⅱ段可靠系数取 1.15，Ⅲ段可靠系数取 1.15，自起动系数取 1.5，返回系数取 0.85，AB 线路最大工作电流 200A，时限级差取 0.5s，系统等值阻抗最大值为 18Ω，最小值为 13Ω，其他参数如图示，各阻抗值均归算至 115kV 侧的有名值，求 AB 线路限时电流速断保护及定时限过电流的动作电流、灵敏度和动作时间。

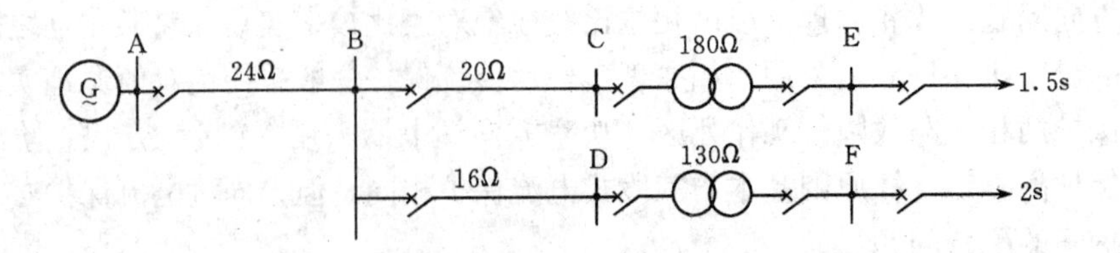

图 3-43 习题 3-5 网络

3-6 单电源环形网路如图 3-44 所示，在各断路器上装有过电流保护，已知时限级差为 0.5s。为保证动作的选择性，确定各过电流保护的动作时间及哪些保护要装设方向元件。

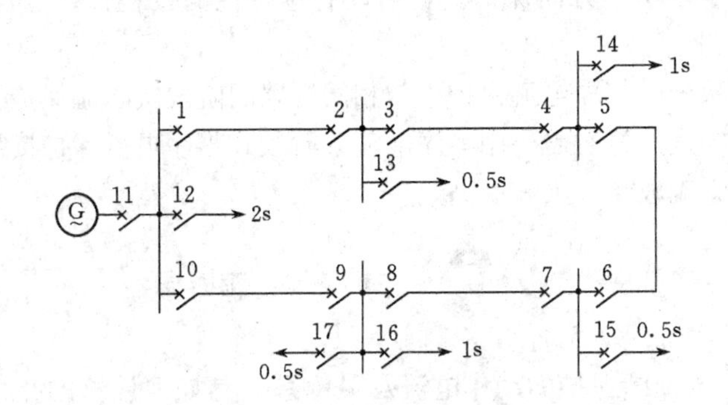

图 3-44 习题 3-6 网络

3-7 求图 3-45 所示网络方向过电流保护动作时间，时限级差取 0.5s。并说明哪些保护需要装设方向元件。

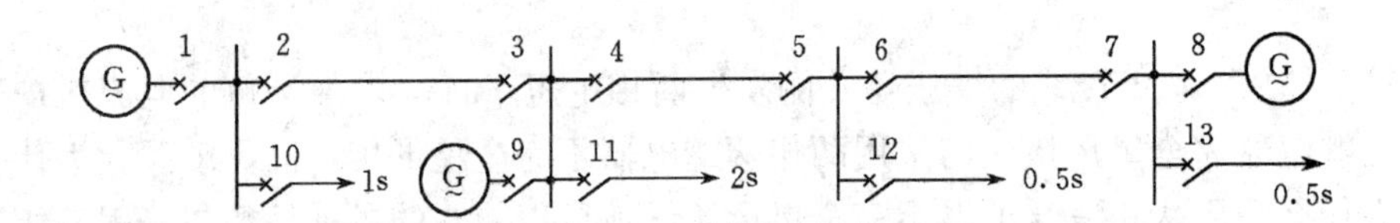

图 3-45 习题 3-7 网络

3-8 图 3-46 所示网络，已知 A 电源 $X_{A.max}=15\Omega$，$X_{A.min}=20\Omega$，B 电源 $X_{B.max}=20\Omega$，$X_{B.min}=25\Omega$，Ⅰ段的可靠系数取 1.25，Ⅱ段可靠系数取 1.15，Ⅲ段可靠系数取 1.2，返回系数取 0.85，自起动系数取 1.5，AB 线路最大负荷电流 120A，所有阻抗均归算至 115kV 侧有名值。求 AB 线路 A 侧Ⅱ段及Ⅲ段电流保护的动作值及灵敏度(不计振荡)。

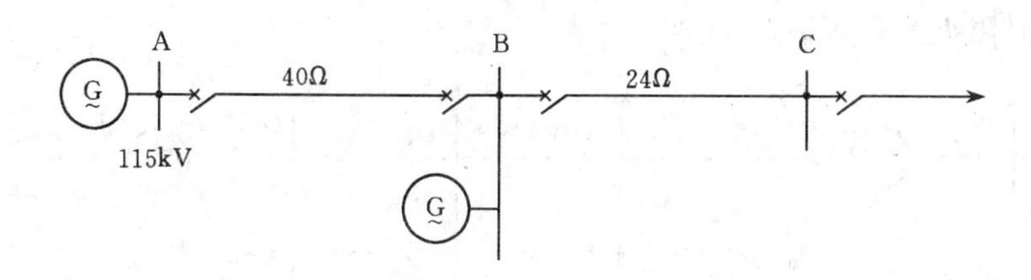

图 3-46　习题 3-8 网络

3-9　图 3-47 所示 35kV 单电源线路，已知线路 AB 的最大传输功率为 9MW，功率因数 0.9，电流互感器变比 300/5，自起动系数为 1.4，Ⅰ段可靠系数 1.2，Ⅱ段可靠系数取 1.15，Ⅲ段可靠系数取 1.1，$K_{re}=0.85$，求 AB 线路三段式电流保护动作值及灵敏度。图中阻抗均归算至 37kV 侧有名值。

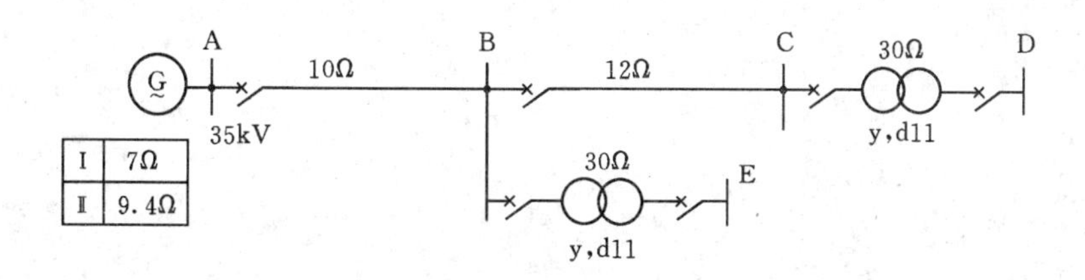

图 3-47　习题 3-9 网络

3-10　图 3-48 所示网络中，已知：

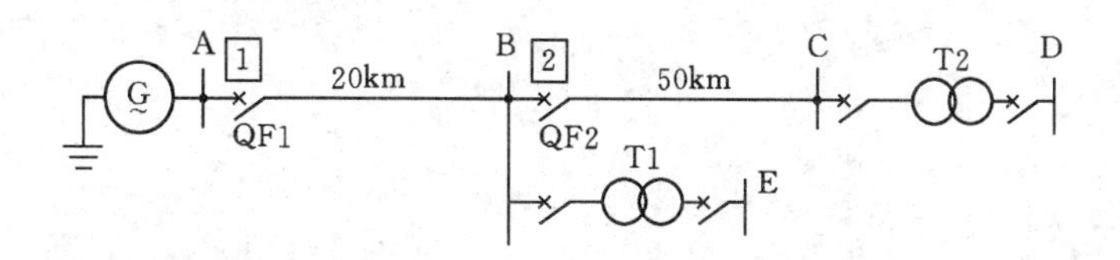

图 3-48　一次接线图

(1) 电源等值电抗 $X_1=X_2=5\Omega$，$X_0=8\Omega$；

(2) 线路 AB、BC 的电抗 $X_1=0.4\Omega/\text{km}$，$X_0=1.4\Omega/\text{km}$；

(3) 变压器 T1 额定参数为 31.5MVA，110/6.6kV，$U_k=10.5\%$，其他参数如图 3-42 所示。

试决定线路 AB 的零序电流保护的第Ⅰ段、第Ⅱ段、第Ⅲ段的动作电流、灵敏度和动作时限。

3-11　确定图示 3-49 网络各断路器相间短路及接地短路的定时限过电流保护动

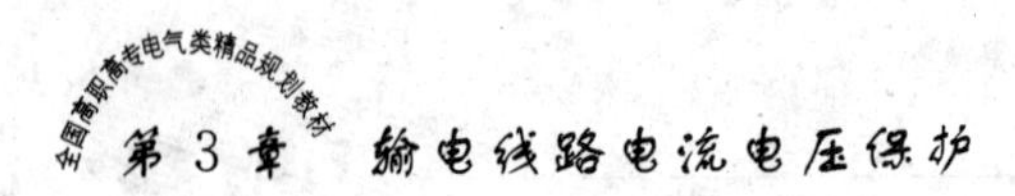

作时限，时限级差取 0.5s。

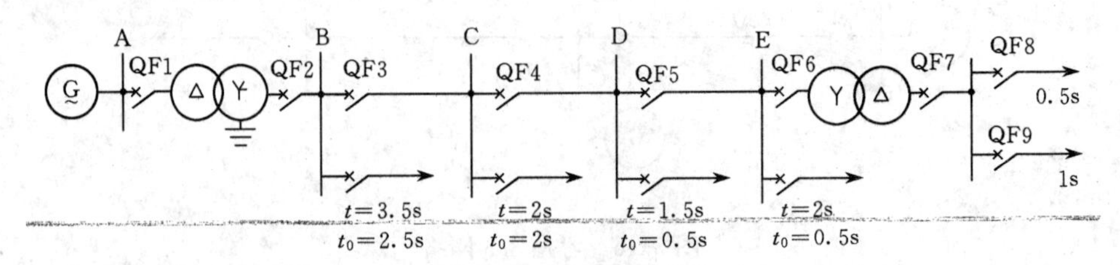

图 3-49 接线图

第 4 章

输电线路距离保护

【**教学要求**】 掌握距离保护的基本工作原理、阻抗继电器原理、阻抗继电器接线、整定计算方法；熟悉电力系统振荡、断线、短路点过渡电阻、分支电源对距离保护的影响及采取的措施。理解自适应距离保护的基本原理；了解选相的基本原理；了解起动元件作用及原理。

4.1 距离保护概述

4.1.1 距离保护的作用

在结构简单的电网中，应用电流电压保护或方向电流保护，一般能满足可靠性、选择性、灵敏性和快速性的要求。但在高电压或结构复杂的电网中是难于满足要求的。

电流电压保护，其保护范围随系统运行方式的变化而变化，在某些运行方式下，电流速断保护或限时电流速断保护的保护范围将变得很小，电流速断保护有时甚至没有保护区，不能满足电力系统稳定性的要求。此外，对长距离、重负荷线路，由于线路的最大负荷电流可能与线路末端短路时的短路电流相差甚微，这种情况下，即使采用过电流保护，其灵敏性也常常不能满足要求。

自适应电流保护，根据保护安装处正序电压、电流的故障分量，可计算出系统正序等值阻抗 $Z_{eq.s1}$；同时通过选相可确定故障类型，取相应的短路类型系数 K_k 值，使自适应电流保护的整定值随系统运行方式、短路类型而变化。这样，自适应电流保护克服了传统电流保护的缺点，从而使保护区达到最佳效果。但在高电压、结构复杂的电网中，自适应电流保护的优点还不能得到充分发挥。

因此，在结构复杂的高压电网中，应采用性能更加完善的保护装置，距离保护就是其中的一种。

4.1.2　距离保护的基本原理

距离保护就是反映故障点至保护安装处之间的距离，并根据该距离的大小确定动作时限的一种继电保护装置。当故障点距保护安装处越近时，保护装置感受的距离越短，保护的动作时限就越短；反之，当故障点距保护安装处越远时，保护装置感受的距离越长，保护的动作时限就越长。这样，故障点总是由离故障点近的保护首先动作切除，从而保证了在任何形状的电网中，故障线路都能有选择性的被切除。

因此，作为距离保护的测量的核心元件阻抗继电器，应能测量故障点至保护安装处的距离。方向阻抗继电器不仅能测量阻抗的大小，而且还应能测量出故障点的方向。因线路阻抗的大小，反映了线路的长度。因此，测量故障点至保护安装处的阻抗，实际上是测量故障点至保护安装处的线路距离。如图 4-1 所示，设阻抗继电器安装在线路 M 侧，设保护安装处的母线测量电压为 $\dot{U}_m$，由母线流向被保护线路的测量电流为 $\dot{I}_m$，当电压互感器、电流互感器的变比为 1 时，加入继电器的电压、电流即为 $\dot{U}_m$、$\dot{I}_m$。

当被保护线路上发生短路故障时，阻抗继电器的测量阻抗 Z_m 为

$$Z_m = \frac{\dot{U}_m}{\dot{I}_m} \tag{4-1}$$

设阻抗继电器的工作电压 $\dot{U}_{op}$为

$$\dot{U}_{op} = \dot{U}_m - \dot{I}_m Z_{set} \tag{4-2}$$

式中　Z_{set}——阻抗继电器的整定阻抗，整定阻抗角等于被保护线路阻抗角。

由图 4-1(a)可见，$\dot{U}_{op}$即为 Z 点电压。当 Z 点发生短路故障时，有$\dot{U}_m/\dot{I}_m = Z_{set}$，

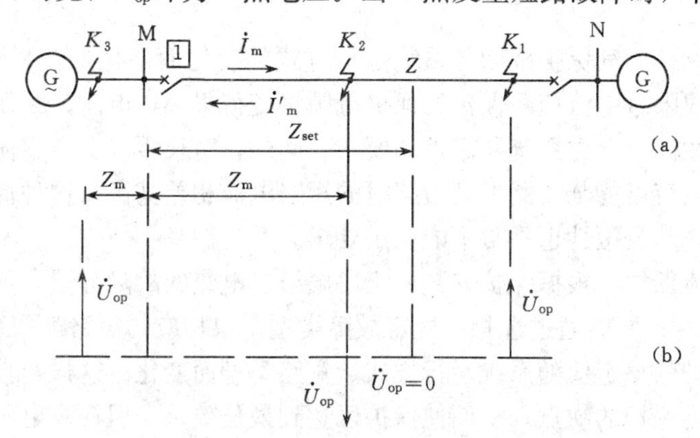

图 4-1　距离保护基本工作原理

(a)一次系统图；(b)工作电压相位变化

所以Z_{set}即为MZ线路段的正序阻抗。这样，$\dot{U}_{op}$是整定阻抗末端的电压，当整定阻抗确定后，$\dot{U}_{op}$就可在保护安装处测量到。

保护区末端Z点短路故障时，有$Z_m=Z_{set}$，$\dot{U}_{op}=\dot{I}_m Z_m-\dot{I}_m Z_{set}=0$；正向保护区外$K_1$点短路故障时，有$Z_m>Z_{set}$，$\dot{U}_{op}=\dot{I}_m(Z_m-Z_{set})>0$，应注意的是，$\dot{U}_{op}>0$的含义是指$\dot{U}_{op}$与$\dot{I}_m Z_m(\dot{U}_m)$同相位；正向保护区内$K_2$点短路时，有$Z_m<Z_{set}$，$\dot{U}_{op}=\dot{I}_m(Z_m-Z_{set})<0$；反向$K_3$点短路故障时，由于此时流经保护的电流$\dot{I}'_m$与规定正方向相反，有$\dot{U}_m=\dot{I}'_m Z_m$、$\dot{I}_m Z_{set}=-\dot{I}'_m Z_{set}$，故式(4-2)表示的工作电压为

$$\dot{U}_{op}=\dot{U}_m-\dot{I}_m Z_{set}=\dot{I}'_m(Z_m+Z_{set})>0$$

这里$\dot{U}_{op}>0$的含义是表示$\dot{U}_{op}$与$\dot{I}'_m Z_m(\dot{U}_m)$同相位。从上述分析可知，正向保护区外短路故障时母线电压相位与反向短路故障，工作电压具有相同的相位。不同地点短路故障时$\dot{U}_{op}$的相位变化如图4-1(b)所示。因此，只要检测工作电压的相位变化，不仅能测量出阻抗的大小，而且还能检测出短路故障的方向。显然，以$\dot{U}_{op}\leqslant 0$作阻抗继电器的判据，构成的是方向阻抗继电器。

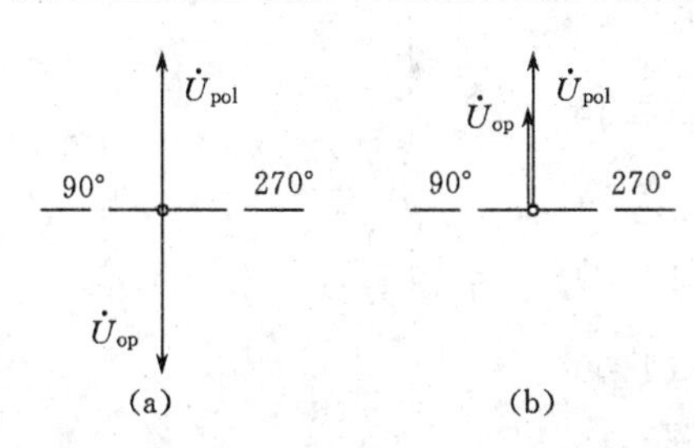

图4-2 区内、外短路故障时$\dot{U}_{op}$与$\dot{U}_{pol}$相位关系
(a)区内短路故障；(b)区外短路故障

要实现$\dot{U}_{op}\leqslant 0$为动作判据的阻抗继电器，通常可用两种方法来实现。第一种方法是设置极化电压$\dot{U}_{pol}$，一般与$\dot{U}_m$同相位。当以$\dot{U}_{pol}$作参考相量时，作出区内、外短路故障时$\dot{U}_{op}$与$\dot{U}_{pol}$的相位关系如图4-2所示。由图4-2可见，当$\dot{U}_{op}$与$\dot{U}_{pol}$反相位时，判定为区内故障；$\dot{U}_{op}$与$\dot{U}_{pol}$同相位时，判定为区外故障或反方向故障。极化电压$\dot{U}_{pol}$只作相位参考作用，并不参与阻抗测量，称为阻抗继电器的极化电压。显然，$\dot{U}_{pol}$是继电器正确工作所必须的，任何时候其值不能为零。因继电器比较的是$\dot{U}_{op}$与$\dot{U}_{pol}$的相位，与$\dot{U}_{op}$、$\dot{U}_{pol}$大小无关，故以这种原理工作的阻抗继电器可称按相位比较方式工作的阻抗继电器。其动作判据为

$$90°\leqslant \arg\frac{\dot{U}_{op}}{\dot{U}_{pol}}\leqslant 270° \tag{4-3}$$

或

$$-90°\leqslant \arg\frac{\dot{U}_{op}}{-\dot{U}_{pol}}\leqslant 90° \tag{4-4}$$

极化电压所起作用如下：

(1) $\dot{U}_{pol}$是相位比较原理工作的方向阻抗继电器工作所必须的。虽然$\dot{U}_{op}$与$\dot{U}_{pol}$的数值大小不会影响故障点的距离和方向的测量结果，即在理论上对$\dot{U}_{op}$和$\dot{U}_{pol}$的幅值

大小无要求，关心的是两者间的相位。实际上 $\dot{U}_{pol}$ 的幅值大小也应在适当范围内，过大和过小都是不适宜的。对于 $\dot{U}_{pol}$ 的相位，原则上应与 $\dot{I}_m Z_{set}$ 同相位，即金属性短路故障时与保护安装处母线上测量电压 $\dot{U}_m$ 同相位。显然，极化电压 $\dot{U}_{pol}$ 必须有正确的相位和合适的幅值，继电器才能正确工作。如果极化电压 $\dot{U}_{pol}$ 消失，阻抗继电器是无法工作的。

(2) 可保证方向阻抗继电器正、反向出口短路故障时有明确的方向性。由图 4-1 可见，正向出口短路故障时，工作电压 $\dot{U}_{op}<0$；反向出口短路故障时，工作电压 $\dot{U}_{op}>0$。为保证继电器有明确方向性，极化电压 $\dot{U}_{pol}$ 应有一定的数值和满足相位要求。当 $\dot{U}_{pol}$ 取保护安装处的电压时，极化电压 $\dot{U}_{pol}$ 应克服电压互感器二次负荷不对称在继电器端子上产生的不平衡电压的影响，防止极化电压 $\dot{U}_{pol}$ 失去应有的相位造成继电器失去方向性的可能。

(3) 根据相位比较原理工作方式的阻抗继电器性能特点的要求，极化电压有不同的构成方式，从而可获得阻抗继电器的不同功能，改善阻抗继电器性能。

第二种方法是引入插入电压 $\dot{U}_{in}$，一般与 $\dot{U}_m$ 同相位，若令

$$\dot{U}_1 = \dot{U}_{in} - \dot{U}_{op} \tag{4-5}$$

$$\dot{U}_2 = \dot{U}_{in} + \dot{U}_{op} \tag{4-6}$$

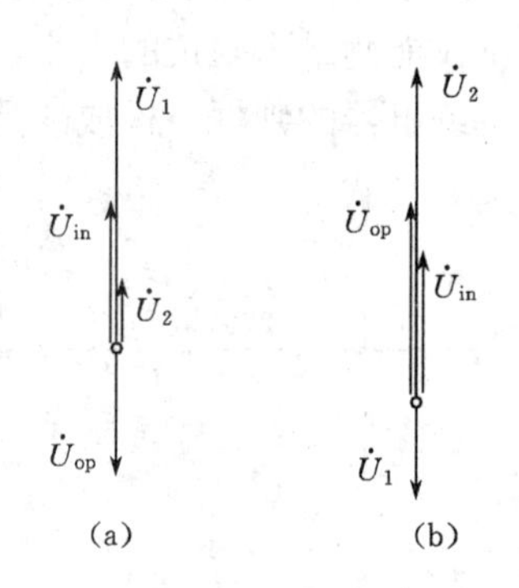

图 4-3　区内、外短路故障时 $\dot{U}_1$、$\dot{U}_2$ 相量
(a)区内短路故障；
(b)区外短路故障

则作出区内、外短路故障时 $\dot{U}_1$ 和 $\dot{U}_2$ 相量关系如图 4-3 所示。由图可见，继电器的动作判据可写成

$$|\dot{U}_1| \geqslant |\dot{U}_2| \tag{4-7}$$

即

$$|\dot{U}_{in} - \dot{U}_{op}| \geqslant |\dot{U}_{in} + \dot{U}_{op}| \tag{4-8}$$

虽然 $\dot{U}_{in}$ 插入电压不影响继电器的阻抗测量，但它是继电器正确工作所必须的，任何时候其值不能为零。由于继电器比较的是动作电压 $\dot{U}_1$ 和制动电压 $\dot{U}_2$ 的幅值大小，与 $\dot{U}_1$ 和 $\dot{U}_2$ 的相位无关。

4.1.3　距离保护时限特性

距离保护的动作时限 t_{op} 与保护安装处到短路点间距离的关系，即 $t_{op}=f(Z_m)$ 的关系称为时限特性。与三段式电流保护类似，具有阶梯时限特性的距离保护获得了广泛的应用。若以三段式距离保护为例，保护 1 和保护 2 都具有不同保护范围的相应动作时间，如图 4-4 所示。

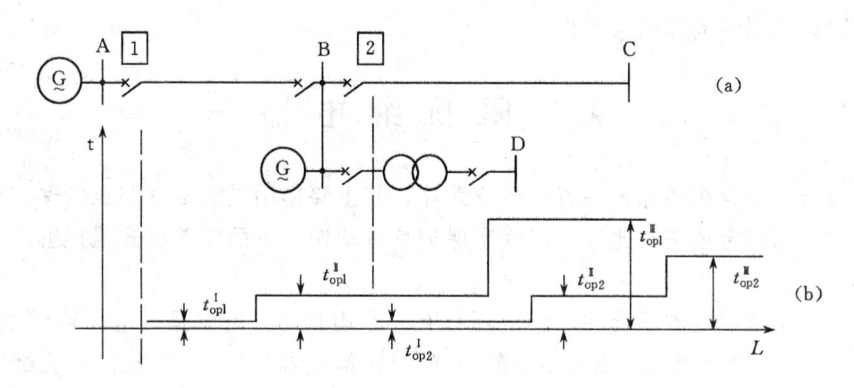

图 4-4　距离保护时限特性

(a)电网结构；(b)阶梯时限特性

4.1.4　距离保护的构成

三段式距离保护装置一般由起动元件、方向元件、测量元件、时间元件组成，其逻辑关系如图 4-5 所示。

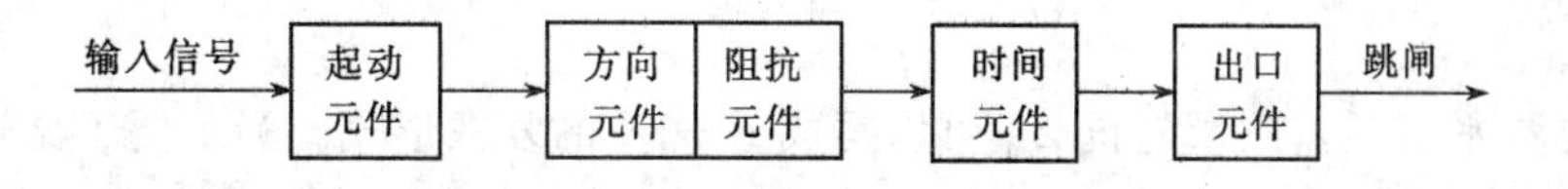

图 4-5　距离保护原理组成元件框图

1. 起动元件

起动元件的主要作用是在发生故障瞬间起动保护装置。起动元件可采用反映负序电流构成或负序与零序电流的复合电流构成，也可以采用反映突变量的元件作为起动元件。

2. 方向元件

方向元件的作用是保证动作的方向性，防止反方向发生短路故障时，保护误动作。方向元件采用方向继电器，也可以采用由方向元件和阻抗元件相结合而构成的方向阻抗继电器。

3. 测量元件

测量元件用阻抗继电器实现，主要作用是测量短路点到保护安装处的距离(或阻抗)。

4. 时间元件

时间元件的主要作用是按照故障点到保护安装处的远近，根据预定的时限特性动作的时限，以保证动作的选择性。

4.2　阻 抗 继 电 器

阻抗继电器是距离保护装置的核心元件，其主要作用是测量短路点到保护安装处的距离，并与整定值进行比较，以确定保护是否动作。下面以单相式阻抗继电器为例进行分析。

单相式阻抗继电器是指加入继电器只有一个电压 $\dot{U}_r$(可以是相电压或线电压)和一个电流 $\dot{I}_r$(可以是相电流或两相电流差)的阻抗继电器，$\dot{U}_r$ 和 $\dot{I}_r$ 比值称为继电器的测量阻抗 Z_m。如图 4-6(a)所示，BC 线路上任意一点故障时，阻抗继电器通入的电流是故障电流的二次值 $\dot{I}_r$，接入的电压是保护安装处母线残余电压的二次值 $\dot{U}_r$，则阻抗继电器的测量阻抗(感受阻抗)Z_m 可表示为

$$Z_m = \frac{\dot{U}_r}{\dot{I}_r} \tag{4-9}$$

由于电压互感器(TV)和电流互感器(TA)的变比均不等于 1，所以故障时阻抗继电器的测量阻抗不等于故障点到保护安装处的线路阻抗，但 Z_m 与 Z_k 成正比，比例常数为 n_{TA}/n_{TV}。

在复数平面上，测量阻抗 Z_m 可以写成 $R+jX$ 的复数形式。为了便于比较测量阻抗 Z_m 与整定阻抗 Z_{set}，通常将它们画在同一阻抗复数平面上。以图 4-6(a)中的 BC 线路保护 2 为例，在图 4-6(b)上，将线路的始端 B 置于坐标原点，保护正方向故障时的测量阻抗在第Ⅰ象限，即落在直线 BC 上，BC 与 R 轴之间的夹角为线路的阻抗角。保护反方向故障时的测量阻抗则在第Ⅲ象限，即落在直线 BA 上。假如保护 2 的距离Ⅰ段测量元件的整定阻抗 $Z_{set}^{I}=0.85Z_{BC}$，且整定阻抗角 $\varphi_{set}=\varphi_L$(线路阻抗角)，那么，Z_{set}^{I}在复数平面上的位置必然在 BC 上。

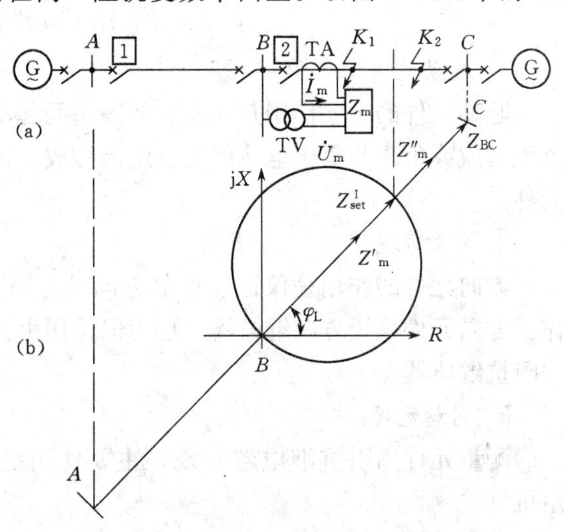

图 4-6　阻抗继电器的动作特性分析

(a)网络图；(b)阻抗继电器的测量阻抗及动作特性

Z_{set}^{I}所表示的这一段直线即为继电器的动作区，直线以外的区域

即为非动作区。在保护范围内的 K_1 点短路时，测量阻抗 $Z'_m < Z^{I}_{set}$，继电器动作；在保护范围外的 K_2 点短路时，测量阻抗 $Z''_m > Z^{I}_{set}$，继电器不动作。

实际上具有直线形动作特性的阻抗继电器是不能采用的，因为在考虑到故障点过渡电阻的影响及互感器角度误差的影响时，测量阻抗 Z_m 将不会落在整定阻抗的直线上。为了在保护范围内故障时阻抗继电器均能动作，必须扩大其动作区。目前广泛应用的是在保证整定阻抗 Z_{set} 不变的情况下，将动作区扩展为位置不同的各种圆或多边形。

4.2.1 圆特性阻抗继电器

1. 全阻抗继电器

如图 4-7 所示，全阻抗继电器的特性圆是一个以坐标原点为圆心，以整定阻抗的绝对值 $|Z_{set}|$ 为半径所作的一个圆。圆内为动作区，圆外为非动作区。不论短路故障发生在正方向，还是反方向，只要测量阻抗 Z_m 落在圆内，继电器就动作，所以叫全阻抗继电器。当测量阻抗落在圆周上时，继电器刚好能动作，对应于此时的测量阻抗叫做阻抗继电器的动作阻抗，以 Z_{op} 表示。对全阻抗继电器来说，不论 $\dot{U}_m$ 与 $\dot{I}_m$ 之间的相位差 φ_m 如何，$|Z_{op}|$ 均不变，总是 $|Z_{op}| = |Z_{set}|$，即全阻抗继电器无方向性。

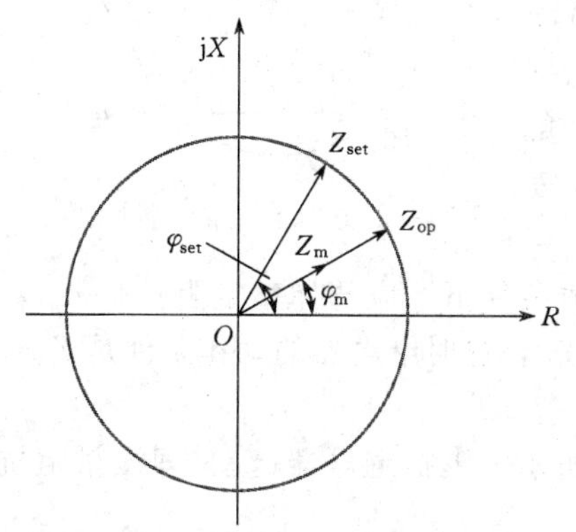

图 4-7　全阻抗继电器的动作特性

在构成阻抗继电器时，为了比较测量阻抗 Z_m 和整定阻抗 Z_{set}，总是将它们同乘以线路电流，变成两个电压后，进行比较，而对两个电压的比较，则可以比较其绝对值(也称比幅)，也可以比较其相位(也称比相)。

对于图 4-7 所示的全阻抗继电器特性，只要其测量阻抗落在圆内，继电器就能动作，所以该继电器的动作方程为

$$|Z_m| \leqslant |Z_{set}| \tag{4-10}$$

上式两边同乘以电流 $\dot{I}_m$，计及 $\dot{I}_m Z_m = \dot{U}_m$，得

$$|\dot{U}_m| \leqslant |\dot{I}_m Z_{set}| \tag{4-11}$$

若令整定阻抗 $Z_{set} = \dot{K}_{ur}/\dot{K}_{uv}$，则方程(4-11) 为

$$|\dot{K}_{uv}\dot{U}_m| \leqslant |\dot{K}_{ur}\dot{I}_m| \tag{4-12}$$

式中　$\dot{K}_{uv}$——电压变换器变换系数；

$\dot{K}_{ur}$——电抗变换器变换系数。

式(4-12) 表明，全阻抗继电器实质上是比较两电压的幅值。其物理意义是：正常运行时，保护安装处测量到的电压是正常额定电压，电流是负荷电流，式(4-12)不等式不成立，阻抗继电器不起动；在保护区内发生短路故障时，保护测量到的电压为残余电压，电流是短路电流，式(4-12) 成立，阻抗继电器起动。

2. 方向阻抗继电器

方向阻抗继电器的特性圆是一个以整定阻抗 Z_{set} 为直径而通过坐标原点的圆，如图 4-8 所示，圆内为动作区，圆外为制动区。当保护正方向故障时，测量阻抗位于第一象限，只要落在圆内，继电器即起动，而保护反方向短路时，测量阻抗位于第三象限，不可能落在圆内，继电器拒动，故该继电器具有方向性。

方向阻抗继电器的整定阻抗一经确定，其特性圆便确定了。当加入继电器的 $\dot{U}_m$ 和 $\dot{I}_m$ 之间的相位差(测量阻抗角) φ_m 为不同数值时，此种继电器的动作阻抗 Z_{op} 也将随之改变。当 $\varphi_m=\varphi_{set}$ 时，继电器的动作阻抗达到最大，等于圆的直径。此时，阻抗继电器的保护范围最大，工作最灵敏。因此，这个角度称为方向阻抗继电器的最灵敏角，通常用 φ_{sen} 表示。当被保护线路范围内故障时，测量阻抗角 $\varphi_m=\varphi_k$(线路短路阻抗角)，为了使继电器工作在最灵敏条件下，应选择整定阻抗角 $\varphi_{set}=\varphi_k$。若 $\varphi_k\neq\varphi_{sen}$，则动作阻抗 Z_{op} 将小于整定阻抗 Z_{set}，这时继电器的动作条件是 $Z_m<Z_{op}$，而不是 $Z_m<Z_{set}$。

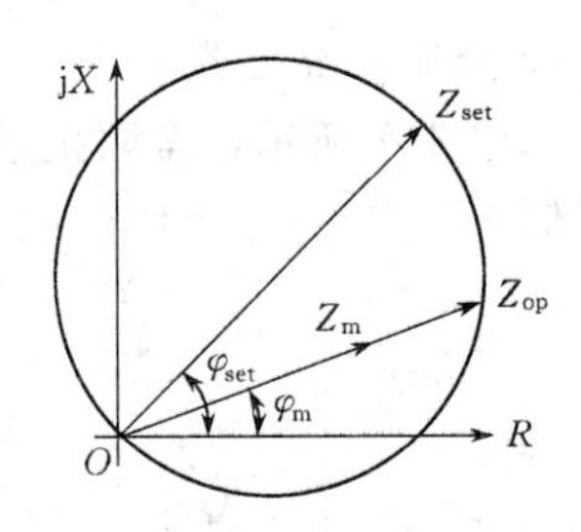

图 4-8 方向阻抗继电器特性圆

(1) 幅值比较。绝对值比较方式如图 4-9(a)所示，阻抗继电器起动(即测量阻抗 Z_m 位于圆内)的条件是

$$|Z_m-0.5Z_{set}|\leqslant|0.5Z_{set}| \tag{4-13}$$

式(4-13) 两边乘以电流 $\dot{I}_m$，得到以比较两个电压的幅值动作方程为

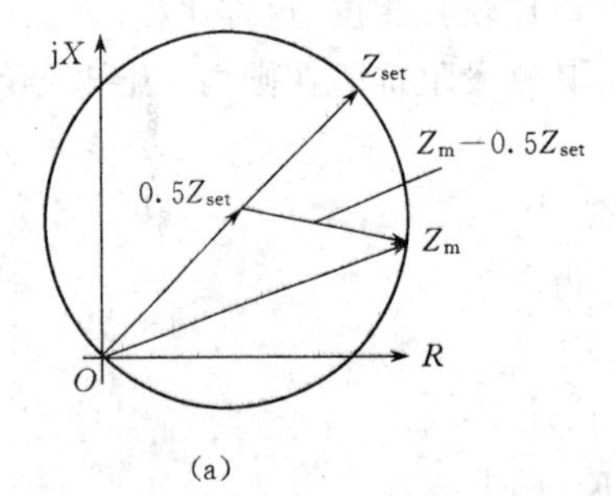

(a)

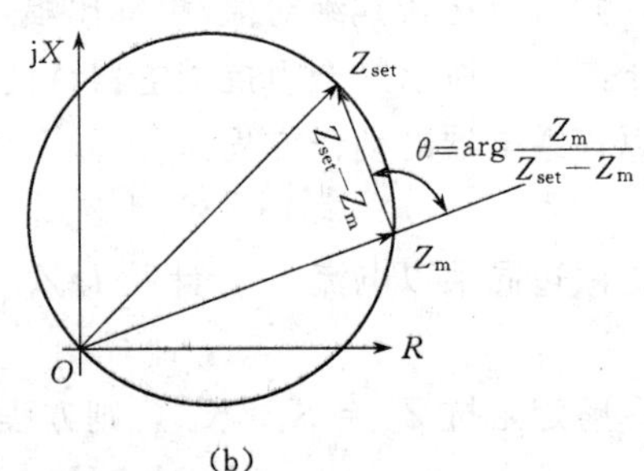

(b)

图 4-9 方向阻抗继电器的动作特性
(a) 幅值比较式的分析；(b) 相位比较式的分析

$$|\dot{U}_m - 0.5\dot{I}_m Z_{set}| \leqslant |0.5\dot{I}_m Z_{set}| \tag{4-14}$$

将整定阻抗与变换系数间关系代入式(4-14)，得

$$|\dot{K}_{uv}\dot{U}_m - 0.5\dot{K}_{ur}\dot{I}_m| \leqslant |0.5\dot{K}_{ur}\dot{I}_m| \tag{4-15}$$

(2) 相位比较。相位比较方式如图 4-9(b)所示，当 Z_m 位于圆周上时，阻抗 Z_m 与($Z_{set}-Z_m$)之间的相位差为 $\theta=90°$，可以证明 $-90°\leqslant\theta\leqslant90°$ 是方向阻抗继电器的能够起动的条件。其起动方程为

$$-90° \leqslant \arg\frac{Z_m}{Z_{set}-Z_m} \leqslant 90° \tag{4-16}$$

式中　$\theta=\arg\frac{Z_m}{Z_{set}-Z_m}$。

当动作方程用电压形式表示时，其起动方程为

$$-90° \leqslant \arg\frac{\dot{K}_{uv}\dot{U}_m}{\dot{K}_{ur}\dot{I}_m - \dot{K}_{uv}\dot{U}_m} \leqslant 90° \tag{4-17}$$

(3) 幅值比较与相位比较关系。若令幅值比较的动作量 $\dot{A}=0.5Z_{set}$，制动量 $\dot{B}=Z_m-0.5Z_{set}$，则继电器起动条件是 $|\dot{A}|>|\dot{B}|$；按相位比较实现的方向阻抗继电器被比较的两个阻抗为 $\dot{C}=Z_m$，$\dot{D}=(Z_{set}-Z_m)$，当 $\dot{C}$、$\dot{D}$ 的相位差 $-90°\leqslant\theta\leqslant90°$，继电器起动。由此可以推出两种比较之间被比较阻抗的一般关系为

$$\begin{cases}\dot{C}=\dot{A}+\dot{B}\\ \dot{D}=\dot{A}-\dot{B}\end{cases} \tag{4-18}$$

若比较绝对值的两个阻抗 $\dot{A}$、$\dot{B}$ 已知，由式(4-18) 可以求得比较相位的两个阻抗。若已知相位比较的两个阻抗 $\dot{C}$、$\dot{D}$，通过下式可求得比较绝对值的两个阻抗 $\dot{A}$、$\dot{B}$，即

$$\begin{cases}2\dot{A}=\dot{C}+\dot{D}\\ 2\dot{B}=\dot{C}-\dot{D}\end{cases} \tag{4-19}$$

也可以写成

$$\begin{cases}\dot{A}=\dot{C}+\dot{D}\\ \dot{B}=\dot{C}-\dot{D}\end{cases} \tag{4-20}$$

由上述分析可知，同一动作特性的阻抗继电器既可按绝对值比较方式构成，也可按比较相位方式构成，利用式(4-18) 和式(4-20)就可以方便地由已知的一组比较阻抗求得另一组比较阻抗。应必须注意的是：

1) 它只适用于 $\dot{A}$、$\dot{B}$、$\dot{C}$、$\dot{D}$ 为同一频率的正弦交流电。

2) 只适用于相位比较动作范围为 $-90°\leqslant\theta\leqslant90°$ 和幅值比较方式，且动作条件为 $|\dot{A}|>|\dot{B}|$ 的情况。

3）对短路暂态过程中出现的非周期分量和谐波分量，以上的转换关系显然是不成立的，因此不同比较方式构成的继电器受暂态过程的影响不同。

3. 偏移特性阻抗继电器

由式(4-15)和式(4-17)可知，当加入阻抗继电器测量电压 $\dot{U}_m=0$ 时，比幅原理阻抗继电器处于动作边缘，实际上由于执行元件总是需要动作功率的，阻抗继电器将不起动；而比相原理阻抗继电器只有一个电压无法比较相位，继电器也将不起动。显然，在保护安装出口处发生三相短路故障时，阻抗继电器测量电压 $\dot{U}_m=0$，保护将无法反映保护安装处三相短路故障，即出现"动作死区"。

偏移特性阻抗继电器的特性是正方向的整定阻抗为 Z_{set}，同时反方向偏移一个 αZ_{set}，称 α 为偏移度，其值在 0～1 之间。阻抗继电器的动作特性如图 4-10 所示，圆内为动作区，圆外为制动区。偏移特性阻抗继电器的特性圆向第三象限作了适当偏移，使坐标原点落入圆内，则母线附近的故障也在保护范围之内，因而电压死区不存在了。由图 4-10 可见，圆的直径为 $|Z_{set}+\alpha Z_{set}|$，圆的半径为 $|Z_{set}-Z_0|$。

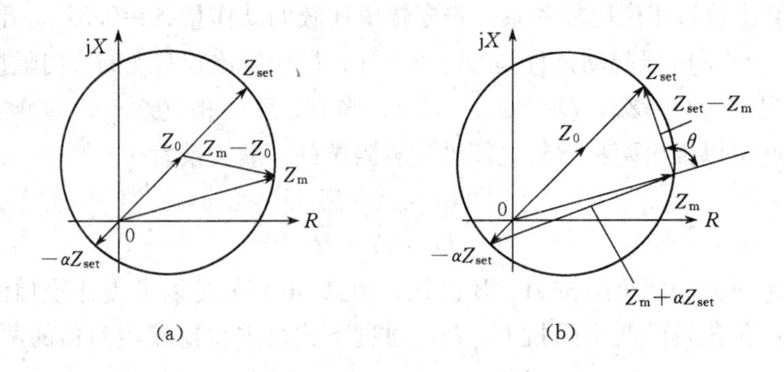

图 4-10 具有偏移特性的阻抗继电器
(a)幅值比较；(b)相位比较

这种继电器的动作特性介于方向阻抗继电器和全阻抗继电器之间，例如当采用 $\alpha=0$ 时，即为方向阻抗继电器，而当 $\alpha=1$ 时，则为全阻抗继电器，其动作阻抗 Z_{op} 既与测量阻抗角 φ_m 有关，但又没有完全的方向性。实用上通常采用 $\alpha=0.1\sim0.2$，以便消除方向阻抗继电器的死区。

(1) 绝对值比较。绝对值比较方式如图 4-10(a)所示，阻抗继电器的起动条件为

$$|Z_m-Z_0|\leqslant|Z_{set}-Z_0| \tag{4-21}$$

将等式两端同乘以电流 $\dot{I}_m$，则比较两个电压幅值的阻抗继电器起动条件为

$$|\dot{U}_m-\dot{I}_mZ_0|\leqslant|\dot{I}_mZ_{set}-\dot{I}_mZ_0| \tag{4-22}$$

或

$$|\dot{K}_{uv}\dot{U}_m-0.5(1-\alpha)\dot{K}_{ur}\dot{I}_m|\leqslant|0.5(1+\alpha)\dot{K}_{ur}\dot{I}_m| \tag{4-23}$$

(2) 相位比较。相位比较方式如图 4-10(b)所示，当 Z_m 位于圆周上时，$(Z_m+\alpha Z_{set})$与$(Z_{set}-Z_m)$之间的相位差为 $\theta=90°$。同样可以证明，$-90°\leqslant\theta\leqslant90°$也是继电器能够起动的条件。

将$(Z_m+\alpha Z_{set})$和$(Z_{set}-Z_m)$都乘以电流 $\dot{I}_m$，即可得到用以比较其相位的两个电压为

$$\dot{C}=\alpha\dot{K}_{ur}\dot{I}_m+\dot{K}_{uv}\dot{U}_m$$

$$\dot{D}=\dot{K}_{ur}\dot{I}_m-\dot{K}_{uv}\dot{U}_m$$

最后，重复总结一下三个阻抗的意义和区别，以便加深理解：

(1) Z_m 是继电器的测量阻抗，由加入阻抗继电器的测量电压 $\dot{U}_m$ 与测量电流 $\dot{I}_m$ 的比值确定，Z_m 的阻抗角就是测量电压 $\dot{U}_m$ 与测量电流 $\dot{I}_m$ 之间的相位差 φ_m。

(2) Z_{set}是阻抗继电器的整定阻抗，一般取保护安装点到保护范围末端的线路阻抗作为整定阻抗。对全阻抗继电器而言，就是圆的半径，对方向阻抗继电器而言，就是在最大灵敏角方向上的直径，而对偏移特性阻抗继电器，则是在最大灵敏角方向上由坐标圆点到圆周上的长度。

(3) Z_{op}是阻抗继电器的动作阻抗，它表示使阻抗继电器起动的最大测量阻抗，除全阻抗继电器以外，Z_{op}是随着 φ_m 的不同而改变，当 $\varphi_m=\varphi_{sen}$时，Z_{op}的数值最大，等于 Z_{set}。

4.2.2 多边形阻抗继电器

多边形阻抗继电器在微机保护中实现容易，且多边形阻抗继电器反映故障点过渡电阻能力强、躲过负荷阻抗能力好，所以多边形特性阻抗继电器在微机保护中应用得相当广泛。若测量阻抗落在多边形阻抗特性内部时，就判为保护区内故障；若阻抗值落在多边形特性阻抗外时，就判为保护区外故障。

1. 四边形阻抗继电器

图 4-11 示出了简单的四边形阻抗元件，它的动作判据可写为

$$\begin{cases}X_{set.2}\leqslant X_m\leqslant X_{set.1}\\R_{set.2}\leqslant R_m\leqslant R_{set.1}\end{cases}\tag{4-24}$$

式中 X_m、R_m——阻抗继电器测量电抗和电阻；

$X_{set.1}$、$X_{set.2}$——电抗分量整定值；

$R_{set.1}$、$R_{set.2}$——电阻分量整定值。

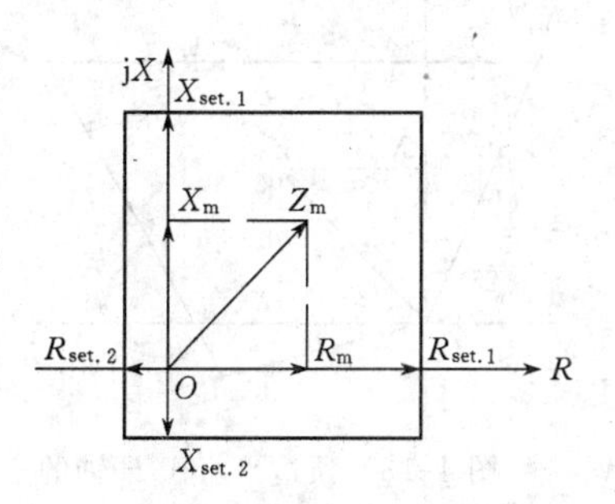

图 4-11 四边形阻抗特性

2. 方向性多边形阻抗继电器

图 4-12 示出了方向性多边形阻抗动作特性，在双侧电源线路上，考虑到经过渡电阻短路时，保护安装处测量阻抗受过渡电阻影响，且始端发生短路故障时的附加测量阻抗比末端发生短路故障时小，所以取 α_1 小于线路阻抗角，如取 60°；为保证正向出口经过渡电阻短路时的阻抗继电器能可靠起动，α_2 应有一定的大小(其取值视是否采取了抑制负荷电流影响措施而定)；为保证被保护线路发生金属性短路故障时工作可靠性，α_3 可取 15°～30°；为防止被保护线路末端经过渡电阻短路故障时可能出现的超越范围起动，α_4 可取 7°～10°。如果采取了抑制负荷电流影响的措施后，顶边也可以平行于 R 轴。对方向性四边形特性阻抗继电器，还应设置方向判别元件，保证正向出口短路故障可靠动作，反向出口短路故障可靠不动作。整定参数仅有 R_{set} 和 X_{set}。当测量得的阻抗为 $Z_m=R_m+jX_m$ 时，则动作判据为

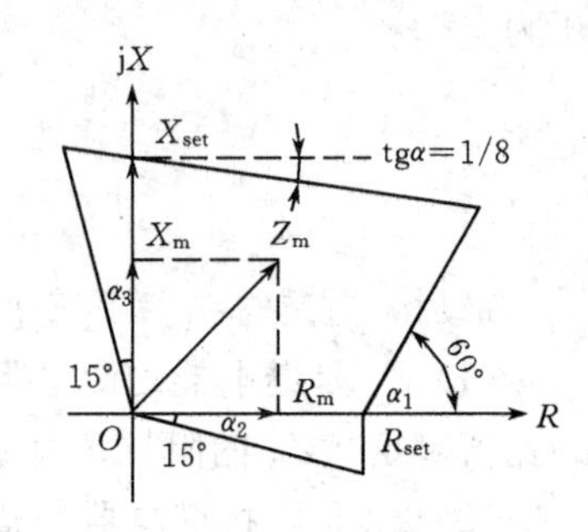

图 4-12 方向性多边形阻抗特性

$$\begin{cases}-X_m\text{tg}15^\circ\leqslant R_m\leqslant R_{set}+X_m\text{tg}60^\circ\\-R_m\text{tg}15^\circ\leqslant X_m\leqslant X_{set}-R_m\text{tg}\alpha\end{cases}\tag{4-25}$$

方向判别的动作方程为

$$-15^\circ\leqslant\arg\frac{\dot{U}_r}{\dot{I}_r}\leqslant 90^\circ+15^\circ\tag{4-26}$$

式中 $\dot{U}_r$、$\dot{I}_r$——加入阻抗继电器的电压、电流，根据阻抗继电器接线方式而定。

图 4-13 为顶边平行于 R 轴方向性四边形阻抗继电器阻抗特性，图中电阻分量特性线方程为

$$\text{tg}\varphi_{set}=\frac{X_{set}-X_m}{R_{set}-R_m}$$

因此

$$R_m=R_{set}-\frac{X_{set}-X_m}{\text{tg}\varphi_{set}}\tag{4-27}$$

其动作判据可表示为

$$\begin{cases}X_m\leqslant X_{set}\\R_m\leqslant R_{set}-\dfrac{X_{set}-X_m}{\text{tg}\varphi_{set}}\end{cases}\tag{4-28}$$

当满足上式且故障在正方向上时，可判定测量阻抗必在图 4-13 所示的四边形阻抗特性内。

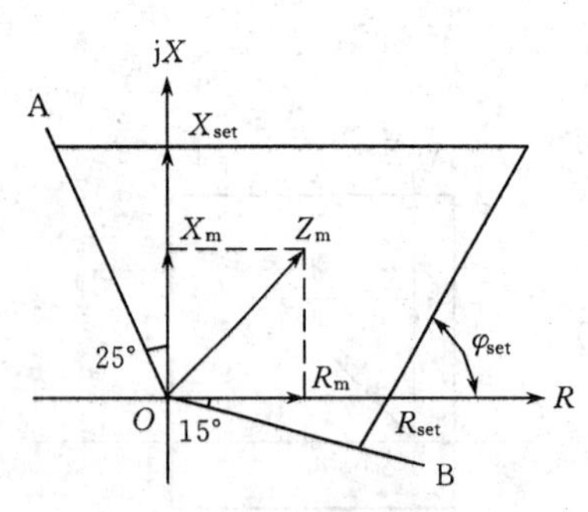

图 4-13 顶边平行于 R 轴的四边形阻抗特性

4.2.3 零序电抗继电器

为克服单相接地时过渡电阻对保护区的影响，应使阻抗继电器动作特性适应附加测量阻抗的变化，使保护区稳定不变，零序电抗继电器是广泛采用的一种继电器。

由图 4-14 可见，其动作方程为

$$180^\circ+\beta \leqslant \arg(Z_{\mathrm{m}}-Z_{\mathrm{set}}) \leqslant 360^\circ+\beta \tag{4-29}$$

式中 β——测量附加阻抗。

其动作特性是过 Z_{set} 端点倾角为 β 的直线 ab，带阴影线一侧是测量阻抗动作区。当继电器处送电侧时，ab 特性下倾；当继电器处受电侧时，ab 特性上翘。

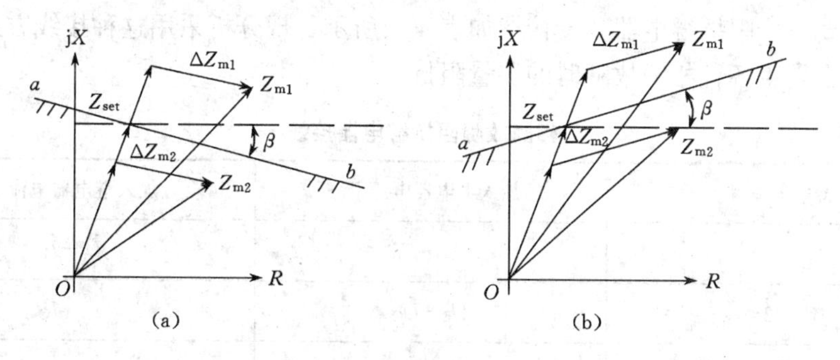

图 4-14 零序电抗继电器特性

(a)送电侧；(b)受电侧

若测量附加阻抗角等于 β，则动作特性与 ΔZ_{m} 处平行状态。此时在保护区内发生单相接地短路故障时，不论附加电阻为何值，附加测量阻抗有多大，继电器的测量阻抗总是在动作特性区内，继电器能可靠动作。当在保护区外发生单相接地短路故障时，继电器测量阻抗总是落在动作特性外，继电器可靠拒动。由此可见，零序电抗继电器的保护区不受过渡电阻的影响，有稳定的保护区。因此，零序电抗继电器在接地距离保护中获得广泛应用。

4.3 阻抗继电器接线方式

4.3.1 对阻抗继电器接线的要求

根据距离保护的工作原理，加入继电器的电压 $\dot{U}_{\mathrm{r}}$ 和电流 $\dot{I}_{\mathrm{r}}$ 应满足以下要求：

(1) 阻抗继电器的测量阻抗应正比于短路点到保护安装地点之间的距离。

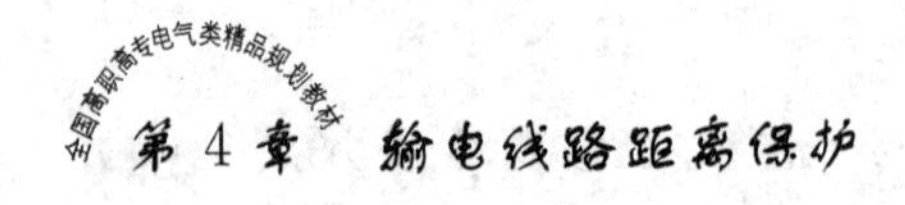

(2) 阻抗继电器的测量阻抗应与故障类型无关，保护范围不随故障类型而变化。

(3) 阻抗继电器的测量阻抗应不受短路故障点过渡电阻的影响。

4.3.2　反映相间故障的阻抗继电器的0°接线方式

类似于在功率方向继电器接线方式中的定义，当功率因数 $\cos\varphi=1$，加在继电器端子上的电压 $\dot{U}_r$ 与电流 $\dot{I}_r$ 的相位差为 0°，称这种接线方式为 0°接线。当然，当加入阻抗继电器的电压为相电压，电流为同相电流，虽然也满足 0°接线的定义，但是当被保护线路发生两相短路故障时，短路点的相电压不等于零，保护安装处测量阻抗将增大，不满足阻抗继电器接线要求。因此，加入阻抗继电器的电压必须采用相间电压，电流采用与电压同名相两相电流差。同时，为了保护能反映各种不同的相间短路故障，需要三个阻抗继电器，其接线如表 4-1 所示。现分析采用这种接线方式的阻抗继电器，在发生各种相间故障时的测量阻抗。

表 4-1　　相间故障阻抗继电器接线

继电器编号	加入继电器电压 $\dot{U}_r$	加入继电器电流 $\dot{I}_r$
KI1	$\dot{U}_A-\dot{U}_B$	$\dot{I}_A-\dot{I}_B$
KI2	$\dot{U}_B-\dot{U}_C$	$\dot{I}_B-\dot{I}_C$
KI3	$\dot{U}_C-\dot{U}_A$	$\dot{I}_C-\dot{I}_A$

1. 三相短路

如图 4-15 所示，由于三相短路是对称短路，三个阻抗继电器 KI1～KI3 的工作情况完全相同，因此，可仅以 KI1 为例分析之。设短路点至保护安装处之间的距离为 L_k，线路单位公里的正序阻抗为 Z_1，则保护安装处母线的电压 $\dot{U}_{AB}$应为

$$\dot{U}_{AB}=\dot{U}_A-\dot{U}_B=\dot{I}_{MA}^{(3)}Z_1L_k-\dot{I}_{MB}^{(3)}Z_1L_k$$

因此，在三相短路时，阻抗继电器 KI1 的测量阻抗为

$$Z_m=\frac{\dot{U}_A-\dot{U}_B}{\dot{I}_A-\dot{I}_B}=Z_1L_k \tag{4-30}$$

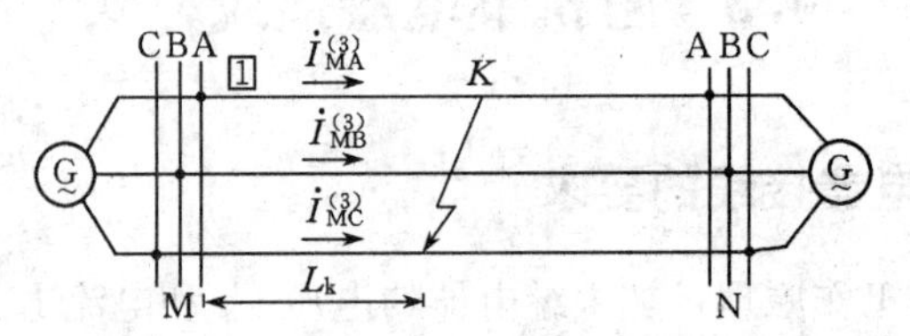

图 4-15　三相短路故障时测量阻抗的分析

显然，当被保护线路发生三相金属性短路故障时，三个阻抗继电器的测量阻抗均等于短路点到保护安装处的阻抗。

2. 两相短路

如图 4-16 所示，以 BC 两相短路为例，则故障相间的电压 $\dot{U}_{BC}$ 为

$$\dot{U}_{BC}=\dot{U}_B-\dot{U}_C=\dot{I}_{MB}^{(2)}Z_1L_k-\dot{I}_{MC}^{(2)}Z_1L_k$$

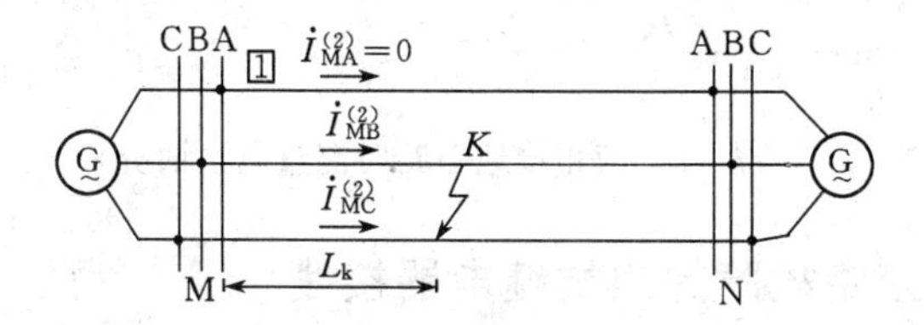

图 4-16 两相短路故障时测量阻抗的分析

因此，故障相阻抗继电器 KI2 的测量阻抗为

$$Z_m=\frac{\dot{U}_B-\dot{U}_C}{\dot{I}_B-\dot{I}_C}=Z_1L_k \tag{4-31}$$

在 BC 两相短路故障的情况下，对继电器 KI1 和 KI3 而言，由于所加电压有一相非故障相的电压，数值较 $\dot{U}_{BC}$ 高，而电流只有一个故障相的电流，数值较小。因此，其测量阻抗必然大于(4-31) 式的数值，也就是说它们不能正确地测量保护安装处到短路点的阻抗。

由此可见，保护区内 BC 两相短路时，只有 KI2 能正确地测量短路阻抗而动作。同理，分析 AB 和 CA 两相短路可知，相应地只有 KI1 和 KI3 能准确地测量到短路点的阻抗而动作。这就是为什么要用三个阻抗继电器并分别接于不同相别的原因。

3. 两相接地短路

如图 4-17 所示，仍以 BC 两相接地短路为例，它与两相短路不同之处是地中有电流回路，因此，$\dot{I}_{MB}^{(1.1)}\neq\dot{I}_{MC}^{(1.1)}$。此时，若把 B 相和 C 相看成两个“导线—地”的送电线路并有互感耦合在一起，设用 Z_L 表示输电线路每公里的自感阻抗，Z_M 表示每公里的互感阻抗，则保护安装地点的故障相电压为

$$\begin{cases}\dot{U}_B=\dot{I}_{MB}^{(1.1)}Z_LL_k+\dot{I}_{MC}^{(1.1)}Z_ML_k\\ \dot{U}_C=\dot{I}_{MC}^{(1.1)}Z_LL_k+\dot{I}_{MB}^{(1.1)}Z_ML_k\end{cases}$$

阻抗继电器 KI2 测量阻抗为

$$Z_m=\frac{\dot{U}_B-\dot{U}_C}{\dot{I}_B-\dot{I}_C}=\frac{(\dot{I}_{MB}^{(1.1)}-\dot{I}_{MC}^{(1.1)})(Z_L-Z_M)L_k}{\dot{I}_{MB}^{(1.1)}-\dot{I}_{MC}^{(1.1)}}=Z_1L_k \tag{4-32}$$

由此可见，当发生 BC 两相接地短路时，KI2 的测量阻抗与三相短路时相同，保护能够正确动作。

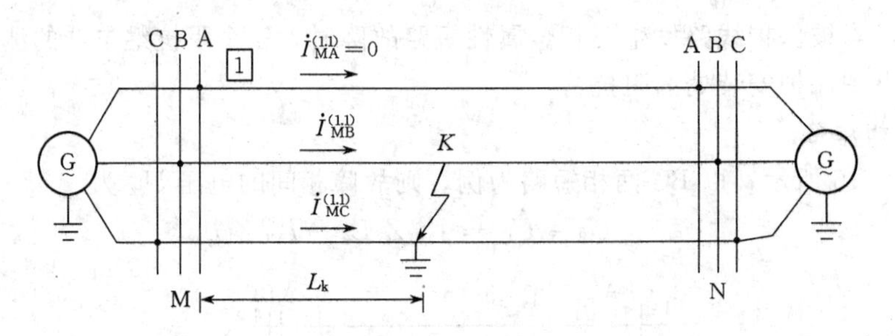

图 4-17 BC两相接地短路时测量阻抗的分析

4.3.3 反映接地短路故障的阻抗继电器接线

在中性点直接接地电网中，当采用零序电流保护不能满足要求时，一般考虑采用接地距离保护。由于接地距离保护的任务是反映接地短路，故需对阻抗继电器接线方式作进一步的讨论。

当发生单相金属性接地短路时，只有故障相的电压降低，电流增大，而任何相间电压仍然很高。因此，从原则上看，阻抗继电器应接入故障相的电压和相电流。下面以A相阻抗继电器为例，若加入A相阻抗继电器电压、电流为

$$\dot{U}_r=\dot{U}_A;\dot{I}_r=\dot{I}_A$$

将故障点电压 $\dot{U}_{KA}$ 和电流 $\dot{I}_{KA}^{(1)}$ 分解为对称分量，则

$$\begin{cases}\dot{U}_{KA}=\dot{U}_{KA1}+\dot{U}_{KA2}+\dot{U}_{KA0}\\ \dot{I}_{KA}^{(1)}=\dot{I}_{KA1}^{(1)}+\dot{I}_{KA2}^{(1)}+\dot{I}_{KA0}^{(1)}\end{cases}$$

按照各序的等效网络，在保护安装处母线上各对称分量的电压与短路点的对称分量电压之间，应具有如下的关系

$$\begin{cases}\dot{U}_{A1}=\dot{U}_{KA1}+\dot{I}_{K1}Z_1L_k\\ \dot{U}_{A2}=\dot{U}_{KA2}+\dot{I}_{K2}Z_1L_k\\ \dot{U}_{A0}=\dot{U}_{KA0}+\dot{I}_{K0}Z_0L_k\end{cases}\tag{4-33}$$

式中 $\dot{I}_{K1}$、$\dot{I}_{K2}$、$\dot{I}_{K0}$——指保护安装处测量到的正、负、零序电流。

因此，保护安装处母线上的A相电压应为

$$\begin{aligned}\dot{U}_A&=\dot{U}_{A1}+\dot{U}_{A2}+\dot{U}_{A0}\\ &=(\dot{U}_{KA1}+\dot{U}_{KA2}+\dot{U}_{KA0})+(\dot{I}_{K1}Z_1+\dot{I}_{K2}Z_1+\dot{I}_{K0}Z_0)L_k\\ &=Z_1L_k\left(\dot{I}_{K1}+\dot{I}_{K2}+\dot{I}_{K0}\frac{Z_0}{Z_1}\right)\\ &=Z_1L_k\left(\dot{I}_A+\dot{I}_{K0}\frac{Z_0-Z_1}{Z_1}\right)\end{aligned}\tag{4-34}$$

当采用 $\dot{U}_r=\dot{U}_A$ 和 $\dot{I}_r=\dot{I}_A$ 的接线方式时，则继电器的测量阻抗为

$$Z_m = Z_1 L_k + \frac{\dot{I}_{K0}}{\dot{I}_A}(Z_0 - Z_1)L_k \tag{4-35}$$

此测量阻抗之值与 $\dot{I}_{K0}/\dot{I}_A$ 之比值有关，而这个比值因受中性点接地数目与分布的影响，并不等于常数，故阻抗继电器就不能准确地测量从短路点到保护安装处的阻抗。

为了使阻抗继电器的测量阻抗在单相接地时不受零序电流的影响，根据以上分析的结果，阻抗继电器应加入相电压和带零序电流补偿的相电流。即

$$\begin{cases}\dot{U}_r = \dot{U}_A \\ \dot{I}_r = \dot{I}_A + 3K\dot{I}_0\end{cases} \tag{4-36}$$

式中 $K=\dfrac{Z_0-Z_1}{3Z_1}$。一般可近似认为零序阻抗角和正序阻抗角相等，K 为实常数。此时，阻抗继电器测量阻抗为

$$Z_m = \frac{(\dot{I}_A + 3K\dot{I}_0)Z_1 L_k}{\dot{I}_A + 3K\dot{I}_0} = Z_1 L_k \tag{4-37}$$

显然，加入阻抗继电器的电压采用相电压，电流采用带零序电流补偿的相电流后，阻抗继电器就能正确地测量从短路点到保护安装处的阻抗，并与相间短路的阻抗继电器所测量的阻抗为同一数值。因此，反映接地距离保护必须采用这种接线。这种接线同样也能够反映两相接地短路和三相短路故障。

为了反映任一相的接地短路故障，接地距离保护也必须采用三个阻抗继电器，每个继电器所加的电压与电流如表 4-2 所示。

表 4-2　反映接地短路故障的阻抗继电器接线

阻抗继电器编号	加入继电器电压 $\dot{U}_r$	加入继电器电流 $\dot{I}_r$
KI1	$\dot{U}_A$	$\dot{I}_A+3K\dot{I}_0$
KI2	$\dot{U}_B$	$\dot{I}_B+3K\dot{I}_0$
KI3	$\dot{U}_C$	$\dot{I}_C+3K\dot{I}_0$

4.3.4 反映突变量阻抗继电器

1. 反映突变量的接地阻抗继电器

突变量阻抗继电器是指反映阻抗继电器工作电压 $\dot{U}_{op}$ 相位突变或幅值突变构成的阻抗继电器。

当突变量阻抗继电器由反映工作电压 $\dot{U}_{op}$ 相位构成时，由图 4-1(b)可见，在保护

区内发生短路故障时，有 $\dot{U}_{op}\leqslant0$；如极化电压取工作电压 $\dot{U}_{op}$ 前一个周期的值，记为 $\dot{U}_{op[0]}$，则反映工作电压 $\dot{U}_{op}$ 相位突变的阻抗继电器动作方程可写为

$$90^\circ\leqslant\arg\frac{\dot{U}_{op}}{\dot{U}_{op[0]}}\leqslant270^\circ$$

因为阻抗继电器测量的是工作电压 $\dot{U}_{op}$ 前、后周期的相位变化，在稳定状态下阻抗继电器不可能动作，只有在发生短路故障后的第一个周期才有可能动作，所以称为突变量阻抗继电器。反映接地短路故障时，动作方程为

$$90^\circ\leqslant\arg\frac{\dot{U}_{\varphi}-(\dot{I}_{\varphi}+3K\dot{I}_0)Z_{set}}{\dot{U}_{op.\varphi[0]}}\leqslant270^\circ \tag{4-38}$$

式中　φ——表示 A、B、C 相；

$\dot{U}_{op.\varphi[0]}$——保护区末端正常运行时的相电压。

2. 工频变化量阻抗继电器

当突变量阻抗继电器由反映工作电压 $\dot{U}_{op}$ 的幅值构成时，通常称作工频变化量阻抗继电器。

电力系统发生短路故障时，可分解为正常运行网络和故障分量网络。在正常网络中，在发电机电动势作用下，建立正常运行时的电压和电流(负荷电流)；在故障分量网络中，仅在故障点有故障电动势作用，在网络中建立故障分量电压、电流。

(1) 构成原理。首先分析不同位置发生短路故障时阻抗继电器工作电压变化量的幅值 $|\Delta\dot{U}_{op.\varphi}|$。设在图 4-18 中保护正方向 K 点发生了 A 相接地，作出故障分量网络如图 4-19 所示。如果 $\frac{Z_{M0}-Z_{M1}}{3Z_{M0}}=K$，则在过渡电阻 $R_F=0$ 时流过保护安装处的测量电流工频变化量可表示为

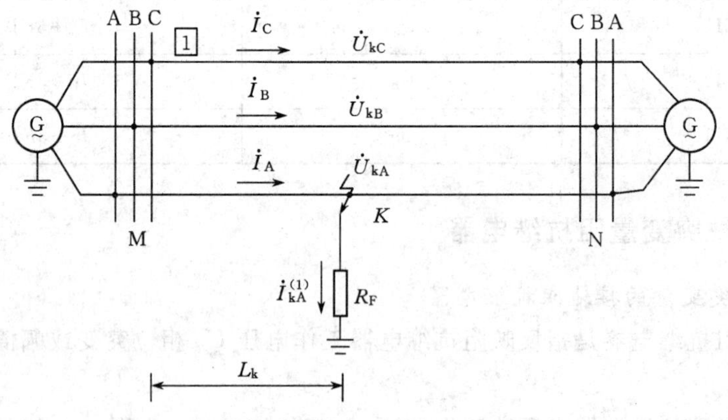

图 4-18　单相接地短路故障求母线电压网络图

$$\Delta(\dot{I}_A + 3K\dot{I}_0) = \frac{\dot{U}_{kA.eq}}{Z_{M1} + Z_m} \tag{4-39}$$

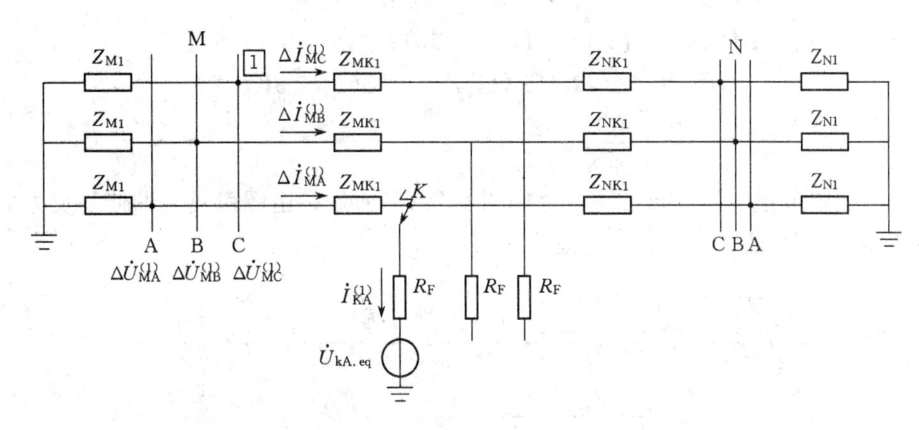

图 4-19 K 点 A 相经过渡电阻接地的故障分量网络

其中 $Z_m = Z_{MK1}$。由图 4-19 可写出保护安装处 A 相电压的工频变化量为

$$\Delta\dot{U}_A = -\Delta(\dot{I}_A + 3K\dot{I}_0)Z_{M1} \tag{4-40}$$

计及式(4-39)、式(4-40)后，阻抗继电器工作电压变化量为

$$\begin{aligned}\Delta\dot{U}_{op.A} &= \Delta[\dot{U}_A - (\dot{I}_A + 3K\dot{I}_0)Z_{set}] \\ &= -\Delta(\dot{I}_A + 3K\dot{I}_0)Z_{M1} - \Delta(\dot{I}_A + 3K\dot{I}_0)Z_{set} \\ &= -\frac{Z_{M1} + Z_{set}}{Z_{M1} + Z_m}\dot{U}_{kA.eq}\end{aligned} \tag{4-41}$$

可见，正向区外 A 相接地短路故障时，$Z_m > Z_{set}$，所以 $\Delta U_{op.A} < U_{kA.eq}$；保护区末端 A 相接地短路故障时，$Z_m = Z_{set}$，所以 $\Delta U_{op.A} = U_{kA.eq}$；正向区内 A 相接地短路故障时，$Z_m < Z_{set}$，所以 $\Delta U_{op.A} > U_{kA.eq}$。由图 4-19 可知，在故障点 $\dot{U}_{kA.eq}$ 作用下，建立了故障分量电压的分布，由故障点向接地中性点逐渐降落，到接地中性点时降为零，故障分量的电压分布如图 4-20 所示。由式(4-40)可知，$\dot{U}_{kA.eq}$ 也可理解为 $\Delta(\dot{I}_A + 3K\dot{I}_0)$ 在阻抗 $Z_{M1} + Z_m$ 上的压降；而由式(4-41)，$\Delta U_{op.A}$ 等于 $\Delta(\dot{I}_A + 3K\dot{I}_0)$ 在阻抗 $Z_{M1} + Z_{set}$ 上的压降。作出 K_1、K_2、K_3 点 A 相分别接地短路故障时的 $\dot{U}_{kA.eq}$ 如图 4-20(b) ～ 图 4-20(d) 所示。

当在反方向上 K_4 点 A 相发生了接地短路，流过保护安装处的电流由被保护线路流向母线，则 M 母线上 A 相电压的工频变化量为

$$\Delta\dot{U}_A = -\Delta(\dot{I}_A + 3K\dot{I}_0)Z'_{N1} \tag{4-42}$$

而

$$\Delta(\dot{I}_A + 3K\dot{I}_0) = \frac{\dot{U}_{kA.eq}}{Z'_{N1} + Z_m} \tag{4-43}$$

式中 Z_m——是 K_4 点到母线 M 的阻抗。

由于实际电流 $\dot{I}_A + 3K\dot{I}_0$ 的方向与工作电压 $\dot{U}_{op.A}$ 规定中的 $\dot{I}_A + 3K\dot{I}_0$ 方向相反，于是计及式(4-41) 和式(4-42) 后继电器工作电压变化量为

$$\begin{aligned}\Delta\dot{U}_{op.A} &= \Delta[\dot{U}_A + (\dot{I}_A + 3K\dot{I}_0)Z_{set}] \\ &= -\Delta(\dot{I}_A + 3K\dot{I}_0)Z'_{N1} + \Delta(\dot{I}_A + 3K\dot{I}_0)Z_{set} \\ &= -\frac{Z'_{N1} - Z_{set}}{Z'_{N1} + Z_m}\dot{U}_{kA.eq}\end{aligned} \tag{4-44}$$

作出故障分量电压分布 $\Delta\dot{U}_{op.A}$，如图 4-20(e)所示。由图可见，即使是反方向出口单相接地短路($Z_m = 0$)，$\Delta U_{op.A}$总小于 $U_{kA.eq}$。

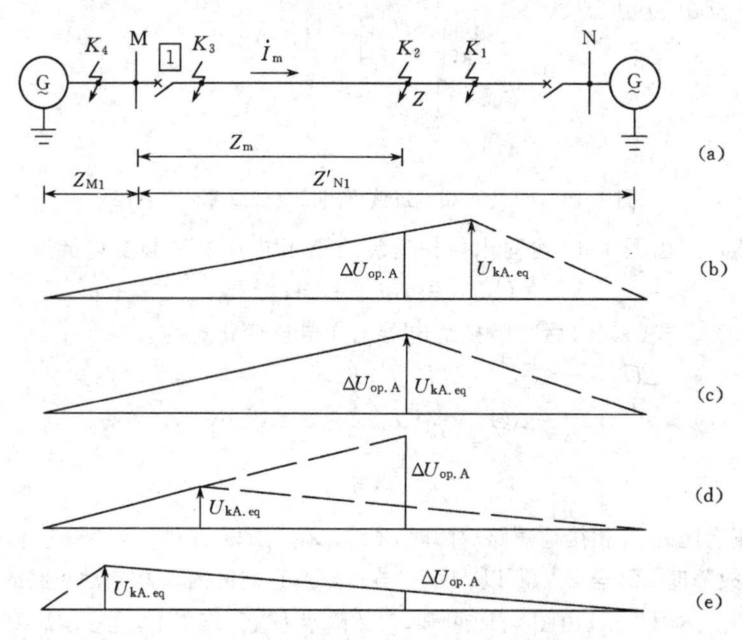

图 4-20 不同地点 A 相接地短路故障分量电压及其 $\Delta\dot{U}_{op.A}$ 大小

(a)系统图；(b)、(c)、(d)正向单相接地短路；(e)反向单相接地短路

因故障点电压 $\dot{U}_{kA.eq}$ 在保护安装处是无法测量的，虽然短路点的位置不是固定不变的，但 $\dot{U}_{kA.eq}$ 的值与整定阻抗末端正常运行时的 A 相电压 $\dot{U}_{op.A}$ 十分相近，所以若将 $\dot{U}_{op.\varphi}$ 之值记为 U_{set}，则继电器的动作方程为

$$|\Delta\dot{U}_{op.\varphi}| \geqslant U_{set} \tag{4-45}$$

由式(4-45) 及图 4-20 可见，该继电器不仅能判别接地短路故障的方向，而且接地靠近保护安装处时，因 $\Delta\dot{U}_{op.\varphi}$ 越大，所以继电器越灵敏。U_{set} 实际上是继电器工作电压 $\dot{U}_{op.\varphi}$ 的记忆值，一般取 1.15 倍额定相电压。

(2) 动作特性。其中：

1) 正向单相接地时的动作特性。将式(4-41) 代入式(4-45)，整理后得

$$Z_m \leqslant -Z_{M1} + (Z_{M1} + Z_{set})e^{j\theta} \tag{4-46}$$

式中的 θ 取 0～360°。

动作特性是以 $-Z_{M1}$ 端点为圆心、$Z_{M1}+Z_{set}$ 为半径的一个圆，圆内为动作区，如图 4-21(a)所示。动作特性包含坐标原点，说明正向出口接地短路故障时继电器可靠动作。同时因动作圆较大，区内接地短路故障时允许有较大过渡电阻。由于，继电器不反映负荷电流，因此，过渡电阻 R_F 存在引起的附加测量阻抗呈电阻性。

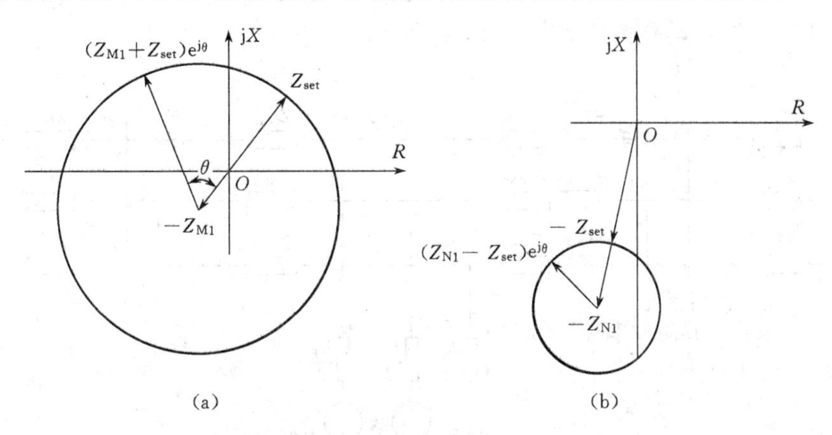

图 4-21 工频变化量接地方向阻抗继电器的动作特性

(a)正向单相接地；(b)反向单相接地

2) 反向单相接地短路故障时的动作特性。将式(4-44) 代入式(4-46)，得

$$Z_m \leqslant -Z'_{N1} + (Z'_{N1} - Z_{set})e^{j\theta} \tag{4-47}$$

作出动作特性如图 4-21(b)所示，是以 $-Z'_{N1}$ 端点为圆心，$Z'_{N1}-Z_{set}$ 为半径的一个圆，圆内为动作区。因动作特性不包含坐标原点和第Ⅰ象限，所以反向单相接地短路故障时继电器不会误动作。

3. 工频变化量相间方向阻抗继电器

与工频变化量接地方向阻抗继电器相似，工频变化量相间方向阻抗继电器的动作方程为

$$|\Delta\dot{U}_{op.\varphi\varphi}| \geqslant U_{set} \tag{4-48}$$

式中 $\dot{U}_{op.\varphi\varphi}$——相间阻抗继电器工作电压；

U_{set}——保护区末端故障前的相间电压，即 $U_{op.\varphi\varphi[0]}$。

设在图 4-20 中保护正方向上 K 点发生 BC 两相短路故障，故障分量网络如图 4-22所示。当 $R_F=0$ 时，列出故障相回路方程为($Z_{Mk1}=Z_m$)

$$-\dot{U}_{kB[0]} + \dot{U}_{kC[0]} = -\Delta\dot{I}_{MB}(Z_{M1}+Z_m) + \Delta\dot{I}_{MC}(Z_{M1}+Z_m)$$

即 $$\dot{U}_{kBC[0]}=(\Delta\dot{I}_{MB}-\Delta\dot{I}_{MC})(Z_{M1}+Z_{m}) \tag{4-49}$$

而 $$\Delta\dot{U}_{MBC}=(-\Delta\dot{I}_{MB}+\Delta\dot{I}_{MC})Z_{M1}=-\Delta\dot{I}_{MBC}Z_{M1} \tag{4-50}$$

其中 $\Delta\dot{I}_{MB}^{(2)}=\Delta\dot{I}_{MB}$，$\Delta\dot{I}_{MC}^{(2)}=\Delta\dot{I}_{MC}$。

将式(4-49) 和式(4-50)代入式(4-48) 动作方程，得

$$|-\Delta\dot{I}_{MBC}Z_{M1}-\Delta\dot{I}_{MBC}Z_{set}|\geqslant|\Delta\dot{I}_{MBC}(Z_{M1}+Z_{m})| \tag{4-51}$$

化简可得

$$Z_{m}\leqslant-Z_{M1}+(Z_{M1}+Z_{set})e^{j\theta} \tag{4-52}$$

与式(4-46) 相同，动作特性如图 4-21(a)所示。

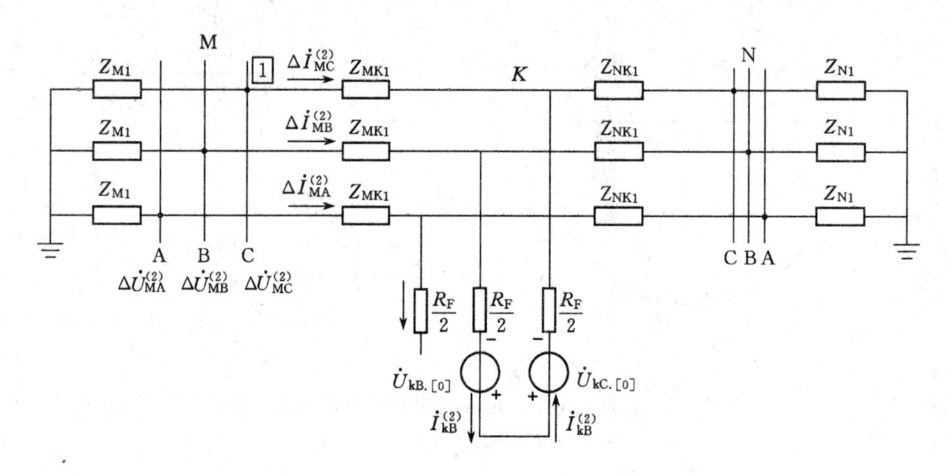

图 4-22 保护正方向 BC 两相短路故障时的故障分量网络

反方向上两相短路故障时，动作方程为

$$Z_{m}\leqslant-Z'_{N1}+(Z'_{N1}+Z_{set})e^{j\theta} \tag{4-53}$$

与式(4-47) 相同，动作特性如图 4-21(b)所示。

由此可见，工频变化量相间方向阻抗继电器与工频变化量接地阻抗继电器有相同的动作特性，因而工作特点也相同。

4.4 选 相 原 理

微机是串行工作的，如果采用一个 CPU 反映各种故障和故障相别，则有十种故障类型和相别需要判断，即要作十次故障判别计算，耗时很长。为了充分发挥 CPU 的功能，减少设备费用和硬件的复杂性，一般希望尽量用一个 CPU 反映各种故障。这就要求在故障处理之前，预先进行故障类型和相别的判断。在识别出故障相别后，

将相应的电压、电流量取出，送至故障判别处理程序，这样可以节约大量的计算时间，但是对预先进行故障类型和相别判断准确性的要求就要提高。如果选相错误，则不可避免地使后面的计算完全出错，后果是很严重的。

为了实现单相重合闸和综合重合闸的需要，当线路上发生短路故障时，必须正确地选择出故障相。同时，选相元件只承担选相任务，不承担测量故障点距离和故障方向的任务，因此对选相元件的要求为：

(1) 在保护区内发生任何形式的短路故障时，能判别故障相别，或判别出是单相故障还是多相故障。

(2) 单相接地故障时，非故障相选相元件可靠不动作。

(3) 在正常运行时，选相元件应该不动作。

(4) 动作速度要快。

在微机保护中，要完成选相任务，不需要增加任何硬件。有些微机距离保护，线路故障发生后首先判别故障相别，而后再计算故障点的距离和方向。

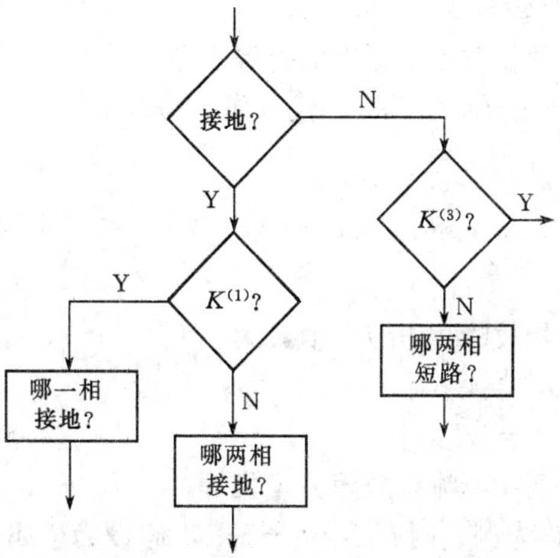

相电流、相电压可以用来选相，虽然实现简单，但相电流选相元件仅适用于电源侧，且灵敏度较低，容易受负荷电流的影响和系统运行方式的影响。相电压选相仅适用于短路容量小的线路一侧以及单电源线路的受电侧，应用场合受到限制。

接地？ N Y K(3)？ Y N 哪两相短路？ Y K(1)？ N 哪一相接地？ 哪两相接地？

图 4-23　故障选相流程

故障选相判断的主要流程见图 4-23，其步骤是：

(1) 判断是接地短路还是相间短路。

(2) 如果是接地短路，先判断是否单相接地。

(3) 如果不是单相接地，则判断哪两相接地。

(4) 如果不是接地短路，则先判断是否三相短路。

(5) 如果不是三相短路，则判断是哪两相短路。

4.4.1　相电流差工频变化量选相

相电流差工频变化量选相元件是在系统发生故障时利用两相电流差的变化量的幅值特征来区分各种类型故障。

若将接入选相元件的两电流差的变化量分别以$(\dot{I}_A-\dot{I}_B)_F$、$(\dot{I}_B-\dot{I}_C)_F$、$(\dot{I}_C-\dot{I}_A)_F$表示。利用对称分量法可得

$$\begin{cases}\dot{I}_{ABF}=(\dot{I}_A-\dot{I}_B)_F=(1-a^2)C_1\dot{I}_{1F}+(1-a)C_2\dot{I}_{2F}\\ \dot{I}_{BCF}=(\dot{I}_B-\dot{I}_C)_F=(a^2-a)C_1\dot{I}_{1F}+(a-a^2)C_2\dot{I}_{2F}\\ \dot{I}_{CAF}=(\dot{I}_C-\dot{I}_A)_F=(a-1)C_1\dot{I}_{1F}+(a^2-1)C_2\dot{I}_{2F}\end{cases}\tag{4-54}$$

式中　$\dot{I}_{1F}$、$\dot{I}_{2F}$——故障点的正、负序故障分量电流；

C_1、C_2——保护端的正、负序电流分布系数。

为分析方便，可假设$C_1=C_2$。

(1) 单相接地短路故障。以 A 相接地短路故障为例，则有$\dot{I}_{1F}=\dot{I}_{2F}$，代入式(4-54)可得

$$\begin{cases}|\dot{I}_{ABF}|=3|C_1\dot{I}_{1F}|\\ |\dot{I}_{BCF}|=0\\ |\dot{I}_{CAF}|=3|C_1\dot{I}_{1F}|\end{cases}\tag{4-55}$$

由此可见，单相接地短路故障的幅值是两相非故障相电流差等于零。

(2) 两相短路。以 BC 两相短路为例，则有$\dot{I}_{1F}=-\dot{I}_{2F}$，代入式(4-54)得

$$\begin{cases}|\dot{I}_{ABF}|=\sqrt{3}|C_1\dot{I}_{1F}|\\ |\dot{I}_{BCF}|=2\sqrt{3}|C_1\dot{I}_{1F}|\\ |\dot{I}_{CAF}|=\sqrt{3}|C_1\dot{I}_{1F}|\end{cases}\tag{4-56}$$

由上式可知，两相短路的幅值特征是两相故障相电流差值最大。

(3) 三相短路。三相短路有$\dot{I}_{2F}=0$，代入式(4-54)得

$$|\dot{I}_{ABF}|=|\dot{I}_{BCF}|=|\dot{I}_{CAF}|\tag{4-57}$$

由此可见，三相短路的幅值特征是三个两相电流差故障分量相等。

(4) 两相接地短路。以 BC 两相接地短路为例，则有$\dot{I}_{2F}=-k\dot{I}_{1F}$，假设为金属性接地短路故障，则$k$为一实数，$0<k<1$，代入式(4-54)有

$$\begin{cases}|\dot{I}_{BCF}|=\sqrt{3}|C_1(1+k)\dot{I}_{1F}|\\ |\dot{I}_{ABF}|=\sqrt{3}|C_1(1-k+a)\dot{I}_{1F}|\\ |\dot{I}_{CAF}|=\sqrt{3}|C_1(1-k-ak)\dot{I}_{1F}|\end{cases}\tag{4-58}$$

由此可见，一般情况下，两相接地短路的幅值特征与两相短路相同，即两故障相电流差最大。为了进一步区分是两相接地短路，通常采用以下附加措施，以判别是否接地故障。

判别接地故障的最简单的方法是检查是否有零序电流或零序电压存在。由于三相不平衡或其他原因，在正常情况下就有零序电流或电压存在，为了可靠地检出接地故

障也可采用零序变化量的方法。考虑到相间短路时由于电流互感器暂态过程的影响也可能短时出现零序电流，因此也可用零序电压。当零序电压取自电压互感器开口三角侧时，可防止电压回路断线的影响。

4.4.2 余弦电压 $U\cos\varphi$ 选相

1. 余弦电压 $U\cos\varphi$ 特性

当在图 4-24 中 K 点发生相间短路故障时，对于回路方程有

$$\dot{U}_{\varphi\varphi}=\dot{U}_{\text{arc}}+\dot{I}_{\varphi\varphi}Z_{\text{L.1}} \tag{4-59}$$

$$\dot{E}_{\varphi\varphi}=\dot{U}_{\text{arc}}+\dot{I}_{\varphi\varphi}(Z_{\text{L.1}}+Z_{\text{M1}}) \tag{4-60}$$

式中 $\dot{U}_{\text{arc}}$——电弧压降，当弧电流超过 100A 时，$\dot{U}_{\text{arc}}$一般小于额定相间电压的 6%，可取 5%；

$\dot{E}_{\varphi\varphi}$、$\dot{U}_{\varphi\varphi}$、$\dot{I}_{\varphi\varphi}$——故障回路的电动势、母线相间电压、故障回路两相电流差；

$\varphi\varphi$——相间故障回路的相别，$\varphi\varphi$=AB、BC 或 CA；

$Z_{\text{L.1}}$——故障点 K 到保护安装处的线路正序阻抗。

图 4-25 示出了图 4-24 故障回路电动势、母线相间电压及故障回路电流的相量关系图，由图可得

$$U_{\text{arc}}>U_{\varphi\varphi}\cos(\varphi+90^\circ-\varphi_{\text{L.1}}) \tag{4-61}$$

$$\varphi=\arg\frac{\dot{U}_{\varphi\varphi}}{\dot{I}_{\varphi\varphi}} \tag{4-62}$$

式中 φ——$\dot{I}_{\varphi\varphi}$滞后 $\dot{U}_{\varphi\varphi}$的相角；

$\varphi_{\text{L.1}}$——线路阻抗角。

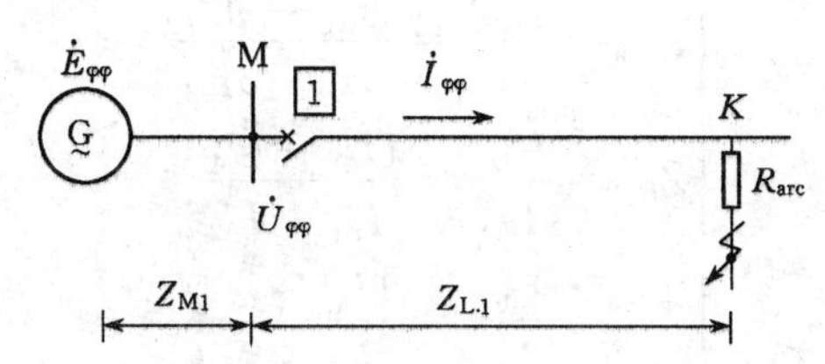

图 4-24 K 点相间短路故障时的系统图

如果略去线路阻抗 $Z_{\text{L.1}}$的电阻分量，即 $\varphi_{\text{L.1}}=90^\circ$，则式(4-61) 简化为

$$U_{\text{arc}}=U\cos\varphi \tag{4-63}$$

若取 $U_{\text{arc}}=0.05E_{\varphi\varphi}$，由式(4-60)可知 $E_{\varphi\varphi}\approx I_{\varphi\varphi}(Z_{\text{M1}}+Z_{\text{L.1}})$，所以有

$$R_{\text{arc}}=\frac{\dot{U}_{\text{arc}}}{\dot{I}_{\varphi\varphi}}=\frac{0.05E_{\varphi\varphi}}{I_{\varphi\varphi}}\approx0.05(Z_{\text{M1}}+Z_{\text{L.1}}) \tag{4-64}$$

式中　Z_{M1}——电源等值正序阻抗值；

$Z_{L.1}$——故障点 K 到保护安装处的线路正序阻抗值。

由于 $Z_m=\dfrac{\dot{U}_{\varphi\varphi}}{\dot{I}_{\varphi\varphi}}$，则式(4-59) 可写成

$$Z_m=\frac{\dot{U}_{\varphi\varphi}}{\dot{I}_{\varphi\varphi}}=R_{arc}+Z_{L.1}=Z_{L.1}+0.05(Z_{M1}+Z_{L.1}) \tag{4-65}$$

图 4-26 示出了 Z_m 的特性，也称 $U\cos\varphi$ 特性，其中$\overrightarrow{BM}=Z_{M1}$、$\overrightarrow{MK}=Z_{L.1}$、$\overline{KK'}=0.05\,\overline{BK}$。$\overline{KK'}=R_{arc}$呈非线性状态，且$\overline{KK'}\dot{I}_{\varphi\varphi}=U_{\varphi\varphi}\cos\varphi$。

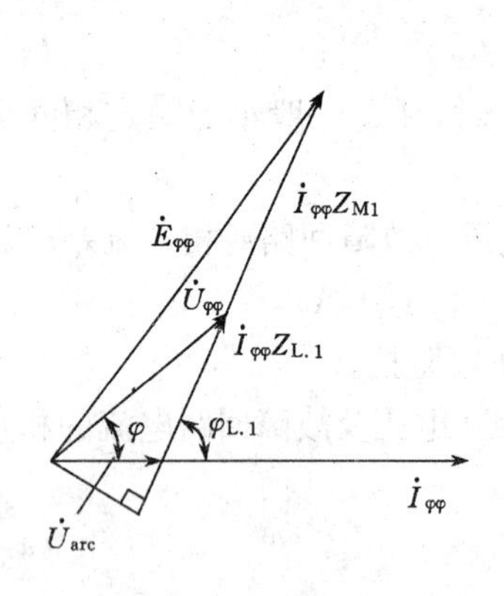

图 4-25　相量关系图

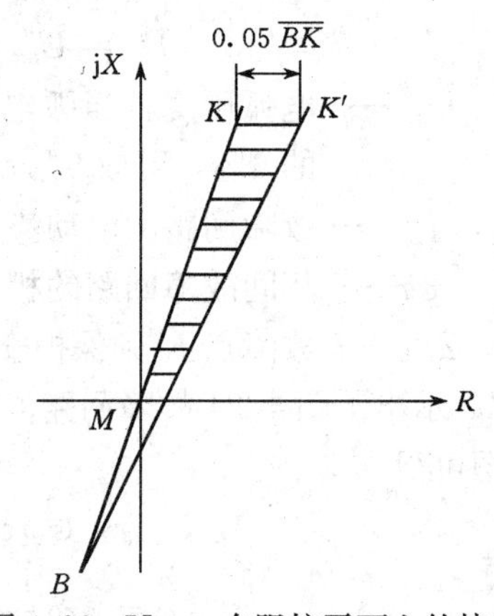

图 4-26　$U\cos\varphi$ 在阻抗平面上的特性

2. 相间阻抗继电器的测量阻抗

三个相间阻抗继电器的测量阻抗用序电压和序电流表示时为

$$\begin{cases} Z_{AB}=\dfrac{\dot{U}_{AB}}{\dot{I}_{AB}}=\dfrac{\dot{U}_{A1}-a\dot{U}_{A2}}{\dot{I}_{A1}-a\dot{I}_{A2}} \\ Z_{BC}=\dfrac{\dot{U}_{BC}}{\dot{I}_{BC}}=\dfrac{\dot{U}_{A1}-\dot{U}_{A2}}{\dot{I}_{A1}-\dot{I}_{A2}} \\ Z_{CA}=\dfrac{\dot{U}_{CA}}{\dot{I}_{CA}}=\dfrac{\dot{U}_{A1}-a^2\dot{U}_{A2}}{\dot{I}_{A1}-a^2\dot{I}_{A2}} \end{cases} \tag{4-66}$$

当在图 4-24 中 K 点 BC 相经 R_{arc} 接地短路故障时，在不计负荷电流的情况下，母线序电压和故障点序电压间有如下关系式

$$\begin{cases} \dot{U}_{A1}=\dot{U}_{kA1}^{(1.1)}+\dot{I}_{A1}Z_{L.1} \\ \dot{U}_{A2}=\dot{U}_{kA2}^{(1.1)}+\dot{I}_{A2}Z_{L.1} \end{cases} \tag{4-67}$$

式中　$\dot{U}_{A1}$、$\dot{U}_{A2}$—— 母线正序、负序电压；

$\dot{U}_{kA1}^{(1.1)}$、$\dot{U}_{kA2}^{(1.1)}$—— 故障点正序、负序电压。

根据图 4-27 的复合序网得

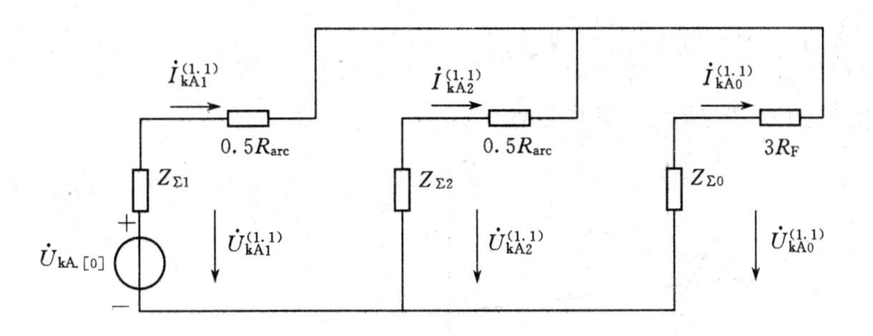

图 4-27 K 点 BC 两相经过渡电阻接地短路时的复合序网

$$\dot{U}_{kA1}^{(1.1)} - \dot{U}_{kA2}^{(1.1)} = (\dot{I}_{A1} - \dot{I}_{A2})\frac{R_{arc}}{2}$$

$$\dot{I}_{A1} = -\dot{I}_{A2}\dot{\rho} \tag{4-68}$$

其中 $\dot{\rho}$ 为电流系数，表示式为

$$\dot{\rho} = \frac{Z_{\Sigma 2} + Z_{\Sigma 0} + 3R_F + 0.5R_{arc}}{Z_{\Sigma 0} + 3R_F} \approx 1 + \frac{Z_{\Sigma 2}}{Z_{\Sigma 0} + 3R_F} \tag{4-69}$$

其中 $\dot{\rho}$ 的幅角 $\varphi_\rho = 0° \sim \mathrm{tg}^{-1}\dfrac{X_{\Sigma 2}}{2X_{\Sigma 0} + X_{\Sigma 2}}$ 间变化，如果取 $X_{\Sigma 0} = 1.5X_{\Sigma 2}$，则 φ_ρ 的最大角度为 14°；$\dot{\rho}$ 的幅值在 $1 \sim 1 + \dfrac{X_{\Sigma 2}}{X_{\Sigma 0}}$ 间变化。将式(4-68)和式(4-69)代入式(4-66)，计及 $\dot{U}_{kA2}^{(1.1)} = -\dot{I}_{A2}Z_{\Sigma 2}$ 可得到

$$Z_{AB} = Z_{L.1} + \sqrt{3}\frac{Z_{\Sigma 2}}{\dot{\rho} + a}e^{-j30°} + \frac{\dot{\rho} + 1}{\dot{\rho} + a}\frac{R_{arc}}{2}$$

$$= Z_{L.1} + \frac{\sqrt{3}}{\lambda_1}Z_{\Sigma 2}e^{-j(30° + \varphi_1)} + \lambda_2 R_{arc}e^{-j\varphi_2} \tag{4-70a}$$

$$Z_{BC} = Z_{L.1} + 0.5R_{arc} \tag{4-70b}$$

$$Z_{CA} = Z_{L.1} + \sqrt{3}\frac{Z_{\Sigma 2}}{\dot{\rho} + a^2}e^{j30°} + \frac{\dot{\rho} + 1}{\dot{\rho} + a^2}\frac{R_{arc}}{2}$$

$$= Z_{L.1} + \frac{\sqrt{3}}{\lambda_3}Z_{\Sigma 2}e^{j(30° + \varphi_3)} + \lambda_4 R_{arc}e^{j\varphi_4} \tag{4-70c}$$

式中 $\lambda_1 = |\dot{\rho} + a|$，$\varphi_1 = \arg(\dot{\rho} + a)$；$\lambda_2 = 0.5\left|\dfrac{\dot{\rho} + 1}{\dot{\rho} + \mathrm{a}}\right|$，$\varphi_2 = \arg\left(\dfrac{\dot{\rho} + a}{\dot{\rho} + 1}\right)$；$\lambda_3 = |\dot{\rho} + a^2|$，

$\varphi_3=\arg\left(\dfrac{1}{\dot\rho+a^2}\right)$；$\lambda_4=0.5\left|\dfrac{\dot\rho+1}{\dot\rho+a^2}\right|$，$\varphi_4=\arg\left(\dfrac{\dot\rho+1}{\dot\rho+a^2}\right)$。当 $\lambda_1\sim\lambda_4$ 和 $\varphi_1\sim\varphi_4$ 不变时，则测量阻抗如图 4-28 所示，其中$\overrightarrow{BM}=Z_{M1}$。

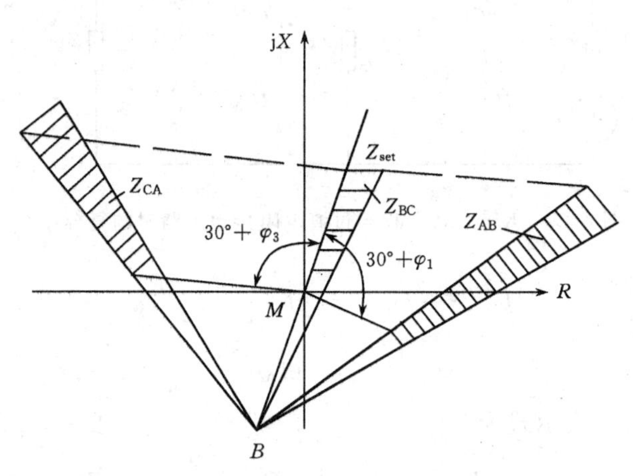

图 4-28　BC 两相接地短路故障时的测量阻抗

3. 选相

由图 4-28 可见，只要 $U_{BC}\cos(\varphi_{BC}+90°-\varphi_{L1})$能覆盖 Z_{BC}的动作区，余弦电压 $U\cos\varphi$ 元件就处于动作状态，并且灵敏度很高。考虑到 R_{arc} 特性，$U\cos\varphi$ 的动作判据为

$$-0.03U_N<U\cos\varphi<0.08U_N \tag{4-71}$$

式中　U_N——额定相间电压。

显然，BC 两相接地短路故障时，BC 相的余弦电压 $U\cos\varphi$ 元件肯定动作，其余两相的 $U\cos\varphi$ 不会动作。

发生接地短路故障时，若 $\theta=\arg(\dot I_0/\dot I_{A2})$满足 A 相为特殊相的条件，则判定为 A 相接地短路故障或 BC 两相接地短路故障。若 $U_{BC}\cos\varphi$ 元件动作，判 BC 相接地短路故障；若 $U_{BC}\cos\varphi$ 不动作，判 A 相接地短路故障，实现了选相要求。B 相接地短路故障和 CA 两相接地短路故障、C 相接地短路故障和 AB 两相接地短路故障，由 $U_{CA}\cos\varphi$ 元件、$U_{AB}\cos\varphi$ 元件类似地实现选相要求。

由式(4-61)可见，测量 φ 角就可实现 $U\cos\varphi$ 元件。

4.4.3　用 Clarke 分量的故障判别

对于微分方程算法，Clarke 分量可以提供另一种方法。以 a 相作为参考相的

Clarke 分量可由下述矩阵与三相量相乘获取。

$$T_c=\frac{1}{3}\begin{bmatrix}1 & 1 & 1\\ 2 & -1 & -1\\ 0 & \sqrt{3} & \sqrt{3}\end{bmatrix} \tag{4-72}$$

可以证明乘积 $T_e^T T_c$ 是一个对角矩阵，但不是一个标准化的对角阵，故这一矩阵不是一个单位阵。Clarke 分量被分别称为 0、α 及 β 分量，例如，对于

a 相接地短路故障，$I_\alpha=2I_0$ 及 $I_\beta=0$。

bc 两相对地短路故障，$I_\alpha=-I_0$。

bc 相间短路故障，$I_\alpha=0$ 及 $I_0=0$。

三相短路故障，$I_0=0$。

如果以 b 和 c 相作为参考相且可以测到中性点电流 I_n，则可以根据 I_n 为零与否的情况将上述条件转化为下述两大类

(1) 如果 $I_n\neq0$(接地短路故障)，则 $\dot{I}_b-\dot{I}_c=0$，a 相对地短路故障；$\dot{I}_a-\dot{I}_c=0$，b 相对地短路故障；$\dot{I}_b-\dot{I}_a=0$，c 相对地短路故障；$2\dot{I}_a-\dot{I}_b-\dot{I}_c+\dot{I}_n=0$，bc 两相对地短路故障；$2\dot{I}_b-\dot{I}_c-\dot{I}_a+\dot{I}_n=0$，ca 两相对地短路故障；$2\dot{I}_c-\dot{I}_a-\dot{I}_b+\dot{I}_n=0$，ab 两相对地短路故障。

(2) 如果 $I_n=0$(相间短路故障)，则 $2\dot{I}_a-\dot{I}_b-\dot{I}_c=0$，bc 两相短路故障；$2\dot{I}_b-\dot{I}_c-\dot{I}_a=0$，ca 两相短路故障；$2\dot{I}_c-\dot{I}_a-\dot{I}_b=0$，ab 两相短路故障。

如果对于相间短路故障，上述等式均不满足，则认为三相短路故障。实际上是通过一个不等于零的较小的门槛值对上述 9 个量进行检查。为计算 R 和 L，必须在微分方程算法中使用正确的电压和电流，为此应该正确区分故障类型。可见，一个明显的问题就是误分类或发展性故障。例如，在假定故障为 a 相对地短路故障的情况下，如果已经处理了一些采样值，而实际上发现短路故障是 ab 两相短路故障，则必须重新设置计数器并重新处理数据。这种情况下造成的直接影响就是延迟了短路故障切除时间。

4.5 距离保护起动元件

4.5.1 起动元件的作用

距离保护装置的起动元件，主要任务是当输电线路发生短路故障时起动保护装置

或进入计算程序，其作用如下：

(1) 闭锁作用。因起动元件动作后才给上保护装置的电源，所以装置在正常运行发生异常情况时是不会误动作的，此时起动元件起到闭锁作用，提高了装置工作的可靠性。

(2) 在某些距离保护中，起动元件与振荡闭锁起动元件为同一个元件，因此起动元件起到了振荡闭锁的作用。

(3) 如果保护装置中第Ⅰ段和第Ⅱ段采用同一阻抗测量元件，则起动元件动作后按要求自动地将阻抗定值由第Ⅰ段切换到第Ⅱ段。当保护装置采用Ⅱ、Ⅲ段切换时，同样按要求能自动地将阻抗定值由第Ⅱ段切换到第Ⅲ段。

(4) 当保护装置只用一个阻抗测量元件来反映不同短路故障形式时，则起动元件应能按故障类型将适当的电压、电流组合加于测量元件上。

4.5.2 对起动元件的要求

(1) 能反映各种类型的短路故障，即使是三相同时性短路故障，起动元件也应能可靠起动。

(2) 在保护范围内短路故障时，即使故障点存在过渡电阻，起动元件也应有足够的灵敏度，动作可靠、快速，在故障切除后尽快返回。

(3) 被保护线路通过最大负荷电流时，起动元件应可靠不动作；电力系统振荡时起动元件不允许动作。

(4) 当电压回路发生异常时，阻抗继电器可能发生误动作，此时起动元件不应动作，为此起动元件应采用电流量，不应采用电压量来构成起动元件。

(5) 为能发挥起动元件的闭锁作用，构成起动元件的数据采集、CPU 等部分最好应完全独立，不应与保护部分共用。

4.5.3 负序、零序电流起动元件

距离保护中的起动元件，有电流元件、阻抗元件、负序和零序电流元件、电流突变量元件等。电流起动元件具有简单可靠和二次电压回路断线失压不误起动的优点。但是，在较高电压等级的网络中，灵敏度难于满足要求，且电力系统振荡时要误起动，因而只适用于 35kV 及以下网络的距离保护中。阻抗起动元件虽然其灵敏度不受系统运行方式变化的影响，且灵敏度较高，但在长距离重负荷线路上有时灵敏度仍不能满足要求，二次电压回路失压、电力系统振荡时会误动。

根据故障电流分析，当电力系统发生不对称短路故障时，总会出现负序电流，考虑到一般三相短路故障是由不对称短路故障发展而成，所以在三相短路故障的初瞬间

也有负序电流出现。因此，负序电流可用于构成距离保护装置的起动元件，基本能满足距离保护装置对起动元件的要求。当发生不对称接地短路故障时，会出现零序电流，为提高起动元件灵敏度，与负序电流共同构成起动元件。

4.5.4 序分量滤过器算法

因为负序和零序分量只有在故障时才产生，它具有不受负荷电流的影响、灵敏度高等优点，因此，在微机保护中被广泛应用。

为了获取负序、零序分量，可以采用负序、零序滤过器来实现。但是，在微机保护中，是通过算法来实现的。下面以直接移相原理的序分量滤过器、增量元件算法作为例子进行分析。

1. 直接移相原理的序分量滤过器

直接移相原理的序分量滤过器是基于对称分量的基本公式(以电压为例)，即

$$\begin{cases}3\dot{U}_1 = \dot{U}_a + a\dot{U}_b + a^2\dot{U}_c \\ 3\dot{U}_2 = \dot{U}_a + a^2\dot{U}_b + a\dot{U}_c \\ 3\dot{U}_0 = \dot{U}_a + \dot{U}_b + \dot{U}_c\end{cases} \tag{4-73}$$

对于序列 $3u_1$、$3u_2$、$3u_0$ 相应的公式为

$$\begin{cases}3u_1(n) = u_a(n) + au_b(n) + a^2u_c(n) \\ 3u_2(n) = u_a(n) + a^2u_b(n) + au_c(n) \\ 3u_0(n) = u_a(n) + u_b(n) + u_c(n)\end{cases} \tag{4-74}$$

只要知道了 a、b、c 三相的采样序列，经过移相±120°后，用式(4-73)运算即可得到正序、负序和零序分量的序列，相当于各序分量的采样值。设每周采样 12 点，即 $N=12$，$\omega T_s=30°$，根据移相时的数据窗不同，可有不同的几种算法。

电压相量 $\dot{U}$ 的相位由 0°～360° 呈周期性变化，这相当于电压相量 $\dot{U}$ 在复平面上周而复始地旋转。设 $t=nT_s$ 时，$\dot{U}$ 的相位为 0°，此时采得 U 的瞬时值为 $u(n)$。当 $t=(n-k)T_s$ 时，$\dot{U}$ 的相位相对于 $t=nT_s$ 时滞后 $k\omega T_s$ 角度，对应此时的采样值为 $u(n-k)$。显然，若取 $\omega T_s=30°$，当 k 分别为 8 和 4 时，电压相量 $\dot{U}$ 已旋转了 240° 和 120°，其所对应的采样值分别为 $u(n-8)$ 和 $u(n-4)$，如图 4-29 所示。

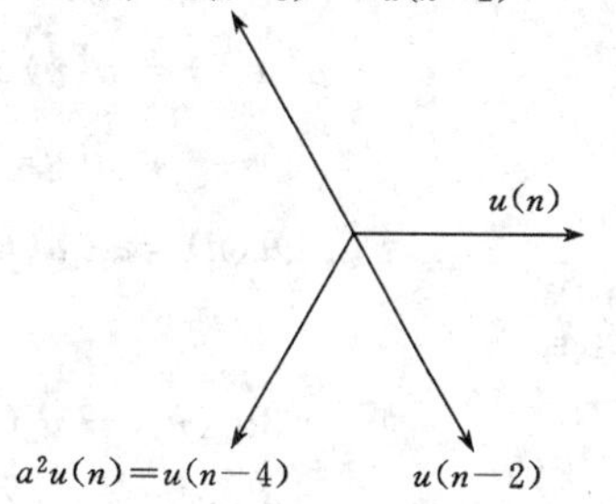

图 4-29 电压相量 $\dot{U}$ 相位变化说明

(1) 数据窗 $k=8$ 时，由图 4-29 可以看出

$$au(n) = u(n-8)$$
$$a^2u(n) = u(n-4)$$

于是有

$$\begin{cases}3u_1(n)=u_a(n)+u_b(n-8)+u_c(n-4)\\3u_2(n)=u_a(n)+u_b(n-4)+u_c(n-8)\\3u_0(n)=u_a(n)+u_b(n)+u_c(n)\end{cases}\tag{4-75}$$

式(4-75)表明，只要知道了 a、b、c 三相的电压在 n、$n-4$、$n-8$ 三点的采样数据就可以算出各序在 n 时刻的值。当数据窗 $k=8$ 时，时窗 $kT_s=13.3\text{ms}$。

(2) 数据窗 $k=4$ 时，由图 4-30 可见，$au(n)$ 可表示为 $-u(n-2)$，$a^2u(n)$ 可表示为 $u(n-4)$，于是有

$$\begin{cases}3u_1(n)=u_a(n)-u_b(n-2)+u_c(n-4)\\3u_2(n)=u_a(n)+u_b(n-4)-u_c(n-2)\end{cases}\tag{4-76}$$

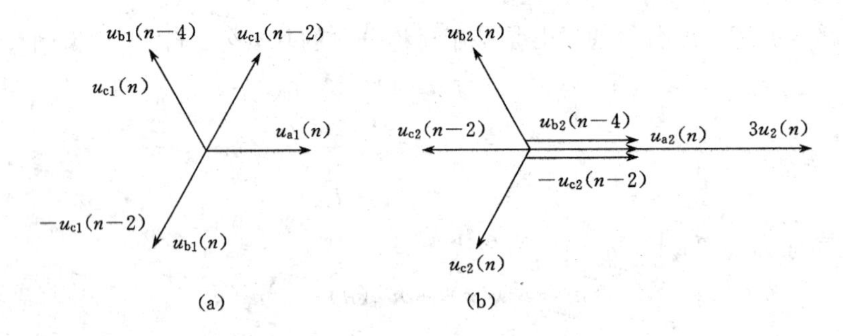

图 4-30　$k=4$ 时负序元件相量分析图

以负序为例来分析其正确性。图 4-30(a)是输入正序分量时的相量关系，因 $u_{a1}(n)$、$u_{b1}(n-4)$ 和 $-u_{c1}(n-2)$ 三者对称，故 $3u_2(n)$ 输出为 0；图 4-30(b) 是输入负序分量时的相量关系，因 $u_{a2}(n)$、$u_{b2}(n-4)$ 和 $-u_{c2}(n-2)$ 三者同相，故其输出值为 $3u_{a2}(n)$。

正序滤过器的分析方法同负序滤过器，而在负序输入时输出为 0。

(3) 数据窗 $k=2$ 时，由图 4-31 可见

$$\begin{aligned}a^2u(n)&=u(n)e^{-j60^\circ}-u(n)\\&=u(n-2)-u(n)\\au(n)&=-u(n-2)\end{aligned}$$

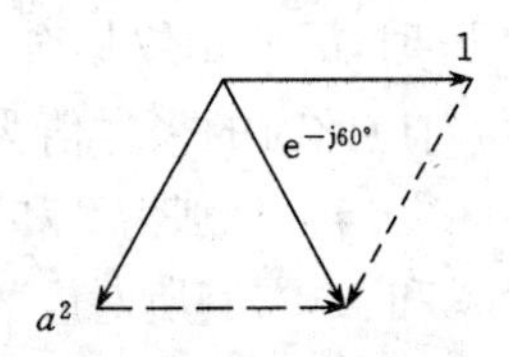

图 4-31　$k=2$ 相量关系

因此有

$$\begin{cases}3u_1(n)=u_a(n)-u_b(n-2)+u_c(n-2)-u_c(n)\\3u_2(n)=u_a(n)+u_b(n-2)-u_b(n)-u_c(n-2)\end{cases}\tag{4-77}$$

(4) 数据窗 $k=1$ 时，因 $a^2=\sqrt{3}e^{-j30°}-2$；$a=1-\sqrt{3}e^{-j30°}$

所以

$$\begin{cases}3u_1(n)=u_a(n)+u_b(n)-\sqrt{3}u_b(n-1)+\sqrt{3}u_c(n-1)-2u_c(n)\\3u_2(n)=u_a(n)+\sqrt{3}u_b(n-1)-2u_b(n)+u_c(n)-\sqrt{3}u_c(n-1)\end{cases}\tag{4-78}$$

其相量关系如图 4-32 所示。

由上面分析可知，为了缩短时窗的途径是尽量减少计算所需的采样周期数，即设法减小 e 的指数，为此可利用图 4-33 的关系就可以达到目的。

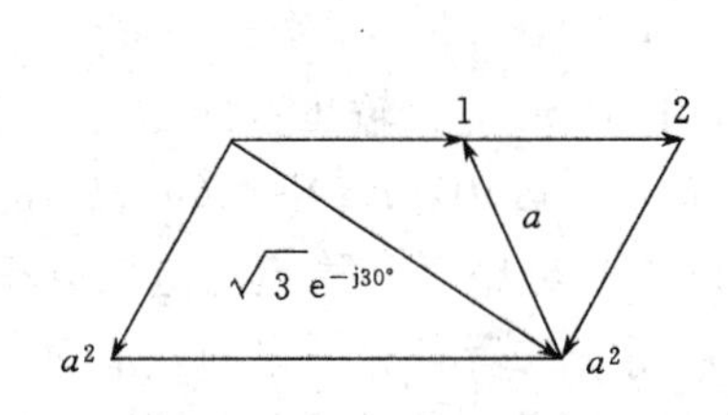

图 4-32 $k=1$ 相量关系

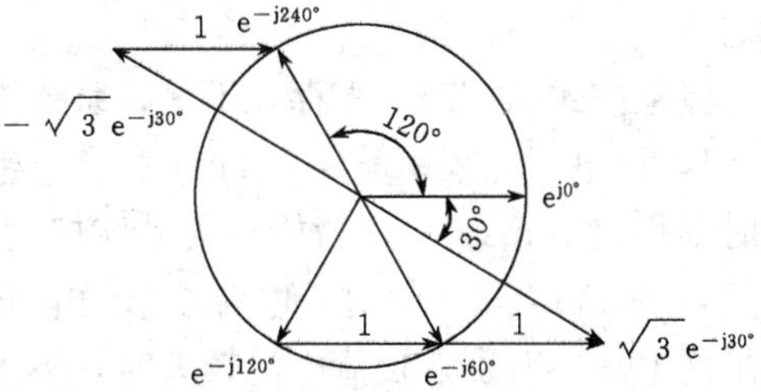

图 4-33 算子关系图

从图 4-3 可得：

$$a^2=e^{-j120°}=e^{-j60°}-1=\sqrt{3}e^{-j30°}-2$$

$$a=e^{-j240°}=-e^{-j60°}=1-\sqrt{3}e^{-j30°}$$

由上两式可知，式(4-77)只要 2 个采样周期就能算出正、负序分量，式(4-78)只要 1 个采样周期就能算出正、负序分量。但式(4-77)只有加、减法运算，而式(4-78)要进行乘法运算。

2. 增量元件算法

突变量元件在微机保护中实现起来特别方便，因为保护装置中的循环寄存区有一定记忆容量，可以很方便地取得突变量。以电流为例，其算法如下

$$\Delta i(n)=|i(n)-i(n-N)|\tag{4-79}$$

式中 $i(n)$——电流在某一时刻 n 的采样值；

N——一个工频周期内的采样点数；

$i(n-N)$——比 $i(n)$ 前一个周期的采样值；

$\Delta i(n)$——n 时刻电流的突变量。

由图 4-34 可以看出，当系统正常运行时，负荷电流是稳定的，或者说负荷虽然

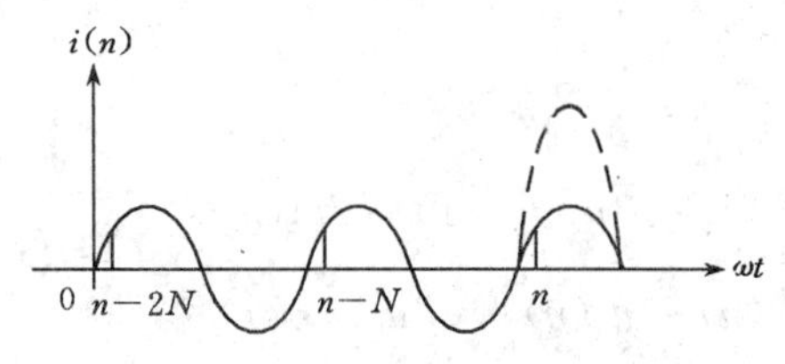

图 4-34 突变量元件原理说明图

有变化，但不会在一个工频周期这样短的时间内突然发生很大变化，因此这时 $i(n)$ 和 $i(n-N)$ 应当接近相等，突变量 $\Delta i(n)$ 等于或近似等于零。

如果在某一时刻发生短路故障，故障相电流突然增大如图 4-34 中虚线所示，将有突变量电流产生。按式(4-79)计算得到的 $\Delta i(n)$ 实质是用叠加原理分析短路电流时的故障分量电流，负荷分量在式(4-79)被减去了。显然突变量仅在短路故障发生后第一周期内存在，即 $\Delta i(n)$ 的输出在故障后持续一个周期。

但是按式(4-79)计算存在不足，系统正常运行时 $\Delta i(n)$ 应无输出，即 $\Delta i(n)$ 应为 0，但如果电网的频率偏离 50Hz，就会产生不平衡输出。因为，$i(n)$ 和 $i(n-N)$ 的采样时刻相差 20ms，是由微机石英晶体控制器控制的，十分精确和稳定。电网频率变化后，$i(n)$ 和 $i(n-N)$ 对应电流波形的电角度不再相等，二者具有一定的差值而产生不平衡电流，特别是负荷电流较大时，不平衡电流较大可能引起该元件的误动作。为了消除由于电网频率的波动引起不平衡电流，突变量按下式计算

$$\Delta i(n)=\Big|\,|i(n)-i(n-N)|-|i(n-N)-i(n-2N)|\,\Big| \tag{4-80}$$

正常运行时，如果频率偏离 50Hz，造成 $\Delta i(n)=|i(n)-i(n-N)|$ 不为 0，但其输出必然与 $\Delta i(n)=|i(n-N)-i(n-2N)|$ 的输出相接近，因而式(4-80)右侧的两项几乎可以全部抵消，使 $\Delta i(n)$ 接近为 0，从而有效地防止误动作。

用式(4-80)计算突变量不仅可以补偿频率偏离产生的不平衡电流，还可以减弱由于系统静稳定破坏而引起的不平衡电流，只有在振荡周期很小时，才会出现较大不平衡电流，保证了静稳定破坏检测元件可靠地先动作。

(1) 相电流突变量元件。当式(4-80)中各相电流取相电流时，称为相电流突变量元件。以 A 相为例，式(4-80)可写成

$$\Delta i_{\mathrm{A}}(n)=\Big|\,|i_{\mathrm{A}}(n)-i_{\mathrm{A}}(n-N)|-|i_{\mathrm{A}}(n-N)-i_{\mathrm{A}}(n-2N)|\,\Big| \tag{4-81}$$

对于 B 和 C 相只需将式(4-81)中的 A 换成 B 或 C 即可。三个突变量元件一般构成“或”的逻辑。为了防止由于干扰引起的突变量元件误动，通常在突变量连续动作几次后才允许起动保护，其逻辑见图 4-35 所示。

(2) 相电流差突变量元件。当式(4-80)中各电流取相电流差时，称为相电流差突变量元件。其计算式为

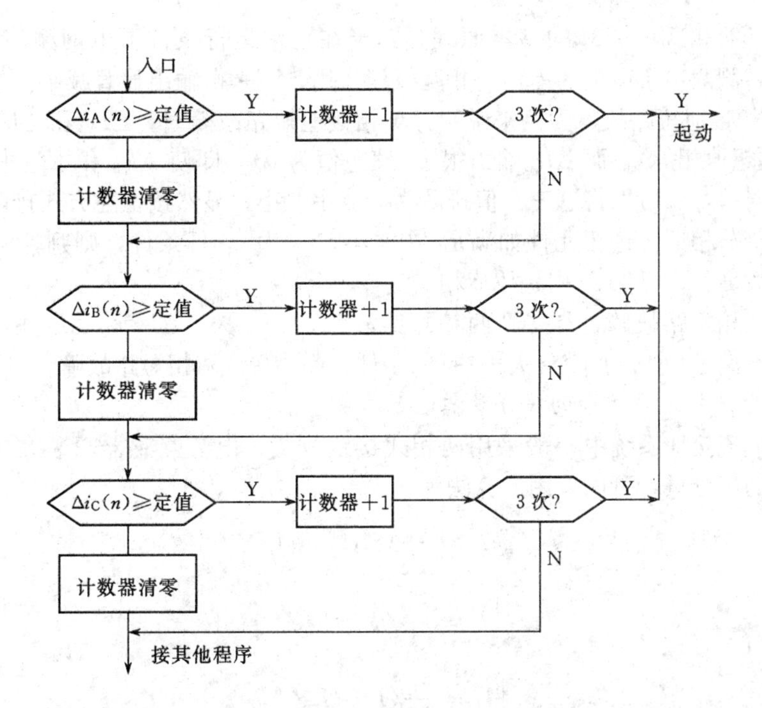

图 4-35 起动元件动作逻辑图

$$\Delta i_{\varphi\varphi}(n)=\Big|\,|i_{\varphi\varphi}(n)-i_{\varphi\varphi}(n-N)|-|i_{\varphi\varphi}(n-N)-i_{\varphi\varphi}(n-2N)|\,\Big| \quad (4\text{-}82)$$

式中 $\varphi\varphi$——故障回路的相别，$\varphi\varphi$=AB、BC或CA。

该元件通常用作起动元件和选相元件。起动元件逻辑关系与图 4-35 相似，为了更有效地躲过系统振荡，用采样相隔 $N/2$ 的两个采样值相加。计算式为

$$\Delta i_{\varphi\varphi}(n)=\Big|\,|i_{\varphi\varphi}(n)+i_{\varphi\varphi}(n-N/2)|-|i_{\varphi\varphi}(n-N/2)+i_{\varphi\varphi}(n-N)|\,\Big| \quad (4\text{-}83)$$

由故障分析可知，当电力系统发生各类短路故障时，各相电流差突变量的大小关系可定性地表示，如表 4-3 所示。

表 4-3 电力系统各类型短路故障各相电流突变量定性关系表

	AN	BN	CN	AB	BC	CA	ABC
ΔI_{AB}	中	中	小	大	中	中	大
ΔI_{BC}	小	中	中	中	大	中	大
ΔI_{CA}	中	小	中	中	中	大	大

式(4-82)和式(4-83)的基本原理是：当在正常运行条件下电网频率偏离 50Hz 时，式中右侧两项所产生的差值有相互抵消作用，不平衡输出显著减小。

以 A 相接地短路故障为例来说明：A 相接地短路故障时，ΔI_{AB}和ΔI_{CA}都有输出且相近(理想值相等)，而ΔI_{BC}输出很小(理想值为 0)。即使ΔI_{AB}和ΔI_{CA}相等，但由于计算的误差，总可以将这三个值排队为大、中、小，显然按上述方式排队，“大”和“中”其实十分相近。选相元件如满足|中－小|≫|大－中|条件，则判断与“小值”无关的相为故障相，显然 A 相是故障相。

对于两相短路故障，如 AB 两相短路故障，ΔI_{AB}大，ΔI_{BC}和ΔI_{CA}相等或相近。排队后，不满足|中－小|≫|大－中|的条件，判为 AB 两相短路故障。

3. 小电流接地系统中的序分量滤过器算法

在小电流接地系统中一般采用两相式接线方式，电流互感器只装在 A、C 两相上，要取的序分量，可以采用的算法为

$$\begin{cases} \dot{I}_1 = \dfrac{1}{\sqrt{3}}(\dot{I}_a e^{j60^\circ} + \dot{I}_c) \\ \dot{I}_2 = \dfrac{1}{\sqrt{3}}(\dot{I}_a + \dot{I}_c e^{j60^\circ}) \end{cases} \tag{4-84}$$

或

$$\begin{cases} \dot{I}_1 = \dfrac{1}{\sqrt{3}}(\dot{I}_a + \dot{I}_c e^{-j60^\circ}) \\ \dot{I}_2 = \dfrac{1}{\sqrt{3}}(\dot{I}_c + \dot{I}_a e^{-j60^\circ}) \end{cases} \tag{4-85}$$

通过图 4-36 的相量关系对式(4-84)及式(4-85)进行分析。在正序分量作用下，正序滤过器的输出为 I_1，负序滤过器输出为 0；在负序分量作用下，正序滤过器输出为 0，负序滤过器输出为 I_2。

由图 4-36(a)序分量相量图中可知，若将 A 相正序分量电流逆时针移相 60°，并与 C 相电流相量相加，正序分量有输出，负序分量无输出；若将 C 相负序分量电流逆时针移相 60°，并与 A 相负序分量电流相量相加，作为负序分量输出，负序分量有输出，正序无输出。由图 4-36(b)同样可以得到，若将 C 相正序分量顺时针移相 60°，并与 A 正序分量相加，正序分量有输出，负序分量无输出；若将 A 相负序分量顺时针移相 60°，并与 C 相负序分量相量相加，负序有输出，正序分量无输出。

如果每周采样 $N=12$，则对应于式(4-84)的离散形式为

$$\begin{cases} i_1(n) = \dfrac{1}{\sqrt{3}}[i_a(n+2) + i_c(n)] \\ i_2(n) = \dfrac{1}{\sqrt{3}}[i_c(n+2) + i_a(n)] \end{cases} \tag{4-86}$$

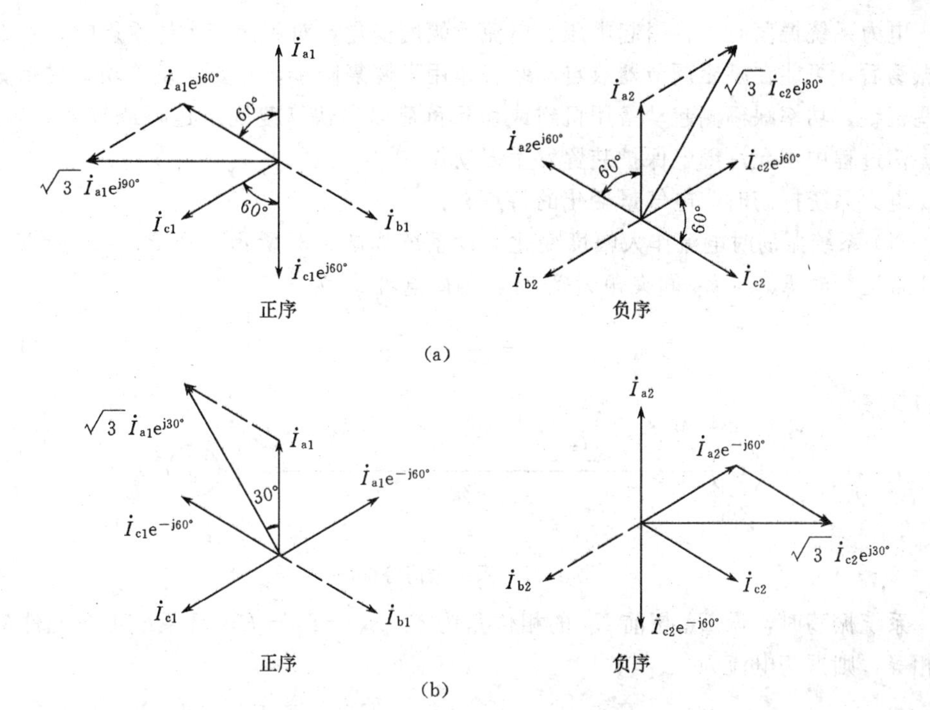

图 4-36　两相式序分量滤过器相量图

(a)逆时针移相 60°；(b)顺时针移相 60°

或

$$\begin{cases} i_1(n) = \dfrac{1}{\sqrt{3}}[i_a(n) + i_c(n-2)] \\ i_2(n) = \dfrac{1}{\sqrt{3}}[i_c(n) + i_a(n-2)] \end{cases} \tag{4-87}$$

4.6　距离保护振荡闭锁

4.6.1　系统振荡时电气量变化特点

并列运行的系统或发电厂失去同步的现象称为振荡，电力系统振荡时两侧等效电动势间的夹角 δ 在 0°～360°作周期性变化。引起系统振荡的原因较多，大多数是由于切除短路故障时间过长而引起系统暂态稳定破坏，在联系较弱的系统中，也可能由于误操作、发电厂失磁或故障跳闸、断开某一线路或设备、过负荷等造成系统振荡。

电力系统振荡时，将引起电压、电流大幅度变化，对用户产生严重影响。系统发生振荡后，可能在励磁调节器或自动装置作用下恢复同步，必要时切除功率过剩侧的某些机组、功率缺额侧起动备用机组或切除负荷以尽快恢复同步运行或解列。显然，在振荡过程中不允许继电保护装置发生误动作。

电力系统振荡时，电气量变化的特点有：

(1) 系统振荡时电流作大幅度变化。设系统如图4-37所示，若 $E_M=E_N=E$，则当正常运行时 $\dot{E}_M$ 与 $\dot{E}_N$ 间夹角为 δ_0 时，负荷电流 I_L 为

$$I_L=\frac{2E}{Z_{\Sigma1}}\sin\frac{\delta_0}{2} \tag{4-88}$$

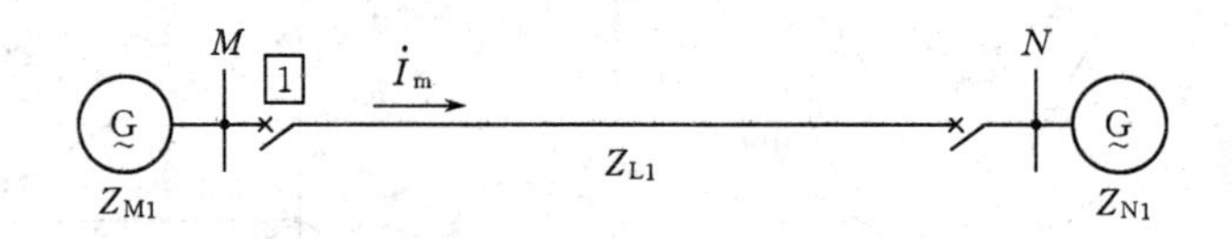

图 4-37　系统振荡等值图

系统振荡时，设 $\dot{E}_M$ 超前 $\dot{E}_N$ 的相位角为 δ、$E_M=E_N=E$，且系统中各元件阻抗角相等，则振荡电流为

$$\dot{I}_{swi}=\frac{\dot{E}_M-\dot{E}_N}{Z_{M1}+Z_{L1}+Z_{N1}}=\frac{\dot{E}_M-\dot{E}_N}{Z_{\Sigma1}}=\frac{\dot{E}(1-e^{-j\delta})}{Z_{\Sigma1}} \tag{4-89}$$

式中　$\dot{E}_M$——M 侧相电势；

$\dot{E}_N$——N 侧相电势；

Z_{M1}——M 侧电源等值正序阻抗；

Z_{N1}——N 侧电源等值正序阻抗；

Z_{L1}——线路正序阻抗；

$Z_{\Sigma1}$——系统正序总阻抗。

振荡电流滞后于电势差 $\dot{E}_M-\dot{E}_N$ 的角度为(系统振荡阻抗角)

$$\varphi=\text{tg}^{-1}\frac{X_{\Sigma1}}{R_{\Sigma1}}$$

系统 M、N 点的电压分别为

$$\begin{cases}\dot{U}_M=\dot{E}_M-\dot{I}_{swi}Z_{M1}\\ \dot{U}_N=\dot{E}_N+\dot{I}_{swi}Z_{N1}=\dot{E}_M-\dot{I}_{swi}(Z_{M1}+Z_{L1})\end{cases} \tag{4-90}$$

系统振荡时电压、电流相量图如图 4-38 所示。Z 点位于 $0.5Z_{\Sigma1}$ 处。当 $\delta=180°$ 时，$I_{swi.max}=\dfrac{2E}{Z_{\Sigma1}}$，达最大值，电压 $\dot{U}_Z=0$，此点称为系统振荡中心。正常运行时负荷

电流幅值保持不变，而系统振荡时，振荡电流不断变化，振荡电流的幅值在 $0\sim 2I_m$ 间作周期变化。

当在图 4-37 线路上发生三相短路故障时，若不计负荷电流，则流经 M 侧的短路电流 $I_{k.m}^{(3)}$ 的幅值为

$$I_{k.m}^{(3)}=\sqrt{2}\,\frac{E_M}{Z_{M1}+Z_k} \tag{4-91}$$

式中 Z_k——M 侧母线至短路点阻抗。

令 $k=\dfrac{Z_{M1}+Z_k}{Z_{\Sigma 1}}$，上式变换为

$$I_{k.m}^{(3)}=\sqrt{2}\,\frac{E_M}{kZ_{\Sigma 1}}=\frac{I_m}{k} \tag{4-92}$$

式中 I_m——振荡电流幅值。

当 $k>0.5$ 时，短路电流的幅值 $I_{k.m}^{(3)}$ 小于振荡电流幅值；$k=0.5$ 时，短路电流的幅值 $I_{k.m}^{(3)}$ 等于振荡电流的幅值；$k<0.5$ 时，短路电流的幅值 $I_{k.m}^{(3)}$ 大于振荡电流幅值。

可见，振荡电流的幅值随 δ 角的变化作大幅度变化。

(2) 全相振荡时系统保持对称性，系统中不会出现负序、零序分量，只有正序分量。在短路时，一般会出现负序或零序分量。

(3) 系统振荡时电压作大幅度变化。由图 4-38 可见，$\overline{OZ}=E\cos\dfrac{\delta}{2}$；$\overline{PQ}=2E\sin\dfrac{\delta}{2}$；$\overline{PZ}=E\sin\dfrac{\delta}{2}$；

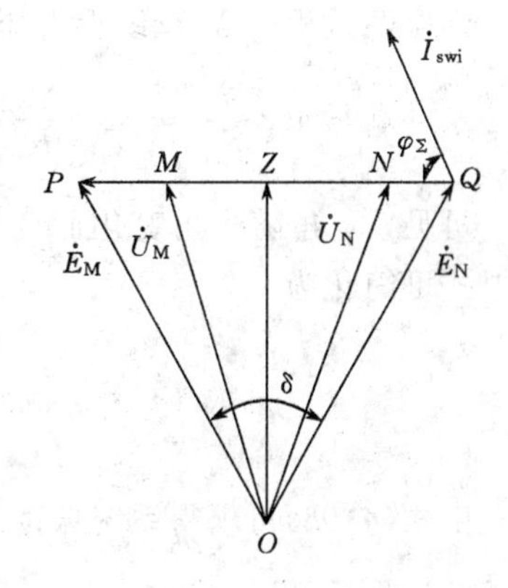

图 4-38 振荡过程中 M 侧母线电压与电势关系相量图

令 $m=Z_{M1}/Z_{\Sigma 1}$ 时，则有 $m=\overline{PM}/\overline{PQ}$，所以 $\overline{PM}=2mE\sin\dfrac{\delta}{2}$，$\overline{MZ}=(1-2m)E\sin\dfrac{\delta}{2}$。于是

$$U_M=E\sqrt{1-4m(1-m)\sin^2\frac{\delta}{2}} \tag{4-93}$$

当 $\delta=0°$ 时，有 $U_M=E$，M 母线电压最高；当 $\delta=180°$ 时，有 $U_M=(2m-1)E$，M 母线电压最低。若 $m=0.5$，则 M 母线最低电压为零。由此可见，m 越趋近 0.5，变化幅度越大。

为在保护安装处测得振荡中心电压 U_Z，由图 4-38 可得 M 侧测量 U_Z 的表示式为

$$U_Z = U_M\cos(\varphi + 90° - \varphi_\Sigma) \tag{4-94}$$

式中　φ——M 侧母线电压与振荡电流的夹角，$\varphi=\arg(\dot{U}_M/\dot{I}_{swi})$；

φ_Σ——系统总阻抗角，$\varphi_\Sigma=\arg Z_{\Sigma 1}$。

因为 φ_Σ 可认为与线路阻抗角相等，而 U_M、I_{swi} 可在保护安装处测得，从而在保护安装处可测量到振荡中心电压 U_Z。但是，当系统中各元件阻抗角不相等时，振荡中心随 δ 的变化而移动，有时可能移出线路，甚至进入发电机、变压器内部。

(4) 振荡过程中，系统各点电压和电流间的相角差是变化不定的。若假设图 4-37 中，两侧电势之比为 $K_e=E_M/E_N$，所以 $\dot{E}_M=K_e\dot{E}_N e^{j\delta}$，于是 M 侧母线上电压 $\dot{U}_M$ 振荡电流 $\dot{I}_{swi}$ 可表示为

$$\dot{U}_M = K_e\dot{E}_N e^{j\delta} - \dot{I}_{swi}Z_{M1}$$

$$\dot{I}_{swi} = \frac{\dot{E}_N}{Z_{\Sigma 1}}(K_e e^{j\delta} - 1)$$

则振荡过程中 M 母线上电压和线路电流间的相角差 φ 为

$$\varphi = \arg\frac{\dot{U}_M}{\dot{I}_{swi}} = \arg\left(\frac{Z_{\Sigma 1}K_e e^{j\delta}}{K_e e^{j\delta}-1} - Z_{M1}\right) = \varphi_\Sigma + \arg\left(\frac{1}{1-e^{-j\delta}/K_e} - m\right) \tag{4-95}$$

可见，φ 角随 δ 角变化而变化，且与两侧电势比值 K_e 和 m 值有关。若 $K_e=1$，则上式可简化为

$$\varphi = \varphi_\Sigma - \mathrm{tg}^{-1}\left(\frac{\mathrm{ctg}\,\dfrac{\delta}{2}}{1-2m}\right) \tag{4-96}$$

由式(4-96)可求得系统振荡时 φ 角的变化率为

$$\frac{\mathrm{d}\varphi}{\mathrm{d}t} = \frac{1-2m}{2}\times\frac{1}{1-4m(1-m)\sin^2\dfrac{\delta}{2}}\frac{\mathrm{d}\delta}{\mathrm{d}t} \tag{4-97}$$

若用电压标幺值 $U_{M*}=U_M/E$，计及式(4-93)和式(4-97)可写成

$$\frac{\mathrm{d}\varphi}{\mathrm{d}t} = \frac{1-2m}{2U_{M*}^2}\frac{\mathrm{d}\delta}{\mathrm{d}t} \tag{4-98}$$

或

$$\frac{\mathrm{d}\varphi}{\mathrm{d}t} = \frac{1-2m}{2U_{M*}^2}\omega_s \tag{4-99}$$

当振荡中心离保护安装处不远或落在本线路上时，在振荡过程中 U_M 激烈变化必然造成 $\mathrm{d}\varphi/\mathrm{d}t$ 较大幅度变化。因母线电压很容易检测到，m 是已知的，所以检测 $\mathrm{d}\varphi/\mathrm{d}t$ 值可检测出系统是否振荡。

(5) 振荡时电气量变化速度与短路故障时不同，因振荡时 δ 角不可能发生突变，

所以电气量不是突然变化的，而短路故障时电气量是突变的。一般情况下振荡并非突然变化，所以在振荡初始阶段特别是振荡开始的半个周期内，电气量变化是比较缓慢的，在振荡结束前也是如此。

(6) 在振荡过程中，当振荡中心电压为零时，相当于在该点发生三相短路故障。但是，短路故障时，故障未切除前该点三相电压一直为零；而振荡中心电压为零值仅在 $\delta=180°$ 时出现，所以振荡中心电压为零值是短时间的。即使振荡中心在线路上，且 $\delta=180°$，线路两侧仍然流过同一电流，相当于保护区外部发生三相短路故障。但是，短路与振荡流过两侧的电流方向、大小是不相同的。

4.6.2 系统振荡时测量阻抗的特性分析

电力系统振荡时，保护安装处的电压和电流在很大范围内作周期性变化，因此阻抗继电器的测量阻抗也作周期性变化。当测量阻抗落入继电器的动作特性内时，继电器就发生误动作。

1. 系统振荡时测量阻抗的变化轨迹

电力系统发生振荡时，对于图 4-39 中 M 侧的反映相间短路故障或接地短路故障的阻抗继电器的测量阻抗为

$$Z_{m}=\frac{\dot{U}_{M}}{\dot{I}_{swi}} \tag{4-100}$$

当系统各元件阻抗角相等时，作出振荡时电流、电压相量关系如图 4-39(a)所示，其中$\overrightarrow{OM}$、$\overrightarrow{ON}$为母线 M、N 上的电压 $\dot{U}_{M}$、$\dot{U}_{N}$。若将各量除以 $\dot{I}_{swi}$，则相量关系不变，从而构成了图 4-39(b)所示的阻抗图。显然，P、M、N、Q 为四定点，由 Z_{M1}、Z_{L1}、Z_{N1} 值确定相对位置。$\overrightarrow{OM}$、$\overrightarrow{ON}$为 M、N 点阻抗继电器的测量阻抗 $\dot{U}_{M}/\dot{I}_{swi}$、$\dot{U}_{N}/\dot{I}_{swi}$。显然，$O$ 点随 δ 角变化的轨迹为阻抗继电器测量阻抗末端端点随 δ 角的变化轨迹。由图 4-39(b)可知

$$\left|\frac{\overline{OP}}{\overline{OQ}}\right|=\frac{E_{M}}{E_{N}}=K_{e}$$

所以，当 δ 在 0°～360°变化时，若 $\dot{E}_{M}$ 与 $\dot{E}_{N}$ 的比值不变，则求阻抗继电器测量阻抗的变化轨迹是求一动点到两定点距离之比为常数的轨迹。

当 $K_{e}=1$ 时，O 点轨迹为直线，如图 4-40 所示。当 $K_{e}>1$ 时，O 点轨迹为包含 Q 点的一个圆；当 $K_{e}<1$ 时，O 点轨迹为包含 P 点的一个圆。轨迹线与$\overline{PQ}$线段交点处对应于 $\delta=180°$，轨迹线与$\overline{PQ}$线段的延长线对应于 $\delta=0°$(或 $\delta=360°$)。系统振荡时，O 点随 δ 角变化在轨迹线上移动，安装在系统各处的阻抗继电器的测量阻抗随着

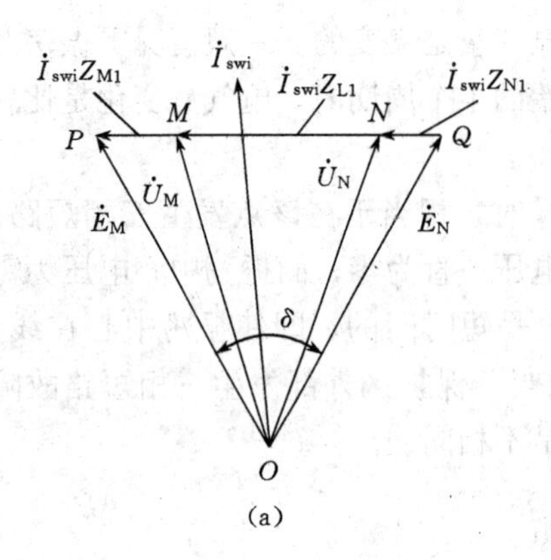

(a)

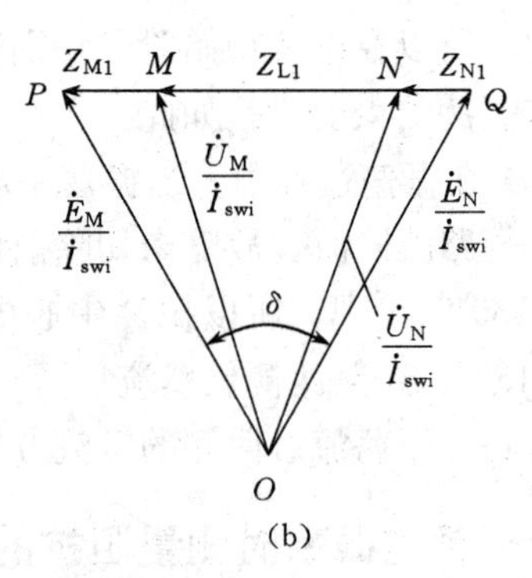

(b)

图 4-39　系统振荡时电流、电压相量关系

(a)电流、电压相量关系；(b)阻抗关系

发生变化。

2. 系统振荡时测量阻抗的变化率

由图 4-40 可知，测量阻抗随 δ 角变化而变化，同时测量阻抗也随时间变化。若设 $K_e=1$，因 M 侧母线电压 $\dot{U}_M=\dot{E}_N+\dot{I}_{swi}(Z_{N1}+Z_{L1})$、振荡电流 $\dot{I}_{swi}=(\dot{E}_M-\dot{E}_N)/Z_{\Sigma 1}$，则振荡时 M 侧的测量阻抗为

$$Z_m=\frac{\dot{U}_M}{\dot{I}_{swi}}=Z_{N1}+Z_{L1}+\frac{Z_{\Sigma 1}}{e^{j\delta}-1} \tag{4-101}$$

得到测量阻抗变化率为

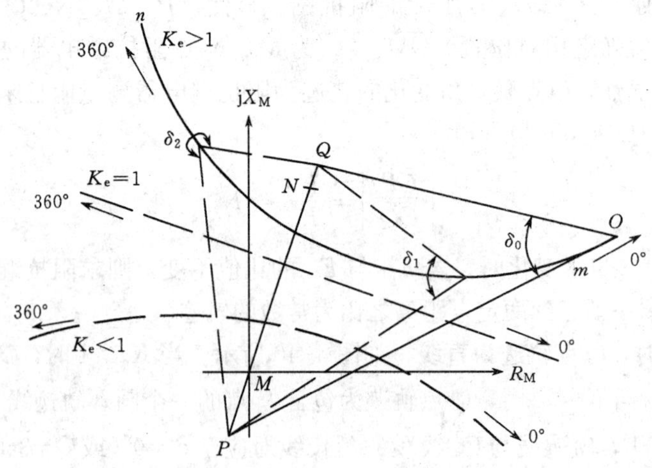

图 4-40　测量阻抗的变化轨迹

$$\frac{dZ_m}{dt}=-jZ_{\Sigma1}\frac{e^{j\delta}}{(e^{j\delta}-1)^2}\frac{d\delta}{dt}$$

计及$|e^{j\delta}-1|=2\sin\frac{\delta}{2}$、$\delta=\delta_0+\omega_s t$、$d\delta/dt=\omega_s$，上式可简化为

$$\left|\frac{dZ_m}{dt}\right|=\frac{Z_{\Sigma1}}{4\sin^2\frac{\delta}{2}}|\omega_s| \tag{4-102}$$

当$\delta=180°$时，阻抗变化率具有最小值，即

$$\left|\frac{dZ_m}{dt}\right|_{min}=\frac{Z_{\Sigma1}}{4}|\omega_s| \tag{4-103}$$

因$|\omega_s|=\frac{2\pi}{T_{swi}}$，所以当振荡周期$T_{swi}$有最大值时，$|\omega_s|$有最小值。根据统计资料，可取$T_{swi}$最大值为3s，于是

$$|\omega_s|_{min}=\frac{2\pi}{3} \tag{4-104}$$

将式(4-104)代入(4-103)，可得

$$\left|\frac{dZ_m}{dt}\right|\geqslant\frac{\pi Z_{\Sigma1}}{6} \tag{4-105}$$

只要适当选取阻抗变化率的数值作为保护开放条件，则就可保证保护不误动。

4.6.3 短路故障和振荡的区分

系统振荡时保护有可能发生误动作，为了防止距离保护误动作，一般采用振荡闭锁措施，即振荡时闭锁距离保护Ⅰ、Ⅱ段。对于工频变化量的阻抗继电器，因振荡时不会发生误动作，所以可不经闭锁控制。

距离保护的振荡闭锁装置应满足如下条件：

(1) 电力系统发生短路故障时，应快速开放保护。

(2) 电力系统发生振荡时，应可靠闭锁保护。

(3) 外部短路故障切除后发生振荡，保护不应误动作，即振荡闭锁不应开放。

(4) 振荡过程中发生短路故障，保护应能正确动作，即振荡闭锁装置仍要快速开放。

(5) 振荡闭锁起动后，应在振荡平息后自动复归。

1. 采用电流突变量区分短路故障和振荡

电流突变量通常采用相电流差突变量、相电流突变量、综合突变量。为了解决在频率偏差、系统振荡时有较大的不平衡输出，可采用浮动门槛，即振荡或频率偏差时，浮动门槛随振荡激烈程度、频率偏差大小自动变化，起动元件的动作方程为

$$|\Delta\dot{I}_{\varphi\varphi}| > k_1\Delta I_{T\varphi\varphi} + k_2 I_N \qquad (4\text{-}106)$$

式中 k_1、k_2——可靠系数，可取 $k_1=1.25$、$k_2=0.2$；

$\Delta I_{T\varphi\varphi}$——浮动门槛值。

当动作方程用式(4-106)时，可有效区分短路故障和振荡。发生各种形式短路故障时，动作方程处动作状态，并有足够的灵敏度。

2. 利用电气量变化速度不同区分短路故障和振荡

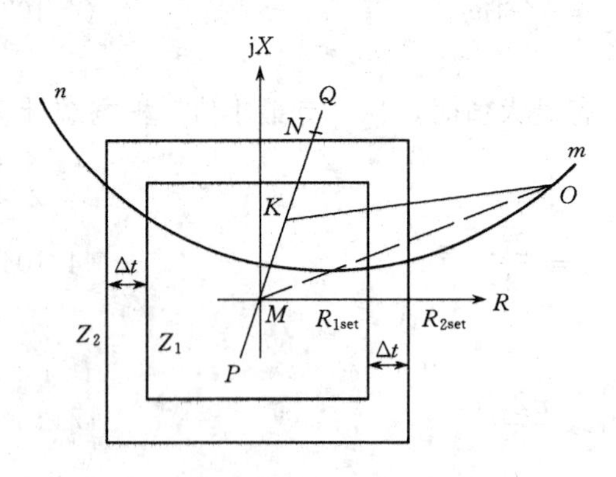

图 4-41 由两个阻抗继电器构成振荡闭锁

图 4-41 中 Z_1、Z_2 为两只四边形特性阻抗继电器，Z_2 整定值大于 Z_1 整定值 25%。正常运行时的负荷阻抗为 $\overline{MO}$，当在保护区内发生短路故障时，Z_2、Z_1 几乎同时动作；当系统振荡时，测量阻抗沿轨迹线变动，Z_2、Z_1 先后动作，存在动作时间差 Δt。一般动作时间差在 40～50ms 以上。

因此，Z_2、Z_1 动作时间差大于 40ms，判为系统振荡；动作时间小于 40ms，判为短路故障。为保证振荡闭锁的功能，最小负荷阻抗不能落入 Z_2 的动作特性内，应满足

$$R_{2set} \leqslant \frac{0.8}{1.25} Z_{L.min} \qquad (4\text{-}107)$$

式中 $Z_{L.min}$——最小负荷阻抗。

当然 Z_1、Z_2 也可用圆特性阻抗继电器，或者其他特性阻抗继电器。

3. 判别测量阻抗变化率检测系统振荡

由式(4-105)可知，系统振荡时 Z_m 的变化率必大于 $\pi Z_{\Sigma 1}/6$；而系统正常时，测量阻抗等于负荷阻抗为一定值，其变化率自然为零。设当前的测量阻抗为 $R_m + jX_m$，上一点的测量阻抗为 $R_{m0} + jX_{m0}$，两点时间间隔为 Δt_m 时，则式(4-105)可写成

$$\frac{\sqrt{(R_m - R_{m0})^2 + (X_m - X_{m0})^2}}{\Delta t_m} > \pi Z_{\Sigma 1}/6 \quad (\Omega/s) \qquad (4\text{-}108)$$

满足式(4-108)时，判系统发生了振荡；式(4-108)不满足时，系统未发生振荡，不

应闭锁保护。

4.6.4 振荡过程中对称短路故障的识别

1. 利用检测振荡中心电压来识别

电力系统振荡时，振荡中心电压 U_z 可由式(4-94)表示，当保护安装处电压 U_M 取相间电压时，则振中电压表示振荡中心的相间电压；当 U_M 取相电压时，则振中电压也表示相电压。当系统振荡时，振荡中心电压作大幅度变化。

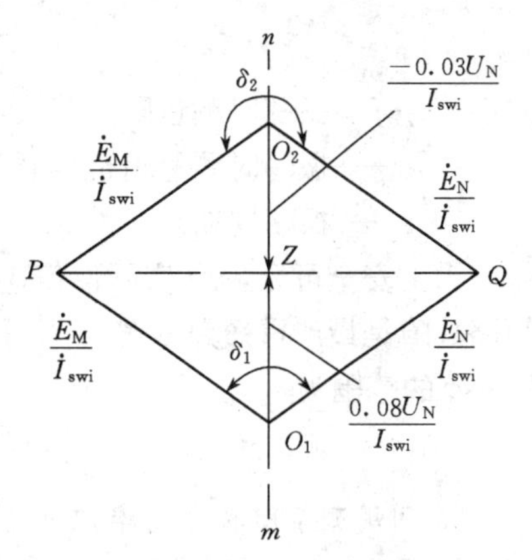

图 4-42 求 δ 角度变化值

当在图 4-24 中 K 点三相短路故障时，有关系式(4-61)。因 $\varphi_{L1}=\varphi_{\Sigma}$，$U_{\varphi\varphi}$是保护安装处的相间电压，且 U_{arc}不超过额定电压的 6%，所以保护安装处测得的振荡中心电压在这种情况下始终小于额定电压的 6%不变。

因此，若 $U_{\varphi\varphi}\cos(\varphi+90°-\varphi_{L1})$是变化的，可判定系统发生振荡；若是 $U_{\varphi\varphi}\cos(\varphi+90°-\varphi_{L1})$一直处在 $6\%U_N$ 额定电压以下，则可判定是三相短路故障。实际上，先设定 $U\cos\varphi$ 一个范围，以最长振荡周期计算出 $U\cos\varphi$ 在该范围内的时间 Δt。这样，系统振荡时，$U\cos\varphi$ 在该振荡范围内的时间必然小于 Δt，而三相短路故障时 $U\cos\varphi$ 在该范围内一定大于 Δt。从而，确定 $U\cos\varphi$ 范围和 Δt 值，就可识别振荡过程中发生三相短路故障。

设 $U\cos\varphi$ 的范围为

$$-0.03U_N < U\cos\varphi < 0.08U_N \tag{4-109}$$

振荡中心测量阻抗变化轨迹如图 4-42 所示。其中 mn 为测量阻抗的变化轨迹，若 O_1 点对应于式(4-109)上限，则图 4-42 中的$\overrightarrow{O_1Z}=\dfrac{0.08U_N}{I_{swi}}$，于是对应的 δ_1 角为

$$\delta_1 = 2\arccos\left(\frac{0.08U_N}{E_N}\right) \tag{4-110}$$

计及 $E_N=U_N$，则有 $\delta_1=2\arccos0.08=170.8°$。设图 4-42 中的 O_2 点对应于式(4-109)下限，则有$\overrightarrow{O_2Z}=\dfrac{-0.03U_N}{I_{swi}}$，于是对应的 δ_2 角度为

$$\delta_2 = 360° - 2\arccos\left(\frac{0.03U_N}{E_N}\right) \tag{4-111}$$

计及 $E_N=U_N$，得到 $\delta_2=183.4°$。因此，$U\cos\varphi$ 满足式(4-109)设定范围的 δ 变化值为

$$\Delta\delta=\delta_2-\delta_1=12.6°$$

振荡时从 O_1 点变化到 O_2 点所需时间为

$$\Delta t=\frac{\delta_2-\delta_1}{360°}T_{swi} \tag{4-112}$$

式中 δ_1——振荡时测量阻抗落入动作区初始角度；

δ_2——振荡时测量阻抗离开动作区角度；

T_{swi}——振荡周期。

为了安全可靠，Δt 实际取值应考虑安全系数(即实际值应比计算值大)。因三相短路故障是最严重短路故障，为可靠开放保护，可再设置第二判据开放保护，此时 $U\cos\varphi$ 的范围为

$$-0.1U_N<U\cos\varphi<0.25U_N \tag{4-113}$$

2. 利用测量阻抗变化率识别

根据式(4-105)和式(4-108)的分析，系统振荡时满足动作条件，只要有一相的测量阻抗变化率满足动作条件，就判系统振荡，将保护闭锁。振荡过程中测量阻抗 Z_m 的 R_m 为负荷阻抗的电阻，具有较大值。

振荡过程中发生三相短路故障时，R_m 为线路阻抗的电阻分量，具有较小值，必然三相的测量阻抗变化率不满足式(4-105)和式(4-108)。因此，当三相的测量阻抗变化率 $|dZ_m/dt|$ 不满足式(4-105)和式(4-108)时，可判定发生了三相短路故障，可解除闭锁，开放保护。从而识别了振荡过程中发生三相短路故障。

4.6.5 振荡闭锁装置

正确区分短路故障和振荡、正确识别振荡过程中发生的短路故障，是构成振荡闭锁的基本原理。

1. 反映突变量的闭锁装置

图 4-43 为微机距离保护振荡闭锁装置逻辑框图。其中 Δi_φ 为相电流突变量元件；$3I_0$ 为零序电流元件，该元件在零序电流大于整定值并持续 30ms 后动作；Z_{swi} 为静稳定破坏检测元件，任一相间测量阻抗在设定的全阻抗元件内持续 30ms，并且检测到振荡中心电压小于 $0.5U_N$ 时，该元件动作。$|dZ_m/dt|$ 为测量阻抗变化率检测元件。

2. 工作原理

电力系统振荡时，Δi_φ 元件、$|dZ_m/dt|$ 元件、γ 元件、$3I_0$ 元件不动作，或门 H″

不动作，Ⅰ、Ⅱ段距离保护不开放。

系统发生短路故障时，无论是对称短路故障还是不对称短路故障，在故障发生时起动禁止门JZ′，起动时间元件T″，通过或门迅速开放保护150ms。若短路故障在Ⅰ段保护区内，则可快速切除；若短路故障在Ⅱ段保护区内，因γ元件处于动作状态(不对称短路故障)、$|dZ_m/dt|$元件处于动作状态(对称短路故障)，所以或门H′、H″一直有输出信号，振荡闭锁开放，直到Ⅱ段阻抗继电器动作将短路故障切除。

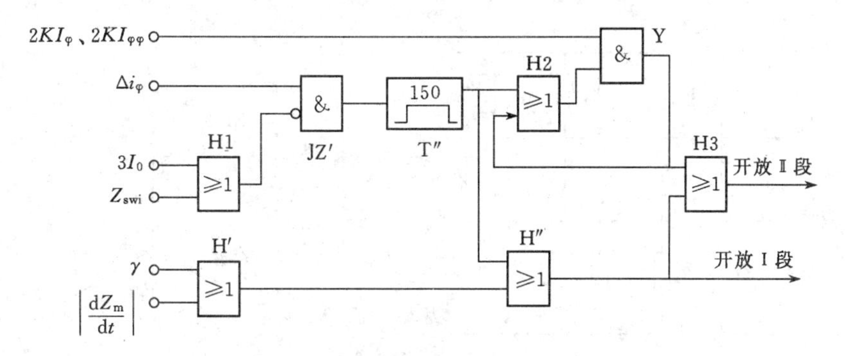

图4-43　振荡闭锁装置逻辑框图

图4-43中，因Z_{swi}或$3I_0$动作后才投入振荡过程中短路故障的识别元件γ和$|dZ_m/dt|$元件，为防止保护区内短路故障时短时开放时间元件T″返回导致振荡闭锁的关闭，增设了由或门H2、与门Y组成的固定逻辑回路。

4.7 断线闭锁装置

4.7.1 断线失压时阻抗继电器动作行为

距离保护在运行中，可能会发生电压互感器二次侧短路故障、二次侧熔断器熔断、二次侧快速自动开关跳开等引起的失压现象。所有这些现象，都会使保护装置的电压下降或消失，或相位变化，导致阻抗继电器失压误动。

如图4-44所示电压互感器二次侧a相断线的示意图，图中Z_1、Z_2、Z_3为电压互感器二次相负载阻抗；Z_{ab}、Z_{bc}、Z_{ca}为相间负载阻抗。当电压互感器二次a相断线时，由叠加原理求得$\dot{U}_a$的表达式为

$$\dot{U}_a=\dot{C}_1\dot{E}_b+\dot{C}_2\dot{E}_c \tag{4-114}$$

式中　$\dot{E}_b$、$\dot{E}_c$——电压互感器二次b相、c相感应电动势；

$\dot{C}_1$、$\dot{C}_2$——分压系数，其中 $\dot{C}_1=\dfrac{Z_1//Z_{ac}}{Z_{ab}+(Z_1//Z_{ac})}$、$\dot{C}_2=\dfrac{Z_1//Z_{ab}}{Z_{ac}+(Z_1//Z_{ab})}$，一般情况下负荷阻抗角基本相同，则分压系数为实数。

根据式(4-114)作出 $\dot{U}_a$ 相量图如图 4-45 所示。由图 4-45 可见，与断线前的电压相比，$\dot{U}_a$ 幅值下降、相位变化近 180°，$\dot{U}_{ab}$、$\dot{U}_{ac}$ 幅值降低，相位也发生了近 60°变化，加到继电器端子上的电压幅值、相位都发生了变化，将可能导致阻抗继电器误动。

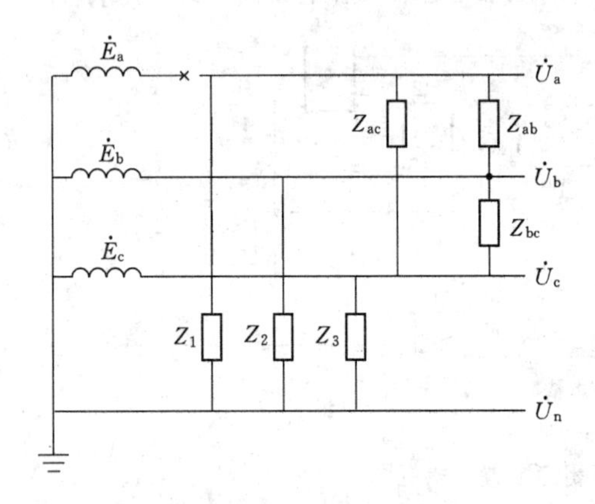

图 4-44　二次侧 a 相断线失压

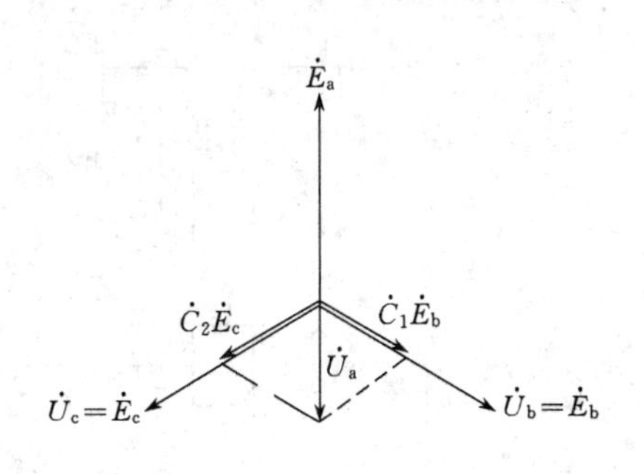

图 4-45　二次侧 a 相断线时相量图

4.7.2　断线闭锁元件

一般情况下，断线失压闭锁元件根据断线失压出现的特征构成，其特征是零序电压、负序电压、电压幅值降低、相位变化以及二次电压回路短路时电流增大等。

1. 对断线失压闭锁元件的要求

(1) 二次电压回路断线失压时，构成的闭锁元件灵敏度要满足要求。

(2) 一次系统短路故障时，不应闭锁保护或发出断线信号。

(3) 断线失压闭锁元件应有一定的动作速度，以便在保护误动前实现闭锁。

(4) 断线失压闭锁元件动作后应固定动作状态，可靠将保护闭锁，解除闭锁应由运行人员进行，保证在处理断线故障过程中区外发生短路故障或系统操作时，保护不误动。

2. 断线闭锁元件

(1) 三相电压求和闭锁元件。电压互感器二次回路完好时，三相电压对称，$\dot{U}_a+\dot{U}_b+\dot{U}_c\approx0$，即使出现不平衡电压，数值也很小。当电压互感器二次出现一相或两相断线时，三相电压的对称性被破坏，出现较大的零序电压。当一相断线时，零序电压为

$$3\dot{U}_0 = (1+\dot{C}_1)\dot{E}_b + (1+\dot{C}_2)\dot{E}_c \tag{4-115}$$

当电压互感器出现三相断线时，三相电压数值和为

$$|\dot{U}_a| + |\dot{U}_b| + |\dot{U}_c| = 0 \tag{4-116}$$

而在一相或两相断线时，有

$$|\dot{U}_a| + |\dot{U}_b| + |\dot{U}_c| \geqslant U_{2N} \tag{4-117}$$

式中 U_{2N}——电压互感器二次额定相电压。

由上面分析可知，判别三相电压相量和大小可识别出一相断线或两相断线；判别三相电压数值和大小可识别出三相断线。

实际上，通过检查三相相量和与电压互感器开口三角形绕组的差电压大小，也可判别出二次电压回路的一相断线或两相断线。当一次系统中存在零序电压 $\dot{U}_{10}$ 时，在中性点直接接地系统中，有 $\dot{U}_a+\dot{U}_b+\dot{U}_c=3\dot{U}_{10}\dfrac{100}{U_{1N}}$（$U_{1N}$ 为电压互感器高压侧额定相间电压），开口三角形侧零序电压为 $\dot{U}_\Delta=3\dot{U}_{10}\dfrac{100}{U_{1N}/\sqrt{3}}$；在中性点非直接接地系统中，开口三角形侧零序电压为 $\dot{U}_\Delta=3\dot{U}_{10}\dfrac{100/3}{U_{1N}/\sqrt{3}}$，其条件为

$$U_{dif} = |K\dot{U}_\Delta - (\dot{U}_a + \dot{U}_b + \dot{U}_c)| \tag{4-118}$$

式中 U_{dif}——差电压；

K——系数，中性点直接接地系统，$K=1/\sqrt{3}$、中性点不直接接地系统，$K=\sqrt{3}$；

$\dot{U}_\Delta$——开口三角形侧零序电压。

显然，电压互感器二次回路完好或一次系统中发生接地短路故障时，$U_{dif}\approx 0$；二次侧一相或两相断线时，差电压 U_{dif} 有一定的数值。用差电压方法判别电压二次回路断线，还可反映微机保护装置内部采集系统的异常。当然，开口三角形侧断线时，正常情况下检测不出，当中性点直接接地系统发生接地短路故障时，差电压可能很大，此时并没有断线。

当三相电压的有效值均很低时，同样可以识别出三相断线；当正序电压很小时，也可以反映三相断线。

（2）断线判据。根据以上断线失压工作原理的分析，电压互感器二次一相或两相断线的判据是：微机保护的起动元件没有起动，同时满足

$$|\dot{U}_a + \dot{U}_b + \dot{U}_c| > 8(\text{V}) \tag{4-119}$$

式(4-118)也可采用如下判据

$$|K\dot{U}_{\Delta}-(\dot{U}_{a}+\dot{U}_{b}+\dot{U}_{c})|>8\ (\mathrm{V}) \tag{4-120}$$

用以上两式判据判别一相或两相断线失压，有很高的动作灵敏度。当判别断线后，可经短延时闭锁距离保护，经较长延时发出断线信号。

判别三相断线，若电压互感器接在线路侧而仅用电压判据时，当断路器未合上前会出现断线告警信号。为此，对三相断线还需要增加断路器合闸的位置信号和线路有电流信号。所以，三相断线判据是：

微机装置保护起动元件没有起动，断路器在合闸位置，或者有一相电流大于 I_{set}（I_{set}无电流门槛，可取 $0.04I_n$ 或 $0.08I_n$，I_n 电流互感器二次额定电流）；同时满足

$$|\dot{U}_{a}|+|\dot{U}_{b}|+|\dot{U}_{c}|\leqslant 0.5U_{2N} \tag{4-121}$$

也可采用如下判据

$$U_{a}<8(\mathrm{V});\quad U_{b}<8(\mathrm{V});\quad U_{c}<8(\mathrm{V}) \tag{4-122}$$

或者采用

$$U_{1}<0.1U_{2n} \tag{4-123}$$

式中 U_1——三相电压的正序分量。

当检出三相断线后，应闭锁保护、发出断线信号。若不引入断路器合闸位置信号仅用电流信号，则当实际电流小于 I_{set}时，断线闭锁将起不到预期作用。

3. 检测零序电压、零序电流的断线闭锁元件

若只应用式(4-119)来判别断线失压，则当一次系统发生接地短路故障时断线闭锁元件会出现误动。通常采用的闭锁措施是采用开口三角形绕组上的电压进行平衡，如式(4-120)所示；也可以采用检测零序电流进行闭锁。因此，断线失压的判据满足式(4-119)外，还要满足

$$3I_{0}<3I_{0.set} \tag{4-124}$$

零序电流闭锁元件整定值为

$$3I_{0.set}=K_{rel}3I_{0.unb.max}$$

式中 K_{rel}——可靠系数，取 1.15；

$3I_{0.unb.max}$——正常运行时最大不平衡零序电流，一般可取电流互感器二次额定电流的 10%。

与检测零序电压、零序电流判别断线相似，检测负序电压、负序电流也可判别断线失压。用这种判别方法，在中性点不接地系统中尤为适合，因为在中性点不接地系统中发生单相接地不会出现负序电压。

4.8 影响距离保护正确工作因素

4.8.1 保护安装处和故障点间分支线的影响

在高压电力网中，在母线上接有电源线路、负载或平行线路以及环形线路等，形成分支线。

1. 助增电源

图4-46示出了具有电源分支线网络，当在线路NP上K点发生短路故障时，对于装在MN线路M侧的距离保护安装处母线上电压为

$$\dot{U}_{\mathrm{M}}=\dot{I}_{\mathrm{MN}}Z_{\mathrm{MN}}+\dot{I}_{\mathrm{k}}Z_1L_{\mathrm{k}}$$

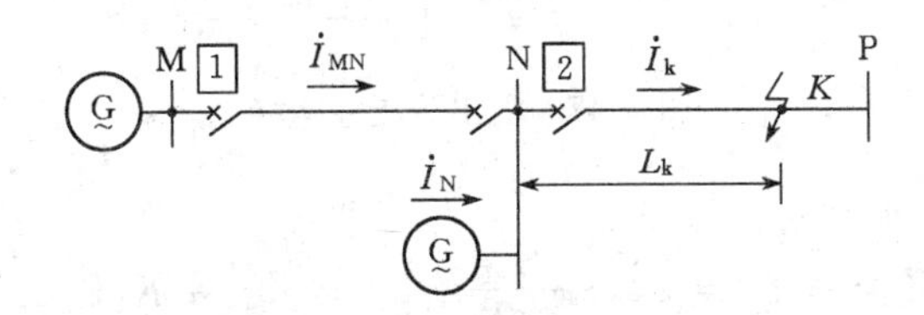

图4-46 具有助增网络

测量阻抗为

$$Z_{\mathrm{m}}=\frac{\dot{U}_{\mathrm{M}}}{\dot{I}_{\mathrm{MN}}}=Z_{\mathrm{MN}}+\frac{\dot{I}_{\mathrm{k}}}{\dot{I}_{\mathrm{MN}}}Z_1L_{\mathrm{k}}=Z_{\mathrm{MN}}+\dot{K}_{\mathrm{b}}Z_1L_{\mathrm{k}} \tag{4-125}$$

式中 Z_1——线路单位公里的正序阻抗；

$\dot{K}_{\mathrm{b}}$——分支系数(助增系数)，一般情况下可认为分支系数是实数，显然$K_{\mathrm{b}}=\frac{I_{\mathrm{k}}}{I_{\mathrm{MN}}}\geqslant1$。

由式(4-125)可见，由于助增电源的影响，使M侧阻抗继电器测量阻抗增大，保护区缩短。如图4-46所示网络，分支系数可表示为

$$K_{\mathrm{b}}=\frac{Z_{\mathrm{sM}}+Z_{\mathrm{MN}}+Z_{\mathrm{sN}}}{Z_{\mathrm{sN}}} \tag{4-126}$$

式中 Z_{sM}——M侧母线电源等值阻抗；

Z_{sN}——N侧母线电源等值阻抗；

Z_{MN}——MN线路阻抗。

由式(4-126)可看出，分支系数与系统运行方式有关，在整定计算时应取较小的分支系数以便保证保护的选择性。因为出现较大的分支系数时，只会使测量阻抗增

大，保护区缩短，不会造成非选择性动作。相反，当整定计算取用较大的分支系数时，在运行方式中出现较小分支系数，则将造成测量阻抗减小，导致保护区伸长，可能使保护失去选择性。

2. 汲出分支线

如图 4-47 所示汲出分支线的网络，当在 K 点发生短路故障时，对于装在 MN 线路上 M 侧母线上的电压为

$$\dot{U}_{M}=\dot{I}_{MN}Z_{MN}+\dot{I}_{k1}Z_{1}L_{k}$$

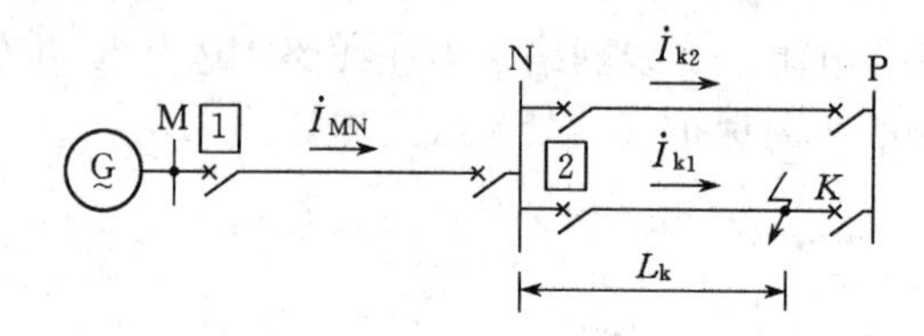

图 4-47　汲出分支线网络

测量阻抗为

$$Z_{m}=\frac{\dot{U}_{M}}{\dot{I}_{MN}}=Z_{MN}+\frac{\dot{I}_{k1}}{\dot{I}_{MN}}Z_{1}L_{k}=Z_{MN}+\dot{K}_{b}Z_{1}L_{k} \tag{4-127}$$

式中 $\dot{K}_{b}$——分支系数(汲出系数)，一般情况下取实数 $K_{b}=\frac{I_{k1}}{I_{MN}}\leqslant 1$。

显然，由于汲出电流的影响，导致 M 侧测量阻抗减小，保护区伸长，可能引起非选择性动作。如图 4-47 示出的网络，汲出系数可表示为

$$\dot{K}_{b}=\frac{Z_{NP1}-Z_{set}+Z_{NP2}}{Z_{NP1}+Z_{NP2}} \tag{4-128}$$

式中　Z_{NP1}、Z_{NP2}——分别为平行线路两回线阻抗，一般情况下数值相等；

Z_{set}——距离Ⅰ段整定阻抗。

3. 电源分支、汲出分支线同时存在

如图 4-48 所示，在相邻线路上 K 点发生短路故障时，M 侧母线电压为

$$\dot{U}_{M}=\dot{I}_{MN}Z_{MN}+\dot{I}_{k1}Z_{1}L_{k}$$

测量阻抗为

$$Z_{m}=\frac{\dot{U}_{M}}{\dot{I}_{MN}}=Z_{MN}+\frac{\dot{I}_{k1}}{\dot{I}_{MN}}Z_{1}L_{k}=Z_{MN}+\dot{K}_{b\Sigma}Z_{1}L_{k} \tag{4-129}$$

式中　$\dot{K}_{b\Sigma}$——总分支系数。

若用 $\dot{I}_{\Sigma}=\dot{I}_{MN}+\dot{I}_{N}$ 表示，则

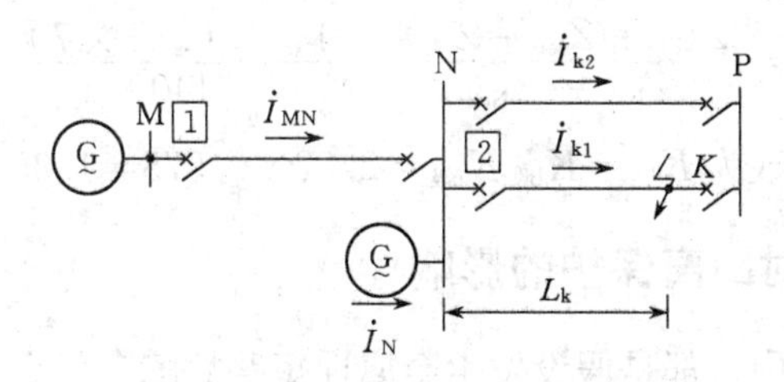

图 4-48 助增、汲出同时存在网络

$$\dot{I}_{k1} = \dot{I}_{\Sigma}\frac{Z_{NP2}+Z_{NP1}-Z_{set}}{Z_{NP1}+Z_{NP2}};\ \dot{I}_{MN} = \dot{I}_{\Sigma}\frac{Z_{sN}}{Z_{sN}+Z_{MN}+Z_{sM}}。$$

代入式(4-129)，则测量阻抗为

$$Z_m = Z_{MN} + \frac{Z_{sN}+Z_{MN}+Z_{sM}}{Z_{sN}}\frac{Z_{NP1}+Z_{NP2}-Z_{set}}{Z_{NP1}+Z_{NP2}}Z_1L_k \tag{4-130}$$

由式(4-130)可见，在既有助增、又有汲出的网络，其分支系数为助增系数与汲出系数的乘积。也就是说，可分别计算助增系数与汲出系数，然后相乘就为总的分支系数。同理，在计算整定阻抗时，应取较小分支系数；而在灵敏度校验时应取较大分支系数。

【例 4-1】 网络参数如图 4-48，已知，线路正序阻抗 $Z_1=0.45\Omega/\text{km}$，平行线路 70km、MN 线路为 40km，距离Ⅰ段保护可靠系数取 0.85。M 侧电源最大、最小等值阻抗分别为 $Z_{sM.max}=25\Omega$、$Z_{sM.min}=20\Omega$；N 侧电源最大、最小等值阻抗分别为 $Z_{sN.max}=25\Omega$、$Z_{sN.min}=15\Omega$，试求 MN 线路 M 侧距离保护的最大、最小分支系数。

解： 1. 求最大分支系数

(1) 最大助增系数由式(4-126)可得

$$K_{b.max} = \frac{Z_{sM.max}+Z_{MN}+Z_{sN.min}}{Z_{sN.min}} = \frac{25+40\times0.45+15}{15} = 3.93$$

(2) 最大汲出系数。显然，当平行线路只有一回路在运行时，汲出系数为 1。

总的最大分支系数为 $K_{b\Sigma}=K_{b助}K_{b汲}=3.93\times1=3.93$。

2. 求最小分支系数

(1) 最小助增系数由式(4-126)可得

$$K_{b.min} = \frac{Z_{sM.min}+Z_{MN}+Z_{sN.max}}{Z_{sN.max}} = \frac{20+40\times0.45+25}{25} = 2.52$$

(2) 最小汲出系数由式(4-128)可知，平行线路的阻抗可化为长度进行计算，则得

$$K_{\mathrm{b.min}}=\frac{Z_{\mathrm{NP1}}-Z_{\mathrm{set}}+Z_{\mathrm{NP2}}}{Z_{\mathrm{NP1}}+Z_{\mathrm{NP2}}}=\frac{140-0.85\times70}{140}=0.575$$

总的最小分支系数为 $K_{\mathrm{b}\Sigma}=K_{\mathrm{b助}}K_{\mathrm{b汲}}=2.52\times0.575=1.35$

4.8.2　过渡电阻对距离保护的影响

前面在分析过程中，都是假设发生金属性短路故障。而事实上，短路点通常是经过过渡电阻短路的。短路点的过渡电阻 R_{F} 是指当相间短路或接地短路时，短路电流从一相流到另一相或从相导线流入地的回路中所通过的物质的电阻。包括电弧、中间物质的电阻、相导线与地之间的接触电阻、金属杆塔的接地电阻等。

在相间短路时，过渡电阻主要由电弧电阻构成，其值可按经验公式估计。在导线对铁塔放电的接地短路时，铁塔及其接地电阻构成过渡电阻的主要部分。铁塔的接地电阻与大地导电率有关。对于跨越山区的高压线路，铁塔的接地电阻可达数十欧姆。此外，当导线通过树木或其他物体对地短路时，过渡电阻更高，难以准确计算。

1. 过渡电阻对接地阻抗继电器的影响

如图 4-49 所示，设距离 M 母线 L_{k}km 处的 K 点 A 相经过渡电阻 R_{F} 发生了单相接地短路故障，按对称分量法可求得 M 侧母线上 A 相电压为

$$\begin{aligned}\dot{U}_{\mathrm{A}}&=\dot{U}_{\mathrm{kA}}+\dot{I}_{\mathrm{A1}}Z_1L_{\mathrm{k}}+\dot{I}_{\mathrm{A2}}Z_2L_{\mathrm{k}}+\dot{I}_{\mathrm{A0}}Z_0L_{\mathrm{k}}\\&=\dot{U}_{\mathrm{kA}}+[(\dot{I}_{\mathrm{A1}}+\dot{I}_{\mathrm{A2}}+\dot{I}_{\mathrm{A0}})+3\dot{I}_{\mathrm{A0}}\frac{Z_0-Z_1}{3Z_1}]Z_1L_{\mathrm{k}}\\&=\dot{I}_{\mathrm{kA}}^{(1)}R_{\mathrm{F}}+(\dot{I}_{\mathrm{A}}+3K\dot{I}_0)Z_1L_{\mathrm{k}}\end{aligned}$$

则安装在线路 M 侧的 A 相接地阻抗继电器的测量阻抗为

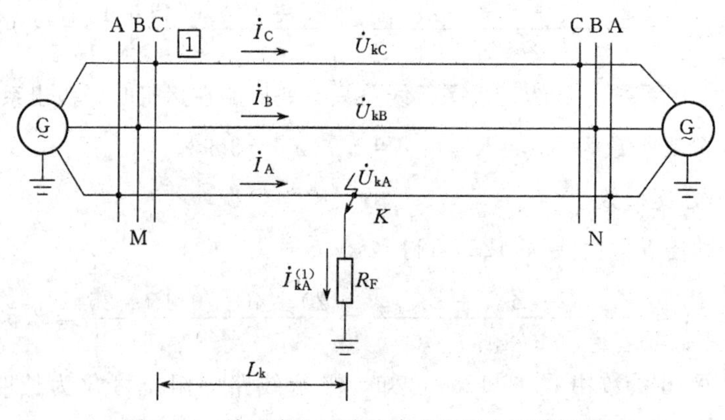

图 4-49　单相接地短路故障求母线电压网络图

$$Z_{mA} = Z_1 L_k + \frac{\dot{I}_{kA}^{(1)}}{\dot{I}_A + 3K\dot{I}_0} R_F \tag{4-131}$$

由式(4-131)可见，只有 $R_F = 0$，即金属性单相接地短路故障时，故障相阻抗继电器才能正确测量阻抗；而当 $R_F \neq 0$ 时，即非金属性单相接地时，测量阻抗中出现附加测量阻抗 ΔZ_A，附加测量阻抗为

$$\Delta Z_A = \frac{\dot{I}_{kA}^{(1)}}{\dot{I}_A + 3K\dot{I}_0} R_F \tag{4-132}$$

由于 ΔZ_A 的存在，测量阻抗与故障点距离成正比的关系不成立。对于非故障相阻抗继电器的测量阻抗，因故障点非故障相电压 $\dot{U}_{kA}$、$\dot{U}_{kB}$ 较高；非故障相电流 $\dot{I}_B + 3K\dot{I}_0$、$\dot{I}_C + 3K\dot{I}_0$ 较小，所以非故障相阻抗继电器的测量阻抗较大，不能正确测量故障点距离。

2. 单相接地时附加测量阻抗分析

如图 4-49 中正向经过渡电阻 R_F 接地时，附加测量阻抗 ΔZ_A 如式(4-132)所示，计及 $\dot{I}_{kA}^{(1)} = 3\dot{I}_{kA0}^{(1)}$，式(4-132)可写为

$$\Delta Z_A = \frac{3\dot{I}_{kA0}^{(1)}}{\dot{I}_A + 3K\dot{I}_0} R_F \tag{4-133}$$

因
$$\dot{I}_A = \dot{I}_{L.A} + C_1 \dot{I}_{kA1}^{(1)} + C_2 \dot{I}_{kA2}^{(1)} + C_0 \dot{I}_{kA0}^{(1)}$$
$$\dot{I}_0 = C_0 \dot{I}_{kA0}^{(1)}$$

计及 $\dot{I}_{kA1}^{(1)} = \dot{I}_{kA2}^{(1)} = \dot{I}_{kA0}^{(1)}$，所以上式可简化为($K$ 取实数)

$$\Delta Z_A = \frac{3R_F}{[2C_1 + (1+3K)C_0] + \dfrac{\dot{I}_{L.A}}{\dot{I}_{kA0}^{(1)}}} \tag{4-134}$$

式中　$\dot{I}_{L.A}$——A 相负荷电流；

C_1、C_2、C_0——正、负、零序分流系数。

若只有 M 侧有电源，则附加测量阻抗 ΔZ_A 呈电阻性；在两侧有电源的情况，如果负荷电流为零，且分流系数为实数，则附加测量阻抗 ΔZ_A 呈电阻性；如果阻抗继电器安装在送电侧，负荷电流 $\dot{I}_{L.A}$ 超前 $\dot{I}_{kA0}^{(1)}$（$\dot{I}_{kA0}^{(1)} = \dot{I}_{kA1}^{(1)}$），则 ΔZ_A 呈容性，如图 4-50(a)所示；如果继电器安装在受电侧，负荷电流 $\dot{I}_{L.A}$ 滞后 $\dot{I}_{kA0}^{(1)}$，则 ΔZ_A 呈感性，如图 4-50(b)所示。

由于单相接地时附加测量阻抗的存在，将引起接地阻抗继电器保护区的变化。

保护区的伸长或缩短，将随负荷电流的增大、过渡电阻 R_F 的增大而加剧。为克服单相接地时过渡电阻对保护区的影响，应设法使继电器的动作特性适应附加测量阻抗的变化，使其保护区稳定不变。由零序电抗继电器分析可知，零序电抗继电器能满

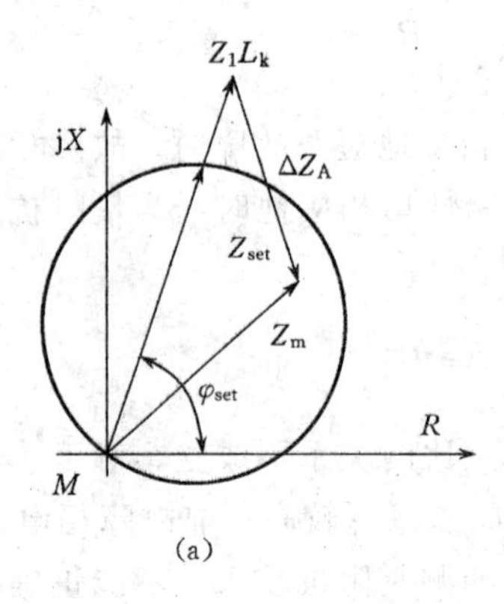

(a)

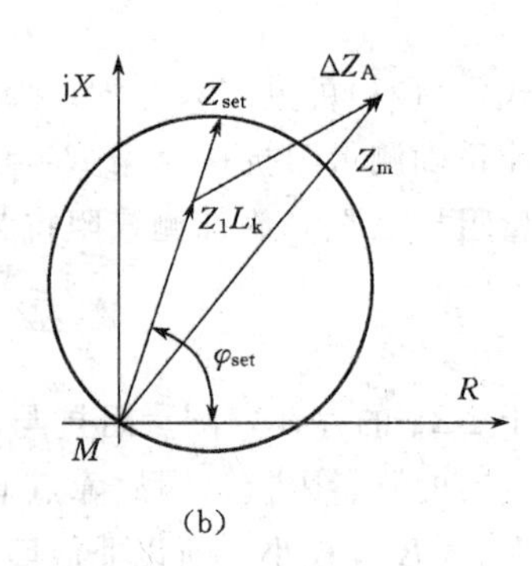

(b)

图 4-50 过渡电阻对保护区的影响

(a)呈容性；(b)呈感性

足这一要求。

3. 过渡电阻对相间短路保护阻抗继电器的影响

若在图 4-18 中 K 点发生相间短路故障，三个相间阻抗继电器测量阻抗分别为

$$\begin{cases} Z_{mAB}=Z_1L_k+\dfrac{\dot{U}_{kAB}}{\dot{I}_A-\dot{I}_B} \\ Z_{mBC}=Z_1L_k+\dfrac{\dot{U}_{kBC}}{\dot{I}_B-\dot{I}_C} \\ Z_{mCA}=Z_1L_k+\dfrac{\dot{U}_{kCA}}{\dot{I}_C-\dot{I}_A} \end{cases} \tag{4-135}$$

式中 $\dot{U}_{kAB}$、$\dot{U}_{kBC}$、$\dot{U}_{kCA}$——故障点相间电压。

显然，只有发生金属性相间短路故障，故障点的相间电压才为零，故障相的测量阻抗才能正确反映保护安装处到短路点的距离。当故障点存在过渡电阻时，因故障点相间电压不为零，所以阻抗继电器就不能正确测量保护安装处到故障点距离。

但是，相间短路故障的过渡电阻主要是电弧电阻，与接地短路故障相比要小得多，所以附加测量阻抗的影响也较小。

为了减小过渡电阻对保护的影响，可采用承受过渡电阻能力强的阻抗继电器，如四边形特性阻抗继电器等。

4.9 相间距离保护整定计算原则

目前相间距离保护多采用阶段式保护，三段式距离保护(包括接地距离保护)的整

定计算原则与三段式电流保护的整定计算原则基本相同。下面介绍三段式相间距离保护的整定计算原则。

4.9.1 相间距离保护第Ⅰ段的整定

相间距离保护第Ⅰ段的整定值主要是按躲过本线路末端相间短路故障条件来选择。在图4-51所示的网络中，线路AB保护1相间距离保护第Ⅰ段的动作阻抗为

$$Z_{op.1}^{I}=K_{rel}^{I}Z_{AB} \tag{4-136}$$

式中 $Z_{op.1}^{I}$——AB线路保护1距离保护第Ⅰ段的动作阻抗值，Ω/km；

K_{rel}^{I}——距离保护第Ⅰ段可靠系数，取0.8～0.85；

Z_{AB}——线路AB的正序阻抗。

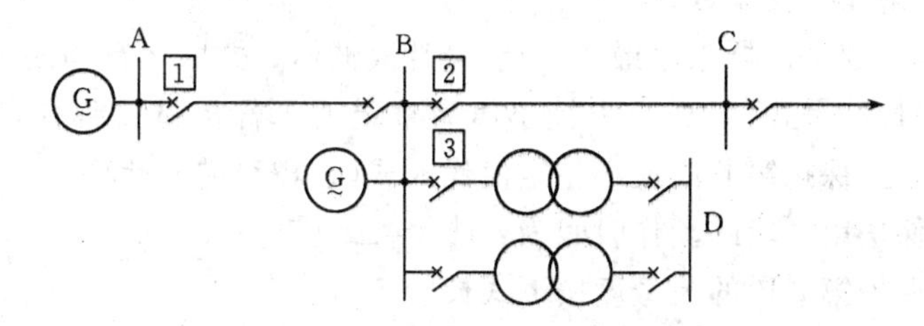

图4-51 距离保护整定计算系统图

若被保护对象为线路变压器组，则送电侧线路距离保护第Ⅰ段可按保护范围伸入变压器内部整定，即

$$Z_{op.1}^{I}=K_{rel}^{I}Z_{L}+K'_{rel}Z_{T} \tag{4-137}$$

式中 K_{rel}^{I}——距离保护第Ⅰ段可靠系数，取0.8～0.85；

K'_{rel}——伸入变压器部分第Ⅰ段可靠系数，取0.75；

Z_{L}——被保护线路的正序阻抗；

Z_{T}——线路末端变压器阻抗。

距离保护第Ⅰ段动作时间为固有动作时间，若整定阻抗与线路阻抗角相等，则保护区为被保护线路全长的80%～85%。

4.9.2 相间距离保护第Ⅱ段的整定

相间距离保护第Ⅱ段应与相邻线路相间距离第Ⅰ段或与相邻元件(变压器)速动保护配合，如图4-51所示，保护1距离保护第Ⅱ段整定值应满足以下条件。

1. 与相邻线路相间距离保护第Ⅰ段配合

与相邻线路相间距离保护第Ⅰ段配合，其动作阻抗为

$$Z_{op.1}^{\mathrm{II}} = K_{rel}^{\mathrm{II}} Z_{AB} + K''_{rel} K_{b.min} Z_{op.2}^{\mathrm{I}} \tag{4-138}$$

式中　K_{rel}^{II}——距离保护第Ⅱ段可靠系数，取 0.8～0.85；

K''_{rel}——距离保护第Ⅱ段的可靠系数，取 $K''_{rel} \leqslant 0.8$；

$K_{b.min}$——最小分支系数。

2. 与相邻变压器速动保护配合

与相邻变压器速动保护配合，若变压器速动保护区为变压器全部，则动作阻抗为

$$Z_{op.1}^{\mathrm{II}} = K_{rel}^{\mathrm{II}} Z_{AB} + K''_{rel} K_{b.min} Z_{T.min} \tag{4-139}$$

式中　K_{rel}^{II}——距离保护第Ⅱ段可靠系数，取 0.8～0.85；

K''_{rel}——距离保护第Ⅱ段的可靠系数，取 $K''_{rel} \leqslant 0.7$；

$K_{b.min}$——最小分支系数；

$Z_{T.min}$——相邻变压器正序最小阻抗（应计及调压、并联运行等因素）。

应取式（4-138）和式（4-139）中较小值为整定值。若相邻线路有多回路时，则取所有线路相间距离保护第Ⅱ段最小整定值代入式（4-138）进行计算。

相间距离保护第Ⅱ段的动作时间为：$t_{op.1}^{\mathrm{II}} = \Delta t$。

相间距离保护第Ⅱ段的灵敏度按下式校验

$$K_{sen}^{\mathrm{II}} = \frac{Z_{op.1}^{\mathrm{II}}}{Z_{AB}} \geqslant 1.3 \sim 1.5$$

当灵敏度不满足要求时，可与相邻线路相间距离第Ⅱ段配合，其动作阻抗为

$$Z_{op.1}^{\mathrm{II}} = K_{rel}^{\mathrm{II}} Z_{AB} + K''_{rel} K_{b.min} Z_{op.2}^{\mathrm{II}} \tag{4-140}$$

式中　K_{rel}^{II}——距离保护第Ⅱ段的可靠系数，取 0.8～0.85；

K''_{rel}——距离保护第Ⅱ段的可靠系数，取 $K''_{rel} \leqslant 0.8$；

$Z_{op.2}^{\mathrm{II}}$——相邻线路相间距离保护第Ⅱ段的整定值。

此时，相间保护距离动作时间为

$$t_{op.1}^{\mathrm{II}} = t_{op.2}^{\mathrm{II}} + \Delta t \tag{4-141}$$

式中　$t_{op.2}^{\mathrm{II}}$——相邻线路相间距离保护第Ⅱ段的动作时间。

4.9.3　相间距离保护第Ⅲ段的整定

相间距离保护第Ⅲ段应按躲过被保护线路最大事故负荷电流所对应的最小阻抗整定。

1. 按躲过最小负荷阻抗整定

若被保护线路最大事故负荷电流所对应的最小阻抗为 $Z_{L.min}$，则

$$Z_{\mathrm{L.\,min}} = \frac{U_{\mathrm{w.\,min}}}{I_{\mathrm{L.\,max}}} \tag{4-142}$$

式中 $U_{\mathrm{w.\,min}}$——最小工作电压，其值为 $U_{\mathrm{w.\,min}}=(0.9\sim0.95)U_{\mathrm{N}}/\sqrt{3}$，$U_{\mathrm{N}}$ 是被保护线路电网的额定相间电压；

$I_{\mathrm{L.\,max}}$——被保护线路最大事故负荷电流。

当采用全阻抗继电器作为测量元件时，整定阻抗为

$$Z_{\mathrm{set.\,1}}^{\mathrm{III}} = K_{\mathrm{rel}}^{\mathrm{III}} Z_{\mathrm{L.\,min}} \tag{4-143}$$

当采用方向阻抗继电器作为测量元件时，整定阻抗为

$$Z_{\mathrm{set.\,1}}^{\mathrm{III}} = \frac{K_{\mathrm{rel}}^{\mathrm{III}} Z_{\mathrm{L.\,min}}}{\cos(\varphi_{\mathrm{L}} - \varphi)} \tag{4-144}$$

式中 φ_{L}——线路阻抗角；

φ——线路的负荷功率因数角。

第Ⅲ段的动作时间应大于系统振荡时的最大振荡周期，且与相邻元件、线路第Ⅲ段保护的动作时间按阶梯原则进行相互配合。

2. 与相邻距离保护第Ⅱ段配合

为了缩短保护切除故障时间，可与相邻线路相间距离保护第Ⅱ段配合，则

$$Z_{\mathrm{op.\,1}}^{\mathrm{III}} = K_{\mathrm{rel}}^{\mathrm{III}} Z_{\mathrm{AB}} + K'''_{\mathrm{rel}} K_{\mathrm{b.\,min}} Z_{\mathrm{op.\,2}}^{\mathrm{II}} \tag{4-145}$$

式中 $K_{\mathrm{rel}}^{\mathrm{III}}$——距离保护第Ⅲ段可靠系数，取 0.8～0.85；

K'''_{rel}——可靠系数，取 $K'''_{\mathrm{rel}} \leqslant 0.8$；

$Z_{\mathrm{op.\,2}}^{\mathrm{II}}$——相邻线路相间距离保护第Ⅱ段的整定值。

当距离保护第Ⅲ段的动作范围未伸出相邻变压器的另一侧时，应与相邻线路不经振荡闭锁的距离保护第Ⅱ段的动作时间配合，即

$$t_{\mathrm{op.\,1}}^{\mathrm{III}} = t_{\mathrm{op.\,2}}^{\mathrm{II}} + \Delta t' \tag{4-146}$$

式中 $t_{\mathrm{op.\,2}}^{\mathrm{II}}$——相邻线路不经振荡闭锁的距离保护第Ⅱ段的动作时间。

当距离保护第Ⅲ段的动作范围伸出相邻变压器的另一侧时，应与相邻变压器相间后备保护配合，即

$$t_{\mathrm{op.\,1}}^{\mathrm{III}} = t_{\mathrm{op.\,T}}^{\mathrm{III}} + \Delta t$$

式中 $t_{\mathrm{op.\,T}}^{\mathrm{III}}$——相邻变压器相间短路后备保护的动作时间。

取上述两条件较大时间为被保护线路第Ⅲ段距离保护整定值。

相间距离保护第Ⅲ段的灵敏度校验用下式计算

当作为近后备保护时：$K_{sen}^{Ⅲ}=\frac{Z_{op.1}^{Ⅲ}}{Z_{AB}}\geqslant 1.3\sim 1.5$

当作为远后备保护时：$K_{sen}^{Ⅲ}=\frac{Z_{op.1}^{Ⅲ}}{Z_{AB}+K_{b.max}Z_{BC}}\geqslant 1.2$

式中　$K_{b.max}$——最大分支系数。

当灵敏度不满足要求时，可与相邻线路相间距离保护第Ⅲ段配合，即

$$Z_{op.1}^{Ⅲ}=K_{rel}^{Ⅲ}Z_{AB}+K_{rel}^{Ⅲ'}K_{b.min}Z_{op.2}^{Ⅲ} \tag{4-147}$$

式中　$K_{rel}^{Ⅲ}$——距离保护第Ⅲ段可靠系数，取 0.8～0.85；

$K_{rel}^{Ⅲ'}$——可靠系数，取 $K_{rel}^{Ⅲ}=0.8$；

$Z_{op.2}^{Ⅲ}$——相邻线路距离保护第Ⅲ段的整定值。

相间距离保护第Ⅲ段的动作时间为：$t_{op.1}^{Ⅲ}=t_{op.2}^{Ⅲ}+\Delta t$

若相邻元件为变压器，则与变压器相间短路后备保护配合，则第Ⅲ段距离保护阻抗元件动作值为

$$Z_{op.1}^{Ⅲ}=K_{rel}^{Ⅲ}Z_{AB}+K_{rel}^{Ⅲ'}K_{b.min}Z_{op.T}^{Ⅲ} \tag{4-148}$$

式中　$K_{rel}^{Ⅲ}$——距离保护第Ⅲ段可靠系数，取 0.8～0.85；

$K_{rel}^{Ⅲ'}$——可靠系数，取 $K_{rel}^{Ⅲ}\leqslant 0.8$；

$Z_{op.T}^{Ⅲ}$——变压器相间短路后备保护最小保护范围所对应的阻抗值，应根据后备保护类型进行确定。

4.10　自适应距离保护

4.10.1　常规距离保护存在问题

距离保护能瞬时切除输电线路 80%～85%范围内的各种故障，受网络结构和系统运行方式的影响较小，因此距离保护长期以来一直是复杂电网中高压输电线路的主要保护方式。但是，距离保护的性能也存在一些问题，当应用到高压线路时，这些问题更为突出。如超高压线路传送的功率很大，阻抗继电器测量到的负荷阻抗较小。而对于长距离输电线路，保护定值必然较大，这对避越最小负荷阻抗将产生困难；对于超高压线路，短路点的弧光电阻通常较大，因此要求距离保护必须具备足够反应经过渡电阻短路的能力。但这与躲最大负荷的能力是互相矛盾的，必须综合加以考虑。当两侧电源的线路上发生经过渡电阻的区外短路时，阻抗继电器的测量阻抗可能进入动作区而使距离保护误动作，称之为“稳态超越”；短路电流中的非周期分量电流，使短

路电流正负半周不对称，可引起相位比较式阻抗继电器在区外短路故障时误动作；短路伴随振荡时，可能造成距离保护的不正确动作。除此之外，在保护安装处发生短路故障时、方向阻抗继电器在反方向经弧光电阻接地短路时、在正方向经高电阻接地短路时、线路非全相运行时阻抗继电器都有可能发生误动作。

4.10.2 自适应控制原理基本概念

自适应保护是一种保护理论，根据这种理论，可允许和寻求对各种保护功能进行调节使它们更适应当时的电力系统工况。

关键的设想是要对保护系统作某种改变来响应因负荷变化，电网开关操作或故障引起的电力系统变化。在某种程度上，目前所有保护系统都必须适应电力系统的变化。这个目标常常是通过设法使继电器的整定值在可能出现的各种电力系统情况下都正确的方法来实现的。

人们开始考虑自适应保护功能时，控制和保护功能之间的区别变得模糊不清。许多保护功能已经包含了控制，如断路器的重合就是这种情况。实际上，自适应继电保护事实上就是反馈控制系统。

有关文献给自适应继电保护下了一个定义：“自适应继电保护是一种继电保护的基本原理，这种原理使得继电保护能自动地对各种保护功能进行调节或改变，以更适合于给定的电力系统的工况”。“除了具有常规的保护功能外，还必须具有明显的适应功能模块，只有在这种情况下，才能称为自适应式保护”。具体可用图 4-52 表示。

为了更好地发挥自适应原理的作用，对这种保护进行适当的分类是必要的。分类方法有多种，但比较恰当的方法是按照自适应模块的构成进行分类。即

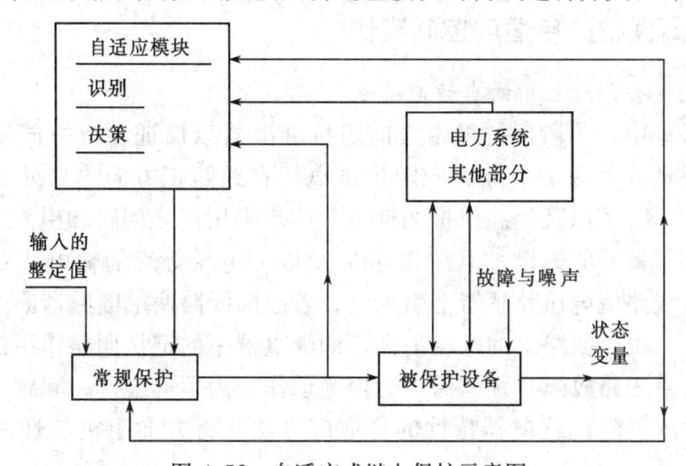

图 4-52　自适应式继电保护示意图

1）按照自适应对策进行分类。

2）按照识别的情况进行分类。

按照自适应对策进行分类，可区分为：

1）整定值自调整式自适应保护。

2）系数自调整式自适应保护。

3）变结构自适应保护。

4）环境的自适应调节。

按照识别的情况进行分类时，可区分为：

1）故障前识别。

2）故障后识别。

除了上述两种分类方法外，还可以按目的来区分。例如，有些自适应策略是为了提高保护灵敏度的，有些自适应策略是为了提高保护动作速度等。此外，还可以以信息来源进行区分，如就地信息和远方信息等。

4.10.3 自适应距离保护的基本原理

自适应距离保护虽然是近期提出的一个新研究课题。但是在常规的距离保护中，实际上已应用自适应原理解决了不少问题，微机保护为自适应原理的实现创造了更为有利的条件，可以预期自适应距离保护一定会得到进一步的发展。

自适应距离保护与常规距离保护的主要区别在于增加了自适应控制回路，自适应控制回路的主要作用是根据被保护线路和系统有关部分所提供的输入识别系统所处的状态，进一步作出自适应的控制决策。

4.10.4 距离保护的自适应控制实例

1. 在自动重合闸过程中的自适应控制

在距离保护中，Ⅰ段保护采用方向阻抗继电器以保证在反方向发生短路故障时保护不会误动作。为了消除方向阻抗继电器在线路正方向出口处发生短路故障时存在的动作“死区”以及提高保护的性能，广泛采用记忆回路和引入非故障相电压的方法，收到了良好的效果。但在220kV及以上电压等级的输电线路的距离保护电压通常是由线路侧电压互感器上引入的。若故障线路两端断路器断开后，在自动重合闸过程中，由于线路上的电压消失，即继电器中的记忆回路作用消失，在线路正向出口处发生短路故障时距离保护会拒绝动作。为了解决这一问题，在重合闸过程中采用自动改变阻抗继电器特性的自适应方法，将方向阻抗特性改为偏移阻抗特性。

2. 消除过渡电阻影响的自适应控制

短路点的过渡电阻对不同动作特性的阻抗元件产生不同的影响。在单侧电源的线路上，短路点有过渡电阻时，由于继电器装设处所测量到的总是电阻分量，因此不影响电抗继电器的正确动作。但是在双侧电源条件下，阻抗元件测量到的过渡电阻的阻抗将会出现感性或容性分量，从而可能引起保护动作范围的缩短或超越。过渡电阻引起的动作范围的缩短和超越与系统参数、两侧电势夹角、过渡电阻值、故障点位置、负荷大小、方向以及功率因数等因素有关。为防止超越，可采用零序阻抗继电器，其动作特性如图 4-14 所示。

3. 消除分支电流影响的自适应控制

如图 4-53 所示的网络，线路 A 侧定时限过电流保护的整定值应能覆盖最长的相邻线路而不管是否有来自其他线路或 B 母线上的电源馈入电流。在某种程度上，目前所有保护系统都必须适应电力系统的变化。这个目标常常是通过继电器的整定值在可能出现的各种电力系统情况下都正确的方法来实现的。例如目前传统的电流保护和距离保护常用的办法是通过整定计算时引入分支系数来适应电力系统运行方式的变化。

如图 4-54 所示的系统，计算 AB 线路 A 侧距离保护的分支系数公式为

$$K_{\mathrm{b}}=\frac{\dot{I}_{\mathrm{A}}+\dot{I}_{\mathrm{B}}}{\dot{I}_{\mathrm{A}}} \tag{4-149}$$

式中 K_{b}——分支系数；

$\dot{I}_{\mathrm{A}}$、$\dot{I}_{\mathrm{B}}$——分别是 A 和 B 电源向短路点提供的短路电流。

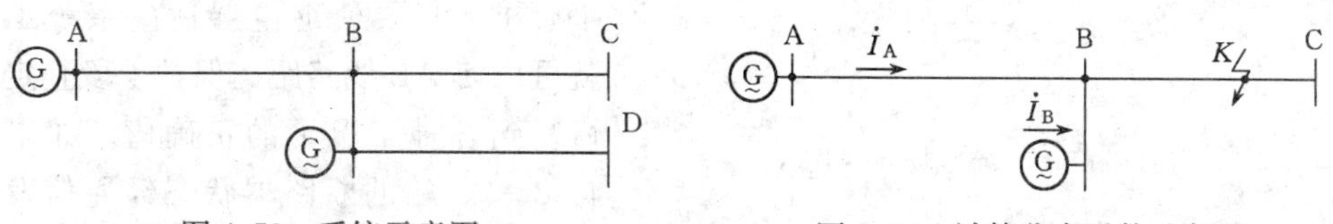

图 4-53 系统示意图　　　　图 4-54 计算分支系数示意图

虽然在整定计算时引入分支系数，但是它仍然无法使保护能预料系统可能发生的故障以及运行方式，也就是说整定值并不是最好的。因为，在对 AB 线路 A 侧进行距离Ⅱ段整定计算时，为了保证保护动作的选择性，取最小的分支系数进行整定。然而，如果继电器的一个整定值对各种系统故障及运行方式的改变有所准备，则它是一个有自适应性的整定值，从这个意义上观察，引入分支系数的做法在某种程度上就是自适应性。不过这种的自适应性还不完善。

由于自适应继电保护的含义是继电器必须适应正在变化的系统情况，就必须有分层配置的带有通信线路的计算机继电保护。应能与变电站的其他设备或远方变电站

的计算机网络进行通信。因此，可以设想一种适应变电站环境的自适应保护系统或一种响应系统需求的自适应保护系统。显然，一种响应系统需求的自适应保护系统更为全面。

即使在需要长距离通信的情况下，某些自适应特点需求从远方获取大量的实时数据，同时，其他自适应特点仍要求一定数量的非实时数据。非实时的数据处理必须在要求大量实时数据的自适应系统之前得以实现。就目前而言，光纤通信线路是用于大量数据转换的最好媒介。

4. 输电线路自适应保护

如图 4-55 所示的三端线路，若由传统保护实现，则保护需要在许多方面加以兼顾。AB线路 A 侧的保护整定值要求不论 T 接线路运行工况如何都能保证安全。若在 K 点发生故障，则母线 A 处的阻抗继电器测量的故障阻抗是

$$Z_m = Z_A + Z_k(\dot{I}_A + \dot{I}_C)/\dot{I}_A \tag{4-150}$$

式中　$\dot{I}_A$、$\dot{I}_C$——A 端和 C 端电源向故障点提供的短路电流。

Z_A、Z_k 的含义如图 4-55 所示。

对距离保护Ⅰ段，为了保证选择性，要求对 AB 线路的保护区在各种运行方式下不超过 B 末端范围，整定值必须小于 Z_A+Z_B。如果将 AB 线路 A 侧整定值定于(Z_A+Z_B)的 85%，则当 T 接线路在运行时，保护范围将小于 85%，AB 线路距离保护Ⅰ段的整定值将不太合乎要求。只要使继电器适应系统工况就可以使 AB 线路距离保护Ⅰ段整定值恢复到各种工况下的正确值。如果可将 B 和 C 端的断路器状态经通信发往

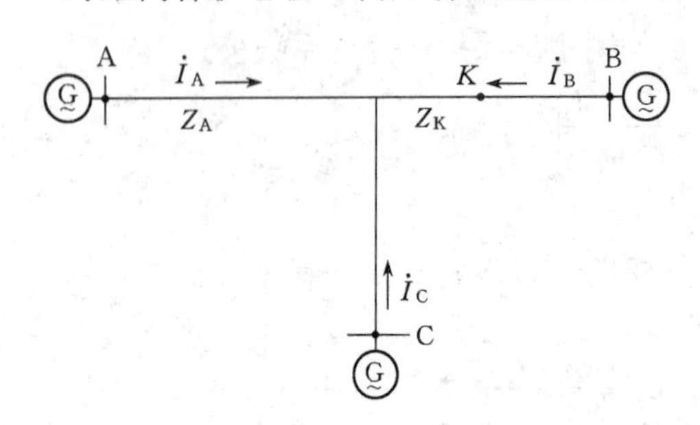

图 4-55　三端线路示意图

A 端的继电器，当 C 端的断路器的状态为 A 端所知的时候，那么 AB 线路 A 端距离保护Ⅰ段整定值可以是 $0.85(Z_A+Z_B)$ 或 $0.85[Z_A+Z_B(\dot{I}_A+\dot{I}_C)/\dot{I}_A]$，这就取决于 C 端的断路器是断开还是闭合。为使一个终端的信息也为其他终端所知，需要在终端之间进行数据通信，只要发生状态变化就发送状态数据(状态数据不必以实时发送)。在进行分支系数计算时可使用电流比值$(\dot{I}_A+\dot{I}_C)/\dot{I}_A$的合理值。

如果将网络每个终端的实际戴维南等效电路参数发往多端线路的每个其他终端，则引入分支系数常数值的作法引起的近似现象就可以消除。传输戴维南等效电路的参数并需要实时数据，这为提高保护动作的速度赢得时间。很显然，若 A 侧知道了其他终端的戴维南等效电路参数，就有可能自适应地确定距离保护的整定值。如果某个

终端能确定故障在T接点和该终端之间并能把这个信息实时发送给其他终端，由于每个终端都知道故障发生在那一段线路上，则距离保护Ⅰ段经整定可以延伸到每个终端到故障部分所要求的距离。

4.11 WXB—11 型线路保护装置

4.11.1 概述

WXB—11 型微机保护装置是用于 110～500kV 各级电压的输电线路成套保护，它能正确反映输电线路的各种相间故障和接地故障，并进行一次重合。该装置采用了电压/频率变换技术，在硬件结构上采用多 CPU 并行工作的方式。四个用于保护和重合闸功能硬件电路完全相同，只是由不同软件实现不同的功能。

该装置硬件框图如图 4-56 所示，它共有 14 个插件，框图中的编号为插件号。

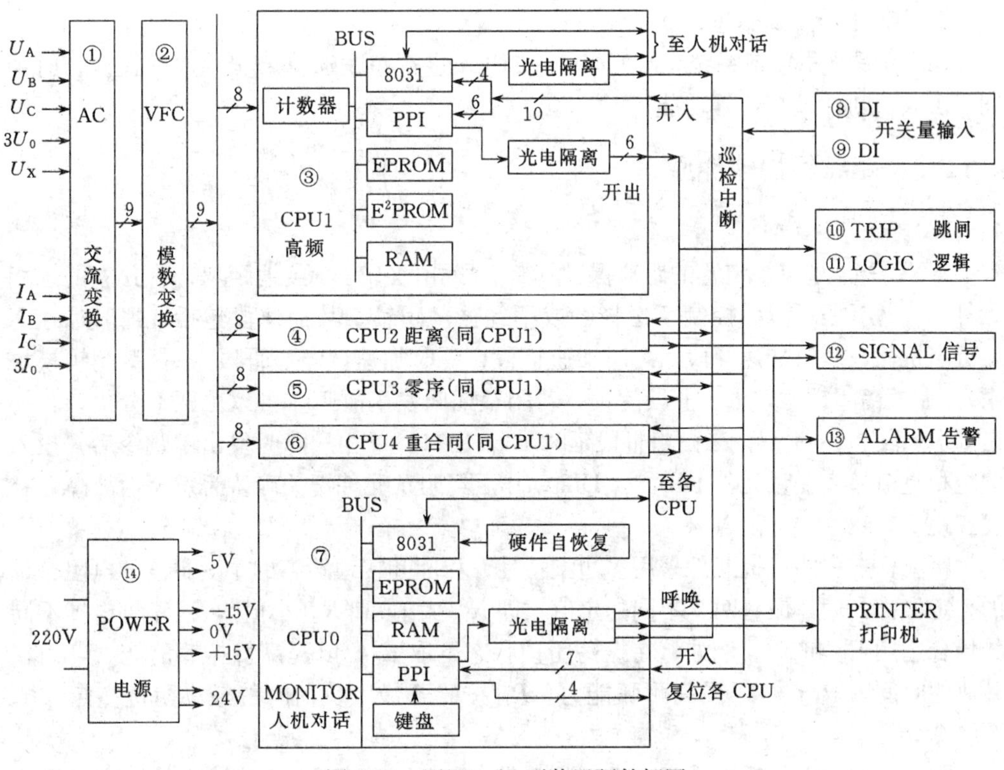

图 4-56 WXB—11 型装置硬件框图

1. 高频保护(CPU1)

CPU1与高频收发信机、高频通道配合，构成高频距离、高频零序方向保护功能。

2. 距离保护(CPU2)

CPU2设有三段相间距离和三段接地距离，并有故障测距功能。该保护有按相电流差突变量的起动元件和选相元件。正常运行时各段距离测量元件均不投入工作，仅在起动元件起动后测量元件才短时开放测量。

3. 零序保护(CPU3)

CPU3实现全相运行投入、非全相运行时退出的四段零序保护和非全相运行时投入的两段零序保护。全相运行时各段零序保护的方向元件均可由控制字整定投入或退出。

4. 综合重合闸(CPU4)

CPU4实现重合闸和选相两个功能。重合闸可工作在“综合重合闸”、“单相重合闸”、“三相重合闸”及“停用”四种方式。

5. 人机接口部分(CPU0)

CPU0是人机接口系统，与CPU1～CPU4进行串联通信，实现巡回检测、时钟同步、人机对话及打印等功能。

4.11.2 距离保护软件原理

1. 概述

WXB—11型保护装置的距离保护具有三段相间和三段接地距离，有独立的选相元件。Ⅰ、Ⅱ段可以由控制字选择经或不经振荡闭锁。其加速段包括：瞬时加速X相近阻抗段；瞬时加速Ⅱ段；瞬时加速Ⅲ段；延时加速(1.5s)Ⅲ段(在振荡闭锁模块中)。在振荡闭锁时，Ⅰ、Ⅱ段闭锁，若闭锁期间发生故障，可以由两部分出口：一是dz/dt段0.2s跳闸；二是由Ⅲ段延时1.5s出口。单相故障时发出单跳令后，投入健全相电流差突变量元件DI2，当DI2动作后经阻抗元件把关确认为发展性故障后补发三跳令。

距离保护中的阻抗元件采用多边型特性。相间和接地距离的Ⅰ～Ⅲ段的电阻分量的整定值都公用，但有两个不同的定值，即R_L(大值)和R_S(小值)，程序将根据不同的场合选用R_L和R_S。例如，在振荡闭锁状态下取R_S，以提高躲振荡的能力，而在开放的时间内取R_L，以提高耐弧能力。R_L按躲开最大负荷时的最小阻抗整定，R_S可取$0.5R_L$。

距离保护程序包括主程序、中断服务程序和故障处理程序三部分。下面分别介绍

这三部分工作原理。

(1) 主程序。主程序由初始化、自检等部分组成，主程序流程图如图 4-57 所示。

(2) 初始化。初始化分为三部分，其中：

1) 不论保护是否在运行位置都必须要进行的初始化项目，它主要是对堆栈、串行口、定时器及有关并行口初始化。对于并行口应规定每一个端口用作输入还是输出，用作输出则还要赋以正常值，使所有继电器都不动作。

2) 在运行方式下才需要进行的项目，它主要是对采样定时器的初始化，控制采样周期为 5/3ms。同时对 RAM 区中有关软件计数器标志清零等。

3) 数据采集系统的初始化是装置在通过全面自检后进行，主要是将采样数据寄存区地址指针初始化，即把存放在各通道采样值转换结果的循环寄存区的首地址存入指针。另外还要对计数器 8253 初始化，规定 8253 的工作方式和赋初始值 0000H 等。

(3) 自检。具体如下：

1) RAM 区的读写自检。对 RAM 区的每一个地址单元都要进行读写检查，其方法是先写入一个数，然后读回。若读回的值与所写入的值一致，说明该单元完好，否则将告警：对单片机内的 RAM 报告“BADRAM”(RAM 损坏)；对片外扩展的 RAM 报告“BAD6264”。

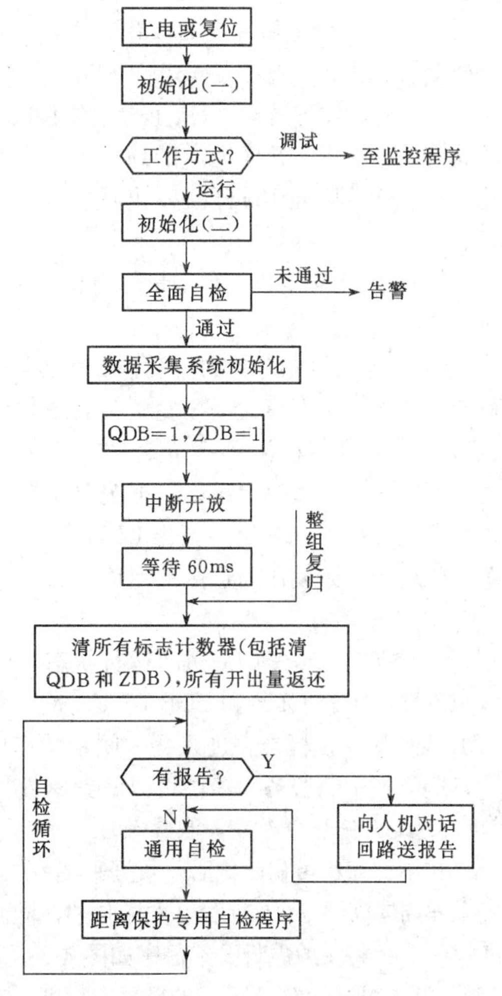

图 4-57 距离保护的主程序流程图

2) 定值检查。本装置每一个保护都固化了多套定值，每套定值在固化时都伴随固化了若干校验码，包括求和校验码和一个密码，供自检用。当对定值进行检查，其结果与校验码完全相符，若不相符报告“SETERR”(定值出错)。

3) EPROM 的自检。检查固化在 EPROM 中的程序是否改变，最简单的方法是求和自检，将 EPROM 中的某些地址的数码求和，舍去累加过程中的溢出，保留某几个字节，同预先存放在 EPROM 中的和数校验码进行比较，以判断固化的内容是否改变。若出错，则报告“BADROM”，并显示实际求和结果。

4）开关量的监视。每次上电或复位时，通过全面自检后，CPU 将读取各开关量的状态并存在 RAM 区规定的地址中，在自检循环中则不断地监视开关量是否有变化，如有变化则经 18s 延时发出呼唤报告，同时给出当前时间以及开关量变化前后状态。

5）开出量的检查。开出量的自检主要是检查光耦元件和传送开出量的并行口及驱动三极管是否损坏。

6）对定值拨轮开关的监视。如在运行中定值用的拨轮开关的触点状态发生变化，可能是工作人员有意拨动拨轮开关而改变整定值区号，也可能是由于开关触点接触不良所致。自检中检测到拨轮开关变化后发出呼唤信号，并显示“Change setting? Press P to Print”(改变定值，可按 P 键)，此时定值选区并未改变，如果工作人员要改变定值，则可按 P 键并指出 CPU 号，装置将显示新选区的定值区号及该区定值清单，此时便开始使用新选区的定值。

2. 其他说明

装置在上电或复归后进入运行状态，且在所有的初始化和全面自检通过后，先将两个重要的标志 QDB 和 ZDB 置“1”，QDB 为起动标志，起动元件 DI1 动作后置“1”，ZDB 为振荡闭锁标志，进入振荡闭锁状态时置“1”。将两个标志先置“1”是十分必要的，这将在中断服务程序中可以看到，置“1”可以使起动元件 DI1 旁路，即不投入。

3. 距离保护中断服务程序原理

在主程序经过初始化后，数据采集系统将开始工作，定时器将按初始化程序所规定的采样周期间隔 T_s 不断发出采样脉冲，同时向 CPU 请求中断，CPU 转向执行中断服务程序。距离保护中断服务程序如图 4-58 所示，它主要包括三部分内容：一是向 8253 读数(采样)并存入 RAM 中的循环寄存区；二是进行电流和电压的求和自检；三是设置了一个反映相电流差突变量起动元件 DI1 和一个非全相运行中监视两健全相是否发生故障的相电流差突变量元件 DI2。中断服务程序中主要标志及其含义如下：

QDB：起动标志，由 DI1 动作置“1”。

ZDB：振荡闭锁标志，进入振荡闭锁状态置“1”。

LHCB：电流求和出错标志，求和出错置“1”。

YHCB：电压求和出错标志，求和出错置“1”。

DIFLGB：DI2 元件检出两健全相有故障标志，DI2 动作时置“1”。

(1) QDB 和 ZDB 标志对程序的切换。

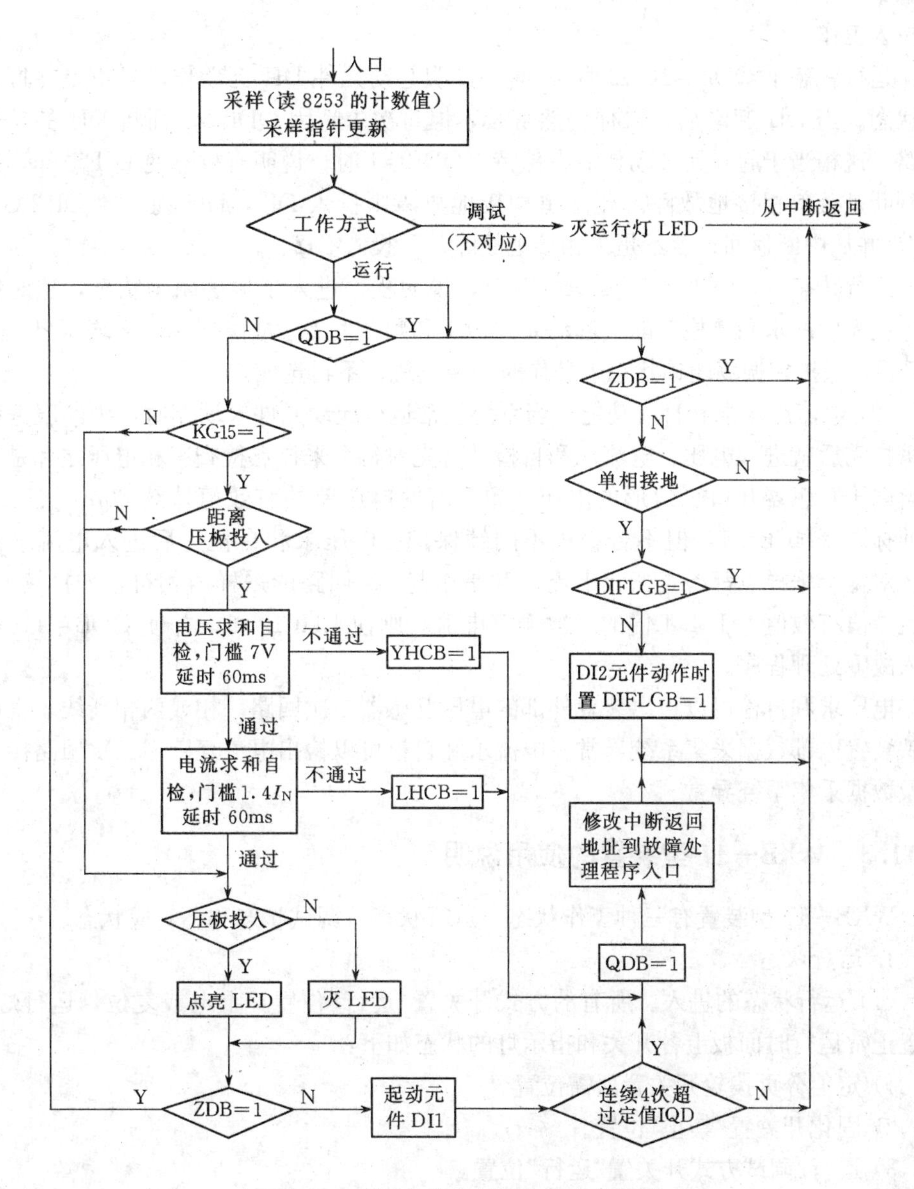

图 4-58 距离保护中断服务程序流程图

运行状态下 QDB=1 和 ZDB=1 时，退出电流求和自检功能，起动元件 DI1 及判断发展性故障元件 DI2 均被旁路，中断服务程序只有采样功能。

运行状态下 QDB=0、ZDB=0 时，在整组复归时将 QDB、ZDB 都清零，这标志着系统正常运行，中断服务程序中的采样、电压电流求和自检和突变量起动元件 DI1

均投入工作。

运行状态下QDB=1、ZDB=0时，说明起动元件DI1已动作，且不是在振荡闭锁状态。当DI1起动后，采样仍然继续，但每次中断因QDB=1而将DI1的程序段旁路，这相当于起动元件动作后自保持。QDB=1时，说明有故障使DI1动作，此时需判断是否单相接地故障。若是单相接地故障则投入DI2，DI2动作置DIFLGB为"1"，并从中断返回；若不是单相接地故障，不投入DI2。

运行状态下，QDB=0、ZDB=1时，说明程序进入了振荡闭锁状态，这时中断服务程序中的求和自检功能、起动元件DI1和判断发展性故障元件DI2均退出。退出DI2后，保护在振荡闭锁状态下动作时一律三跳，不再选相。

(2) 电流电压求和自检功能。当系统正常运行起动元件未动作时，中断服务程序在采样完后就进入电压、电流求和自检，首先对每个采样点检查三相电压之和是否同取自电压互感器开口三角形的电压一致，若两电压差的有效值持续60ms大于7V，则使标志YHCB=1，但不告警也不闭锁保护。电压求和自检完后进入电流求和自检，对每个采样点都检查三相电流之和是否与$3I_0$回路的采样值相符，如持续60ms电流差值有效值大于1.4倍的二次额定电流，则使LHCB=1，并使QDB=1，然后进入故障处理程序。

电压求和自检可以检出装置外部的电压互感器二次回路一相或两相断线，也可以反映装置内部数据采集系统异常。电流求和自检可以检出电流互感器二次回路接线错误及数据采集系统异常。

4.11.3 WXB—11型装置的使用说明

WXB—11型装置有三种工作状态：运行状态、调试状态和不对应状态。

1. 运行状态

(1) 运行状态的进入。所有的方式开关置"运行"位置，上电或复位，运行灯亮。装置正常运行时面板上各开关和指示灯的状态如下：

1) 定值分页拨轮开关置所需位置。

2) 固化开关置"禁止"位置。

3) 运行/调试方式开关置"运行"位置。

4) 巡检开关投入。

5) CPU1～CPU4的压板投入。

6) 运行灯亮(CPU4的运行灯在上电后约15s点亮)。

(2) 运行状态下改变定值分页号(改变定值区号)。假设要将CPU1的定值区由1区改为2区，操作过程如下：

1) 将 CPU1 的拨轮开关由 1→2，打印机打印"change setting? press P to print"。

2) 按"P"键，打印机打印"P(1，2，3，4)?"(选 CPU 号)。

3) 输入"1"(选 CPU1)，此时新区的定值被搬至 RAM，打印机打印一份新区的定值清单。

(3) 运行状态下的键盘操作。运行状态下的键盘操作流程如图 4-59 所示。

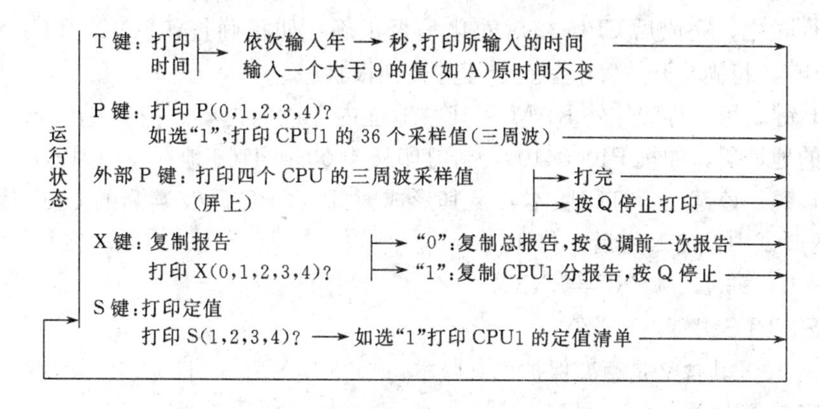

图 4-59 运行状态下的键盘操作

2. 调试状态

(1) 调试状态的进入。将人机对话插件和被调试的 CPU 插件的方式置于"调试"位置，上电后复位，则装置进入调试状态。打印机打印："MONITOR(0，1，2，3，4)?"，输入要调试的 CPU 插件号(如 CPU1)后，打印机打印"CPU1：DEBUG STATE"，表示人机对话插件已准备好与要调试的 CPU(如 CPU1)插件通信。在这种状态下就可以使用命令键对装置进行调试。

(2) 调试状态下的键盘操作。其中：

1) M 键。用于显示和修改存储器 RAM 中的内容，即可以显示片内的 RAM 也可以显示片外的 RAM，输入地址的高 8 位为 FF 时，显示的是单片机内部的 RAM。操作：如要显示 0007 单元(8255PB 口的地址)的内容，在根状态下操作：M0007，打印"000742"，数据"42"为改单元的内容，是初始化时所赋的初值。接着操作：W84，打印"000784"(跳 A)。如果依次将相应相别数据输入 0007 单元，可以进行传动试验，试验后，要注意再将 0007 单元的内容改为 42，还原为正常值。利用"+"、"−"键可以查看 0007 单元相邻的单元内容，输入其他的单元地址可以查看相应的内容。按"Q"键回到根状态。

2) S 键。用于打印和修改定值。操作：在根状态下按 S 键，打印"S NO?"，输入定值项序号，例如"02"，打印该项定值"02 VBL 0.100"；如果修改该项定值，再操作：W0.125，打印“02 VBL 0.125”。输入其他的定值项号或用“＋”、“－”键可以实现对其他项定值的打印或修改，按 Q 键回到根状态。

3）W 键。用于将 RAM 区的定值固化到拨轮开关所指定的 E^2PROM 的存储区内。该工作通道是在用上面的 S 键修改定值后进行。在根状态下按 W，打印机打印“TURN ON ENABLE AND PRESS W AGAIN”，将固化开关置于允许位置，再按 W 键进行固化。完成后 CPU 核对固化是否正确，如正确打印“OK，TURN ENABLE OFF”，将固化开关置于禁止位置并回到根状态。

4）P 键。用于打印片外 RAM 中某一地址内存放的内容。按 P 键后再输入两个 16 进制的地址码，如按 P40004100，将打印从 4000 到 4100 地址段的内容。

5）L 键。该键用于打印版本号及其形成时间，CRC 码及实测的 CRC 值。如对 CPU2 的调试中，按 L 键后，打印：

JL－4.0 95.8.30 CRC＝XXXX

TEST RESULT：YYYY

“JL－4.0”其含义是距离保护 4.0 版本，1995 年 8 月 30 日完成，实测的 CRC 值 YYYY 应与 XXXX 相同。

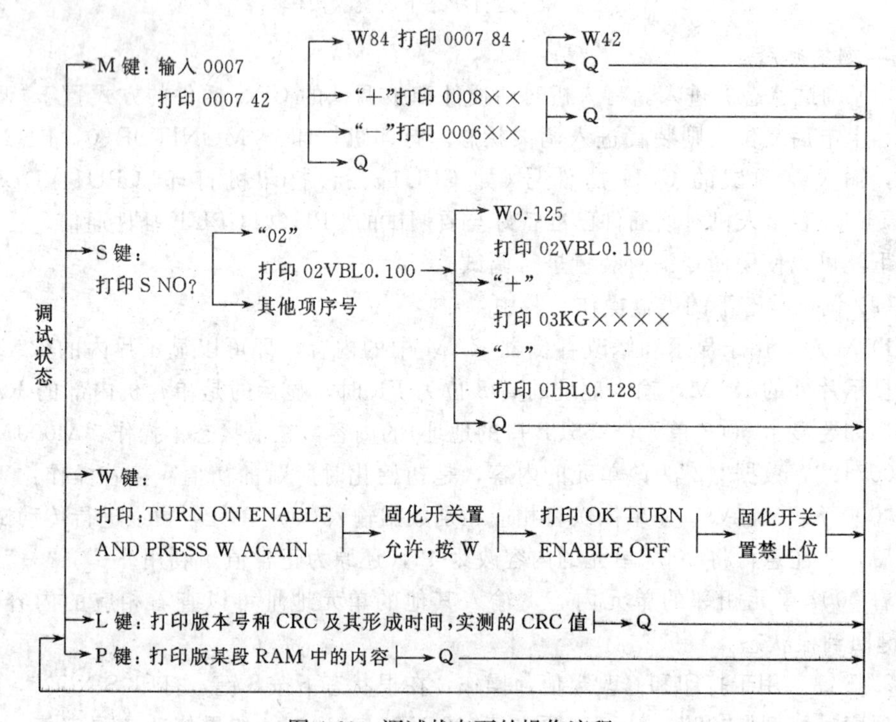

图 4-60　调试状态下的操作流程

调试状态下的操作流程如图 4-60 所示。

3. 不对应状态

(1) 不对应状态进入。不对应状态是为调试数据采集系统而设置的，主要用于对VFC回路的零漂调试和采样精度的调整。人机对话插件和被测试的CPU的方式开关均置“运行”位置，上电复位，再将被测试的CPU的方式置“调试”位置，此时进入不对应状态。

(2) 不对应状态下的操作。其中：

1) P键。用于打印采样值和有效值，对于CPU1～CPU3依次打印i_A、i_B、i_C、$3i_0$、u_A、u_B、u_C、$3u_0$的采样值和有效值，对于CPU4不显示$3u_0$，而显示线路电压u_x。

2) L键。调试各插件的详细报告。

3) X键。用于不断打印有效值和零漂或阻抗值。

小　　结

本章分析了距离保护的基本工作原理，距离保护与电流保护相比，受系统运行方式的影响较小(有分支电源时，保护区有影响)。其保护区长且稳定，在高压输电线路中被广泛应用。

由于传统距离保护(相对于微机保护而言)圆特性阻抗继电器实现比较简单，因而被广泛应用。建立圆特性阻抗继电器动作方程的基本方法是：从圆的圆心作一有向线段至测量阻抗末端，与圆的半径进行比较，若有向线段比圆半径短，则测量阻抗落在动作区内；反之，测量阻抗落在保护区外。由于微机保护的出现，测量继电器被软件所取代(通过算法实现)，所以可以实现更加灵活的动作特性，如带自适应原理的电抗式阻抗继电器、多边形阻抗继电器等。

为了正确地反映保护安装处到短路故障点的距离，在同一点发生不同类型短路故障时，测量阻抗应与短路类型无关。遗憾的是，无论采用哪一种接线都不能满足这点要求。因此，在实用中将相间短路保护与接地短路保护分开，即采用不同的接线方式。

选相是为了充分发挥CPU的功能，在处理故障之前，预先进行故障类型的判断，以节约计算时间。

能区分电力系统振荡和短路故障的起动元件，具有在系统振荡条件下不动作，在正常运行状态下发生短路故障，或在振荡过程中发生短路故障都能迅速动作的优越性能。反映故障分量的起动元件可作为判别系统是否振荡，也可以与距离保护配合使用，以满足振荡时不误动，在发生短路故障时迅速起动保护的目的。

电力系统发生振荡，将引起电压、电流大幅度的变化，将造成距离保护的误动作。电力系统发生振荡，可以通过其他措施或装置使系统恢复同步，而不允许继电保护发生误动作，因此必须装设振荡闭锁装置。振荡闭锁装置的工作原理是通过分析振荡与短路故障电流突变量、电气量变化速度、测量阻抗变化率以及序分量变化来实现对距离保护的闭锁。

反映故障分量的方向元件具有明确的方向性；方向元件不受过渡电阻的影响，基本上也不受负荷变化和系统频率变化的影响；在系统发生振荡时，由于提取故障分量的环节出现较大误差，可能引起方向元件误动，必须采取防止误动的措施；反映正序故障分量的方向元件原理明确，判据简单，分析方便，方向性误差小。但是，尽管故障分量在继电保护中的应用已取得了显著成绩，但还存在一些尚待解决的问题。

当短路故障时，短路点存在过渡电阻或有分支电源时，将影响距离保护的正确动作。在选择阻抗继电器的动作特性时，应考虑过渡电阻的影响；在整定计算时必须考虑分支系数。

自适应继电保护能够克服常规保护中长期存在的困难和问题，改善或优化保护的性能指标。自适应继电保护实质上是继电保护智能化的一个重要组成部分，计算机在电力系统中的应用为自适应继电保护的发展提供了前所未有的良机。

习　　题

4-1　如图 4-61 所示，网络中 A 处电源电抗分别为：$X_{sA.min}=20\Omega$，$X_{sA.max}=25\Omega$；B 处电源电抗分别为：$X_{sB.min}=25\Omega$，$X_{sB.max}=30\Omega$；电源相电势为：$E_s=115/\sqrt{3}$kV；AB 线路最大负荷电流为 350A，负荷功率因数为 0.9。线路电抗为 0.4Ω/km，线路阻抗角为 70°。归算至电源侧的变压器电抗为 $X_T=44\Omega$。保护 7 的后备保护动作时间为 1.5s，保护 8 的后备保护动作时间为 0.5s。母线最小工作电压 $U_{w.min}=0.9U_N$；可靠系数分别为：$K_{rel}^{\mathrm{I}}=K_{rel}^{\mathrm{II}}=0.8$，$K_{rel}^{\mathrm{III}}=0.7$。若线路装有三段式相间距离保护，且测量元件为方向特性阻抗继电器，问：

(1) 断路器 QF1 处各段阻抗保护动作阻抗和整定阻抗各为多少？

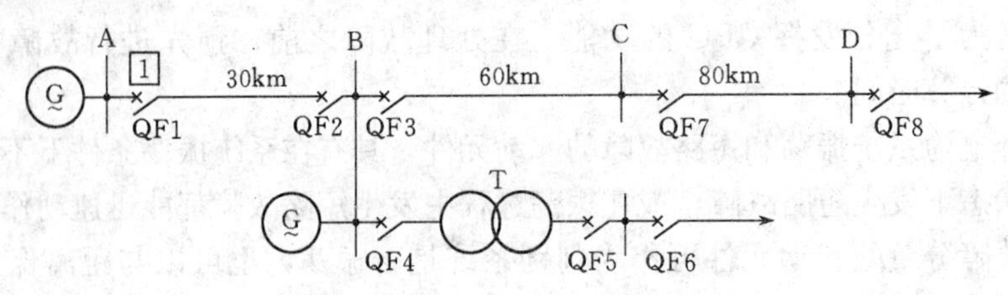

图 4-61　习题 4-1 的系统接线图

（2）断路器QF1处三段距离保护灵敏度为多少？

（3）系统在最大运行方式下发生振荡时，哪些测量元件将会误起动？为什么？

（4）离QF1为12km处发生带过渡电阻$R_F=8\Omega$的相间短路故障时，该保护第Ⅱ、Ⅲ段阻抗元件是否起动？为什么？

4-2　网络如图4-62所示，已知：线路正序阻抗$Z_1=0.4\Omega/km$，阻抗角为65°，A、B变电站装有反映相间短路的二段式距离保护，其测量元件采用方向阻抗继电器，灵敏角$\varphi_{sen}=65°$，可靠系数$K_{rel}^{I}=K_{rel}^{II}=0.8$。求：

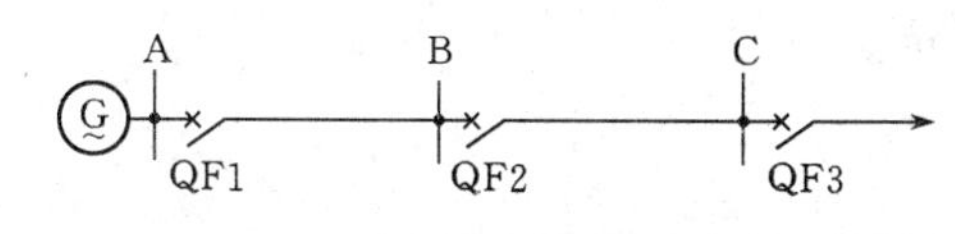

图4-62　习题4-2网络接线图

（1）当线路AB、BC的长度分别为100km和20km时，A变电站保护Ⅰ、Ⅱ段的整定值，并校验灵敏度。

（2）当线路AB、BC的长度分别为20km和100km时，A变电站保护Ⅰ、Ⅱ段的整定值，并校验灵敏度。

（3）分析比较上述两种情况，距离保护在什么情况下使用较理想？

4-3　如图4-63所示网络，已知A电源等效阻抗为：$X_{sA.min}=10\Omega$，$X_{sA.max}=15\Omega$；B电源等效阻抗为：$X_{sB.min}=15\Omega$，$X_{sB.max}=25\Omega$；D电源等效阻抗为$X_{sC.min}=12\Omega$，$X_{sC.max}=40\Omega$；AB、BC、BD线路阻抗分别为20Ω、15Ω、10Ω。求网络的A侧距离保护的最大、最小分支系数(可靠系数取0.8)。

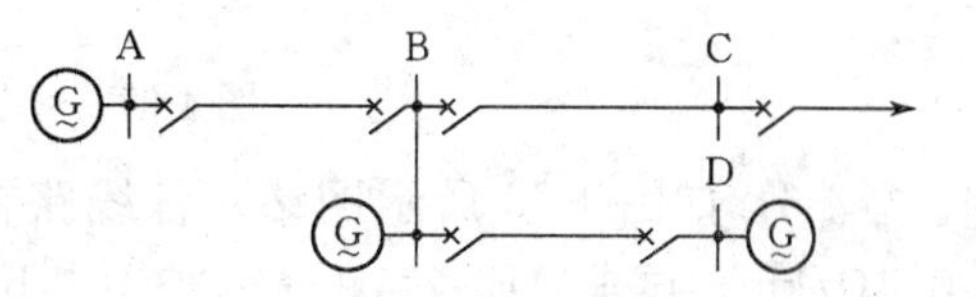

图4-63　习题4-3系统接线图

4-4　如图4-64所示网络，已知：线路正序阻抗$Z_1=0.45\Omega/km$，在平行线路上装设距离保护作为主保护，可靠系数Ⅰ段、Ⅱ段取0.85，试决定距离保护AB线路A侧，BC线路B侧的Ⅰ段和Ⅱ段动作阻抗和灵敏度。其中：电源相间电势为115kV，$Z_{sA.min}=20\Omega$，$Z_{sA.max}=Z_{sB.max}=25\Omega$，$Z_{sB.min}=15\Omega$。

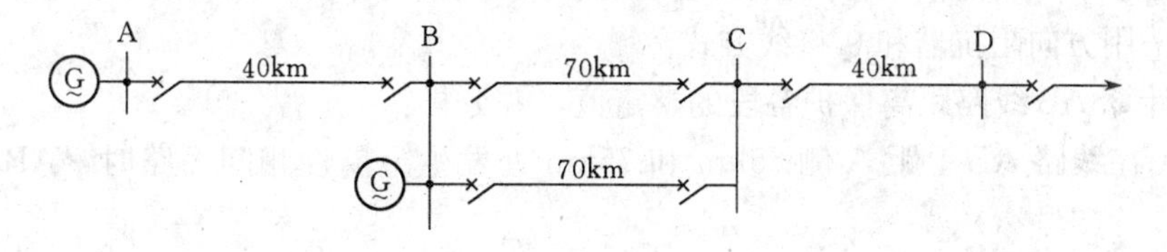

图4-64　习题4-4系统接线图

4-5　网络参数如图4-65所示，已知：

（1）网络的正序阻抗$Z_1=0.45\Omega/km$，阻抗角65°。

(2) 线路上采用三段式距离保护，阻抗元件采用方向阻抗继电器，阻抗继电器最灵敏角 65°，阻抗继电器采用 0°接线。

(3) 线路 AB、BC 的最大负荷电流 400A，第Ⅲ段可靠系数为 0.7，$\cos\varphi=0.9$。

(4) 变压器采用差动保护，电源相间电势为 115kV。

(5) A 电源归算至被保护线路电压等级的等效阻抗为 $X_A=10\Omega$；B 电源归算至被保护线路电压等级的等效阻抗分别为：$X_{B.min}=30\Omega$，$X_{B.max}=\infty$。

(6) 变压器容量为 2×15MVA，线电压为 110/6.6，$U_k\%=10.5$。

试求线路 AB 的 A 侧各段动作阻抗及灵敏度。

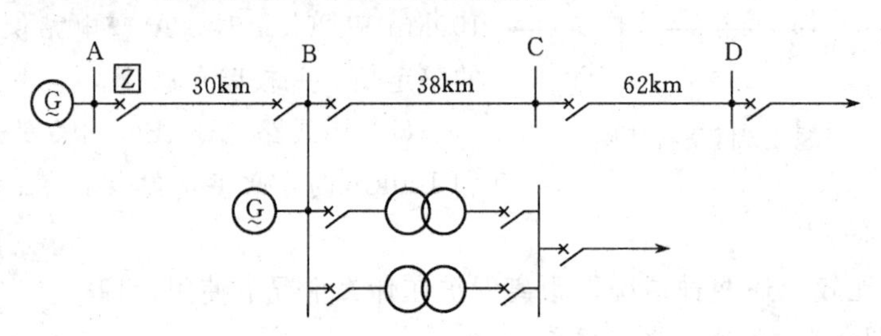

图 4-65　习题 4-5 系统接线图

4-6　如图 4-66 所示网络，各线路首端均装有距离保护，线路正序阻抗 $Z_1=0.4\Omega/km$。试求 AB 线路距离保护Ⅰ、Ⅱ段动作阻抗及距离Ⅱ段灵敏度。

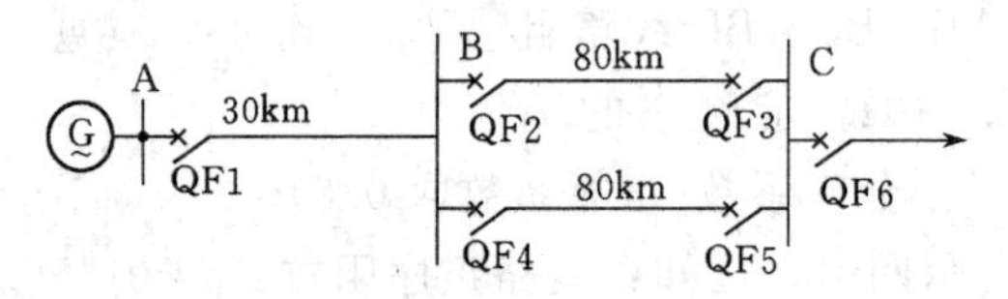

图 4-66　习题 4-6 系统接线图

4-7　如图 4-67 所示网络，已知：网络的正序阻抗 $Z_1=0.4\Omega/km$，线路阻抗角 $\varphi_k=70°$；A、B 变电所装有反映相间短路的两段式距离保护，其距离Ⅰ、Ⅱ段的测量元件均采用方向阻抗器和 0°接线方式。

试计算 AB 线路距离保护各段的整定值，并分析：

(1) 在线路 AB 上距 A 侧 65km 和 75km 处发生金属性相间短路时，AB 线路距

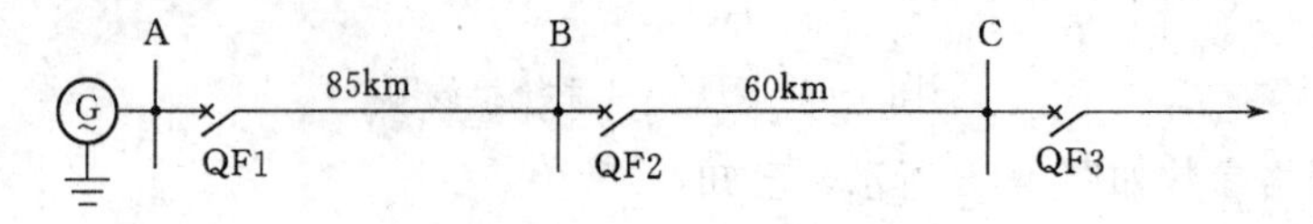

图 4-67　习题 4-7 系统接线图

离保护各段的动作情况。

(2) 在线路 AB 上距 A 侧 40km 处发生 $R_F=16\Omega$ 的相间弧光短路时，AB 线路距离保护各段的动作情况。

(3) 若 A 变电所的相间电压为 115kV，通过变电所的负荷功率因素为 $\cos\varphi=0.8$，为使 AB 线路距离保护Ⅱ段不误动作，最大允许输送的负荷电流为多少？

4-8　如图 4-68 所示双侧电源电网，已知：线路的正序阻抗 $Z_1=0.4\Omega/\text{km}$，$\varphi_k=75^\circ$；电源 M 的等值相电势 $E_M=115/\sqrt{3}\text{kV}$、阻抗 $Z_M=20\angle 75^\circ\ \Omega$；电源 N 的等值相电势 $E_N=115/\sqrt{3}\text{kV}$，阻抗 $Z_N=10\angle 75^\circ\ \Omega$；在变电站 M、N 装有距离保护，距离保护Ⅰ、Ⅱ段测量元件均采用方向阻抗继电器。试求：

(1) 振荡中心位置，并在复平面坐标上画出振荡时的测量阻抗变化轨迹。

(2) 分析系统振荡时，变电站 M 侧的距离保护Ⅰ、Ⅱ段(Ⅱ段距离保护一次动作整定阻抗 160Ω，整定阻抗角 75°)误动的可能性及采取的措施。

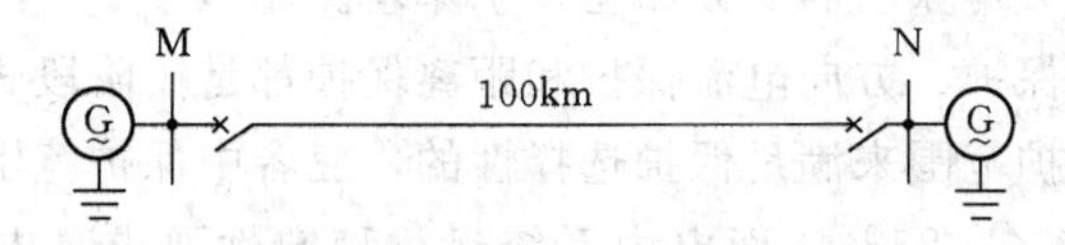

图 4-68　习题 4-8 系统接线图

第 5 章

输电线路全线快速保护

【教学要求】 掌握输电线路纵联差动保护的工作原理；熟悉反映故障分量电流相位差动保护工作原理；熟悉横联差动保护工作原理；了解平衡保护工作原理；掌握高频方向保护和高频相差保护原理。

输电线路的电流保护、方向电流保护和距离保护都是按阶段式配置的。其快速动作的Ⅰ段是靠限制保护范围来满足保护选择性的，三者中保护范围最长的距离Ⅰ段只能达到线路全长的80％～85％，而电力系统运行稳定性要求高电压、大容量、长距离的重要线路，保护必须满足整条线路全长范围故障是快速切除的，上述三类保护显然不满足这个要求。

本章所讲述的差动、高频保护就是能满足线路全长快速动作要求的一类保护。

5.1　输电线路的纵联差动保护

因被保护线路上发生短路和被保护线路外短路，线路两侧电流大小和相位是不相同的。故比较线路两侧电流大小和相位，可以区分是线路内部短路，还是线路外部短路。纵联差动保护就是根据这一特征去构成的。

纵联差动保护就是利用辅助导引线将线路两侧电流大小和相位进行比较，决定保护是否动作的一种快速保护，其保护范围就是本线路的全长。

5.1.1　纵联差动保护的构成

单相纵联差动保护的构成如图 5-1 所示，它要求线路两侧的电流互感器型号、变比完全相同，性能一致。辅助导引线将两侧的电流互感器二次侧按环流法连接成回路，差动电流继电器接入差动回路。

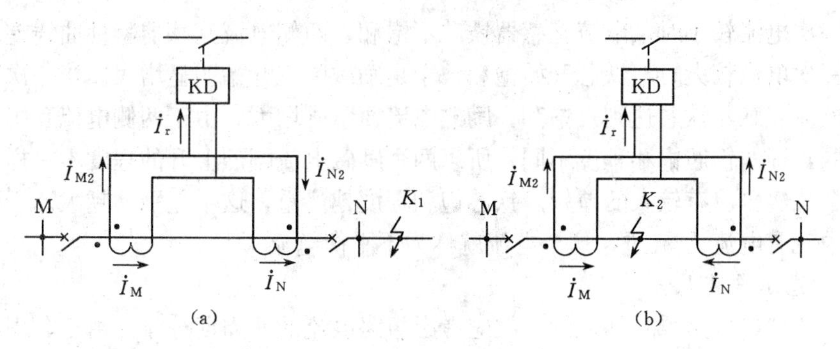

图 5-1 线路纵联差动保护单相原理图

(a)正常运行和区外短路；(b)区内短路

5.1.2 纵联差动保护的工作原理

用环流回路比较两侧电流大小和相位。两侧电流的大小相等，相位相同时差动回路几乎无电流，差动继电器不动作；两侧电流的大小不等或相位不同时，差动回路电流大，差动继电器动作。

(1) 线路正常运行或外部短路时，由图 5-1(a)不难得出，流入差动继电器 KD 的电流为

$$\dot{I}_{r}=\dot{I}_{M2}-\dot{I}_{N2}=\frac{1}{n_{TA}}(\dot{I}_{M}-\dot{I}_{N})$$

在理想情况下：$n_{TA1}=n_{TA2}=n_{TA}$，互感器其他性能完全一致，则有 $I_r=0$。

但实际上两侧互感器的性能不可能完全相同，电流差不等于零，会有一个不平衡电流 I_{unb} 流入差动继电器。

(2) 线路内部故障时，由图 5-1(b)得出 $\dot{I}_{r}=\dot{I}_{M2}+\dot{I}_{N2}\neq 0$，且有很大的电流流入差动继电器，继电器动作，线路两侧断路器跳开，切除短路故障。

5.1.3 不平衡电流

1. 稳态不平衡电流

在差动保护中，由于电流互感器总是具有励磁电流，且励磁特性不完全相同。即使同一生产厂家相同型号，相同变比的电流互感器也是如此。从电流互感器 $I_2=f(I_1)$ 的关系曲线(图 5-2)可看

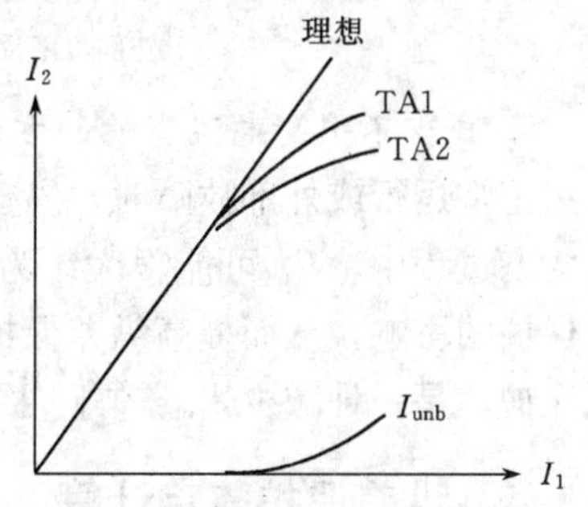

图 5-2 电流互感器 $I_2=f(I_1)$ 的特性与不平衡电流

出，当一次电流较小时，电流互感器铁芯不饱和，两侧电流互感器特性曲线差别不明显。当一次电流较大时，铁芯开始饱和，于是励磁电流开始明显增大。当一次电流很大时，电流互感器铁芯达到过饱和，励磁电流便急剧增大。由于两侧电流互感器励磁特性不同，即两铁芯饱和程度不同，所以两个励磁电流剧烈上升的程度不一样，因而造成两个二次电流有较大的差别。铁芯饱和程度越严重，这个差别就越大。于是差动继电器中就有电流 I_r 流过，这个电流就称为不平衡电流 I_{unb}。

2. 暂态不平衡电流

由于差动保护是瞬时动作的，故应考虑短路电流的非周期分量。由于非周期分量对时间变化率远小于周期分量，故非周期分量很难变换到二次侧，但却使铁芯严重饱和，导致励磁阻抗急剧下降，励磁电流剧增，从而使二次电流的误差增大。因此暂态不平衡电流要比稳态不平衡电流大得多，并且含有很大的非周期分量。图 5-3 示出了外部短路时，差动继电器中暂态不平衡电流 I_{unb}的实测波形。由图可见暂态不平衡电流的最大值是在短路开始稍后一些时间出现，这是因为一次电流出现非周期分量电流时，由于电流互感器本身有着很大的电感，铁芯中的非周期分量磁通不能突变，故铁芯最严重的饱和时刻不是出现在短路的最初瞬间，而是出现在短路开始稍后一些时间，从而有这样的 I_{unb}波形。

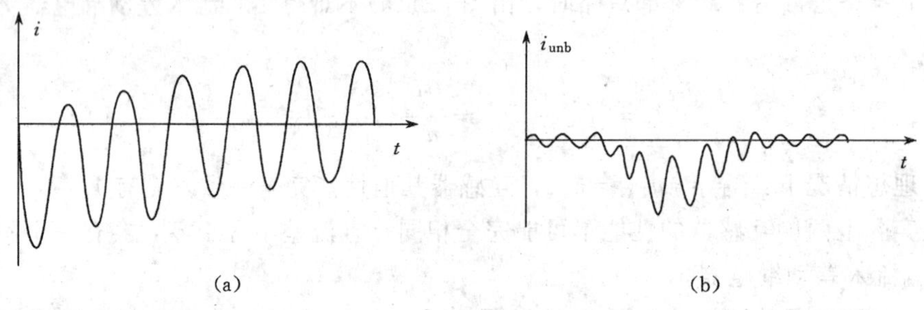

图 5-3　外部短路时的不平衡电流
(a) 外部短路暂态短路电流过程；(b) 暂态不平衡电流

3. 减少不平衡电流影响的方法

正常运行或外部故障时，纵差保护中总会有不平衡电流 I_{unb}流过，而且在外部短路暂态过程中，I_{unb}可能很大。为防止外部短路时纵差保护误动作，应设法减少 I_{unb}对保护的影响，从而提高纵差保护的灵敏度。采用带速饱和变流器或带制动特性的纵差保护，是一种减少 I_{unb}影响、提高保护灵敏度的有效方法。

5.1.4　纵差保护整定计算

差动继电器动作电流按如下两式进行整定：

(1) 按躲过区外短路故障时的最大不平衡电流整定，其动作电流为

$$I_{op}=K_{rel}K_{st}K_{unp}f_{er}I_{k.max} \tag{5-1}$$

式中 K_{rel}——可靠系数，取1.3～1.5；

K_{unp}——非周期分量系数；

K_{st}——电流互感器同型系数，当两侧电流互感器同型时取0.5，不同型时取1；

f_{er}——电流互感器误差，取0.1；

$I_{k.max}$——外部短路故障时流过本线路的最大短路电流。

(2) 按躲过电流互感器二次回路断线条件整定，其动作电流为

$$I_{op}=K_{rel}I_{L.max} \tag{5-2}$$

式中 $I_{L.max}$——线路正常运行时的最大负荷电流；

K_{rel}——可靠系数，取1.5～1.8。

动作值取式(5-1)和式(5-2)的较大值。

保护装置的灵敏系数为

$$K_{sen}=\frac{I_{k.min}}{I_{op}}\geqslant 2$$

灵敏系数按单侧电源供电情况下被保护线路末端短路时流过保护安装处的最小短路电流校验。当灵敏系数不满足要求时，可采用带制动特性的差动继电器。

但必须指出，纵差保护只能在短线路上应用。

5.1.5 利用故障分量的电流差动保护

由第3章中已介绍的故障信息在保护中的应用可知，利用故障分量的电流差动保护分析如下。

1. 电流纵差保护原理

目前电流纵差保护原理在电力系统中的发电机、变压器、母线、线路和电动机上，凡是有条件实现的，均使用了电流纵差保护。

从故障信息观点看，电流纵差保护最为理想。这是因为差动回路的输出电流反映着被保护对象内部的信息。假设被保护对象内部故障，并规定电流正方向为母线指向被保护对象，则两侧电流分别为

$$i_m=i_{mun.F}+i_{mF}$$

$$i_n=i_{mun.F}+i_{nF}$$

差动回路的输出电流为

$$i_d = i_m + i_n = i_{mF} + i_{nF} + i_{mun.F} + i_{nun.F}$$

由于电流 $i_{mun.F}$ 和 $i_{nun.F}$ 为非故障状态下被保护对象两侧的电流，显然有

$$i_{mun.F} = - i_{nun.F}$$

或

$$i_d = i_{mF} + i_{nF} = i_F$$

式中 i_F——故障点的总电流。

由此可见，在差动回路的输出中完全消除了非故障状态下的电流。不论非故障状态变化多么复杂，纵联差动保护原理具有精确提取内部故障分量的能力。也就是说在电流纵差保护中用故障分量的电流和直接用故障后的实际电流来提取故障分量是完全相同的。但是，为防止在外部故障时可能出现的不平衡电流引起保护误动，通常采用制动特性。利用不同的制动量可以得出不同的制动特性，当制动量用外部故障条件下的实际电流时，由于其中包含有非故障分量，非故障分量将在内部故障时产生不利影响，从而使保护灵敏下降。因此，利用故障分量构成制动量有利于提高灵敏度。

2. 电流相位差动原理

由于电流相位差动原理比较被保护对象两端电流的相位，而各端电流的相位都受到非故障分量的影响。

如图 5-4 所示网络，假设故障发生在正常负荷状态下，且两侧系统阻抗角与线路阻抗角相同。当负荷电流 $\dot{I}_L$ 与故障分量电流 $\dot{I}_F$ 的相位差为 90°时，线路两端实际短路电流 $\dot{I}_m$、$\dot{I}_n$ 相位关系如图 5-4 所示。由图可见，在负荷电流影响下，被比较两端电流 $\dot{I}_m$、$\dot{I}_n$ 之间的相位差增大，因此传统的电流相位差保护受负荷电流的影响。假定保护的闭锁角为 α_s，则保护的拒动条件可表示为

$$\alpha_m + \alpha_n \leqslant \alpha_s \tag{5-3}$$

$$\alpha_m = \mathrm{tg}^{-1}(I_{mF}/I_L) \quad \alpha_n = \mathrm{tg}^{-1}(I_{nF}/I_L)$$

由式(5-3)可得

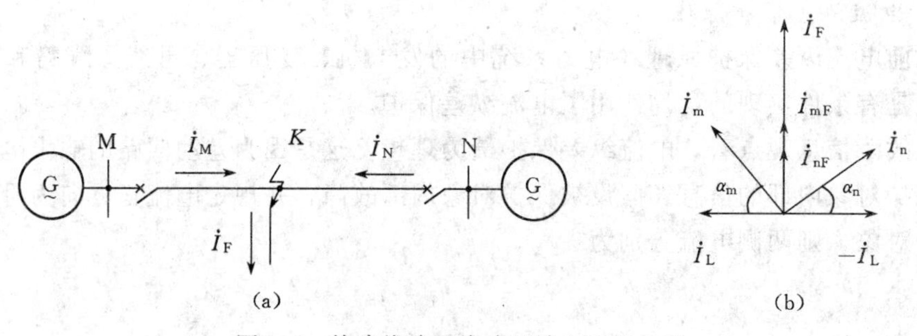

图 5-4 故障线路及线路两端电流相量图
(a)系统接线图；(b)相量图

$$I_L \geqslant 0.5[\text{ctg}\alpha_s I_F \pm \sqrt{(\text{ctg}\alpha_s I_F)^2 + 4I_{mF}I_{nF}}]$$

式中 $I_F = I_{mF} + I_{nF}$，舍去负号可写成

$$H_F \geqslant 0.5[\text{ctg}\alpha_s + \sqrt{\text{ctg}\alpha_s + 4C_m C_n}]$$

$$H_F = I_L / I_F$$

$$C_m = I_{mF}/I_F; C_n = I_{nF}/I_F$$

设 $\alpha_s = 45°$，考虑最不利条件，$C_m = 1$、$C_n = 0$，可得 $H_F \geqslant 1$。

由分析结果可见，电流相位差动保护与纵差保护不同，受负荷电流或非故障状态电流影响很大。同时，由图 5-4 不难看出，当比较线路两端的故障分量电流的相位时，可以消除负荷电流或非故障状态电流的不利影响，也可消除故障点过渡电阻的影响，从而大大提高保护的灵敏度和可靠性。

3. 线路两端故障分量电流的特征

(1) 两端电源线路。如图 5-5(a)所示的两端电源线路为例，在线路内部 K_1 和外部 K_2 发生短路故障时，线路两端的故障电流分量可以用图 5-5(b)和图 5-5(c)故障分量附加状态求出，在故障点的电源 U_F，可由故障前该点电压及边界条件决定。

当线路内部故障时($R_F = 0$)，由图 5-5(b)可以求出线路两端故障分量电流之间的相位差为

$$\theta = \arg \frac{\dot{I}_{mF}}{\dot{I}_{nF}} = \arg \frac{\dot{U}_F/(Z_m + \alpha Z_L)}{\dot{U}_F/[Z_n + (1-\alpha)Z_L]} = \arg \frac{Z_n + (1-\alpha)Z_L}{Z_m + \alpha Z_L} \tag{5-4}$$

当线路外部短路时，由图 5-5(c)可得

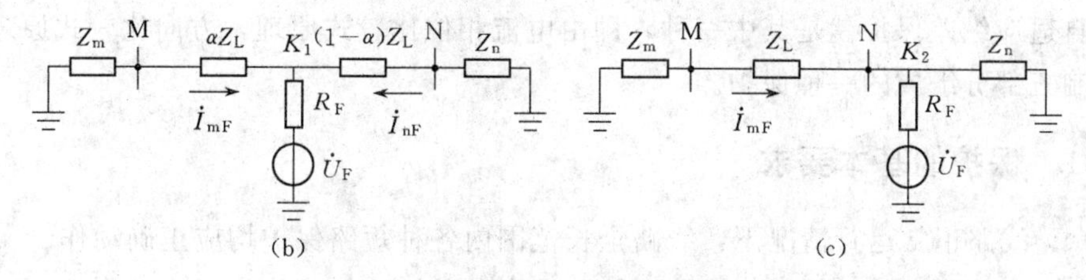

图 5-5 两端电源线路的故障附加状态

(a)系统图；(b)线路内部 K_1 点短路故障附加状态；

(c)线路外部 K_2 点短路故障附加状态

$$\theta = \arg \frac{\dot{I}_{mF}}{\dot{I}_{nF}} = \arg \frac{\dot{I}_{mF}}{-\dot{I}_{mF}} = 180° \tag{5-5}$$

由式(5-4)可以看出，在线路内部故障时，线路两端故障分量电流之间的相位不受两端电势的影响，即与负荷电流无关，两端电流相位由故障点两侧系统的综合阻抗的阻抗角决定，在最不利的条件下，假设在线路内部 n 端出口处短路，且 $Z_m < Z_L$，则内部故障时的 $\dot{I}_{mF}$ 和 $\dot{I}_{nF}$ 间的最大相角差为

$$\theta_{max} \approx \arg \frac{Z_n}{Z_L} \tag{5-6}$$

(2) 单端电源线路。在单端电源线路上发生内部短路故障，其故障附加状态如图5-5(b)所示，其中 Z_n 为负荷阻抗。在电力系统的负荷中包括有大量的电动机，其中异步电动机又占多数，在故障发生后的暂态过程中，相当于两端电源。因此，两端故障分量电流间相位关系如式(5-4)～式(5-6)所示。

(3) 过渡电阻的影响。当经过渡电阻短路时，过渡电阻将影响故障点电流 $\dot{I}_F$、保护安装处的故障分量电流 $\dot{I}_{mF}$ 和 $\dot{I}_{nF}$ 的大小，但不影响 $\dot{I}_{mF}$ 和 $\dot{I}_{nF}$ 的相位差，因为

$$\theta = \arg \frac{\dot{I}_{mF}}{\dot{I}_{nF}} = \arg \frac{C_m \dot{I}_F}{C_n \dot{I}_F} = \arg \frac{C_m}{C_n} = \arg \frac{Z_n + (1-\alpha) Z_L}{Z_m + \alpha Z_L} \tag{5-7}$$

式中　C_m、C_n——电流分布系数。

由式可见，式(5-7)结果与式(5-4)完全相同。

5.2　自适应纵联差动保护

传统继电保护其适应电力系统运行方式变化的能力差，纵联差动保护也同样如此。随着微机技术在继电保护中的应用，其智能作用将可根据电力系统运行情况，自动改变保护原理或整定值从而提高保护的各项性能。

自适应纵差保护就是其中一种，即由电流相位比较式原理，方向比较式原理和自动控制三部分组成的一种保护。

5.2.1　保护的基本要求

(1) 线路正常运行情况下，线路全长范围内各种短路保护均应正确动作。

(2) 线路非全相运行时，线路全长范围内各种短路保护均应正确动作。

(3) 手动，自动合闸到故障线路时，保护应正确动作。

(4) 电力系统出现振荡、电压回路断线时，线路内各种短路保护尽可能正确动作。

5.2.2 自适应纵差保护

1. 构成原理

因方向比较式和电流相位比较式纵差保护原理各有优缺点，故把两种原理结合构成一种由自动控制部分控制自动切换的纵差保护，称为自适应纵差保护。

自适应性表现在可以根据系统的运行情况的变化，自动地改变保护的动作原理，退出一种保护并投入另一种保护，并达到取长补短的效果。

方向比较式纵差保护能在线路一端独立判定故障方向，具有简单可靠、动作迅速、占用通道频带较窄、抗干扰性能较强等优点。它的主要缺点是在电压回路断线时必须将保护退出运行。此外，按不同原理构成的方向元件还存在着系统振荡或非全相运行时可能误动或拒动的问题。

相位比较式原理可只用电流量构成，因此与电压回路无关，保护原理简单。由于是比较线路两端电流的相位，因此不受电力系统振荡的影响，在非全相运行条件下故障也能正确动作。它的主要缺点是动作速度慢，占用通道频带较宽，抗干扰性能差。此外，为了保证电流相位比较结果正确，保护调试比较复杂。

若根据方向比较式和相位比较式的优缺点，自适应纵差保护具有以下自适应性能：

(1) 正常情况下，退出电流相位比较式原理，保护方向比较式原理动作。

(2) 在系统振荡、暂态或动态稳定破坏、电压回路断线、线路两相运行、手动合闸和自动重合闸时，退出方向比较原理，保护按电流相位比较原理动作。

2. 保护的构成

自适应纵差保护包括方向比较、相位比较和自适应控制三大部分组成，如图 5-6 所示。

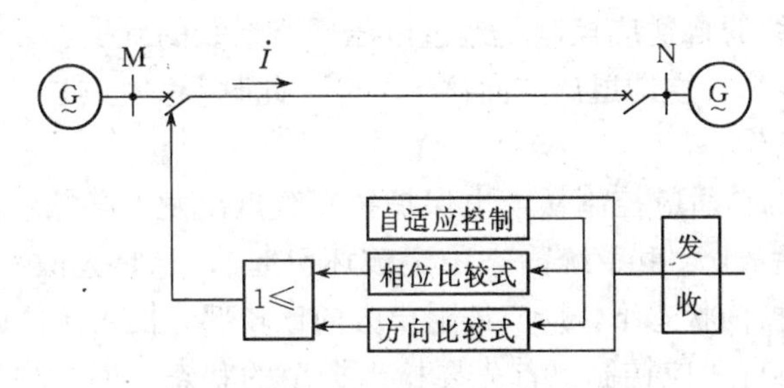

图 5-6 自适应纵差保护组成框图

(1) 方向比较部分。方向比较部分包括有方向比较式纵差保护的各个主要环节，其核心元件是判别故障方向的方向元件。方向元件的类型有负序功率方向元件、方向阻抗元件、相电压补偿式方向元件、反映工频变化量的方向元件和反映正序故障分量元件的方向元件等。从速度、选择性、灵敏性和可靠性各种指标综合比较，同时考虑发挥微机的智能作用，自适应纵差保护中采用反映正序故障分量的方向元件。反映正序故障分量的方向元件简单可靠，灵敏度高，能反映各种对称和不对称短路故障，但它在系统振荡时可能误动，在电压回路断线时也必须退出。因此，方向比较式纵差保护原理只在正常运行情况下发生短路故障时起作用。

（2）相位比较部分。相位比较部分包括相位比较式纵差保护的各个主要环节，其核心元件是相位比较元件。在相位比较元件中，为了能反映各种短路故障，同时只使用一个通道，广泛采用的是比较两端复合电流 $\dot{I}_1+K\dot{I}_2$ 的相位。由于采用电流 $\dot{I}_1+K\dot{I}_2$ 的主要缺点是三相对称短路故障和两相运行短路故障的灵敏度不高，且计算分析比较复杂。因此，自适应纵差保护中采用正序故障分量的电流 $\dot{I}_{1F}$ 或 $K\dot{I}_{1F}+\dot{I}_2$ 进行比较。在区内故障时，线路两端电流故障分量的相位关系只由故障点两侧的综合阻抗角决定且不受负荷电流的影响，这就为加大比相元件的闭锁角创造了有利条件。在闭锁角增大到 90°或以上时，就使相位比较部分的选择性得到显著提高。

相位比较部分只用电流量，起动元件设高、低两个定值并均以 $\dot{I}_{1F}$ 或 $K\dot{I}_{1F}+\dot{I}_2$ 为起动量。从而使起动、操作和比相各环节的灵敏度配合得到充分保证。但应指出，由于相位比较式动作速度较慢，所以只在方向比较部分退出的条件下才投入使用。

（3）自适应控制部分。自适应控制部分是自适应纵差保护的关键，为了正确达到自适应目的，先要判断系统运行状态，从而要解决方向比较和相位比较两种原理配合问题。由于纵差保护需要线路两端的参数，因此要求任何条件下，两端的保护原理必须一致，否则将导致严重的不良后果。

保护的自适应控制部分包括电压回路断线的自适应控制，系统振荡的自适应控制，两相运行的自适应控制，手动或自动合闸的自适应控制。

1）电压回路断线的自适应控制是通过电压回路断线的判据 $\dot{U}_A+\dot{U}_B+\dot{U}_C\neq 3\dot{U}_0$。在检出电压回路断线后，立即退出方向比较部分。此时若发生区内、外短路故障，保护按相位比较原理工作。

2）系统振荡时的自适应控制从继电保护技术观点出发，必须考虑两种系统振荡情况：一是先振荡后故障（由系统静态稳定破坏引起）；二是先故障后振荡（故障引起）。当确认系统在振荡状态下，应立即退出方向比较部分投入相位比较部分。

为实现在振荡时自适应控制，首先要检出振荡的状态，而且要线路两端同时检出，才能保证两端保护工作在同一原理之下。静稳定破坏，通常可用相电流增大的简单方法或测量阻抗的方法检出。

在系统振荡时，为了防止可能出现只有一端检出振荡的状态，可设置灵敏度不同的

两套起动元件。灵敏的一套控制切换保护原理，不灵敏的一套控制保护的跳闸回路。

3）两相运行时的自适应控制，它是根据一相无电流，其他两相有电流来判定。当确认为两相运行状态后，立即退出方向比较原理，投入相位比较原理。也可以用线路保护发出单相跳闸命令时，立即将方向比较部分切换为相位比较部分。

4）手动或自动合闸的自适应控制，它是在单相自动重合闸过程中，两端故障相断开后立即切换到相位比较部分。若线路为永久性故障，单相自动重合闸到故障线路时，相位比较部分能快速切除故障。

在手动合闸到有故障线路时，相位比较部分能动作跳闸。如线路上无故障，起动元件不起动，保护不动作。

5.3 平行线路差动保护

为了提高供电可靠性和增加供电容量，电网常采用平行线路对重要用户供电。平行线路是指线路长度，导电材料等都相同的两条并列运行的线路，在正常情况下，两条线路并联运行，只有在其中一条线路发生故障时，另一条线路才单独运行。这就要求保护在平行线路同时运行时能有选择地切除故障线路，保证无故障线路正常运行。

5.3.1 平行线路内部故障特点

如图 5-7 所示的平行线路，其故障特点在单侧电源和双侧电源时相同，现以双侧电源为例进行分析。

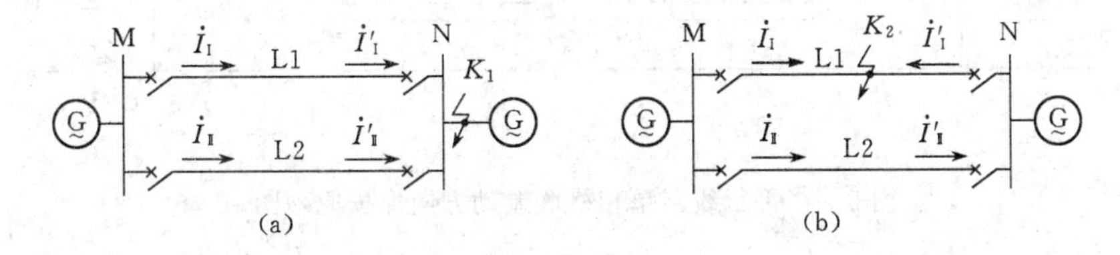

图 5-7 平行线路供电网

(a)正常运行和区外 K_1 短路电流特点；(b) 线路内部 K_2 短路电流特点

如图 5-7(a)正常运行和区外 K_1 短路时，$\dot{I}_{\text{I}}-\dot{I}_{\text{II}}=0$ 或($\dot{I}'_{\text{I}}-\dot{I}'_{\text{II}}=0$)；如图 5-7(b)线路内部 K_2 短路时，$\dot{I}_{\text{I}}-\dot{I}_{\text{II}}\neq 0$ 或($\dot{I}'_{\text{I}}-\dot{I}'_{\text{II}}\neq 0$)。且有：①第一条线路 K_2 短路时，$\dot{I}_{\text{I}}-\dot{I}_{\text{II}}\geqslant 0$ 或($\dot{I}'_{\text{I}}-\dot{I}'_{\text{II}}\geqslant 0$)；②第二条线路短路时，$\dot{I}_{\text{I}}-\dot{I}_{\text{II}}\leqslant 0$ 或($\dot{I}'_{I}-\dot{I}'_{\text{II}}\leqslant 0$)。

由上分析可见，电流差 $\dot{I}_{\text{I}}-\dot{I}_{\text{II}}$ 或($\dot{I}'_{\text{I}}-\dot{I}'_{\text{II}}$)是否为零可作为平行线路有无故障的依据，而要判断哪条线路短路，则需要电流差 $\dot{I}_{\text{I}}-\dot{I}_{\text{II}}$ 或($\dot{I}'_{\text{I}}-\dot{I}'_{\text{II}}$)的方向，根据这一

原理去实现的差动保护称为横联差动方向保护，简称横差保护。

平行线内部短路时，利用母线电压降低、两回线电流不等的特点，同样也可判别故障线路，如图5-7的M侧母线上电压降低，若$I_{\mathrm{I}}>I_{\mathrm{II}}$（或$-90°\leqslant\arg\dfrac{\dot{I}_{\mathrm{I}}-\dot{I}_{\mathrm{II}}}{\dot{I}_{\mathrm{I}}+\dot{I}_{\mathrm{II}}}\leqslant 90°$），则判为L1线路上发生了短路故障；若$I_{\mathrm{II}}>I_{\mathrm{I}}$（或$-90°\leqslant\arg\dfrac{\dot{I}_{\mathrm{II}}-\dot{I}_{\mathrm{I}}}{\dot{I}_{\mathrm{II}}+\dot{I}_{\mathrm{I}}}\leqslant 90°$）时，则为L2上发生了短路故障。N侧也同样可以判出故障线路。以此原理构成的平行线路保护称为电流平衡保护。

5.3.2　横联差动方向保护

1. 单相横联差动方向保护构成

单相横联差动方向保护构成如图5-8所示，平行线路同侧两个电流互感器型号、变比相同，二次侧按环流法接线，电流继电器KA1按两回线路电流差接入作为起动元件；方向继电器KP1、KP2按90°接线方式接线作为判断元件。

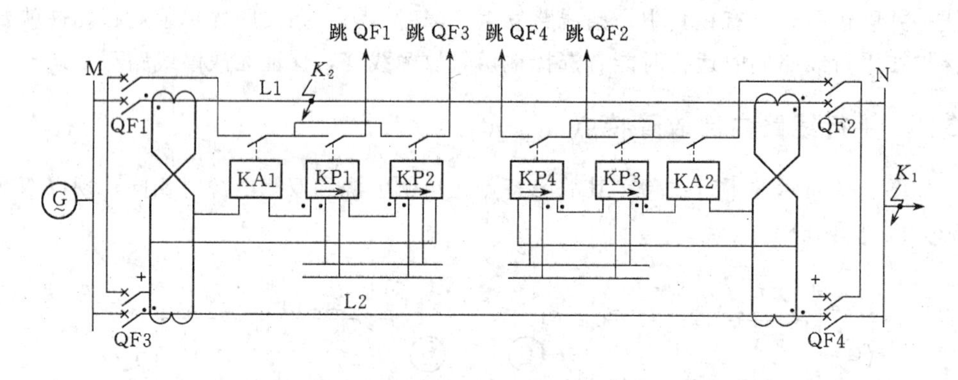

图5-8　平行线路单相横联差动方向保护原理图

2. 横差工作原理

(1) 当平行线路正常运行或区外短路时，线路同侧两电流大小、相位相等，差动回路无电流。KA1(KA2)、KP1、KP2(KP3、KP4)均不动作。

(2) 当平行线路内部短路：如L1中K_2点短路，则$I_{\mathrm{I}}>I_{\mathrm{II}}$、$I_r>0$，KA1起动，KP1起动、KP2不起动(电流方向相反)保护动作切除QF1；闭锁QF3，对侧同理有KA2、KP3动作切除QF2，闭锁QF4；同理有L2内短路，保护切除QF3、QF4而闭锁QF1、QF2。

由上分析得知：横联差动方向保护只在两条线路同运行时起到保护作用，而当一

条线路故障时，保护切除该故障线路后为使保护不出现误动作应使横差保护退出运行，也就是说单条线路运行横差保护是不起作用的。

3. 横联差动方向保护的相断动作区

如图 5-9 所示，当 L1 上 K 点短路时，$I_{\mathrm{I}} \approx I_{\mathrm{II}}$、$I_{r} \approx 0$，KA1 不起动，而对侧 I_{I} 与 I_{II} 方向相反，I_{r} 很大，KA2 起动并切除 QF2。当 QF2 切除后，短路电流重新分配，KA1 才会起动，切除 QF1，即 L1 两侧保护是相继动作的，这种短路点靠近母线侧区域存在的现象，我们称之为相继动作区。因相继动作使得保护时间加长故要求相继动作区小于 5%。

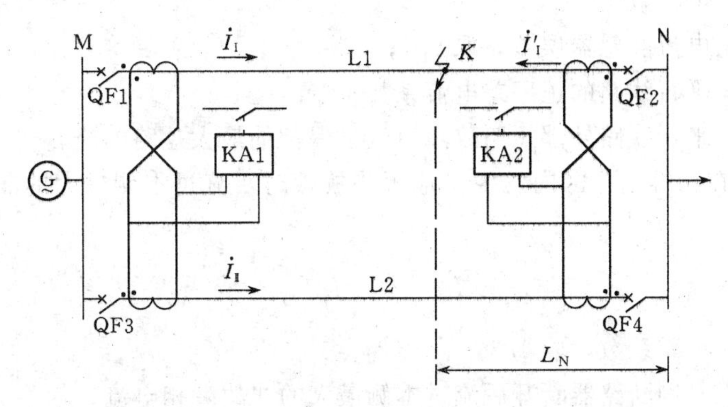

图 5-9 横联差动方向保护相断动作区示意图

4. 横联差动保护的整定

起动元件的动作值根据下列三个条件整定，取最大值。

(1) 躲过单回线路运行时的最大负荷电流。考虑到单回线路运行外部故障切除后，在最大负荷电流情况下起动元件可靠返回，则动作电流为

$$I_{op} = \frac{K_{rel}}{K_{re}} I_{L.max} \tag{5-8}$$

式中 K_{rel}——可靠系数，取 1.2；

K_{re}——返回系数，其大小由保护具体类型而定；

$I_{L.max}$——单回线路运行时的最大负荷电流。

(2) 躲过双回线路外部短路时流过保护的最大不平衡电流。不平衡电流由电流互感器特性不一致，双回线路参数不完全相等所引起。动作电流为

$$I_{op} = K_{rel} I_{unb.max} = K_{rel}(I'_{unb} + I''_{unb}) \tag{5-9}$$

$$I'_{unb} = f_{er} K_{st} K_{unp} \frac{I_{k.max}}{2}$$

$$I''_{unb} = \eta K_{unp} I_{k.max}$$

式中　K_{rel}——可靠系数，取 1.3～1.5；

$I_{unb.max}$——外部短路故障时产生的最大不平衡电流；

I'_{unb}——由电流互感器特性不同引起的不平衡电流；

I''_{unb}——平行线路阻抗不等引起的不平衡电流；

K_{st}——电流互感器同型系数，同型取 0.5，不同型取 1；

K_{unp}——非周期分量系数，一般电流继电器取 1.5～2；对能躲非周期分量的继电器取 1～1.3；

f_{er}——电流互感器误差，取 0.1；

η——平行线路的正序差电流系数；

$I_{k.max}$——平行线路外部短路故障时流过保护的最大短路电流。

(3) 躲过在相继动作区内发生接地短路故障时，流过本侧最大的非故障相电流，其动作电流为

$$I_{op} = K_{rel} I_{unF.max} \tag{5-10}$$

式中　K_{rel}——可靠系数，取 1.3；

$I_{unF.max}$——对侧断路器断开后流过本侧最大的非故障相电流。

5.3.3　电流平衡

电流平衡保护是横差方向保护的另一种形式，其工作原理是比较平行线路上的电流大小，从而有选择性的切除故障线路。但应注意，在电源侧才能采用电流平衡保护。如图 5-9 所示的网络，在 L1 线路上 K 点发生短路故障时，由于负荷侧的短路电流大小相等，无法实现比较，因此不能采用电流平衡保护。

5.4　高　频　保　护

前面介绍的纵联差动保护虽然能保护线路全长，且快速动作。但它只适用于作短线路的主保护。对于高电压、大容量、长距离输电线路而言，不能采用纵差保护。究其原因是纵联差动保护是靠辅助导引线来实现线路两侧电流信息（大小、相位）比较。这对远距离线路而言，既不可靠，又不经济。如能解决信息靠辅助导引线传递的问题，则纵差原理的保护将会得到广泛应用。

广义高频保护就是很好解决了纵联差动保护的辅助导引线问题的一类保护。随着解决方式的不同，称谓也不一样，即高频保护、微波保护、光纤保护等。

本节将重点介绍高频保护。目前，这类保护被普遍地应用于我国220～500kV输电线路中做主保护。

5.4.1 广义高频保护的原理及构成

广义高频保护是指高频保护、微波保护和光纤保护。其工作原理是将线路两端的电流相位或功率方向转换成高频信号(高频保护信号频率为40～500kHz、微波保护信号频率为300～30000MHz、光纤频率高达10^6GHz)，利用线路、空间或光纤通道传送到对侧，解调出相位或功率方向信号，比较两端电流相位或功率方向，决定保护是否动作。

1. 高频保护构成

如图5-10所示，它由继电部分、高频收发信机部分及通道三部分构成，继电部分的作用：一是将本侧的相关电气量传送到发信机；二是将收信机收到并解调后的电气量信号进行比较，决定保护是否动作。发信机将本侧相关电气量转换成高频信号发送到对侧，收信机是将收到的对侧高频信号解调出电气量信号送给继电部分。通道的作用是传递高频信号。

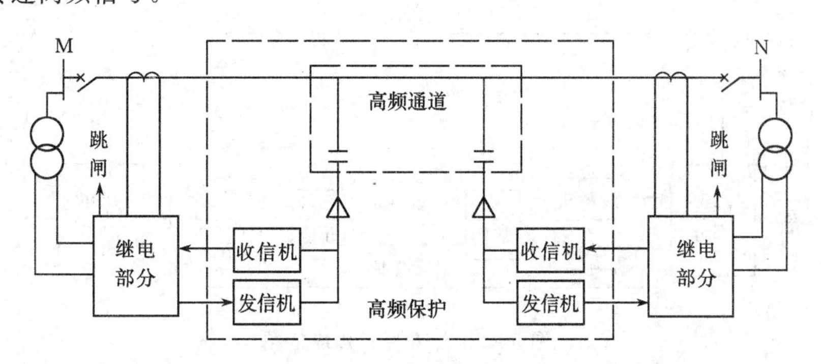

图5-10　高频保护构成框图

2. 微波保护构成

如图5-11所示，各部分作用与高频保护相同。只是传送的信号频率更高，通道为空间，因微波直线传递，因地理原因长距离需设中继站。微波通道的特点是通信容量大、可靠性高、运行检修独立。但技术复杂、投资大。其中收、发信机包括微波和载波收发信机。

3. 光纤保护构成

如图5-12所示，光电转换部分是将频率较高的信号转换成频率更高的光波信号，以便于光纤传递，其他部分作用与高频保护相同。光纤通道特点：通信容量更大、可

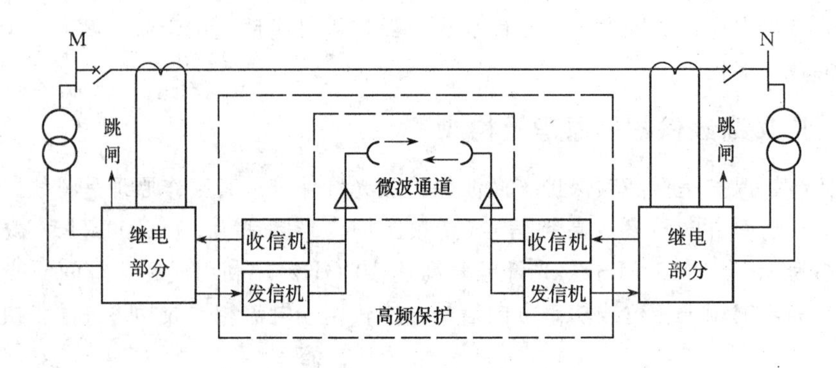

图 5-11　微波保护构成框图

靠性也高、运行检修独立。但技术复杂且成本很高，保护一般为租用通信光纤一个信道。

因三者原理与纵联差动基本相同，保护范围也是线路全长，只不过信号的处理较复杂，故只适用于用作高电压、大容量、远距离输电线路的主保护。

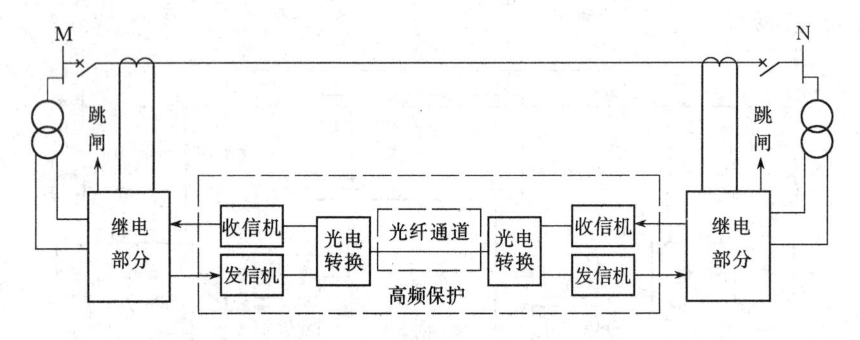

图 5-12　光纤保护构成框图

5.4.2　高频保护

1. 输电线路高频通道的构成

"相—地"制高频通道的构成如图 5-13 所示。其主要构成元件的作用如下：

(1) 高频阻波器。高频阻波器是一个由电感和电容构成的并联谐振回路，其参数选择得使该回路对高频设备的工作频率发生并联谐振，因此高频阻波器呈现很大的阻抗。高频阻波器串联在线路两端，从而将高频信号限制在被保护线路上传递，而不致分流到其他线路上去。高频阻波器对 50Hz 的工频呈现的阻抗值很小，约为 0.04Ω，所以工频电流能顺利通过。

(2) 耦合电容器。耦合电容器的作用是将低压高频设备输出的高频信号耦合到高

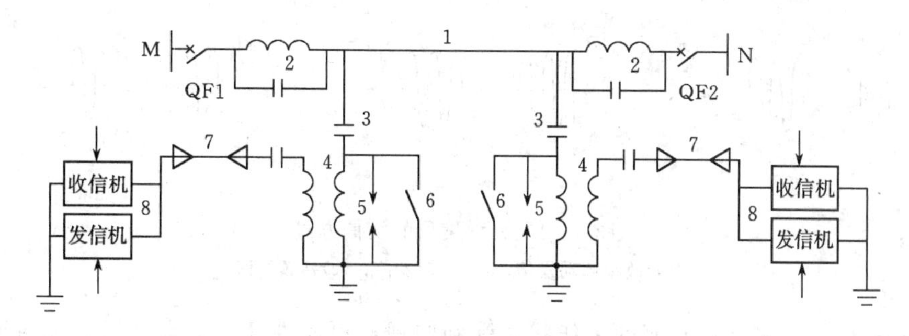

图 5-13 输电线路高频通道的构成框图

1—线路；2—高频阻波器；3—耦合电容；4—连接滤波器；5、6—接地刀闸和放电间隙；7—高频电缆；8—收发信机

压线路上。耦合电容器对工频呈现很大的阻抗，而对高频信号呈现的阻抗很小，高频电流能顺利传递。

(3) 连接滤波器。连接滤波器是一个绕组匝数可以调节的变压器。在其连接高频电缆的一侧串接电容器，连接滤波器与耦合电容器共同组成高频串联谐振回路，让高频电流顺利通过。高频电缆侧线圈的电感与电容也组成高频串联谐振回路。此外，滤波器在线路一侧的阻抗应与输电线路的波阻抗(约 400Ω)相匹配，而在高频电缆侧的阻抗，应与高频电缆的波阻抗(约 100Ω)相匹配。这样就可以避免高频信号的电磁波在传送过程中产生反射，从而减小高频能量的附加损耗，提高传输效率。

(4) 高频电缆。高频电缆用来连接高频收、发信机与连接滤波器。由于其工作频率高，因此通常采用单芯同轴电缆。

(5) 接地刀闸与放电间隙。在检查调试高频保护时，应将接地刀闸合上，以保证人身安全。放电间隙用以防止过电压对收、发信机的伤害。

(6) 收、发信机。收、发信实际为一体机，收信部分具有放大、解调接收的高频信号的作用。发信部分具有把电气量调制成高频信号并放大输出的作用。

2. 高频信号与高频电流的关系

(1) 故障起动发信方式。电力系统正常运行时收发信机不发信，通道中无高频电流。当电力系统故障时，起动元件起动收发信机发信。因此，对故障起动发信方式而言，高频电流代表高频信号。如图 5-14(a)所示。这种方式的优点是对邻近通道的影响小，可以延长收、发信机的寿命。缺点是必须有起动元件，且需要定时检查通道是否良好。

(2) 长期发信方式。电力系统正常运行时，收、发信机连续发信，高频电流持续存在，用于监视通道是否完好。而高频电流的消失代表高频信号。如图 5-14(b)所

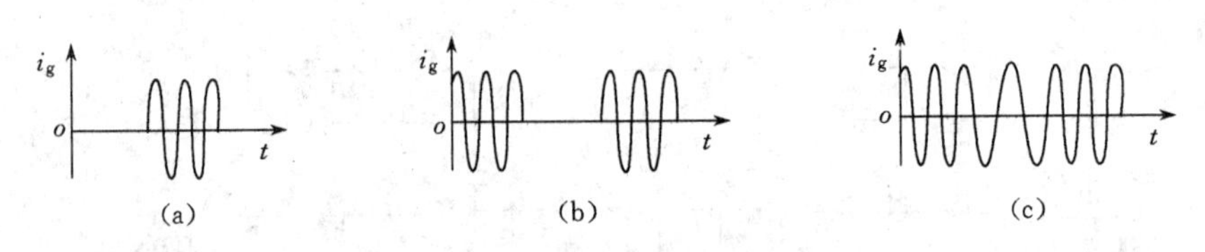

图 5-14　高频信号的发信方式

(a)故障起动发信；(b)长期发信；(c)移频发信

示。这种方式的优点是通道的工作状态受到监视，可靠性高。缺点是增大了通道间的干扰，并降低了收发信机的使用年限。

(3) 移频发信方式。电力系统正常运行时，收、发信机发出频率为 f_1 的高频电流，用于监视通道。当电力系统故障时，收发信机发出频率为 f_2 的高频电流，频率为 f_2 的高频电流代表高频信号，如图 5-14(c)所示。这种方式的优点是提高了通道工作可靠性，加强了保护的抗干扰能力。

目前，我国电力系统高频保护装置多数采用故障起动发信方式。一般认为存在高频电流就存在高频信号。

3. 高频信号的作用

高频信号按逻辑性质不同，可分为跳闸信号、允许信号和闭锁信号，如图 5-15 所示。

(1) 跳闸信号。高频信号与继电保护(图中用 P 表示)来的信号具有“或”逻辑关系，如图 5-15(a)所示。因此有高频信号时，高频保护就发跳闸命令。高频信号是保护跳闸的充分条件。

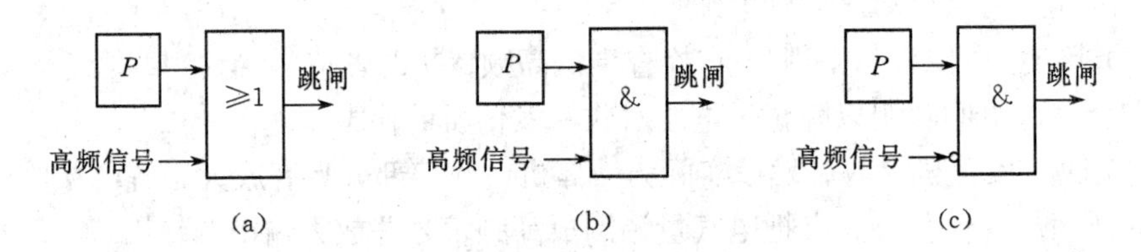

图 5-15　高频信号的作用

(a)跳闸信号；(b)允许信号；(c)闭锁信号

(2) 允许信号。高频信号与继电保护来的信号具有“与”逻辑关系，如图 5-15(b)所示。只有当高频信号、继电保护信号同时存在时，高频保护才能发跳闸命令。因此，高频信号是保护跳闸的必要条件。

(3) 闭锁信号。闭锁信号存在时，不论继电保护状态如何，高频保护均不能发跳闸命令。当高频闭锁信号消失后继电保护有信号到来，高频保护才能发跳闸令，如图

5-15(c)所示。因此，高频闭锁信号消失是继电保护跳闸的必要条件。

目前，国内高频保护装置多采用闭锁信号。因为：

1）本线路发生三相短路时，高频通道出现阻塞。对于闭锁信号，高频信号的消失是保护跳闸的必要条件，因此不必考虑信号阻塞问题。而允许信号或跳闸信号是保护跳闸的必要或充分条件，必须通过故障点将信号传至对侧，因此必须解决高频通道阻塞时信号的传输问题。显然闭锁信号的通道可靠性较高。

2）闭锁信号抗干扰能力强。因为收到高频信号保护被闭锁，因此干扰信号不会造成保护误动作。

5.4.3 高频闭锁方向保护

高频保护因其优异的性能，特别是选择性好、动作速度快，故而成为世界各国高压或超高压电网的主保护，其内容涉及电子和通信技术。限于篇幅，在此只简明扼要地介绍目前我国应用较多的高频闭锁方向保护和相差高频保护。

高频闭锁方向保护是线路两侧的方向元件分别对短路的方向作出判断，并利用高频信号作出综合判断，进而决定是否跳闸的一种保护。目前，国内广泛应用的高频闭锁方向保护采用故障起动发信方式，并规定线路两端功率由母线指向线路为正方向，由线路指向母线为反方向。

以图5-16(a)所示的故障情况来说明保护装置的工作原理。图5-16(b)中起动元件若采用非方向性起动元件，则故障时在起动元件灵敏度范围内均能可靠起动发信及起动保护。功率方向元件用于判断短路功率方向，正方向时有输出，使高频收、发信机停信，反向时无输出，高频收、发信机继续发信。

电力系统正常运行时，起动元件不起动，高频收、发信机不发信，保护跳闸回路

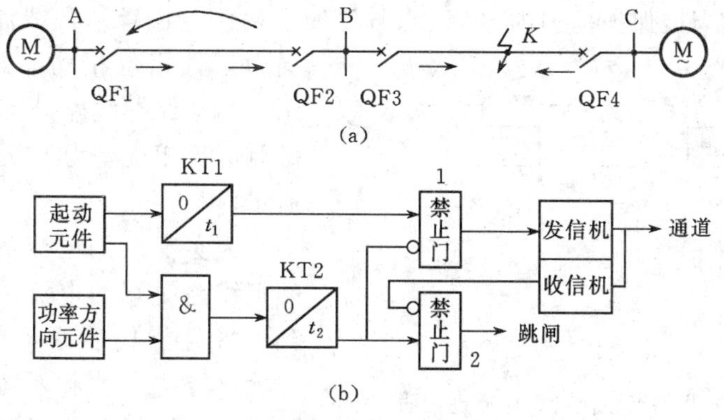

图5-16 高频闭锁方向保护原理方框图

(a) 接线示意图；(b) 保护框图

不开放。当 BC 线路故障时，线路 AB、BC 上的高频保护均分别起动发信。对于线路 AB，保护 1 的方向元件判断故障为正方向，与门有输出，经 t_2 延时后 KT2 有输出，使本侧高频收、发信机停信，另一方面经禁止门 2 准备出口跳闸。但是，保护 2 的方向元件判断故障为反方向，与门无输出，高频收、发信机连续发出高频信号，闭锁本侧保护。同时保护 1 的收信机连续收到保护 2 的高频信号，保护 1 的收信机有连续输出，“禁 2”关闭，保护 1 不能出口跳闸。对于线路 BC，保护 3，4 的功率方向元件判断故障为正方向，因此，两侧的收、发信机均停信，“禁 2”开放，两侧保护分别动作于出口跳闸。

记忆元件 KT1 的作用是防止外部故障切除后，近故障点侧的保护起动元件先返回停止发信，而远故障点侧的起动元件和功率方向元件后返回，造成保护误动作跳闸。KT1 时间应大于一侧的起动元件返回时间与另一侧起动元件与功率方向元件返回时间之差。

延时元件 KT2 的作用是等待对侧高频信号的到来，防止区外故障造成保护的误动作。在具有远方起动发信的高频闭锁保护中，延时时间就在于高频信号在线路上的往返传输时间及对侧发信机的发信时间之和，一般取 10ms。

5.4.4 相差高频保护

相差高频保护的基本工作原理是比较被保护线路两侧电流的相位，即利用高频信号将电流的相位传送到对侧去进行比较，这种保护称为相差高频保护。

首先假设线路两侧的电势同相，系统中各元件的阻抗角相同(实际上它们是有差别的，其详细情况在此不作分析)。在此仍规定电流正方向是从母线流向线路为正，从线路流向母线为负。因此，装于线路两侧的电流互感器的极性如图 5-17(a)所示。这样，当被保护范围内部 K_1 点故障时，两侧电流皆从母线流向线路，其方向为正且相位相同，如图 5-17(b)所示。当被保护线路外部 K_2 点故障时，两侧电流相位差为 180°，如图 5-17(c)所示。

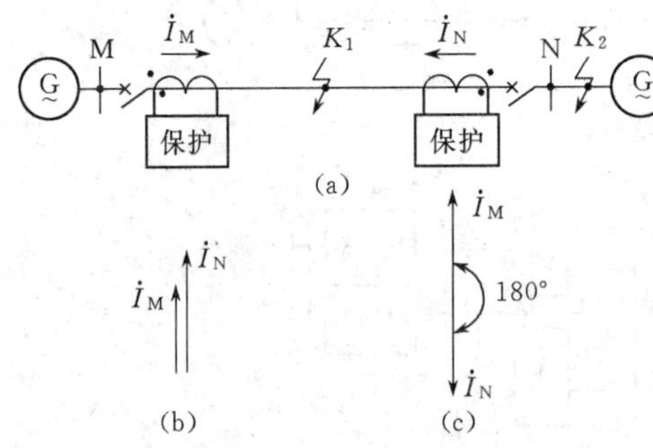

图 5-17 相差高频保护工作原理说明
(a)接线示意图；(b)内部故障相位；(c)外部故障相位

为实现两侧电流的相位比较，必须把线路对端的电流用高频信号传送到本端且能代表原工频电流的相位，以此才能构成比相系统，由比相系统给出比较结果；若两侧电流相位差是 0°或近于 0°时，保护判断为被保护范围

内部故障，应瞬时动作切除故障；若两侧电流相位差为 180°或接近于 180°时，保护判断为外部故障，应可靠地拒动。

为了满足以上要求，采用高频通道经常无电流，而在外部故障时发出闭锁信号的方式来构成保护。实际上，可以做成当短路电流为正半周时，使它操作高频发信机发出高频信号，而在负半周时则不发出信号，如此不断地交替进行。

当被保护范围内部故障时，由于两侧发出高频信号，也同时停止发信。这样，在两侧收信机收到的高频信号是间断的，即正半周有高频信号，负半周无高频信号，如图 5-18(a)所示。

当被保护范围外部故障时，由于两侧电流相位相差 180°，线路两侧的发信机交替工作，收信机收到的高频信号是连续的高频信号。由于信号在传输过程中幅值有损耗，因此送到对侧的信号幅值就要小一些，如图 5-18(b)所示。

由以上的分析可见，相位比较实际上是通过收信机所收到的高频信号来进行的。在被保护范围内部发生故障时，两侧收信机收到的高频信号重叠约 10ms，于是保护瞬时动作，立即跳闸。即使内部故障时高频通道遭破坏，不能传送高频信号，但收信机仍能收到本侧发信机发出的间断高频信号，因而不会影响保护跳闸。在被保护范围外部故障时，两侧的收信机收到的高频信号是连续的，线路两侧的高频信号互为闭锁，使两侧保护不能跳闸。

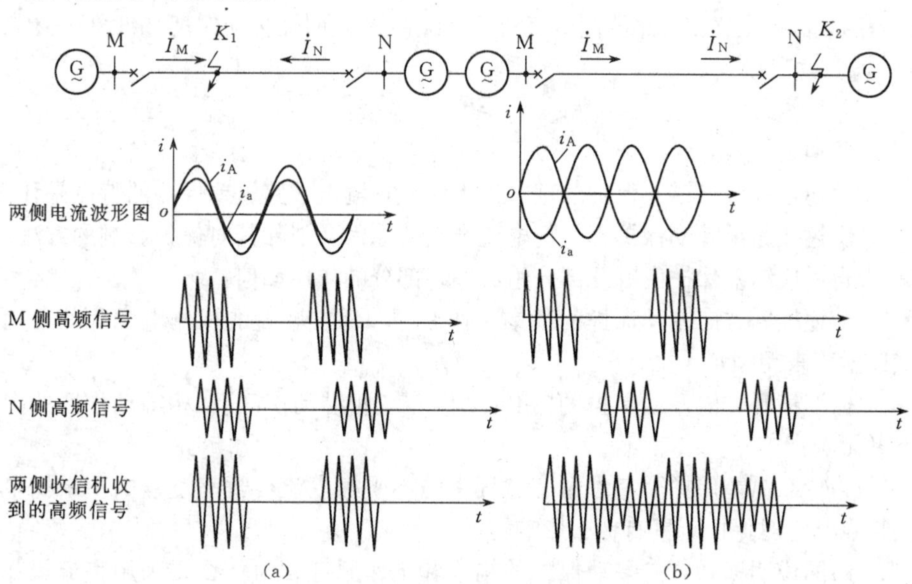

图 5-18　相差高频保护工作情况说明图

(a)内部故障；(b)外部故障

小　　结

输电线路纵联差动保护是比较被保护线路两侧电流的大小和相位，保护范围为线路全长，且动作具有选择性。但是，这种保护只能在短线路上采用。显然为了提高保护的灵敏度，两侧电流互感器必须采用同型号、同变比。

反映故障分量的电流相位差动保护不受负荷电流相位的影响，也可以消除故障点过渡电阻的影响。因此，反映故障分量的差动保护是一种性能优良的保护，在微机保护中得到广泛应用。

自适应纵差保护可以根据系统的运行方式变化，自动改变动作原理的一种保护，只能在微机保护中实现。

横联差动保护既可以用在电源侧，也可以用在负荷侧。其原理是比较同侧两回路电流的大小及相位而实现的一种保护。

电流平衡保护是比较两回路电流的大小，决定保护动作与否，因此，只能在电源侧才能应用。

高频保护是利用输电线路本身，作为高频信号的通道。高频闭锁方向保护是比较线路两侧功率方向，两侧均为正方向时保护动作；有一侧为反方向时，闭锁保护。

相差高频保护是比较线路两侧电流的相位，相位相近时保护动作；反相时保护闭锁。

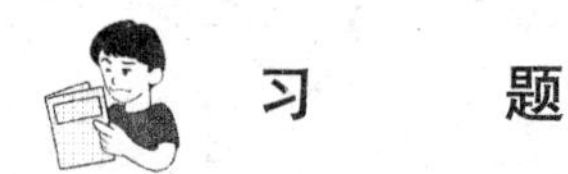

习　　题

5-1　简述输电线路纵差保护的基本工作原理，输电线路纵差保护的特点是什么？

5-2　试述线路纵差动保护不平衡电流产生的原因及消除其对保护影响的方法。

5-3　自适应纵差保护由哪几部分组成？各部分的作用如何？

5-4　简述横联方向差动保护的基本工作原理。保护装置的操作电源为何要由断路器辅助触头来闭锁？

5-5　何谓横联方向差动保护的“相继动作”及“相继动作区”？相继动作区的存在有何不利影响？

5-6　为什么纵差保护需考虑暂态过程中的不平衡电流？暂态过程中不平衡电流有哪些特点？它对保护装置有什么影响？

5-7　绘图说明横联方向差动保护的构成和工作原理。为什么要采用直流操作电源闭锁接线？为什么采用了直流操作电源闭锁后，保护的动作电流还需考虑躲过单回线运行时的最大负荷电流？

5-8　简述电流平衡保护的工作原理。为什么在单侧电源平行线路的受电端不能采用电流平衡保护?

5-9　常用的高频保护有哪几种?试述它们的工作原理。

5-10　何谓闭锁信号、允许信号和跳闸信号?采用闭锁信号有何优点和缺点?

第 6 章

电力变压器的继电保护

【教学要求】 熟悉变压器保护的配置原则；了解瓦斯保护工作原理；掌握变压器纵差保护工作原理及整定计算方法；掌握微机差动保护的原理；掌握变压器相间短路后备保护工作原理及整定计算方法；熟悉变压器接地保护工作原理；理解三绕组变压器后备保护及过负荷保护配置。

6.1 电力变压器的故障类型及其保护措施

电力变压器是电力系统中非常重要的电气设备之一，它的安全运行对于保证电力系统的正常运行和对供电的可靠性，以及电能质量起着决定性的作用，同时大容量电力变压器的造价也十分昂贵。因此本章首先针对电力变压器可能发生的各种故障和不正常的运行状态进行分析，然后重点研究应装设的继电保护装置，以及保护装置的整定计算。

变压器的内部故障可分为油箱内故障和油箱外故障两类，油箱内故障主要包括绕组的相间短路、匝间短路、接地短路，以及铁芯烧毁等。变压器油箱内的故障十分危险，由于油箱内充满了变压器油，故障时的短路电流使变压器油急剧的分解气化，可能产生大量的可燃性气体(瓦斯)，很容易引起油箱爆炸。油箱外故障主要是套管和引出线上发生的相间短路和接地短路。电力变压器不正常的运行状态主要有外部相间短路、接地短路引起的相间过电流和零序过电流，负荷超过其额定容量引起的过负荷、油箱漏油引起的油面降低，以及过电压、过励磁等。

为了保证电力变压器的安全运行，根据《继电保护与安全自动装置的运行条例》，针对变压器的上述故障和不正常运行状态，电力变压器应装设以下保护。

(1) 瓦斯保护。800kVA 及以上的油浸式变压器和 400kVA 以上的车间内油浸式变压器，均应装设瓦斯保护。瓦斯保护用来反映变压器油箱内部的短路故障以及油面降

低，其中重瓦斯保护动作于跳开变压器各电源侧断路器，轻瓦斯保护动作于发出信号。

(2) 纵差保护或电流速断保护。6300kVA及以上并列运行的变压器，10000kVA及以上单独运行的变压器，发电厂厂用工作变压器和工业企业中6300kVA及以上重要的变压器，应装设纵差保护。10000kVA及以下的电力变压器，应装设电流速断保护，其过电流保护的动作时限应大于0.5s。对于2000kVA以上的变压器，当电流速断保护灵敏度不能满足要求时，也应装设纵差保护。纵差保护或电流速断保护用于反映电力变压器绕组、套管及引出线发生的短路故障，其保护动作于跳开变压器各电源侧断路器。

(3) 相间短路的后备保护。相间短路的后备保护用于反映外部相间短路引起的变压器过电流，同时作为瓦斯保护和纵差保护(或电流速断保护)的后备保护，其动作时限按电流保护的阶梯形原则来整定，延时动作于跳开变压器各电源侧断路器。相间短路的后备保护的型式较多，过电流保护和低电压起动的过电流保护，宜用于中、小容量的降压变压器；复合电压起动的过电流保护，宜用于升压变压器和系统联络变压器，以及过电流保护灵敏度不能满足要求的降压变压器；6300kVA及以上的升压变压器，应采用负序电流保护及单相式低电压起动的过电流保护；对大容量升压变压器或系统联络变压器，为了满足灵敏度要求，还可采用阻抗保护。

(4) 接地短路的零序保护。对于中性点直接接地系统中的变压器，应装设零序保护，零序保护用于反映变压器高压侧(或中压侧)，以及外部元件的接地短路。变压器中性点直接接地运行，应装设零序电流保护；变压器中性点可能接地或不接地运行时，应装设零序电流、电压保护。零序电流保护延时跳开变压器各电源侧断路器；零序电压保护延时动作于发出信号。

(5) 过负荷保护。对于400kVA以上的变压器，当数台并列运行或单独运行并作为其他负荷的备用电源时，应装设过负荷保护。过负荷保护通常只装在一相，其动作时限较长，延时动作于发信号。

(6) 其他保护。高压侧电压为500kV及以上的变压器，对频率降低和电压升高而引起的变压器励磁电流升高，应装设变压器过励磁保护。对变压器温度和油箱内压力升高，以及冷却系统故障，按变压器现行标准要求，应装设相应的保护装置。

6.2 电力变压器的瓦斯保护

6.2.1 气体继电器的构成和动作原理

当变压器油箱内部发生故障时，短路电流产生的电弧使变压器油和其他绝缘材料分解，从而产生大量的可燃性气体，人们将这种可燃性气体统称为瓦斯气体。故障程度越严重，产生的瓦斯气体越多，流速越快，气流中还夹杂着细小的、灼热的变压器油。瓦斯保护是利用变压器油受热分解所产生的热气流和热油流来动作的保护。

瓦斯保护的核心元件是气体继电器，它安装在油箱与油枕的连接管道中，如图 6-1 所示。根据物体的物理特性，热的气流和油流在密闭的油箱内向上冲，为了保证气流和油流能顺利通过气体继电器，安装时应注意，变压器顶盖与水平面应有 1%～1.5%的坡度，连接管道应有 2%～4%的坡度。

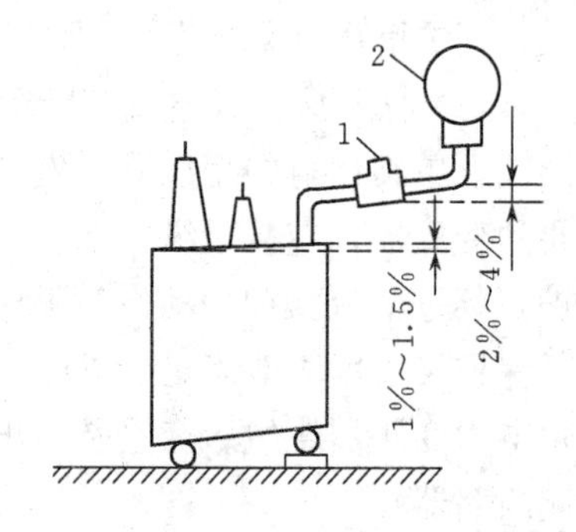

图 6-1 气体继电器安装示意图
1—气体继电器；2—油枕

我国目前采用的气体继电器有三种型式，即浮筒式、挡板式和复合式，其中复合式气体继电器具有浮筒式和挡板式的优点。现以 QJ1—80 型气体继电器为例，来说明气体继电器的动作原理。如图 6-2 为 QJ1—80 型复合式气体继电器结构图。

向上开口的金属杯 5 和重锤 6 固定在它们之间的一个转轴上。正常运行时，继电器及开口杯内都充满了油，开口杯因其自重抵消浮力后的力矩小于重锤自重抵消浮力后的力矩而处在上浮位置，固定在开口杯旁的磁铁 4 位于干簧触点 15 的上方，干簧触点可靠断开，轻瓦斯保护不动作；挡板 10 在弹簧 9 的作用下处在正常位置，磁铁 11 远离干簧触点 13，干簧触点也是断开的，重瓦斯保护也不动作。由于采取了两个干簧触点 13 串联和用弹簧 9 拉住挡板 10 的措施，使重瓦斯保护具有良好的抗震性能。

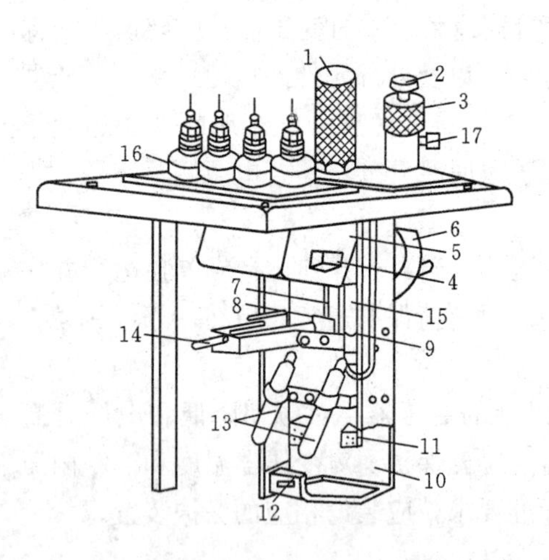

图 6-2 QJ1—80 型气体继电器结构图
1—罩；2—顶针；3—气塞；4—磁铁；5—开口杯；6—重锤；7—探针；8—开口销；9—弹簧；10—挡板；11—磁铁；12—螺杆；13—干簧触点(重瓦斯)；14—调节杆；15—干簧触点(轻瓦斯)；16—套管；17—排气口

当变压器内部发生轻微故障时，所产生的少量气体逐渐聚集在继电器的上部，使继电器内的油面缓慢下降，降到油面低于开口杯时，开口杯自重加上杯内油重抵消浮力后的力矩将大于重锤自重抵消浮力后的力矩，使开口杯的位置随着油面下降，磁铁 4 逐渐靠近干簧触点 15，接近到一定程度时触点闭合，发出轻瓦斯动作的信号。

当变压器内部发生严重故障时，所产生的大量气体形成从变压器冲向油枕的强烈气流，带油的气体直接冲击着挡板10，克服了弹簧9的拉力使挡板偏转，磁铁11迅速靠近干簧触点13，触点闭合(即重瓦斯保护动作)起动保护出口继电器，使变压器各侧断路器跳闸。

6.2.2 瓦斯保护的接线

瓦斯保护的原理接线如图6-3所示。气体继电器KG的上触点由开口杯控制，闭合后发延时动作信号。KG的下触点由挡板控制，动作后经信号继电器KS起动出口继电器KCO，使变压器各侧断路器跳闸。

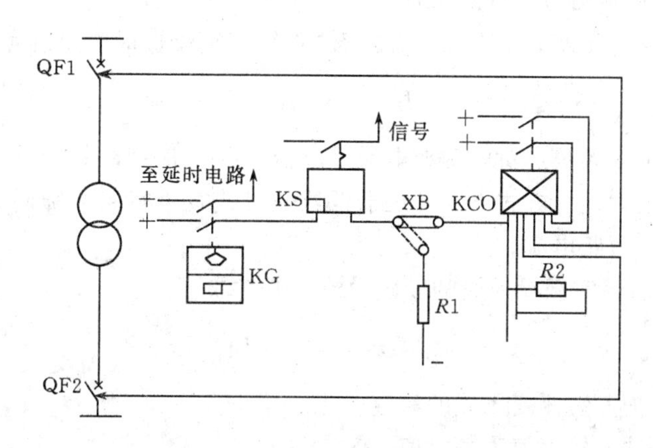

图6-3 瓦斯保护原理接线图

为了防止变压器油箱内严重故障时油速不稳定，造成重瓦斯触点时通时断而不能可靠跳闸，KCO采用带自保持电流线圈的中间继电器。为防止瓦斯保护在变压器换油或气体继电器试验时误动作，出口回路设有切换片XB，将XB倒向电阻$R1$侧，可使重瓦斯保护改为只发信号。

气体继电器动作后，在继电器上部的排气口收集气体，检查气体的化学成分和可燃性，从而判断出故障的性质。

瓦斯保护的主要优点是灵敏度高、动作迅速、简单经济。当变压器内部发生严重漏油或匝数很少的匝间短路时，往往纵差动保护与其他保护不能反应，而瓦斯保护却能反映(这也正是纵联差动保护不能代替瓦斯保护的原因)。但是瓦斯保护只反映变压器油箱内的故障，不能反映油箱外套管与断路器间引出线上的故障，因此它也不能作为变压器惟一的主保护。通常气体继电器需和纵联差动保护配合共同作为变压器的主保护。

6.3 电力变压器电流速断保护

对于容量较小的变压器，当其过电流保护的动作时限大于0.5s时，可在电源侧装设电流速断保护。它与瓦斯保护配合，以反映变压器绕组及变压器电源侧的引出线套管上的各种故障。电流速断保护的单相原理接线如图6-4所示。

当变压器的电源侧为直接接地系统时，保护采用完全星形接线，若为非直接接地系统，可采用两相不完全星形接线。

保护的动作电流可按下列之一选择：

(1) 见图6-4，按大于变压器负荷侧K_2点短路时流过保护的最大短路电流，即

$$I_{op} = K_{rel} I_{k.max} \tag{6-1}$$

式中 K_{rel}——可靠系数，对电磁型电流继电器，取1.3～1.4；

$I_{k.max}$——最大运行方式下，变压器低压侧母线发生短路故障时，流过保护的最大短路电流。

(2) 躲过变压器空载投入时的励磁涌流，通常取

$$I_{op} = (3 \sim 5) I_N \tag{6-2}$$

式中 I_N——保护安装侧变压器的额定电流。

取上述两条件的较大值为整定值。

保护的灵敏度，要求在保护安装处K_1点发生两相金属性短路进行校验，即

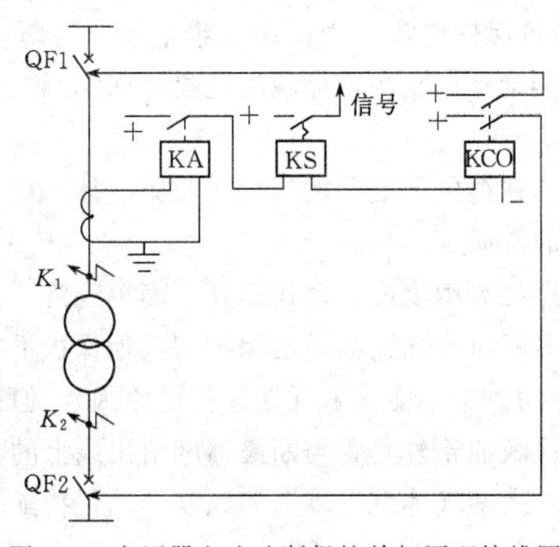

图6-4 变压器电流速断保护单相原理接线图

$$K_{sen} = \frac{I_{k.min}^{(2)}}{I_{op}} \geqslant 2 \tag{6-3}$$

式中 $I_{k.min}^{(2)}$——最小运行方式下，保护安装处两相短路时的最小短路电流。

保护动作后，瞬时断开变压器两侧断路器。电流速断保护具有接线简单、动作迅速等优点，能瞬时切除变压器电源侧引出线和套管，以及变压器内部部分线圈的故障。它的缺点是不能保护电力变压器的整个范围，当系统容量较小时，保护范围较小，灵敏度较难满足要求；在无电源的一侧，套管到断路器一段故障不能反应，要靠相间短路的后备保护，切除故障的时间较长，对系统安全运行不利；对于并列运行的变压器，负荷侧故障时将由相间短路的后备保护无选择性地切除所有变压器。但变压器的电流速断保护与瓦斯保护，相间短路的后备保护配合较好，因此广泛应用于小容量变压器的保护中。

6.4 电力变压器的纵差保护

6.4.1 变压器纵差保护的基本原理

变压器的纵联差动保护用来反映变压器绕组、引出线及套管上的各种短路故障，是变压器的主保护。

纵联差动保护是按比较被保护的变压器两侧电流的大小和相位的原理实现的。为了实现这种比较，在变压器两侧各装设一组电流互感器 TA1、TA2，其二次侧按环流法连接，即若变压器两端的电流互感器一次侧的正极性端子均置于靠近母线的一侧，则将它们二次侧的同极性端子相连接，再将差动继电器的线圈按环流法接入，构成纵联差动保护，见图 6-5。变压器的纵差保护与输电线路的纵差保护相似，工作原理相同，但由于变压器高压侧和低压侧的额定电流不同，为了保证变压器纵差保护的正常运行，必须选择好适应变压器两侧电流互感器的变比和接线方式，保证变压器在正常运行和外部短路时两侧的二次电流相等。其保护范围为两侧电流互感器 TA1、TA2 之间的全部区域，包括变压器的高、低压绕组、套管及引出线等。

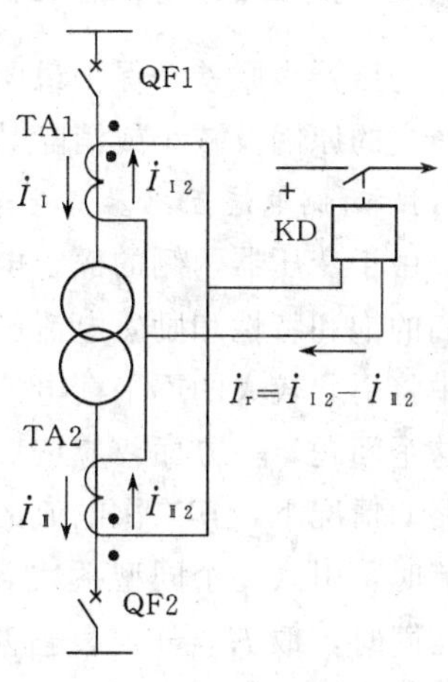

图 6-5 变压器纵联差动保护单相原理接线图

从图 6-5 可见，正常运行和外部短路时，流过差

动继电器的电流为 $\dot{I}_{r}=\dot{I}_{\text{I}2}-\dot{I}_{\text{II}2}$，在理想的情况下，其值等于零。但实际上由于电流互感器特性、变比等因素，流过继电器的电流为不平稳电流 $\dot{I}_{unb}$。变压器内部故障时，流入差动继电器的电流为 $\dot{I}_{r}=\dot{I}_{\text{I}2}+\dot{I}_{\text{II}2}$，即为短路点的短路电流。当该电流大于 KD 的动作电流时，KD 动作。

由于变压器各侧额定电压和额定电流不同，因此，为了保证其纵联差动保护正确动作，必须适当选择各侧电流互感器的变比，使得正常运行和外部短路时，差动回路内没有电流。例如图 6-5 中，应使

$$I_{\text{I}2}=I_{\text{II}2}=\frac{I_{\text{I}}}{n_{\text{TA1}}}=\frac{I_{\text{II}}}{n_{\text{TA2}}} \tag{6-4}$$

式中 n_{TA1}——高压侧电流互感器的变比；

n_{TA2}——低压侧电流互感器的变比。

式(6-4)说明，要实现双绕组变压器的纵联差动保护，必须适当选择两侧电流互感器的变比。因此，在变压器纵联差动保护中，要实现两侧电流的正确比较，必须先考虑变压器变比的影响。

实际上，由于电流互感器的误差、变压器的接线方式及励磁涌流等因素的影响，即使满足式(6-4)条件，差动回路中仍会流过一定的不平衡电流 I_{unb}，I_{unb}越大，差动继电器的动作电流也越大，差动保护的灵敏度就越低。因此，要提高变压器纵联差动保护的灵敏度，关键问题是减小或消除不平衡电流的影响。

6.4.2 变压器纵联差动保护的特点

变压器纵联差动保护最明显的特点是产生不平衡电流的因素很多。现对不平稳电流产生的原因及减小或消除其影响的措施分别讨论如下。

1. 两侧电流互感器型号不同而产生的不平衡电流

由于变压器两侧的额定电压不同，所以，其两侧电流互感器的型号也不会相同。它们的饱和特性和励磁电流(归算到同一侧)都是不相同的。因此，在变压器的差动保护中将引起较大的不平衡电流。在外部短路时，这种不平衡电流可能会很大。为了解决这个问题，一方面，应按 10%误差的要求选择两侧的电流互感器，以保证在外部短路的情况下，其二次电流的误差不超过 10%。另一方面，在确定差动保护的动作电流时，引入一个同型系数 K_{st}来消除互感器不同型的影响。当两侧电流互感器的型号相同时，取 $K_{st}=0.5$，当两侧电流互感器的型号不同时，则取 $K_{st}=1$。这样，当两侧电流互感器的型号不同时，实际上是采用较大的 K_{st}值来提高纵联差动保护的动作电流，以躲开不平衡电流的影响。

2. 电流互感器实际变比与计算变比不同时的影响及其平衡办法

由于电流互感器选用的是定型产品，而定型产品的变比都是标准化的。这就出现电流互感器的计算变比与实际变比不完全相符的问题，以致在差动回路中产生不平衡电流。为了减小不平衡电流对纵联差动保护的影响，一般采用自耦变流器或利用差动继电器的平衡线圈予以补偿，自耦变流器通常是接在二次电流较小的一侧，如图 6-6(a)所示，改变自耦变流器 TBL 的变比，使得在正常运行状态下接入差动回路的二次电流相等，从而补偿了不平衡电流。磁势平衡法接线如图 6-6(b)所示，通过选择两侧的平衡绕组 W_{b1}、W_{b2}匝数，并使之满足关系式

$$\dot{I}_{\mathrm{I}2}(W_d + W_{b1}) = \dot{I}_{\mathrm{II}2}(W_d + W_{b2}) \tag{6-5}$$

式中 W_d——差动绕组；

W_{b1}、W_{b2}——平衡绕组。

满足式(6-5)，则差动继电器铁芯的磁化力为零，从而补偿了不平衡电流。实际上，差动继电器平衡线圈只有整数匝可供选择，因而其铁芯的磁化力不会等于零，仍有不平衡电流，这可以在保护的整定计算中引入相对误差系数加以解决。

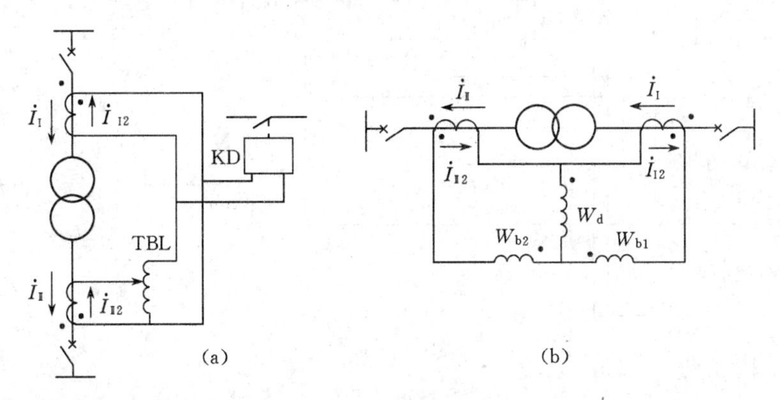

图 6-6 不平衡电流的补偿

(a)用自耦变流器；(b)用差动继电器中的平衡线圈

3. 变压器带负荷调整分接头而产生的不平衡电流

电力系统中常用带负荷调整变压器分接头的方法来调整系统的电压。调整分接头实际上就是改变变压器的变比，其结果必然将破坏电流互感器二次电流的平衡关系，产生了新的不平衡电流。由于变压器分接头的调整是根据系统运行的要求随时都可能进行的，所以在纵联差动保护中不可能采用改变平衡绕组匝数的方法来加以平衡。因此，在带负荷调压的变压器差动保护中，应在整定计算中加以考虑，即用提高保护动作电流的方法来躲过这种不平衡电流的影响。

4．变压器接线组别的影响及其补偿措施

（1）常规保护相位补偿方法。三相变压器的接线组别不同时，其两侧的电流相位关系也就不同。以常用的Y,d11接线的电力变压器为例，它们两侧的电流之间就存在着30°的相位差。这时，即使变压器两侧电流互感器二次电流的大小相等，也会在差动回路中产生不平衡电流 I_{unb}。为了消除这种不平衡电流的影响，就必须消除纵联差动保护中两臂电流的相位差。通常都是采用相位补偿的方法，即将变压器星形接线一侧电流互感器的二次绕组接成三角形，而将变压器的三角形侧电流互感器的二次绕组接成星形，以便将电流互感器二次电流的相位校正过来。采用了这样的相位补偿后，Y,d11接线变压器差动保护的接线方式及其有关电流的相量图，如图6-7所示。

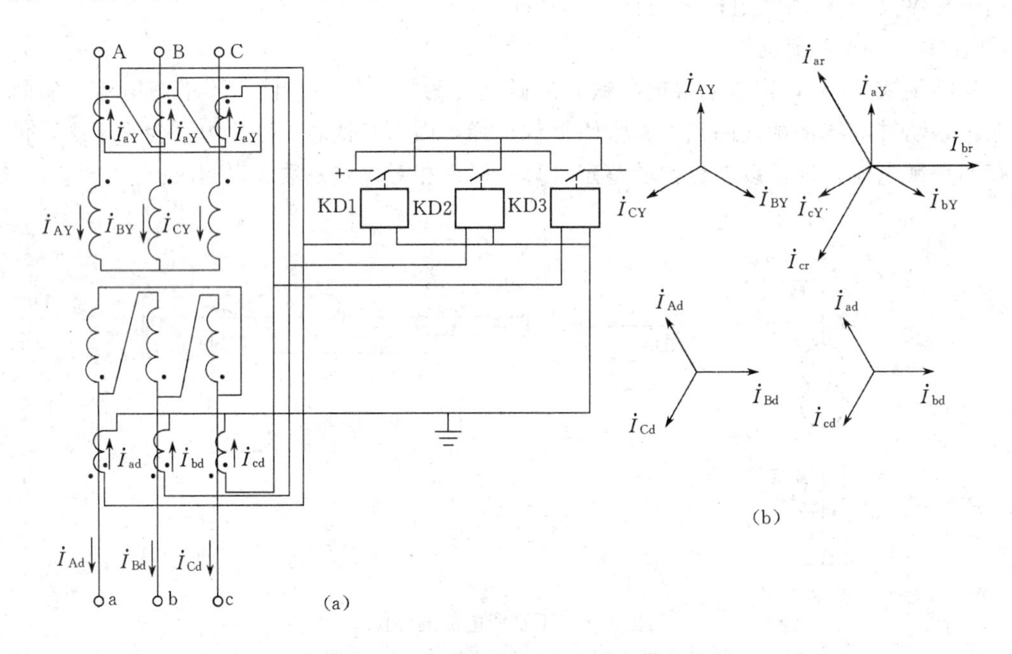

图6-7 Y,d11接线变压器纵联差动保护的接线及相量图

(a)接线图；(b)相量图

图6-7中 $\dot{I}_{AY}$、$\dot{I}_{BY}$ 和 $\dot{I}_{CY}$ 分别表示变压器星形侧的三个线电流，和它们对应的电流互感器二次电流为 $\dot{I}_{aY}$、$\dot{I}_{bY}$ 和 $\dot{I}_{cY}$。由于电流互感器的二次绕组为三角形接线，所以加入差动臂的电流为

$$\dot{I}_{ar} = \dot{I}_{aY} - \dot{I}_{bY}$$

$$\dot{I}_{br} = \dot{I}_{bY} - \dot{I}_{cY}$$

$$\dot{I}_{cr}=\dot{I}_{cY}-\dot{I}_{aY}$$

它们分别超前于 $\dot{I}_{AY}$、$\dot{I}_{BY}$和 $\dot{I}_{CY}$相角为 30°，如图 6-7(b)所示。在变压器的三角形侧，其三相电流分别为 $\dot{I}_{Ad}$、$\dot{I}_{Bd}$和 $\dot{I}_{Cd}$，相位分别超前 $\dot{I}_{AY}$、$\dot{I}_{BY}$和 $\dot{I}_{CY}$30°。因此该侧电流互感器输出电流 $\dot{I}_{ad}$、$\dot{I}_{bd}$和 $\dot{I}_{cd}$与 $\dot{I}_{Ad}$、$\dot{I}_{Bd}$和 $\dot{I}_{Cd}$同相位。所以流进差动臂的三个电流就是它们的二次电流 $\dot{I}_{ad}$、$\dot{I}_{bd}$和 $\dot{I}_{cd}$。$\dot{I}_{ad}$、$\dot{I}_{bd}$和 $\dot{I}_{cd}$分别与高压侧加入差动臂的电流 $\dot{I}_{ar}$、$\dot{I}_{br}$和 $\dot{I}_{cr}$同相，这就使 Y,d11 变压器两侧电流的相位差得到了校正，从而有效地消除了因两侧电流相位不同而引起的不平衡电流。若仅从相位补偿角度出发，也可以将变压器三角形侧电流互感器二次绕组接成三角形。如果采取这种相位补偿措施，若变压器高压侧采用中性点接地工作方式时，当差动回路外部发生单相接地短路故障时，变压器高压侧差动回路中将有零序电流，而变压器三角形无零序分量，使不平衡电流加大。因此，对于常规变压器差动保护是不允许采用变压器低压进行相位补偿的接线方式。

采用了相位补偿接线后，在电流互感器绕组接成三角形的一侧，流入差动臂中的电流要比电流互感器的二次电流大$\sqrt{3}$倍。为了在正常工作及外部故障时使差动回路中两差动臂的电流大小相等，可通过适当选择电流互感器变比解决，考虑到电流互感器二次额定电流为 5A，则

$$n_{TA.Y}=\frac{\sqrt{3}I_{NY}}{5} \tag{6-6}$$

而变压器三角形侧电流互感器的变比为

$$n_{TA.d}=\frac{I_{Nd}}{5} \tag{6-7}$$

式中 I_{NY}——变压器绕组接成星形侧的额定电流；

I_{Nd}——变压器绕组接成三角形侧的额定电流。

根据式(6-6)和式(6-7)的计算结果，选定一个接近并稍大于计算值的标准变比。

(2) 微机保护相位补偿方法。由于微机保护软件计算的灵活性，允许变压器各侧的电流互感器二次侧都按 Y 形接线，也可以按常规保护的接线方式。当两侧都采用 Y 形接线时，在进行差动计算时由软件对变压器 Y 侧电流进行相位补偿及电流数值补偿。

如变压器 Y 侧二次三相电流采样值为 $\dot{I}_{aY}$、$\dot{I}_{bY}$、$\dot{I}_{cY}$，则软件按下式可求得用作差动计算的三相电流 $\dot{I}_{ar}$、$\dot{I}_{br}$、$\dot{I}_{cr}$。用软件实现相位补偿，则变压器星形侧相位补偿式为

$$
\left.\begin{aligned}
\dot{I}_{ar} &= \frac{\dot{I}_{aY} - \dot{I}_{bY}}{\sqrt{3}} \\
\dot{I}_{br} &= \frac{\dot{I}_{bY} - \dot{I}_{cY}}{\sqrt{3}} \\
\dot{I}_{cr} &= \frac{\dot{I}_{cY} - \dot{I}_{aY}}{\sqrt{3}}
\end{aligned}\right\} \tag{6-8}
$$

经软件相位转化后的 $\dot{I}_{ar}$、$\dot{I}_{br}$、$\dot{I}_{cr}$就与低压侧的电流 $\dot{I}_{ad}$、$\dot{I}_{bd}$和 $\dot{I}_{cd}$同相位了，相位关系如图 6-7(b)所示。但是，与图 6-7(b)相量图不同的是，按式(6-8)进行相位补偿的同时也进行了数值补偿。

(3) 提高变压器高压侧单相接地短路差动保护灵敏度的方法。如 WBH—100 微机型变压器成套保护装置，对 Y,d11 变压器差动保护用的电流互感器接线的要求是：可以采用完全星形接线，也可以采用常规接线；差动用的电流互感器采用完全星形接线时，由软件补偿相位和幅值。若电流互感器采用三角形接线，无法判断三角形接线内的断线，只能判断引出线断线。显然，差动保护用的电流互感器采用完全星形接线较采用常规接线有其优越性，应推广采用。

由软件在变压器高压侧实现相位补偿的目的与由常规电磁型构成的差动保护的作用相同。但是，采用变压器高压侧进行相位补偿后，当在变压器高压侧发生单相接地短路故障时，差动回路不反映零序分量电流，保护的灵敏度将受到影响。为了解决这一缺点，相位补偿可在变压器低压侧进行，变压器高压侧仍用星形接线。如图 6-8 所示，在变压器高压侧发生单相接地短路与在保护区外发生单相接地短路流过差动回路高压侧电流互感器的零序分量电流与变压器中性点零序电流互感器的零序电流分量的方向不同。即采用变压器星形侧电流互感器用星形接线带变压器中性点零序补偿电流的方式，在变压器低压侧进行相位补偿。

差动保护在变压器高压侧加入差动臂的电流为

$$
\left.\begin{aligned}
\dot{I}_{ar} &= \dot{I}_{aY} + \frac{1}{3}\dot{I}_{n} \\
\dot{I}_{br} &= \dot{I}_{bY} + \frac{1}{3}\dot{I}_{n} \\
\dot{I}_{cr} &= \dot{I}_{cY} + \frac{1}{3}\dot{I}_{n}
\end{aligned}\right\} \tag{6-9}
$$

式中　$\dot{I}_{ar}$、$\dot{I}_{br}$、$\dot{I}_{cr}$——星形侧加入差动臂电流；

$\dot{I}_{aY}$、$\dot{I}_{bY}$、$\dot{I}_{cY}$——星形侧电流互感器二次电流；

$\dot{I}_{n}$——变压器中性点零序电流。

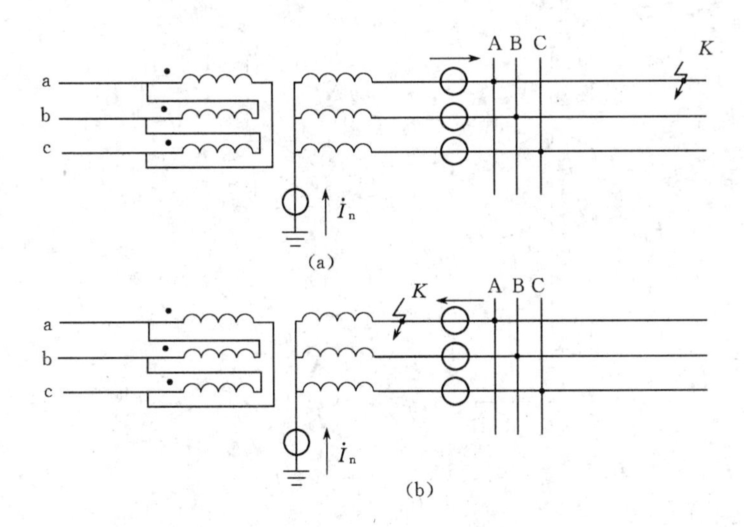

图 6-8 单相接地短路时零序电流分量流向图

(a)外部单相接地短路零序分量电流分布；(b)内部单相接地短路零序分量电流分布

变压器低压侧相位补偿的方程为

$$\left.\begin{aligned}\dot{I}_{ard} &= \frac{\dot{I}_{ad}-\dot{I}_{cd}}{\sqrt{3}}\\ \dot{I}_{brd} &= \frac{\dot{I}_{bd}-\dot{I}_{ad}}{\sqrt{3}}\\ \dot{I}_{crd} &= \frac{\dot{I}_{cd}-\dot{I}_{bd}}{\sqrt{3}}\end{aligned}\right\} \tag{6-10}$$

式中 $\dot{I}_{ard}$、$\dot{I}_{brd}$、$\dot{I}_{crd}$——三角形侧加入差动臂的电流；

$\dot{I}_{ad}$、$\dot{I}_{bd}$、$\dot{I}_{cd}$——三角形侧电流互感器二次电流。

由式(6-10)可见，进行相位补偿的同时，也进行了数值补偿。其相位补偿相量关系如图 6-9 所示。由图 6-9 可知，经软件计算后，变压器在不计零序分量电流的情况下(即变压器在对称的情况下)高、低两侧电流相位得到了补偿。

差动保护电流互感器采用完全星形接线，由于继电器采用内部算法实现相位补偿，差动保护仅感受到星形侧绕组的零序电流，而感受不到三角形侧的零序电流(事实上三角形侧变压器引出线也不存在零序分量电流)。现就算法中引入变压器中性点的零序分量电流作用分析如下：

设变压器外部发生 A 相单相接地短路故障时，流过变压器高压侧 A 相的短路电

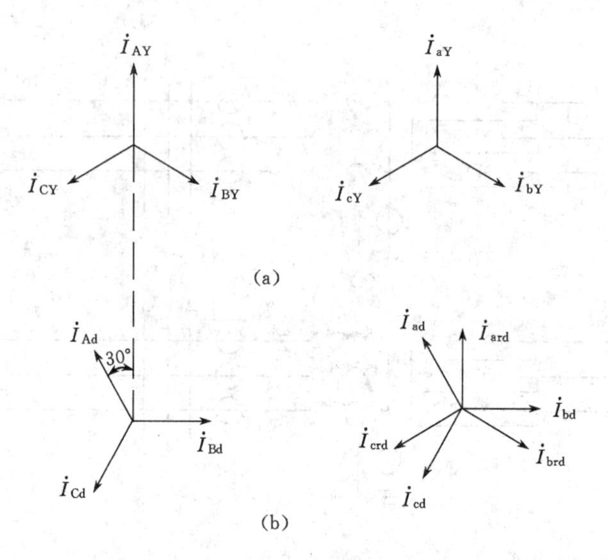

图 6-9 相位补偿相量图

(a)变压器高压侧电流相量；(b)变压器低压侧电流相量

流 $\dot{I}_{Ak}=\dot{I}_{Ak1}+\dot{I}_{Ak2}+\dot{I}_{Ak0}$，变压器中性点的电流为 $\dot{I}_{n}=3\dot{I}_{0}$，方向与A相零序电流方向相反，加入A相继电器的电流为 $\dot{I}_{ar}=\dot{I}_{Ak1}+\dot{I}_{Ak2}$，由于变压器的低压侧不存在零序电流分量，故在外部发生单相接地短路时不会产生不平衡电流。若在变压器的内部发生单相接地短路，此时变压器高压侧加入A相继电器的电流为 $\dot{I}_{ar}=\dot{I}_{Ak}+\dot{I}_{0}$。也就是说，在变压器内部发生单相接地短路时，加入继电器的短路电流能反映内部接地短路故障时的零序电流分量，从而提高了差动保护的灵敏度。

从分析可知，相位补偿采用方式不同，将影响在变压器高压侧发生单相接地短路时差动保护的灵敏度，加入变压器中性点零序电流分量补偿后，在变压器外部发生单相接地短路故障时不会由于零序分量的存在而产生不平衡电流，而在变压器内部发生单相接地短路时又可以反映零序分量电流，提高了变压器差动保护的灵敏度。

5. 变压器励磁涌流的影响及防止措施

由于变压器的励磁电流只流经它的电源侧，故造成变压器两侧电流不平衡，从而在差动回路内产生不平衡电流。在正常运行时，此励磁电流很小，一般不超过变压器额定电流的3%～5%。外部故障时，由于电压降低，励磁电流也相应减小，其影响就更小。因此由正常励磁电流引起的不平衡电流影响不大，可以忽略不计。但是，当变压器空载投入和外部故障切除后电压恢复时，可能出现很大的励磁涌流，其值可达变压器额定电流的6～8倍。因此，励磁涌流将在差动回路中引起很大的不平衡电流，可能导致保护的误动作。

励磁涌流，就是变压器空载合闸时的暂态励磁电流。由于在稳态工作时，变压器铁芯中的磁通应滞后于外加电压90°，如图6-10(a)所示。所以，如果空载合闸正好在电压瞬时值$u=0$的瞬间接通电路，则铁芯中就具有一个相应的磁通$-\Phi_{max}$，而铁芯中的磁通又是不能突变的，所以在合闸时必将出现一个$+\Phi_{max}$的磁通分量。此分量的磁通将按指数规律自由衰减，故称之为非周期性磁通分量。如果这个非周期性磁通分量的衰减比较慢，那么，在最严重的情况下，经过半个周期后，它与稳态磁通相叠加的结果，将使铁芯中的总磁通达到$2\Phi_{max}$的数值，如果铁芯中还有方向相同的剩余磁通Φ_{res}，则总磁通将为$2\Phi_{max}+\Phi_{res}$，如图6-10(b)所示。此时由于铁芯高度饱和，使励磁电流剧烈增加，从而形成了励磁涌流，如图6-10(c)所示。该图中与Φ_{max}对应的为变压器额定励磁电流的最大值$I_{\mu.N}$，与$2\Phi_{max}+\Phi_{res}$对应的则为励磁涌流的最大值$I_{\mu.max}$。随着铁芯中非周期磁通的不断衰减，励磁电流也逐渐衰减至稳态值，如图6-10(d)所示。以上分析是在电压瞬时值$u=0$时合闸的情况。当然，当变压器在电压瞬时值为最大的瞬间合闸时，因对应的稳态磁通等于零，故不会出现励磁涌流，合闸后变压器将立即进入稳态工作。但是，对于三相式变压器，因三相电压相位差120°，空载合闸时出现励磁涌流是无法避免的。根据以上分析可以看出，励磁涌流的大小与合闸瞬间电压的相位、变压器容量的大小、铁芯中剩磁的大小和方向以及铁芯的特性等因素有关。而励磁涌流的衰减速度则随铁芯的饱和程度

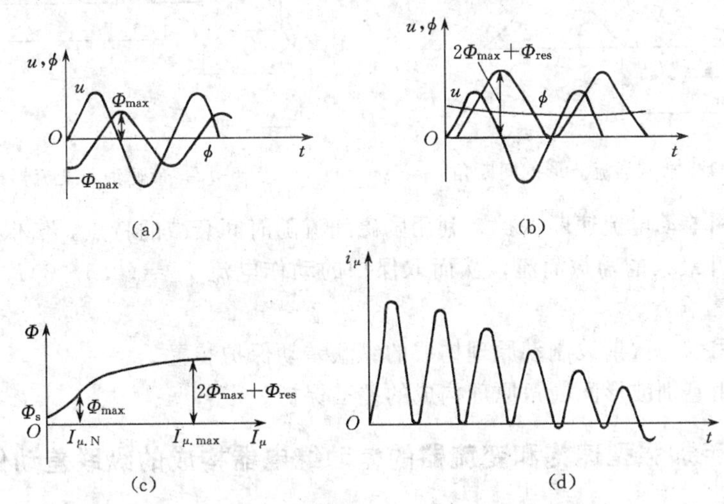

图6-10 变压器励磁涌流的产生及变化曲线

(a)稳态情况下，磁通与电压的关系；(b)在$u=0$瞬间空载合闸时，磁通与电压的关系；(c)变压器铁芯的磁化曲线；(d)励磁涌流的波形

及导磁性能的不同而变化。

由图 6-10(d)可知，变压器励磁涌流的波形具有以下几个明显的特点：

(1) 含有很大成分的非周期分量，使曲线偏向时间轴的一侧。

(2) 含有大量的高次谐波，其中二次谐波所占比重最大。

(3) 涌流的波形削去负波之后将出现间断，如图 6-11 所示，图中 α 称为间断角。

为了消除励磁涌流的影响，在纵联差动保护中通常采取的措施是：

(1) 接入速饱和变流器。为了消除励磁涌流非周期分量的影响，通常在差动回路中接入速饱和变流器 T_{sat}，如图 6-12 所示。当励磁涌流进入差动回路时，其中很大的非周期分量使速饱和变流器 T_{sat} 的铁芯迅速严重饱和，励磁阻抗锐减，使得励磁涌流中几乎全部非周期分量及部分周期分量电流从速饱和变流器 T_{sat} 的一次绕组通过，传变到二次回路(流入电流继电器 KA)的电流很小，故差动继电器 KD 不动作。

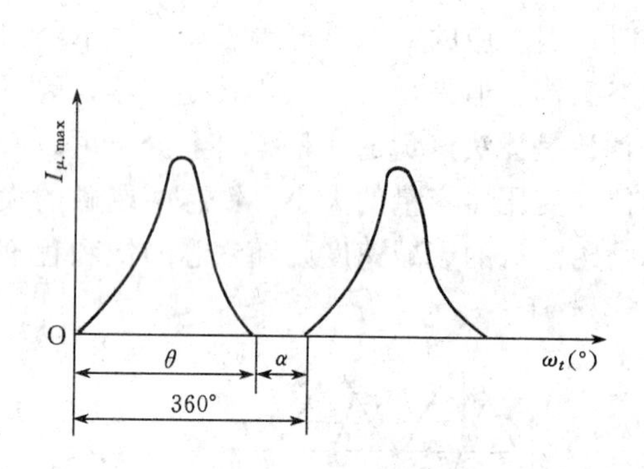

图 6-11 励磁涌流波形的间断角

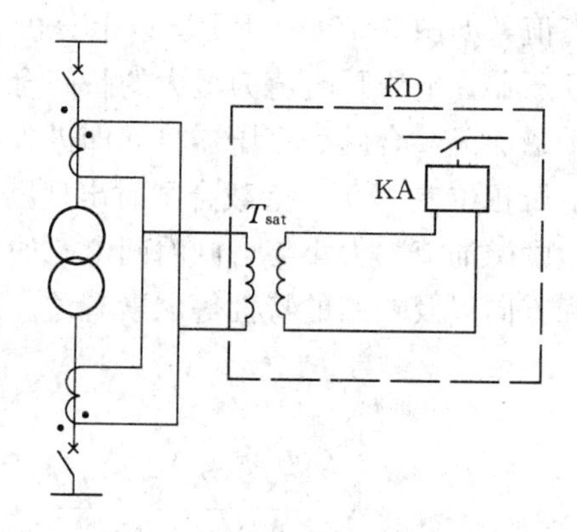

图 6-12 带速饱和变流器接线

(2) 采用差动电流速断保护。利用励磁涌流随时间衰减的特点，借保护固有的动作时间，躲开最大的励磁涌流，从而取保护的动作电流 $I_{op}=(2.5\sim3)I_N$，即可躲过励磁涌流的影响。

(3) 采用以二次谐波制动原理构成的纵联差动保护装置。

(4) 采用鉴别波形间断角原理构成的差动保护。

6.4.3 用带加强型速饱和变流器的差动继电器构成的纵联差动保护

变压器励磁涌流中含有大量的非周期分量，采用带加强型速饱和变流器的差动继电器(如 BCH—2 型或 DCD—2 型)，能更有效地躲开励磁涌流。

1. DCD—2 型继电器的构成原理

DCD—2 型继电器的结构如图 6-13 所示。它由加强型速饱和变流器和电流继电

器 KA 组成。加强型速饱和变流器导磁体有三柱铁芯，中间柱 B 的截面积比两边柱 A、C 的截面积大一倍。在中间柱上除绕有差动线圈 W_d 和两个平衡线圈 W_{b1} 和 W_{b2}（即变流器的原方绕组）外，为了加强躲开非周期分量的不平衡电流的能力，还绕有短路线圈 W'_k。在左边铁芯柱 A 上，绕有短路绕组 W''_k。

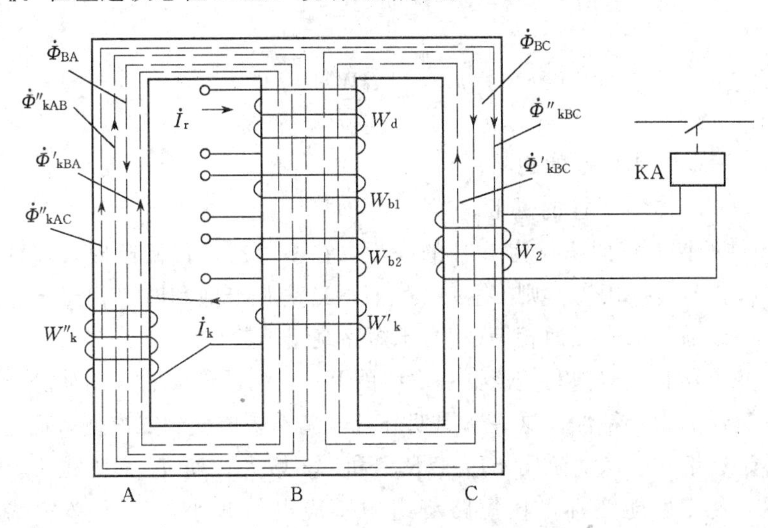

图 6-13 DCD—2 型差动继电器的结构图

W'_k 和 W''_k 对铁芯 A 柱说，产生的磁通是同向串联的。在铁芯柱 C 上，绕有二次绕组 W_2，它与电流继电器相连接。

当在差动线圈 W_d 上仅有周期分量电流 $\dot{I}_r$ 时，在中间柱 B 上产生磁通分为 $\dot{\Phi}_{BC}$ 和 $\dot{\Phi}_{BA}$ 两部分，分别通过铁芯 A 柱和 C 柱，并在短路线圈 W'_k 中感应电势，产生电流 $\dot{I}_K$。$\dot{I}_k$ 在短路线圈 W'_k 中产生磁势 $\dot{I}_k W'_k$ 和相应的磁通 $\dot{\Phi}'_k$。$\dot{\Phi}'_k$ 也分为 $\dot{\Phi}'_{kBC}$ 和 $\dot{\Phi}'_{kBA}$ 两部分，分别通过铁芯 A 柱和 C 柱。当 $\dot{I}_k$ 流过短路线圈 W''_k 时，也产生磁势 $\dot{I}_k W''_k$ 和相应的磁通 $\dot{\Phi}''_k$，$\dot{\Phi}''_k$ 也分为 $\dot{\Phi}''_{kAB}$ 和 $\dot{\Phi}''_{kAC}$ 两部分，分别通过铁芯 B 和 C。因此，根据图 6-13 所示各磁通的方向，通过铁芯 A、C 柱的磁通为

$$\dot{\Phi}_A = \dot{\Phi}_{BA} - \dot{\Phi}'_{kBA} - \dot{\Phi}''_k$$

$$\dot{\Phi}_C = \dot{\Phi}_{BC} + \dot{\Phi}''_{kAC} - \dot{\Phi}'_{kBC} \tag{6-11}$$

式中 $\dot{\Phi}''_k$——短路绕组 W''_k 产生的磁通，$\dot{\Phi}''_k = \dot{\Phi}''_{kBA} + \dot{\Phi}''_{kAC}$。

磁通 $\dot{\Phi}_C$ 在二次线圈 W_2 中感应电势，产生电流，该电流达到继电器动作值时，继电器即动作。当电流继电器的整定值一定时，对应的磁通 $\dot{\Phi}_C$ 也是一定的。从 $\dot{\Phi}_C$ 的变化中，即可以看出短路线圈的作用。

为了分析简单起见，假设线圈 W_2 开路，即不考虑 W_2 的影响。当 $\dot{I}_k=0$ 时（相当

于短路绕组开路），则相当于普通速饱和变流器的工作情况；当 $\dot{I}_k \neq 0$ 时，由于磁势 $\dot{I}_k W'_k$ 的存在，削弱了磁通 $\dot{\Phi}_C$，起去磁作用。而磁势 $\dot{I}_k W''_k$ 则助增了磁通 $\dot{\Phi}_C$，起助磁作用。当铁芯未饱和时，磁通 $\dot{\Phi}'_{kBC}$ 和 $\dot{\Phi}''_{kAC}$ 分别为

$$\left.\begin{aligned}\Phi'_{kBC} &= \frac{I_k W'_k}{R_{mBC}} \\ \Phi''_{kAC} &= \frac{I_k W''_k}{R_{mAC}}\end{aligned}\right\} \tag{6-12}$$

式中　R_{mBC}——B 柱到 C 柱的磁阻；

R_{mAC}——A 柱到 C 柱的磁阻。

由于 A 柱的铁芯截面积仅为 B 柱的一半，在不考虑端部磁阻时，A 柱的磁阻是 B 柱的 2 倍。若 $W''_k = 2W'_k$，则 $\Phi'_{kBC} = \Phi''_{kAC}$，当铁芯未饱和时，相当于短路绕组不存在，即去磁磁通与助磁磁通相等(相当于短路绕组不起作用)。

当空投变压器时，速饱和变流器一次线圈 W_d 中流过较大的非周期分量电流。由于速饱和变流器的固有特性，这些非周期分量电流不易传变到二次侧，而是作为励磁电流使铁芯迅速饱和。从而磁阻 R_{mAC}、R_{mBC} 和 R_{mC} 增大，使 Φ_c 大为减少。另外，当铁芯饱和后，传变性能变坏，在短路绕组中感应电势减小，I_k 也必然减小。磁势 $I_k W'_k$、$I_k W''_k$ 以及由它们产生的磁通 Φ'_{kBC} 和 Φ''_{kAC} 也都相应地减小。但是必须注意，Φ'_{kBC} 和 Φ''_{kAC} 的减小程度是并不相同的。对 Φ''_{kAC} 来说，它比 Φ'_{kBC} 的路径长，漏磁通大，所以 Φ''_{kAC} 减小的程度要比 Φ'_{kBC} 更为显著，使得 $\Phi'_{kBC} > \Phi''_{kAC}$，短路绕组的总效应为去磁作用，从而导致总磁通 Φ_c 大大减小。这样，二次绕组 W_2 中的电流也变得更小了，执行元件也就更难动作了。这就是带短路线圈的速饱和中间变流器更能躲开非周期分量影响的根本原因。

下面进一步分析改变短路线圈匝数对继电器工作性能的影响。当 W_d 中通以周期分量电流时，若维持 $W''_k/W'_k = 2$，继电器的动作安匝是不会改变，且与无短路线圈时的动作安匝相同。若 $W''_k/W'_k \neq 2$ 时，可以改变继电器的动作安匝，不同短路线圈匝数比所对应的动作安匝见表 6-1。

表 6-1　　W''_k/W'_k 对应的动作安匝

整定板插头位置	A2-A1、B2-B1 C2-C1、D2-D1	B2-C2	A2-B1	B2-D1
W''_k/W'_k	2	1	0.75	0.57
继电器动作安匝	60	80	100	120

2. 用DCD—2型继电器构成的变压器纵联差动保护的接线

图6-14示出用DCD—2型继电器构成的双绕组变压器纵联差动保护单相接线图。DCD—2型继电器的两个平衡线圈W_{b1}、W_{b2}分别接于两差动臂，其差动线圈W_d接入差动回路。适当选择各平衡绕组的匝数，使它们在正常情况下可实现电流的数值补偿。

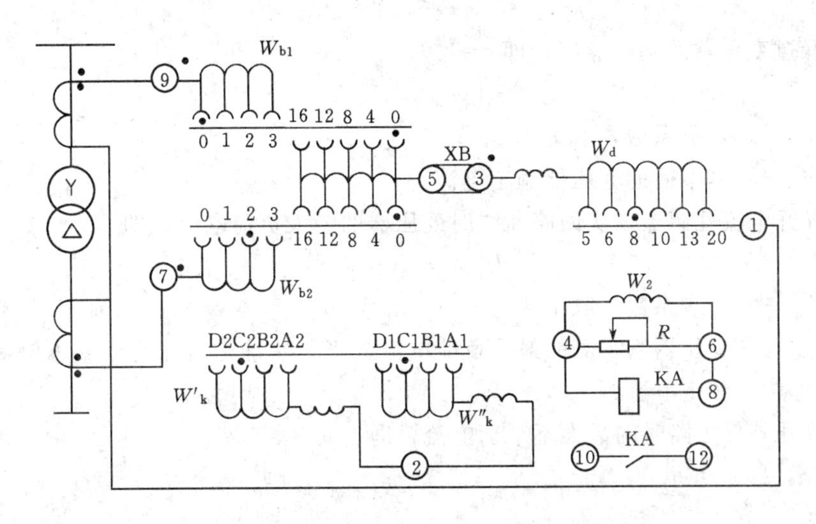

图6-14 双绕组变压器纵联差动保护单相接线图

3. 用DCD—2型继电器构成的变压器纵联差动保护的整定计算

(1) 基本侧的确定。在变压器的各侧中，二次额定电流最大一侧称为基本侧。各侧二次额定电流的计算方法如下：

1)按额定电压及变压器的最大容量计算各侧一次额定电流为

$$I_N = \frac{S_{TN}}{\sqrt{3}U_N} \tag{6-13}$$

式中 S_{TN}——变压器最大额定容量；

U_N——变压器额定电压。

2)选择电流互感器变比为

$$n_{TAcal} = \frac{K_{con}I_N}{5} \tag{6-14}$$

式中 K_{con}——电流互感器接线系数，星形接线$K_{con}=1$；三角形接线$K_{con}=\sqrt{3}$。

根据式(6-14)求出的电流互感器计算变比，选择标准变比$n_{TA} \geqslant n_{TAcal}$。

3)按下式计算各侧电流互感器的二次额定电流为

$$I_{2N}=\frac{K_{con}I_N}{n_{TA}} \tag{6-15}$$

式中　n_{TA}——电流互感器变比。

取二次额定电流最大一侧的电流为基本侧。

(2) 保护装置动作电流的确定。保护装置的动作电流计算值可按下面三个条件决定：

1)躲过变压器的励磁涌流，即

$$I_{op.cal}=K_{rel}I_N \tag{6-16}$$

式中　K_{rel}——可靠系数，取为1.3；

I_N——基本侧的变压器额定电流。

2)躲开电流互感器二次回路断线时变压器的最大负荷电流，即

$$I_{op.cal}=K_{rel}I_{L.max} \tag{6-17}$$

式中　K_{rel}——可靠系数，取1.3；

$I_{L.max}$——变压器基本侧的最大负荷电流，当无法确定时，可用基本侧变压器的额定电流。

3)躲开外部短路时的最大不平衡电流，即

$$I_{op.cal}=K_{rel}I_{unb.max}=K_{rel}(I_{unb.1}+I_{unb.2}+I_{unb.3}) \tag{6-18}$$

$$I_{unb.1}=K_{unp}K_{ts}f_{er}I_{k.max}$$

$$I_{unb.2}=\Delta U_h I_{k.h.max}+\Delta U_m I_{k.m.max}$$

$$I_{unb.3}=\Delta f_{er.1}I_{k.1.max}+\Delta f_{er.2}I_{k.2.max}$$

式中　$I_{k.max}$——最大外部短路电流周期分量；

f_{er}——电流互感器相对误差，取0.1；

K_{unp}——非周期分量系数；

K_{ts}——电流互感器同型系数；

ΔU_h、ΔU_m——变压器高、中压侧分接头改变而引起的误差；

$I_{k.h.max}$、$I_{k.m.max}$——在所计算的外部短路情况下，流经相应的高、中压侧最大短路电流的周期分量；

$I_{k.1.max}$、$I_{k.2.max}$——在所计算的外部短路时，流过所计算的Ⅰ、Ⅱ侧相应电流互感器的短路电流；

$\Delta f_{er.1}$、$\Delta f_{er.2}$——继电器整定匝数与计算匝数不等引起的相对误差。

当三绕组变压器仅一侧有电源时，式(6-18)中的各短路电流为同一数值$I_{k.max}$。若外部短路电流不流过某一侧时，则式中相应项为零。

当为双绕组变压器时，式(6-18)改为

$$I_{op.cal}=K_{rel}I_{unb.max}=1.3(K_{ts}f_{er}+\Delta U+\Delta f_{er})I_{k.max} \tag{6-19}$$

式中 $I_{k.max}$——外部短路时流过基本侧的最大短路电流；

Δf_{er}——继电器整定匝数与计算匝数不等而产生的相对误差，求计算动作电流时，先用0.05进行计算。

取上述三条件最大值作为保护动作电流计算值。

(3) 确定基本侧工作线圈的匝数，即

$$W_{w.cal}=\frac{AW_0}{I_{op.r.cal}} \tag{6-20}$$

其中继电器动作电流计算值为

$$I_{op.r.cal}=\frac{K_{con}I_{op.cal}}{n_{TA}} \tag{6-21}$$

式中 $W_{w.set}$——基本侧工作线圈整定匝数；

$W_{w.cal}$——基本工作线圈计算匝数；

AW_0——继电器动作安匝；

$I_{op.r.cal}$——继电器动作电流计算值；

n_{TA}——基本侧电流互感器变比。

按继电器实际抽头，选用工作线圈的整定匝数 $W_{w.set}\leqslant W_{w.cal}$。

根据选用的基本侧工作线圈匝数 $W_{w.set}$，算出继电器的实际动作电流 $I_{op.r}$ 和保护的一次动作电流 I_{op}，即

$$I_{op.r}=\frac{AW_0}{W_{w.set}} \tag{6-22}$$

$$I_{op}=\frac{I_{op.r}n_{TA}}{K_{con}} \tag{6-23}$$

工作线圈匝数等于差动线圈和平衡线圈之和，即

$$W_{w.set}=W_{d.set}+W_{b.set} \tag{6-24}$$

式中 $W_{d.set}$——差动线圈整定匝数；

$W_{b.set}$——平衡线圈整定匝数。

(4) 确定非基本侧平衡线圈匝数。其中：

1)对于三绕组变压器，非基本侧的平衡线圈匝数为

$$W_{nb.cal}=\frac{I_{N2.b}-I_{N2.nb}}{I_{N2.nb}}W_{d.set} \tag{6-25}$$

2)对于双绕组变压器，非基本侧的平衡线圈匝数为

$$W_{nb.cal}=\frac{I_{2b}}{I_{2nb}}W_{w.set}-W_{d.set} \tag{6-26}$$

非基本侧的平衡线圈 $W_{nb.set}$ 按四舍五入进行。

式中 $W_{nb.cal}$——非基本侧平衡线圈计算匝数；

I_{2b}、I_{2nb}——基本侧、非基本侧流入继电器的电流；

$I_{N2.b}$、$I_{N2.nb}$——基本侧、非基本侧流入继电器的电流；

$W_{d.set}$——差动线圈整定匝数。

(5) 确定相对误差，即

$$\Delta f_{er}=\frac{W_{nb.cal}-W_{nb.set}}{W_{nb.cal}+W_{d.set}} \tag{6-27}$$

若 $\Delta f_{er}\leqslant 0.05$ 则以上计算有效(按绝对值进行比较)；若 $\Delta f_{er}>0.05$，则应根据 Δf_{er} 的实际值代入(6-18)重新计算动作电流。

(6) 校验灵敏度，即

$$K_{sen}=\frac{K_{con}I_{k\Sigma.min}}{I_{op.b}}\geqslant 2 \tag{6-28}$$

式中 $I_{k\Sigma.min}$——变压器内部故障时，归算至基本侧总的最小短路电流；若为单电源变压器，应为归算至电源侧的最小短路电流；

K_{con}——接线系数；

$I_{op.b}$——基本侧保护一次动作电流；若为单侧电源变压器，应为电源侧保护一次动作电流。

在上述计算中若不满足选择性要求，则可改用其他特性的差动继电器。

6.4.4 微机变压器差动保护的原理和算法

1. 具有折线制动特性的差动原理和算法

微机变压器保护通常也是采用分相差动式。假设各侧电流的相位以及电流互感器变比误差已由软件通过计算进行了补偿，并取各侧电流流入变压器为假定正方向。对于双绕组变压器，若其两侧分别记为Ⅰ侧和Ⅱ侧，则图 6-15 所示的三段折线式比率制动特性可采用下述动作方程或算法实现。

$$I_d>I_{d.min}\quad (I_{br}\leqslant I_{br1}) \tag{6-29a}$$

$$I_d>K_1(I_{br}-I_{br1})+I_{d.min}\quad (I_{br1}<I_{br}\leqslant I_{br2}) \tag{6-29b}$$

$$I_d>K_2(I_{br}-I_{br2})+K_1(I_{br2}-I_{br1})+I_{d.min}\quad (I_{br}>I_{br2}) \tag{6-29c}$$

式中 I_d——差动电流，$I_d=|\dot{I}_{\mathrm{I}}+\dot{I}_{\mathrm{II}}|$；

I_{br}——制动电流，$I_{br}=|\dot{I}_{\mathrm{I}}-\dot{I}_{\mathrm{II}}|$；

$I_{d.min}$——不带制动时差流最小动作电流；

K_1、K_2——第一和第二段折线斜率，$K_1=\mathrm{tg}\alpha_1$，$K_2=\mathrm{tg}\alpha_2$，$K_1<K_2$；

I_{br1}、I_{br2}——第一和第二折点对应的制动电流，$I_{br1}<I_{br2}$。

方程中各基波电流相量可采用采样值积算法进行计算，目前用得较多的是富氏算法和最小二乘算法，计算过程可以用采样值计算差动电流和制动电流的瞬时值，再计算这些电流的基波相量，也可以先计算各侧的基波相量，再计算差动电流和制动电流。

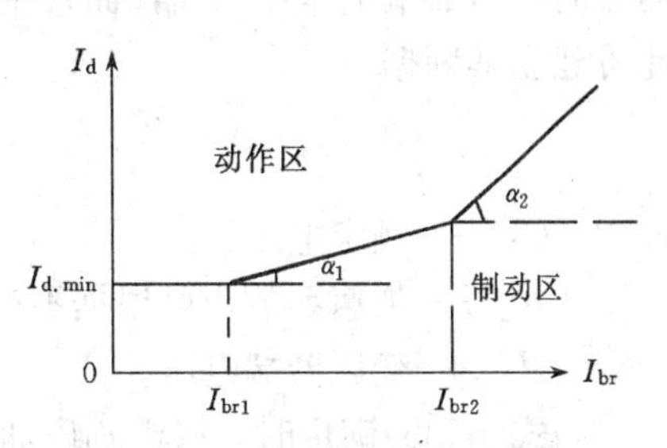

图 6-15 三段折线式比率制动特性

对于三绕组变压器，设第三绕组以Ⅲ表示，差动电流可表示为

$$I_d=|\dot{I}_{\mathrm{I}}+\dot{I}_{\mathrm{II}}+\dot{I}_{\mathrm{III}}| \tag{6-30}$$

制动电流的计算可用下面两种方法，其表达式分别为

$$I_{br}=|\dot{I}_{\mathrm{I}}|+|\dot{I}_{\mathrm{II}}|+|\dot{I}_{\mathrm{III}}| \tag{6-31}$$

$$I_{br}=\max(|\dot{I}_{\mathrm{I}}|,|\dot{I}_{\mathrm{II}}|,|\dot{I}_{\mathrm{III}}|) \tag{6-32}$$

2. 利用 2 次谐波电流鉴别励磁涌流的方法

在微机保护中，一般通过计算差动电流中的 2 次谐波电流与基波电流的幅值之比来判断是否存在励磁涌流。当出现涌流时应有

$$\frac{I_{d2}}{I_{d1}}>K_{d2} \tag{6-33}$$

式中 I_{d1}、I_{d2}——基波和 2 次谐波电流模值；

K_{d2}——2 次谐波制动比(可整定)。

2 次谐波电流计算目前多采用富氏算法、最小二乘法或者全零点滤波算法。分析和实践表明，根据 2 次谐波与基波差流的比值来鉴别励磁涌流，只要比值选择的合适，是很可靠的。但是在变压器内部不对称故障情况下，尤其在变压器附近装有无功补偿设备时，也会在故障电流中产生较大的 2 次谐波分量，使差动保护被制动，直到 2 次谐波分量衰减后才能动作，从而延长了切除故障时间。这对于大型变压器而言，是不允许的，应采用加速措施来改善变压器差动保护的速动性。几种典型方法如下：

(1) 差动速断。这种方法与常规保护相类似，即当差动电流大于最大可能的励磁涌流时立即出口跳闸。其判据为

$$I_d > K_r I_N \tag{6-34}$$

式中 I_N——变压器额定电流；

K_r——相对于额定电流的励磁涌流倍数，大约在 5～10 之间。

(2) 低压加速。励磁涌流是因为变压器铁芯严重饱和产生的励磁电流，出现励磁涌流时变压器端电压比较高，而发生内部短路故障时，变压器端部残余电压较低，据此可建立其判据

$$U < K_u U_N \tag{6-35}$$

式中 U_N——额定电压；

K_u——加速系数，可根据不产生励磁涌流的电压值确定，通常取 0.65～0.7；

U——变压器端电压。

当式(6-35)满足时，取消励磁涌流判据，仅由比率制动特性决定是否跳闸。

(3) 记忆相电流加速。变压器的励磁涌流一般只会在空载投入和外部严重短路故障切除后端电压恢复过程中产生。利用微机特有的长记忆功能记录新的扰动发生前的信息，可以确定是否需要进行励磁涌流判别。如下式判据满足时取消励磁涌流判据，即

$$(I_{p0} > I_{m0}) \cap (I_{p0} \leqslant I_{L.max}) \tag{6-36}$$

式中 I_{p0}——扰动前一周波的相电流；

I_{m0}——空载励磁电流；

$I_{L.max}$——最大负荷电流。

当 $I_{p0} \leqslant I_{m0}$ 时，变压器原先未投入，新扰动有可能是变压器空载投入，所以应投入涌流判据；当 $I_{p0} > I_{L.max}$ 时，变压器外部原先存在短路故障，新的扰动有可能是由外部短路切除所产生，也应投入涌流判据。

3. 故障分量比率差动保护原理

故障分量比率差动保护即采用故障电流中的故障分量来构成动作量和制动量。对双绕组变压器，其动作方程为

$$|\Delta\dot{I}_{\mathrm{I}} + \Delta\dot{I}_{\mathrm{II}}| > K|\Delta\dot{I}_{\mathrm{I}} - \Delta\dot{I}_{\mathrm{II}}| \tag{6-37}$$

式中 $\Delta\dot{I}_{\mathrm{I}}$、$\Delta\dot{I}_{\mathrm{II}}$——两侧短路电流的故障分量；

K——系数。

故障分量电流可由下式求得

$$\left.\begin{aligned}\Delta\dot{I}_{\mathrm{I}} &= \dot{I}_{\mathrm{I}} - \dot{I}_{\mathrm{IL}}\\ \Delta\dot{I}_{\mathrm{II}} &= \dot{I}_{\mathrm{II}} - \dot{I}_{\mathrm{IIL}}\end{aligned}\right\} \tag{6-38}$$

式中 $\dot{I}_{\mathrm{I}}$、$\dot{I}_{\mathrm{II}}$——故障后电流；

$\dot{I}_{\mathrm{IL}}$、$\dot{I}_{\mathrm{IIL}}$——故障前负荷电流。

动作量为 $\Delta\dot{I}_{\mathrm{d}}=\Delta\dot{I}_{\mathrm{I}}+\Delta\dot{I}_{\mathrm{II}}$，制动量为 $\Delta\dot{I}_{\mathrm{br}}=\Delta\dot{I}_{\mathrm{I}}-\Delta\dot{I}_{\mathrm{II}}$。因正常运行时通常 $\dot{I}_{\mathrm{IL}}=-\dot{I}_{\mathrm{IIL}}$，故传统比率差动保护动作量为 $\dot{I}_{\mathrm{d}}=\dot{I}_{\mathrm{I}}+\dot{I}_{\mathrm{II}}=\Delta\dot{I}_{\mathrm{d}}$，制动量为 $\dot{I}_{\mathrm{br}}=\dot{I}_{\mathrm{I}}-\dot{I}_{\mathrm{II}}=\Delta\dot{I}_{\mathrm{br}}+2\dot{I}_{\mathrm{IL}}$。若略去变压器两侧负荷电流的误差之后，故障分量原理变压器差动保护与传统原理的变压器差动保护相同，主要不同是制动量。设一单相变压器发生对地高阻抗接地故障，用具有两端电源的T形网络来表征，其网络如图6-16所示，短路阻抗为 Z_{F}。由故障附加网络可求出式(6-37)的另一种形式为

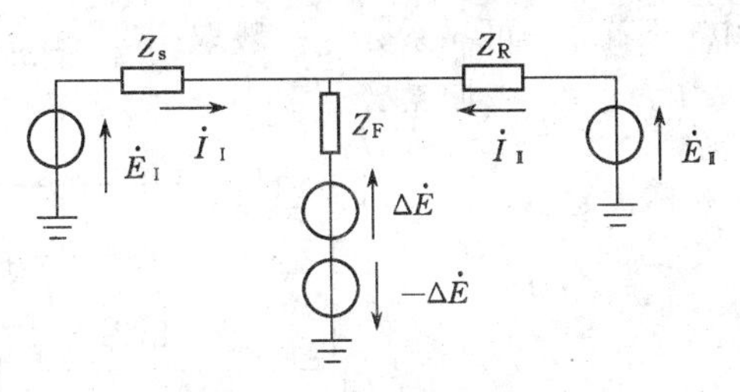

图6-16 单相变压器内部故障简化等值电路

$$K<\frac{|\Delta\dot{I}_{\mathrm{d}}|}{|\Delta\dot{I}_{\mathrm{br}}|}=\frac{Z_{\mathrm{R}}+Z_{\mathrm{S}}}{Z_{\mathrm{R}}-Z_{\mathrm{S}}} \tag{6-39}$$

由式(6-39)可见，故障分量原理的灵敏度与 Z_{F} 无关。对于一个感性电力系统，Z_{R} 与 Z_{S} 的相角差不会大于±90°，由此可知 K 的最小值为1。也就是说，故障分量差动原理的保护在内部故障时，总会有 $\Delta I_{\mathrm{d}}/\Delta I_{\mathrm{br}}>1$，即在双侧电源条件下，即使取 $K\approx1$，按上述分析仍能保证最轻微故障的灵敏度。

当然实际情况要比简化分析复杂得多，当故障阻抗 Z_{F} 很大时，将无法正确取出保证计算精度的故障分量，因此灵敏度仍受 Z_{F} 影响。同时，三相变压器也不能简单地归结为上述简化分析。另外为防止当只有一侧电源的变压器发生内部故障时不动作，K 值的选择仍必须小于1。故障分量原理的一个重要特点是即使 K 值取的较大($K<1$)，也不会对灵敏度产生不利影响。

6.5 电力变压器相间短路后备保护

变压器相间短路的后备保护既是变压器主保护的后备保护，又是相邻母线或线路的后备保护。根据变压器容量的大小和系统短路电流的大小，变压器相间短路的后备保护可采用过电流保护、低电压起动的过电流保护和复合电压起动的过电流保护等。

6.5.1 过电流保护

过电流保护宜用于降压变压器，其单相原理接线图如图6-17所示。过电流保护

采用三相式接线，且保护应装设在电源侧。保护的动作电流 I_{op}应按躲过变压器可能出现的最大负荷电流 $I_{L.max}$来整定，即

$$I_{op}=\frac{K_{rel}}{K_{re}}I_{L.max} \tag{6-40}$$

式中 K_{rel}——可靠系数，一般取 1.2～1.3；

K_{re}——返回系数。

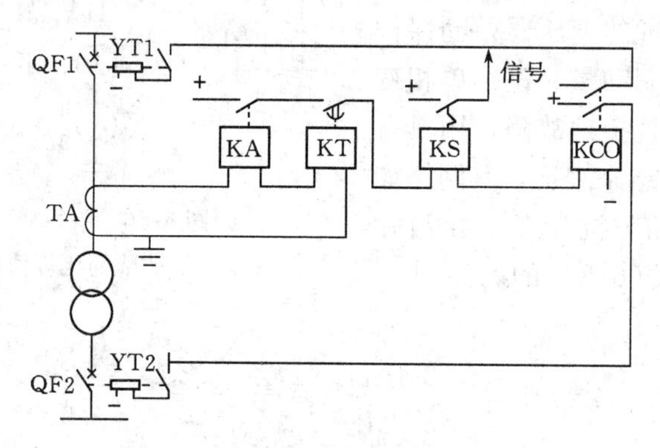

图 6-17 变压器过电流保护单相原理接线图

确定 $I_{L.max}$时，应考虑下述两种情况：

(1) 对并列运行的变压器，应考虑切除一台变压器以后所产生的过负荷。若各变压器容量相等，可按下式计算为

$$I_{L.max}=\frac{m}{m-1}I_N \tag{6-41}$$

式中 m——并列运行变压器的台数；

I_N——变压器的额定电流。

(2) 对降压变压器，应考虑负荷中电动机自起动时的最大电流，则

$$I_{L.max}=K_{ss}I'_{L.max} \tag{6-42}$$

式中 K_{ss}——自起动系数，其值与负荷性质及用户与电源间的电气距离有关。对 110kV 降压变电站，6～10kV 侧，$K_{ss}=1.5\sim2.5$；35kV 侧，$K_{ss}=1.5\sim2.0$；

$I'_{L.max}$——正常运行时最大负荷电流。

保护的动作时限应与下级保护时限配合，即比下级保护中最大动作时限大一个阶梯时限 Δt。

保护的灵敏度为

$$K_{sen} = \frac{I_{k.min}}{I_{op}} \tag{6-43}$$

式中 $I_{k.min}$——最小运行方式下，在灵敏度校验点发生两相短路时，流过保护装置的最小短路电流。最小短路电流应根据变压器连接组别、保护的接线方式确定。

在被保护变压器受电侧母线上短路时，要求 $K_{sen}=1.5\sim2$；在后备保护范围末端短路时，要求 $K_{sen}=1.2$。若灵敏度不满足要求，则选用灵敏度较高的其他后备保护。

6.5.2 复合电压起动的过电流保护

1. 原理接线

复合电压起动的过电流保护的原理接线如图 6-18 所示。负序电压继电器 KVN 和低电压继电器 KV 组成复合电压元件。发生不对称短路时，负序电压滤过器 KUG 有输出，继电器 KVN 动作，其常闭触点打开，KV 失电，其常闭触点闭合，起动中间继电器 KM，其触点闭合。电流继电器 KA 的常开触点因短路而闭合，则时间继电器 KT 的线圈回路接通。经 KT 的整定延时后，KT 的触点延时闭合，起动出口中间继电器 KCO，动作于断开变压器两侧断路器。当发生三相短路时，低电压继电器动作，其常闭触点闭合，与电流继电器一起，按低电压起动过电流保护的动作方式，作用于跳闸。

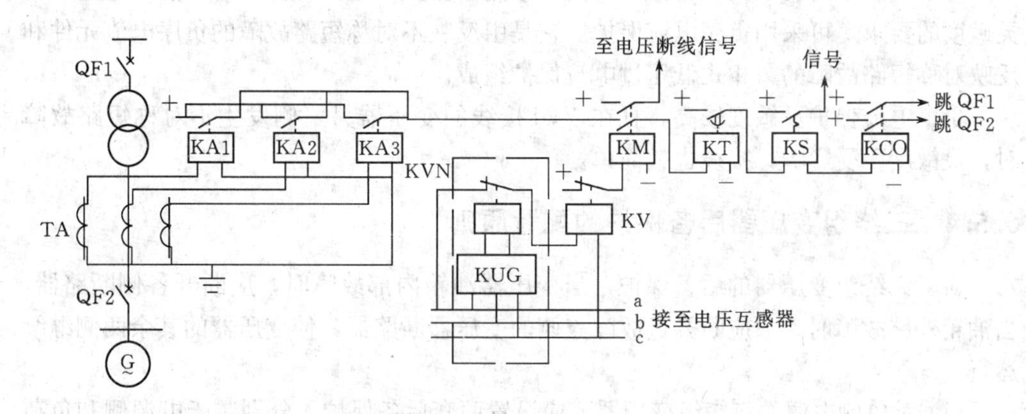

图 6-18 复合电压起动过电流保护原理接线图

2. 定值确定

(1) 电流元件动作电流为

$$I_{op} = \frac{K_{rel}}{K_{re}} I_N \tag{6-44}$$

式中 I_N——变压器额定电流。

(2) 低电压元件动作电压为

$$U_{op} = 0.7U_N \tag{6-45}$$

式中 U_N——变压器额定电压。

低压元件灵敏度计算式为

$$K_{sen} = \frac{U_{op}K_{re}}{U_{k.max}} > 1.2 \tag{6-46}$$

式中 $U_{k.max}$——相邻元件末端三相金属性短路故障时，保护安装处的最大线电压；

K_{re}——低压元件的返回系数。

(3) 负序电压元件动作电压为

$$U_{2op} = (0.06 \sim 0.12)U_N \tag{6-47}$$

负序电压元件灵敏度为

$$K_{sen} = \frac{U_{k2.min}}{U_{2op}} > 1.2 \tag{6-48}$$

式中 $U_{k2.min}$——相邻元件末端不对称短路故障时，保护安装处最小负序电压。

6.5.3 负序电流和单相式低压过电流保护

对于大容量的发电机变压器组，由于额定电流大，电流元件往往不能满足远后备灵敏度的要求，可采用负序电流保护。它是由反映不对称短路故障的负序电流元件和反映对称短路故障的单相式低压过电流保护组成。

负序电流保护灵敏度较高，且在 Y,d 接线的变压器另一侧发生不对称短路故障时，灵敏度不受影响，接线也较简单。

6.5.4 三绕组变压器后备保护的配置原则

对于三绕组变压器的后备保护，当变压器油箱内部故障时，应断开各侧断路器，当油箱外部故障时，只应断开近故障点侧的变压器断路器，使变压器的其余两侧继续运行。

(1) 对单侧电源的三绕组变压器，应设置两套后备保护，分别装于电源侧和负荷侧，如图 6-19 所示。负荷侧保护的动作时限 t_{II}，按比该侧母线所连接的元件保护的最大动作时限大一个阶梯时限 Δt 选择。电源侧保护带两级时限，以较小的时限t_{III}（$t_{\text{III}}=t_{\text{II}}+\Delta t$)跳开变压器Ⅲ侧断路器 QF3，以较大的时限 t_{I}（$t_{\text{I}}=t_{\text{III}}+\Delta t$)断开变压器各侧断路器。

(2) 对于多侧电源的三绕组变压器，应在三侧都装设后备保护。对动作时限最小

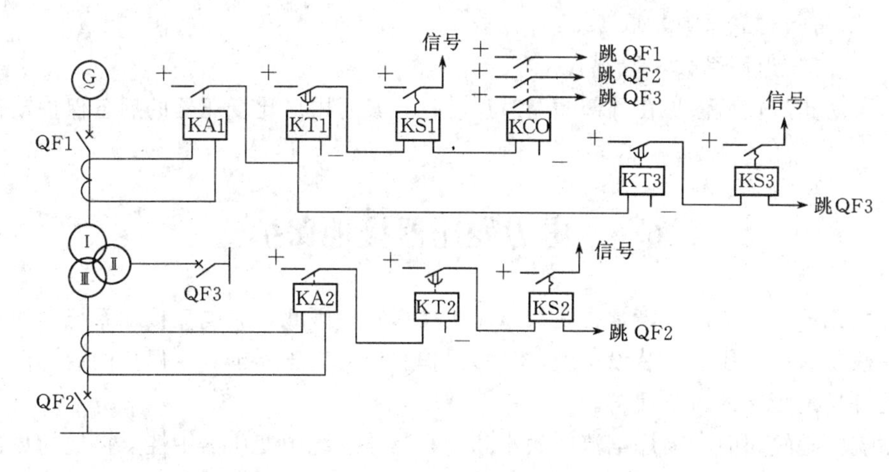

图 6-19 单侧电源三绕组变压器的后备保护配置图

的保护，应加方向元件，动作功率方向取为由变压器指向母线。各侧保护均动作于跳开本侧断路器。在装有方向性保护的一侧，加装一套不带方向的后备保护，其时限应比三侧保护最大的时限大一个阶梯时限 Δt，保护动作后，断开三侧断路器，作为内部故障的后备保护。

6.5.5 变压器的过负荷保护

变压器的过负荷保护反映变压器对称过负荷引起的过电流。保护用一个电流继电器接于一相电流，经延时动作于信号。

过负荷保护的安装侧，应根据保护能反映变压器各侧绕组可能过负荷情况来选择：

(1) 对于双绕组升压变压器，装于发电机电压侧。

(2) 对一侧无电源的三绕组升压变压器，装于发电机电压侧和无电源侧。

(3) 对三侧有电源的三绕组升压变压器，三侧均应装设。

(4) 对于双绕组降压变压器，装于高压侧。

(5) 仅一侧电源的三绕组降压变压器，若三侧的容量相等，只装于电源侧；若三侧的容量不等，则装于电源侧及容量较小侧。

(6) 对两侧有电源的三绕组降压变压器，三侧均应装设。

装于各侧的过负荷保护，均经过同一时间继电器作用于信号。

过负荷保护的动作电流，应按躲开变压器的额定电流整定，即

$$I_{op} = \frac{K_{rel}}{K_{re}} I_N \tag{6-49}$$

式中 K_{rel}——可靠系数，取1.05；

K_{re}——返回系数，取0.85。

为了防止过负荷保护在外部短路时误动作，其时限应比变压器的后备保护动作时限大一个 Δt。

6.6 电力变压器接地保护

电力系统中，接地故障常常是故障的主要形式，因此，大电流接地系统中的变压器，一般要求在变压器上装设接地(零序)保护。作为变压器本身主保护的后备保护和相邻元件接地短路的后备保护。

系统接地短路时，零序电流的大小和分布是与系统中变压器中性点接地的数目和位置有关。通常，对只有一台变压器的升压变电站，变压器都采用中性点接地运行方式。对有若干台变压器并联运行的变电站，则采用一部分变压器中性点接地运行，而另一部分变压器中性点不接地运行的方式。

6.6.1 中性点直接接地变压器的零序电流保护

图6-20示出中性点直接接地双绕组变压器的零序电流保护原理接线图。保护用电流互感器接于中性点引出线上。其额定电压可选择低一级，其变比根据接地短路电流的热稳定和动稳定条件来选择。

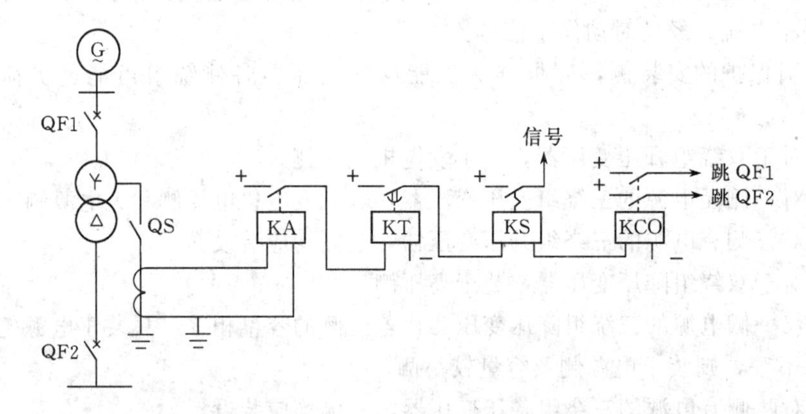

图6-20 中性点直接接地变压器零序电流保护原理接线图

保护的动作电流按与被保护侧母线引出线零序电流保护后备段在灵敏度上相配合的条件来整定。即

$$I_{op0} = K_c K_b I_{op0.L} \tag{6-50}$$

式中 I_{op0}——变压器零序过电流保护的动作电流；

K_c——配合系数，取 1.1～1.2；

K_b——零序电流分支系数；

$I_{op0.L}$——引出线零序电流保护后备段的动作电流。

保护的灵敏系数按后备保护范围末端接地短路校验，灵敏系数应不小于 1.2。

保护的动作时限应比引出线零序电流后备段的最大动作时限大一个阶梯时限 Δt。

为了缩小接地故障的影响范围及提高后备保护动作的快速性，通常配置为两段式零序电流保护，每段各带两级时限。零序Ⅰ段作为变压器及母线的接地故障后备保护，其动作电流以与引出线零序电流保护Ⅰ段在灵敏系数上配合整定，以较短延时(通常取 0.5s)作用于断开母联断路器或分段断路器；以较长延时($0.5+\Delta t$) 作用于断开变压器的断路器。零序Ⅱ段作为引出线接地故障的后备保护，其动作电流按式(6-50)选择。第一级(短)延时与引出线零序后备段动作延时配合，第二级(长)延时比第一级延时长一个阶梯时限 Δt。

6.6.2 中性点可能接地或不接地变压器的接地保护

当变电站部分变压器中性点接地运行时，如图 6-21 所示两台升压变压器并列运行，其中 T1 中性点接地运行，T2 中性点不接地运行。当线路上发生单相接地时，有零序电流流过 QF1、QF3、QF4 和 QF5 的四套零序过电流保护。按选择性要求应满足 $t_1>t_3$，即应由 QF3 和 QF4 的两套保护动作于 QF3 和 QF4 跳闸。

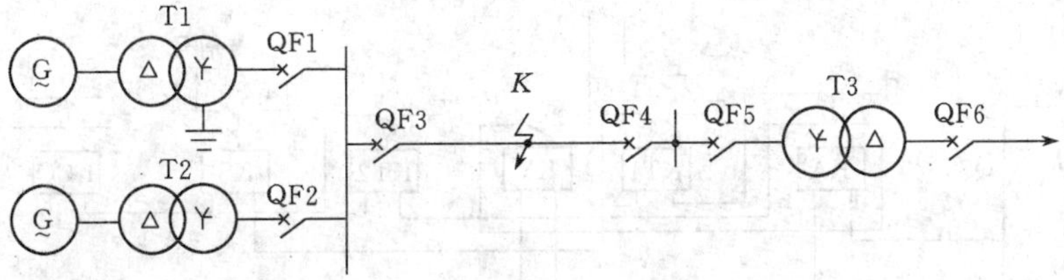

图 6-21 两台升压变压器并列运行，T1 中性点接地运行的系统图

若因某种原因造成 QF3 拒绝跳闸，则应由 QF1 的保护动作于 QF1 跳闸。当 QF1 和 QF4 跳闸后，系统成为中性点不接地系统，而且 T2 仍带着接地故障继续运行。T2 的中性点对地电压将升高为相电压，两非接地相的对地电压将升高$\sqrt{3}$倍，如果在接地故障点处出现间歇性电弧过电压，则对变电器 T2 的绝缘危害更大。如果 T2 为全绝缘变压器，可利用在其中性点不接地运行时出现的零序电压，实现零序过电压保护，作用于断开 QF2。如果 T2 是分级绝缘变压器，则不允许上述情况出现，必须在切除 T1 之前，先将 T2 切除。

因此，对于中性点有两种运行方式的变压器，需要装设两套相互配合的接地保护装置：零序过电流保护——用于中性点接地运行方式；零序过电压保护——用于中性点不接地运行方式。并且还要按下列原则来构成保护：对于分级绝缘变压器，应先切除中性点不接地运行的变压器，后切除中性点接地运行的变压器；对于全绝缘变压器，应先切除中性点接地运行的变压器，后切除中性点不接地运行的变压器。

1. 分级绝缘变压器

图 6-22 示出分级绝缘变压器的零序过电流和零序过电压保护原理接线图。当系统发生接地故障时，中性点不接地运行变压器的 TAN 无零序电流，保护装置中的 KA 不动作，零序过电流保护不起动，KV 因有零序电压 $3U_0$ 而动作。这时，与之并列运行的中性点接地运行变压器的零序过电流保护则因 TAN 有零序电流，KA 动作并经其时间继电器 KT1 的瞬时闭合常开接点将正电源加到小母线 WB 上。此正电源经中性点不接地运行变压器的 KV 接点和 KA 的常闭接点使 KT2 起动零序过电压保护。在主保护拒绝动作的情况下，经过较短时限使 KCO 动作，先动作于中性点不接地运行变压器的两侧断路器跳闸。与之并列运行的中性点接地运行变压器的 KV 虽然也已动作，但由于 KA 已处于动作状态，其常闭接点已断开，故小母线上的正电源不能使 KT2 动作，其零序过电压保护不能起动，要等到整定时限较长的 KT1 延时接点闭合时，才动作于中性点接地运行变压器的两侧断路器跳闸。

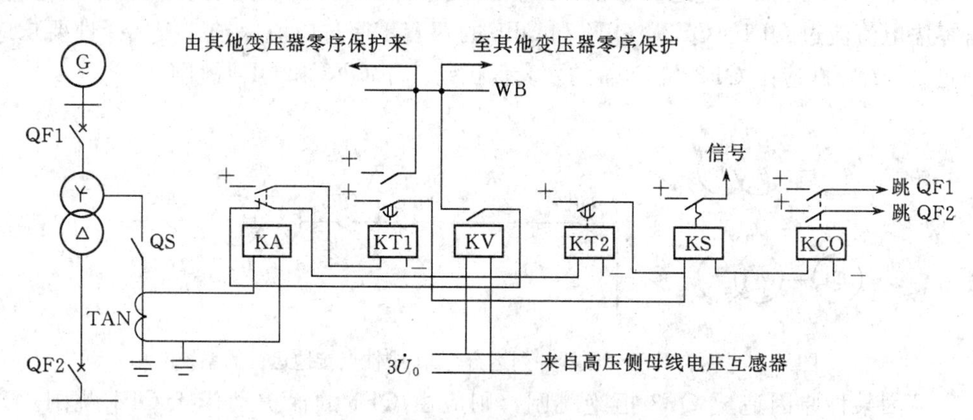

图 6-22　分级绝缘变压器的接地保护原理接线图

2. 全绝缘变压器

图 6-23 示出全绝缘变压器的零序过电流和零序过电压保护原理接线图。当系统发生接地故障时，中性点接地运行变压器的零序过电流保护和零序过电压保护都会起动。因 KT1 的整定时限较短，故在主保护拒绝动作的情况下先动作于中性点接地运行变压器的两侧断路器跳闸。与之并列运行的中性点不接地运行变压器，则只有零序

过电压保护起动，其零序过电流保护并不起动。因KT2的整定时限较长，故后切除中性点不接地运行变压器的两侧断路器。

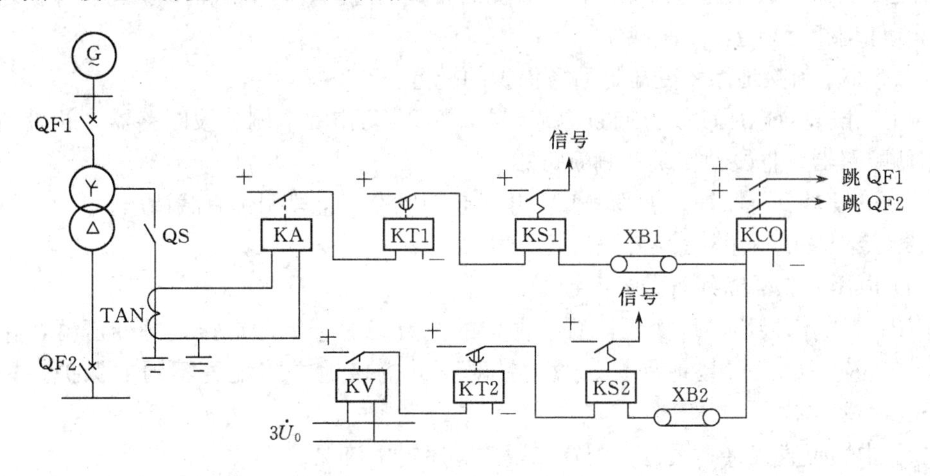

图6-23 全绝缘变压器的接地保护装置原理接线图

6.7 电力变压器微机保护

6.7.1 特点

变压器微机保护在硬件上与线路微机保护相类同，由于保护上的特殊要求，软件上较常规高压设备保护在使用方便、性能稳定、灵敏度和可靠性等各方面都具有明显突出的特性。新型的变压器微机保护软件采用了工频变化量比率差动元件，提高了变压器内部小电流故障的检测灵敏度。微机保护还解决了变压器空投内部故障，因健全相涌流制动而拒绝动作的问题，使保护的可靠性进一步提高。多CPU微机保护的采用，使得变压器的后备保护按侧独立配置并与变压器主保护、人机接口管理相互独立运行，改善了保护运行和维护条件也提高了保护的可靠性。

6.7.2 中、低压变电所主变压器的保护配置

1. 主保护配置

(1) 比率制动式差动保护。中、低压变电所主变容量不会很大，通常采用二次谐波闭锁原理的比率制动式差动保护。

(2) 差动速断保护。

(3) 本体主保护。本体瓦斯、有载调压重瓦斯和压力释放。

2. 后备保护配置

主变压器后备保护均按侧配置，各侧后备保护之间、各侧后备保护与主保护之间软件硬件均相互独立。

(1) 小电流接地系统变压器后备保护的配置：

1) 三段复合电压闭锁方向过电流保护。Ⅰ段动作跳本侧分段断路器，Ⅱ段动作跳本侧断路器，Ⅲ段动作跳三侧断路器。

2) 三段过负荷保护。Ⅰ段发信，Ⅱ段起动风冷，Ⅲ段闭锁有载调压。

3) 冷控失电，主变过温告警(或跳闸)。

4) 电压互感器断线告警或闭锁保护。

(2) 大电流接地系统变压器后备保护的配置。对于中性点接地的变压器，除上述保护外应考虑设置接地保护。通常针对不同的接地方式配置不同的保护。具体如下：

1) 中性点直接接地运行，配置二段式零序过电流保护。

2) 中性点可能接地或不接地运行，配置一段两时限零序无流闭锁零序过电压保护。

3) 中性点经放电间隙接地运行，配置一段两时限式间隙零序过电流保护。

对于双绕组变压器，后备保护可以只配置一套，装于降压变的高压侧(或升压变的低压侧)；三绕组变压器，后备保护可以配置两套：一套装于高压侧作为变压器的后备保护；另一套装于中压侧或低压的电源侧，作相邻后备。

6.7.3 WBH—100型成套保护中差动保护的计算分析

1. WBH—100型作用

WBH—100型系列微机变压器保护装置，由变压器差动保护、变压器后备保护、变压器非电量保护几部分构成，根据不同电压等级，保护配置有所不同。差动保护作为变压器的主保护，可以设置双套差动保护，一套变压器后备保护及非电量保护。两套变压器差动保护取至不同的电流互感器，其保护范围有所不同。

2. 差动保护电流互感器接法分析

对于Y,d11变压器微机保护相位补偿是由微机保护软件内实现的。设相位补偿前的电流为$\dot{I}_{ay1}$、$\dot{I}_{by1}$、$\dot{I}_{cy1}$，补偿后电流为$\dot{I}_{ay2}$、$\dot{I}_{by2}$、$\dot{I}_{cy2}$，补偿方法如下：

$$\begin{aligned}\dot{I}_{ay2} &=(\dot{I}_{ay1}-\dot{I}_{by1})/\sqrt{3}=\dot{I}_{ay1}e^{j30^\circ}\\ \dot{I}_{by2} &=(\dot{I}_{by1}-\dot{I}_{cy1})/\sqrt{3}=\dot{I}_{by1}e^{j30^\circ}\\ \dot{I}_{cy2} &=(\dot{I}_{cy1}-\dot{I}_{ay1})/\sqrt{3}=\dot{I}_{cy1}e^{j30^\circ}\end{aligned} \tag{6-51}$$

通过上式可以看出软件相位补偿后各相电流只改变了相位角，而模值并没有改变。

3. 比率差动保护

比率差动保护是变压器的主保护。能反映变压器内部相间短路故障、高压侧单相接地短路及匝间层间短路故障，保护采用2次谐波制动或波形比较制动两种不同原理，用以躲过变压器空投时励磁涌流造成的保护误动作。

(1) 保护原理。其中：

1) 比率差动原理。差动动作方程为

$$I_d > I_{res} \tag{6-52}$$

$$|I_d - I_{op.min}| \geqslant K_{res} |I_{res} - I_{res.min}| \tag{6-53}$$

式中 I_d——差动电流；

$I_{op.min}$——差动最小动作电流整定值；

I_{res}——制动电流；

$I_{res.min}$——制动电流最小整定值；

K_{res}——比率制动系数。

同时满足上述两个方程差动元件动作。各侧电流的方向都以指向变压器为正方向。

对于双绕组变压器，差动和制动电流分别为

$$\begin{aligned} I_d &= |\dot{I}_h + \dot{I}_L| \\ I_{res} &= \left|\frac{\dot{I}_h - \dot{I}_L}{2}\right| \end{aligned} \tag{6-54}$$

对于三绕组变压器，差动和制动电流分别为

$$\begin{aligned} I_d &= |\dot{I}_h + \dot{I}_m + \dot{I}_L| \\ I_{res} &= \max\{|\dot{I}_h|、|\dot{I}_m|、|\dot{I}_L|\} \end{aligned} \tag{6-55}$$

式中 $|\dot{I}_h|$、$|\dot{I}_m|$、$|\dot{I}_L|$—— 高压侧、中压侧、低压侧电流。

2) 2次谐波制动。保护利用差动电流中的2次谐波分量作为励磁涌流闭锁判据。动作方程为

$$I_{d2} > K_2 I_d \tag{6-56}$$

式中 I_{d2}——A、B、C三相差动电流中2次谐波电流；

I_d——对应的三相差动电流；

K_2——2次谐波制动系数。

3) 波形比较制动。采用波形比较的技术将变压器的励磁涌流和故障电流区分开

来。闭锁方式采用分相闭锁，即任一相波形比较判据满足条件闭锁本相差动。

(2) 差流速断保护 I_{qo}。当任一相差动电流大于差动速断整定值时瞬时动作于出口。其中：

1) 躲过空投变压器时产生的最大励磁涌流。

2) 躲过外部短路时产生的最大不平衡电流。

当空载变压器投入电网或变压器外部故障切除后电压恢复时，励磁涌流高达额定电流 6～8 倍的额定电流，当差动保护电流互感器选择合适时，变压器外部短路流过差动速断的不平衡电流小于变压器励磁涌流，因此差流速断定值 I_{qo} 可考虑只躲过变压器励磁涌流，即

$$I_{qo} = 4 \sim 10 I_{2N} \tag{6-57}$$

式中 I_{2N}——高压侧 2 次额定电流。

通常中小型变压器取 $8I_{2N}$ 左右，大型变压器取 $4I_{2N}$，应根据具体变压器来定。

(3) 差流越限告警。正常情况下监视各相差流，如果任一相差流大于越限起动门槛，发出警告信号。

(4) 定值整定。其中：

1) 差动平衡系数的计算如下：

计算变压器各侧一次电流为

$$I_N = \frac{S_N}{\sqrt{3}U_N} \tag{6-58}$$

式中 S_N——变压器额定容量；

U_N——计算侧相间电压。

计算各侧流入装置的二次电流为

$$I_{N2} = \frac{K_{con} I_N}{n_{TA}} \tag{6-59}$$

式中 n_{TA}——电流互感器变比；

K_{con}——接线系数，三角形接线取$\sqrt{3}$，星形接线取 1。

计算平衡系数，即差动保护平衡系数均以主变高压侧二次电流为基准，中压侧平衡系数为

$$K_{bm} = \frac{I_{N2h}}{I_{N2m}} \tag{6-60}$$

低压侧平衡系数为

$$K_{bL} = \frac{I_{N2h}}{I_{N2L}} \tag{6-61}$$

式中 I_{N2h}——变压器高压侧二次电流；

I_{N2m}——变压器中压侧二次电流；

I_{N2L}——变压器低压侧二次电流。

2）差动最小动作电流。差动最小动作电流一般取变压器额定电流的0.3～0.5倍。

3）比例制动系数K_{res}。比例制动系数K_{res}一般取0.5。

4）2次谐波制动系数。变压器空载投入时，励磁涌流中2次谐波含量很大，其他高次谐波也占相当比例，通过对装置的合理调整，使谐波分量占基波的15%～25%，使保护不动作，达到变压器空载投入时闭锁差动保护的目的。

5）差流速断。差流速断按躲过变压器的励磁涌流、最严重外部故障时的不平衡电流及电流互感器饱和等整定。

6）最小制动电流。一般取变压器二次额定电流值I_{2N}。

设变压器各侧电流为$\dot{I}_{A1}$、$\dot{I}_{A2}$、$\dot{I}_{A3}$，$\dot{I}_{B1}$、$\dot{I}_{B2}$、$\dot{I}_{B3}$，$\dot{I}_{C1}$、$\dot{I}_{C2}$、$\dot{I}_{C3}$；进入差动保护的差电流为$\dot{I}_{DA}=\dot{I}_{A1}+\dot{I}_{A2}+\dot{I}_{A3}$、$\dot{I}_{DB}=\dot{I}_{B1}+\dot{I}_{B2}+\dot{I}_{B3}$、$\dot{I}_{DC}=\dot{I}_{C1}+\dot{I}_{C2}+\dot{I}_{C3}$。制动电流为$\dot{I}_{\Sigma A}=\max(\dot{I}_{A1}、\dot{I}_{A2}、\dot{I}_{A3})$，$\dot{I}_{\Sigma B}=\max(\dot{I}_{B1}、\dot{I}_{B2}、\dot{I}_{B3})$，$\dot{I}_{\Sigma C}=\max(\dot{I}_{C1}、\dot{I}_{C2}、\dot{I}_{C3})$。从以上式子可看出当变压器内部故障时，差电流为变压器三侧电流之和，而制动电流取三侧电流中较大者，因此变压器内部故障时差电流大于制动电流，保护可靠动作，当变压器外部故障时进入差动保护的差电流为三侧电流相减后的不平衡电流，制动电流仍取三侧电流中较大者，此时制动电流大于差动电流，保护可靠不动作。

（5）比率差动保护的定值清单，详见表6-2。

表6-2　比率差动保护整定的定值清单

定值名称	整定范围	备　注
最小动作电流	0.1～10A	
最小制动电流	0.1～20A	
制动系数	0.1～0.9	
二次谐波制动系数	0.15～0.25	
中压侧平衡系数	0.2～4	双绕组变压器无此项
低压侧平衡系数	0.2～4	
速断动作电流	0.1～80A	
额定电流	0.01～10A	

4. 工程应用

(1) 差动用电流互感器可采用完全星形接线，也可采用常规接线。采用常规接线时，三角形接线不能判断三角形内断线，只能判断引出线断线。

(2) 差动用的电流互感器采用完全星形接线时，由保护软件补偿相位和幅值，可按常规计算方法计算差动保护定值。

(3) 对完全星形绕组变压器，各侧电流互感器必须三角形连接，以防止区外接地故障时差动保护误动，或各侧电流互感器星接，用软件实现角接。此时差动保护的内部接地故障灵敏系数会降低，必须进行灵敏度校核工作，必要时要加配零序差动保护。

(4) 差动平衡系数不满足要求时，必须外配中间变流器。

6.7.4 复合电压闭锁过电流保护

复合电压闭锁过电流保护作为变压器或相邻元件的后备保护，过电流起动值可按需要配置若干段，每段可配不同的时限。

1. 保护原理

由复合电压元件、相间方向元件及三相过电流元件构成“与门”。相间方向元件可由软件控制字整定“投入”或“退出”，相间方向的最大灵敏角也可由软件控制字整定为 $-45°(-30°)$ 或 $135°(150°)$。复合电压元件和相间方向元件的电压输入可取自不同的电压互感器。

2. 保护判据

(1) 复合电压元件。复合电压元件由负序过电压和低电压部分组成。满足下列两条件之一时，复合电压元件动作，即

$$U_2 > U_{2set} \tag{6-62}$$

$$U < U_{set} \tag{6-63}$$

式中 U_{2set}——负序电压整定值；

U_{set}——低电压整定值。

(2) 过电流元件。过电流元件接于电流互感器二次三相回路中，保护共有三段定值，每段电流和时限均可单独整定。当任一相电流满足下列条件时保护动作，即

$$I > I_{set} \tag{6-64}$$

式中 I_{set}—— 电流整定值。

(3) 相间功率方向元件。方向元件的软件算法采用 90°接线，动作判据为(以 A 相为例)：

$$R_e[\dot{U}_{BC}\dot{I}_A e^{-j30°}] > 0 \text{ 或 } R_e[\dot{U}_{BC}\dot{I}_A e^{-j45°}] > 0 \tag{6-65}$$

为防止变压器出口三相短路失去方向性，相间方向元件的电压带有记忆的功能。

3. 定值清单

复合电压闭锁过电流保护整定的定值清单见表6-3。

表6-3　　复合电压闭锁过电流保护整定的定值清单

定值名称	整定范围	备　注
负序电压起动值	0～100V	
动作电压	0～150V	
动作电流	0.1～60A	
延时	0.1～50s	
方向灵敏控制角	0～1	1：−45° 0：−30°

相间方向元件的电压可取本侧或对侧，取本侧时，两侧绕组接线方式一样。选用时应指明。复合电压元件可取本侧的，也可取变压器三侧“或”的方式。

小　结

电力变压器是电力系统中重要的设备，根据继电保护与安全自动装置的运行条例，分析了变压器保护的配置。

瓦斯保护是作为变压器本体内部匝间短路、相间短路以及油面降低的保护，是变压器的内部短路故障的主保护；变压器差动保护是用来反映变压器绕组、引出线及套管上的各种相间短路，也是变压器的主保护。变压器的差动保护基本原理与输电线路相同，但是，由于变压器两侧电压等级不同、Y,d接线时相位不一致、励磁涌流、电流互感器的计算变比与标准变比不一致、带负荷调压等原因，将在差动回路中产生较大的不平衡电流。为了提高变压器差动保护的灵敏度，必须设法减小不平衡电流。

传统变压器差动保护为了进行相位补偿，将星形侧的互感器接成三角形，其目的为了减小不平衡电流。若变压器为中性点直接接地，当高压侧内部发生接地短路故障时，差动保护的灵敏度将降低。分析了微机保护如何利用变压器中性点零序电流进行补偿，提高保护灵敏度的措施。

分析了由BCH—2(DCD—2)构成的变压器差动保护整定计算。需要注意的是，变压器差动保护采用不同继电器或不同的方式实现，其整定计算方法是不相同的。在进行相对误差校验时，相对误差应采用绝对值。相对误差不满足要求时，动作电流也并不是就要重新确定，当动作电流是由不平衡电流条件确定的，那么就要重新确定，反之，要进行具体分析。

反映故障分量的比率差动保护经过渡电阻短路时，对差动保护的灵敏度没有影响，同时能保证变压器发生轻微故障的灵敏度。

相间短路后备保护，应根据变压器容量及重要程度，确定采用的保护方案。同时必须考虑保护的接线方式、安装地点问题。

反映变压器接地短路保护，主要是利用零序分量这一特点来实现，同时与变压器接地方式有关。

以一实例分析了微机变压器保护的配置及工作原理以及整定计算方法。

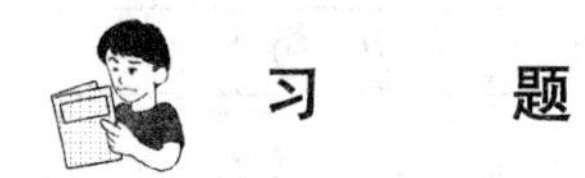

习　　题

6-1　电力变压器可能发生的故障和不正常运行工作情况有哪些？应装设哪些保护？

6-2　瓦斯保护的作用是什么？瓦斯保护特点和组成如何？

6-3　叙述变压器差动保护产生不平衡电流的原因及消除措施。

6-4　如何对 Y,d11 变压器进行相位补偿？补偿方法和原理是什么？

6-5　变压器相间短路后备保护有哪几种常用方式，试比较它们的优缺点？

6-6　图 6-24 所示，降压变压器采用 DCD—2 型继电器构成纵差保护，已知变压器容量为 20MVA，电压为 110(1±2×2.5%)/11kV，Y,d11 接线，系统最大电抗为 52.7Ω，最小电抗为 26.4Ω，变压器的电抗为 69.5Ω，以上电抗均为归算到高压侧的有名值。试对差动保护进行整定计算。

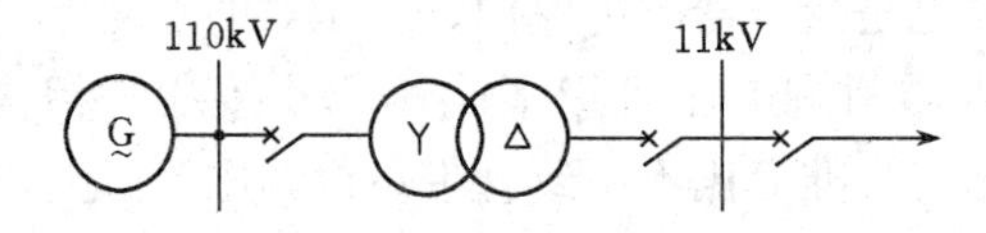

图 6-24　习题 6-7 网络

6-7　某一电气人员粗心将 110kV 侧电流互感器 B 相与 6.6kV 的 A 相相对接，110kV 的 A 相与 6.6kV 的 B 相相对接。已知：变压器参数为 31.5MVA，110/6.6kV，电流互感器变比 110kV 侧 300/5，Y,d11，6.6kV 侧变比 3000/5。差动继电器整定值为 6A。经过计算分析该系统在正常情况下差动继电器误动的可能性。

第7章

发电机保护

【教学要求】 熟悉发电机的故障和不正常工作状态；掌握发电机纵差保护的工作原理和整定原则；理解发电机横差保护工作原理；掌握100%保护范围的发电机定子接地保护工作原理；理解励磁回路一点接地、两点接地保护；了解负序过电流保护；掌握发电机失磁保护；了解发电机—变压器组保护特点。

7.1 发电机故障和不正常工作状态及其保护

发电机是电力系统中十分重要和贵重的设备，发电机的安全运行直接影响电力系统的安全。发电机由于结构复杂，在运行中可能发生故障和不正常工作状态，会对发电机造成危害。同时系统故障也可能损坏发电机，特别是现代的大中型发电机的单机容量大，对系统影响大，损坏后的修复工作复杂且工期长，所以对继电保护提出了更高的要求。针对发电机的故障和不正常工作状态，应装设性能完善的继电保护装置。

7.1.1 发电机可能发生的故障及其相应的保护

1. 发电机定子绕组相间短路

定子绕组相间短路会产生很大的短路电流，严重损坏发电机，甚至引起火灾。应装设纵联差动保护。

2. 发电机定子绕组匝间短路

定子绕组匝间短路会产生很大的环流，引起故障处温度升高，使绝缘老化，甚至击穿绝缘发展为单相接地或相间短路，扩大发电机损坏范围。

3. 发电机定子绕组单相接地

定子绕组单相接地是发电机易发生的一种故障。单相接地后，其电容电流流过故障点的定子铁芯，当此电流较大或持续时间较长时，会使铁芯局部熔化，给修复工作带来很大困难。因此，应装设能灵敏反映全部绕组任一点接地故障的100%定子绕组单相接地保护。

4. 发电机转子绕组一点接地和两点接地

转子绕组一点接地，由于没有构成通路，对发电机没有直接危害，但若再发生另一点接地，就造成两点接地，则转子绕组一部分被短接，不但会烧毁转子绕组，而且由于部分绕组短接会破坏磁路的对称性，造成磁势不平衡而引起机组剧烈振动，产生严重后果。因此，应装设转子绕组一点接地保护和两点接地保护。

5. 发电机失磁

由于转子绕组断线、励磁回路故障或灭磁开关误动等原因，将造成转子失磁，失磁故障不仅对发电机造成危害，而且对电力系统安全也会造成严重影响，因此应装设失磁保护。

7.1.2 发电机的不正常工作状态及其相应的保护

(1) 由于外部短路、非周期合闸以及系统振荡等原因引起的过电流，应装设过电流保护，作为外部短路和内部短路的后备保护。对于50MW及以上的发电机，应装设负序过电流保护。

(2) 由于负荷超过发电机额定值，或负序电流超过发电机长期允许值所造成的对称或不对称过负荷。针对对称过负荷，应装设只接于一相的过负荷信号保护；针对不对称过负荷，一般在50MW及以上发电机应装设负序过负荷保护。

(3) 发电机突然甩负荷引起过电压，特别是水轮发电机，因其调速系统惯性大和中间再热式大型汽轮发电机功频调节器的调节过程比较缓慢，在突然甩负荷时，转速急剧上升从而引起过电压。因此，在水轮发电机和大型汽轮发电机上应装设过电压保护。

(4) 当汽轮发电机主汽门突然关闭而发电机断路器未断开时，发电机变为从系统吸收无功而过渡到同步电动机运行状态，对汽轮发电机叶片特别是尾叶，可能过热而损坏。因此，应装设逆功率保护。

为了消除发电机故障，其保护动作跳开发电机断路器的同时，还应作用于自动灭磁开关，断开发电机励磁电流。

7.2 发电机的纵差保护

发电机的纵差保护，反映发电机定子绕组及其引出线的相间短路，是发电机的主要保护。

7.2.1 用 DCD—2 型继电器构成的发电机纵差保护

1. 差动保护的基本原理

发电机纵联差动保护的基本原理是比较发电机两侧的电流的大小和相位，它是反映发电机及其引出线的相间故障。发电机纵联差动保护的构成如图 7-1 所示，差动继电器 KD 接于其差动回路中(两侧电流互感器同变比、同型号)。

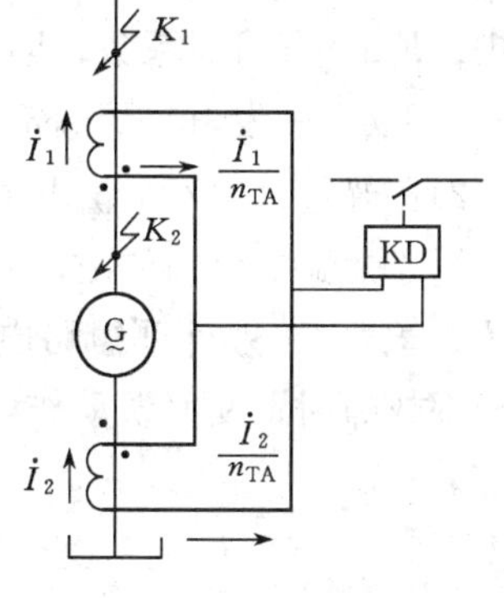

图 7-1 纵差保护原理示意图

当正常运行或外部 $K1$ 点发生短路故障时，流入 KD 的电流为

$$\frac{\dot{I}_1}{n_{TA}}-\frac{\dot{I}_2}{n_{TA}}=\dot{I}'_1-\dot{I}'_2\approx 0$$

故 KD 不动作。

当在保护区内 K_2 点发生故障时，流入 KD 的电流为

$$\frac{\dot{I}_1}{n_{TA1}}+\frac{\dot{I}_2}{n_{TA2}}=\dot{I}'_1+\dot{I}'_2=\frac{\dot{I}_{k2}}{n_{TA}}$$

当大于 KD 的整定值时，KD 动作。

2. 原理接线

在中、小型发电机中，常采用 DCD—2 型继电器构成的带有断线监视的发电机纵差动保护，如图 7-2 所示。

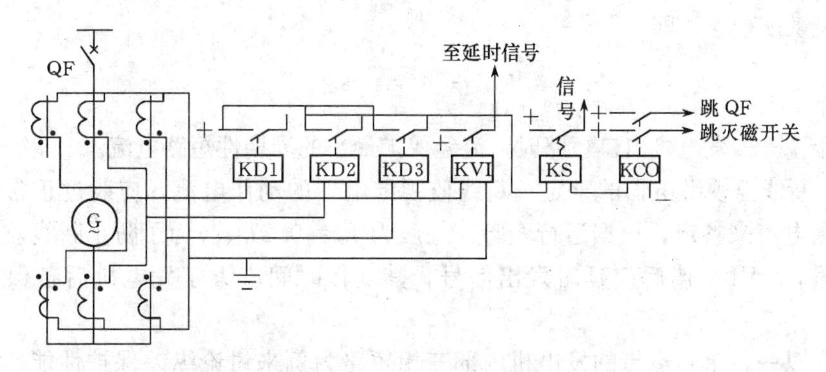

图 7-2 带断线监视的发电机纵差动保护原理接线图

由于装在发电机中性点侧的电流互感器受发电机运转时的振动，接线端子容易松动而造成二次回路断线，因此在差动回路中线上装设断线监视继电器 KVI，任何一相电流互感器的二次回路断线时，KVI 均能动作并经延时发信号。

3. 差动保护的整定计算

(1) 差动保护动作电流的整定与灵敏度校验。具体如下：

1)防止电流互感器断线条件整定。为防止电流互感器二次回路断线时保护误动作，保护动作电流按躲过发电机额定电流整定，即

$$I_{op} = K_{rel} I_{GN} \tag{7-1}$$

式中 K_{rel}——可靠系数，取1.3；

I_{GN}——发电机的额定电流。

2)按躲过最大不平衡电流条件整定。发电机正常运行时，I_{unb}很小，当外部故障时，由于短路电流的作用，TA的误差增大，再加上短路电流中非周期分量的影响，使I_{unb}增大，一般外部短路电流越大，I_{unb}就可能越大。为使保护在发电机正常运行或外部故障时不发生误动作，保护的动作电流按躲过外部短路时的最大不平衡电流整定。

$$I_{op} = K_{rel} I_{unb.max} = K_{rel} K_{unp} K_{st} f_{er} I_{k.max} \tag{7-2}$$

式中 K_{rel}——可靠系数，取1.3；

f_{er}——电流互感器最大相对误差，取0.1；

K_{unp}——非周期分量系数，当采用DCD-2型继电器时取1；

K_{st}——同型系数，取0.5；

$I_{k.max}$——发电机出口短路时的最大短路电流。

发电机纵差保护动作电流取式(7-1)及(7-2)计算所得较大者作为整定值。

3)灵敏度校验，即

$$K_{sen} = \frac{I_{k.min}^{(2)}}{I_{op}} \geqslant 2 \tag{7-3}$$

式中 $I_{k.min}^{(2)}$——发电机出口短路时，流经保护最小的周期性短路电流。

(2) 断线监视继电器的整定。断线监视继电器的动作电流，应躲过正常运行时的不平衡电流来整定，根据运行经验，一般为$I_{op}=0.2I_{GN}$。为了防止断线监视装置误发信号，KVI动作后应延时发出信号，其动作时间应大于发电机后备保护最大延时。

现在以一台单独运行的发电机内部三相短路为例来讨论纵差保护性能。设α为中性点到故障点的匝数占总匝数的百分数。每相定子绕组短路线匝电势E_α与α成正比，即$E_\alpha=\alpha E$，若每相定子绕组有效电阻为R，则短路回路中电阻$R_\alpha=\alpha R$，而短路回路中电抗$X_\alpha=\alpha^2 X$，设短路点的过渡电阻为R_F，则在α处三相短路时的短路电流为

$$I_{k.(\alpha)}^{(3)} = \frac{\alpha E}{\sqrt{(R_F + \alpha R)^2 + (\alpha^2 X)^2}} \tag{7-4}$$

三相短路电流随 α 变化的曲线。见图7-3。

由图可知：

1)当过渡电阻为零时，三相短路电流 $I_k^{(3)}$ 随 α 的减小而增大，如图 7-3 曲线 1 所示。只要发电机出口短路时灵敏度满足要求，则内部金属性短路时保护灵敏度必然满足要求。

2)当过渡电阻不为零时，在靠近中性点附近短路时，短路电流很小，如图 7-3 中曲线 2。当短路电流小于动作电流 I_{op}(图 7-3 中曲线 3)时，保护不能动作，出现动作死区。死区的大小与保护的动作电流 I_{op}大小有关。

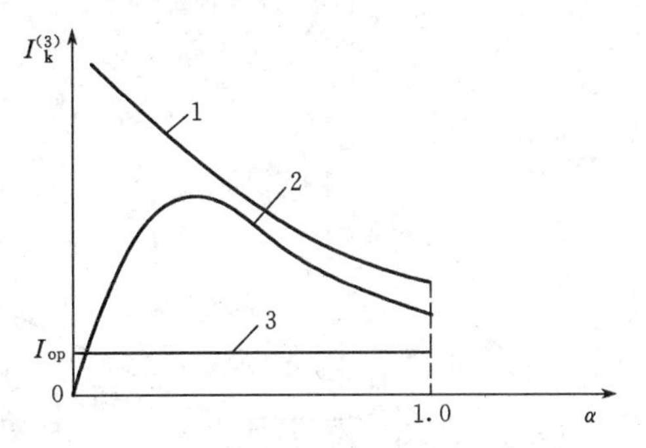

图 7-3 发电机内部三相短路电流与短路位置 α 间的关系曲线图
1—发电机出口短路时；2—靠近中性点附近短路；3—短路电流小于动作电流

7.2.2 比率制动式发电机纵差动保护

对大型发电机组来说，采用 DCD—2 型继电器构成的发电机纵差动保护不能保证纵差死区小于 5%，因此，灵敏度不能满足要求。由于 DCD—2 型继电器具有速饱和变流器，在发电机内部故障时，由于非周期分量的作用，保护将延时动作，因此，保护的快速性不能满足要求。所以对于大型机组，普遍采用比率制动式纵差动保护。

保护的作用原理是基于保护的动作电流 I_{op}随着外部故障的短路电流而产生的 I_{unb} 的增大而按比例的线性增大，且比 I_{unb} 增大的更快，使在任何情况下的外部故障时，保护不会误动作。将外部故障的短路电流作为制动电流 I_{br}，而把流入差动回路的电流作为动作电流 I_{op}。比较这两个量的大小，只要 $I_{op} \geqslant I_{br}$，保护动作；反之，保护不动作。其比率制动特性折线如图 7-4 所示。

该保护的动作条件为

$$\begin{cases} I_{op} > I_{op.min} & (I_{br} \leqslant I_{br.min}) \\ I_{op} \geqslant K(I_{br} - I_{br.min}) + I_{op.min} & (I_{br} > I_{br.min}) \end{cases} \tag{7-5}$$

式中 K——制动特性曲线的斜率(也称制动系数)。

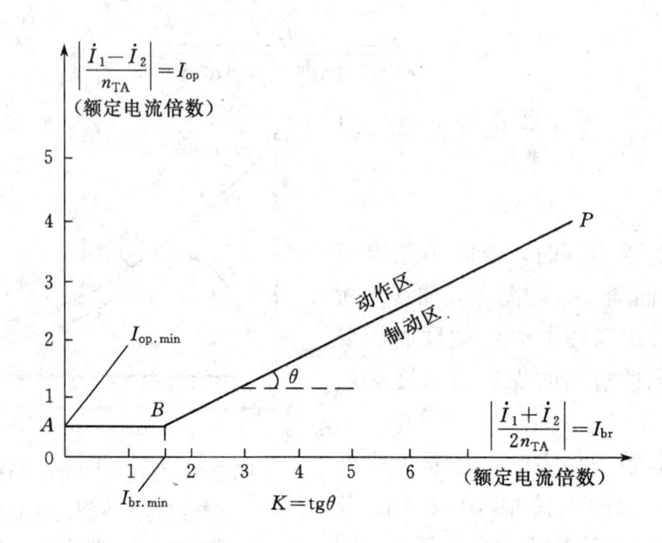

图 7-4　折线比率制动特性

在图 7-5 所示，制动电流和动作电流用下两式表示

制动电流：
$$\dot{I}_{br}=\frac{1}{2}(\dot{I}'+\dot{I}'') \tag{7-6}$$

差动回路动作电流：
$$I_{op}=\dot{I}'-\dot{I}'' \tag{7-7}$$

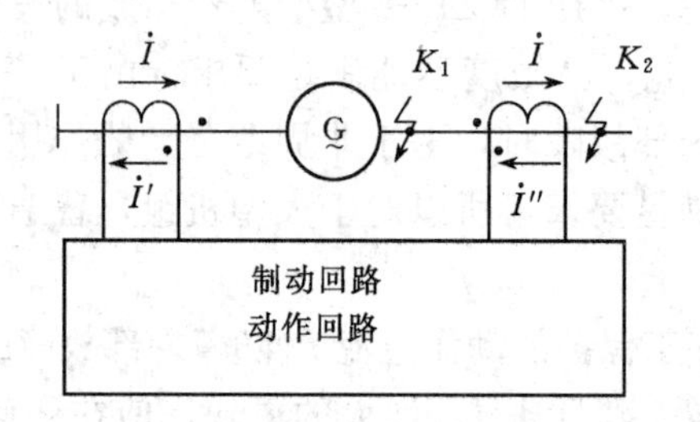

图 7-5　比率制动式纵差保护继电器原理图

(1) 当正常运行时，$\dot{I}'=\dot{I}''=\dot{I}/n_{TA}$，制动电流为 $\dot{I}_{br}=\frac{1}{2}(\dot{I}'+\dot{I}'')=\frac{\dot{I}}{n_{TA}}=I_{br.min}$。当 $I_{br}\leqslant I_{br.min}$，可以认为无制动作用，在此范围内有最小动作电流为 $I_{op.min}$，而此时 $\dot{I}_{op}=\dot{I}'-\dot{I}''\approx 0$，保护不动作。

(2) 当外部短路时，$\dot{I}'=\dot{I}''=\dot{I}_k/n_{TA}$，制动电流为 $\dot{I}_{br}=\frac{1}{2}(\dot{I}'+\dot{I}'')=\frac{\dot{I}_k}{n_{TA}}$，数值大。动作电流为 $\dot{I}_{op}=\dot{I}'-\dot{I}''$，数值小，保护不动作。

(3) 当内部故障时，$\dot{I}''$的方向与正常或外部短路故障时的电流相反，且 $\dot{I}'\neq\dot{I}''$；

$\dot{I}_{br}=\frac{1}{2}(\dot{I}'+\dot{I}'')$为两侧短路电流之差，数值小；$I_{op}=\dot{I}'-\dot{I}''=\frac{\dot{I}_{k\Sigma}}{n_{TA}}$，数值大，保护能动作。特别是当$\dot{I}'=\dot{I}''$时，$I_{br}=0$。此时，只要动作电流达到最小值$I_{op.min}$（$I_{op.min}$取0.2～0.3）保护就能动作，保护灵敏度大大提高了。

当发电机未并列，且发生短路故障时，$\dot{I}''=0$，$\dot{I}_{br}=\frac{1}{2}\dot{I}'$，$\dot{I}_{op}=\dot{I}'$，保护也能动作。

7.3 发电机的匝间短路保护

在容量较大的发电机中，每相绕组有两个并联支路，每个支路的匝间或支路之间的短路称为匝间短路故障。由于纵差保护不能反映发电机定子绕组同一相的匝间短路，当出现同一相匝间短路后，如不及时处理，有可能发展成相间故障，造成发电机严重损坏，因此，在发电机上应该装设定子绕组的匝间短路保护。

7.3.1 横联差动保护

当发电机定子绕组为双星形接线，且中性点有6个引出端子时，匝间短路保护一般采用横联差动保护(简称横差保护)，原理接线圈如图7-6所示。

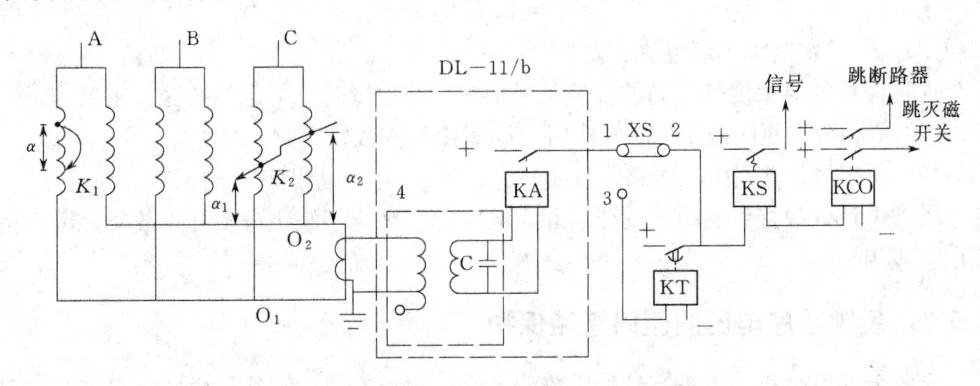

图7-6　发电机定子绕组单继电器式横差保护原理接线图

发电机定子绕组每相两并联分支分别接成星形，在两星形中性点连接线上装一只电流互感器TA，DL—11/b型电流继电器接于TA的二次侧。DL—11/b电流继电器由高次谐波滤过器4(主要是3次谐波)和执行元件KA组成。

在正常运行或外部短路时，每一分支绕组供出该相电流的一半，因此流过中性点连线的电流只是不平衡电流，故保护不动作。

若发生定子绕组匝间短路，则故障相绕组的两个分支的电势不相等，因而在定子绕组中出现环流，通过中性点连线，该电流大于保护的动作电流，则保护动作，跳开发电机断路器及灭磁开关。

由于发电机电流波形在正常运行时也不是纯粹的正弦波，尤其是当外部故障时，波形畸变较严重，从而在中性点连线上出现3次谐波为主的高次谐波分量，给保护的正常工作造成影响。为此，保护装设了3次谐波滤过器，降低动作电流，提高保护灵敏度。

转子绕组发生瞬时两点接地时，由于转子磁势对称性破坏，使同一相绕组的两并联分支的电势不等，在中性点连线上也将出现环流，致使保护误动作。因此，需增设0.5～1s的动作延时，以躲过瞬时两点接地故障。切换片XS有两个位置，正常时投至1～2位置，保护不带延时。如发现转子绕组一点接地时，XS切至1～3位置，使保护具有0.5～1s的动作延时，为转子永久性两点接地故障做好准备。

横差保护的动作电流，根据运行经验一般取为发电机额定电流的20%～30%，即

$$I_{op} = (0.2 \sim 0.3)I_{GN} \tag{7-8}$$

保护用电流互感器按满足动稳定要求选择，其变比一般按发电机额定电流的25%选择，即

$$n_{TA} = 0.25I_{GN}/5 \tag{7-9}$$

式中 I_{GN}——发电机额定电流。

这种保护的灵敏度是较高的，但是保护在切除故障时有一定的死区。主要为：

(1) 单相分支匝间短路的α较小时，即短接的匝数较少时。

(2) 同相两分支间匝间短路，且$\alpha_1=\alpha_2$，或α_1与α_2差别较小时。

横差电流保护接线简单，动作可靠，同时能反映定子绕组分支开焊故障，因而得到广泛应用。

7.3.2 反映零序电压的匝间短路保护

大容量的发电机，由于其结构紧凑，无法引出所有分支，往往中性点只有3个引出端子，无法装设横差保护。因此大型机组通常采用反映零序电压的匝间短路保护。反映零序电压的匝间短路保护如图7-7所示。

发电机正常运行时，机端不出现基波零序电压。相间短路时，也不会出现零序电压。单相接地故障时，接地故障相对地电压为零，而中性点对地电压上升为相电压，因此三相对中性点电压仍然对称，不出现零序电压。当发电机定子绕组发生匝间短路时，机端三相电压对发电机中性点不对称，出现零序电压。利用此零序电压可构成匝

间短路保护。

为了在机端测量该零序电压，装设专用电压互感器TV，其原边线圈中性点与发电机中性点直接连接，开口三角形侧接入3次谐波器及零序过电压继电器KV。3次谐波滤波器用于减小发电机正常运行时固有3次谐波对保护的影响。

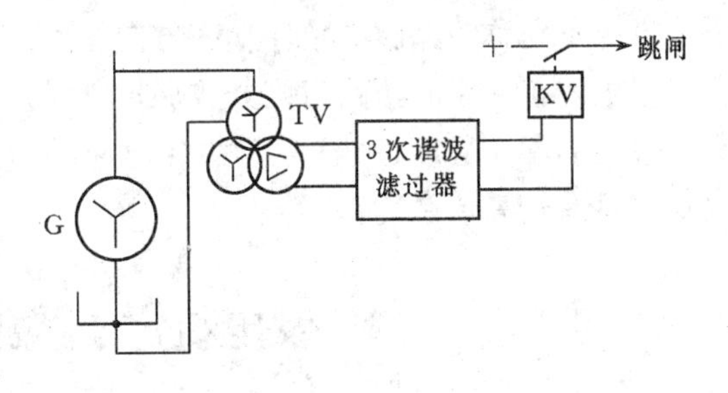

图7-7　反映零序电压的匝间短路保护原理图

零序电压继电器的动作电压应躲过正常运行和外部故障时3次谐波滤波器输出的最大不平衡电压。为了提高保护灵敏度，采取外部故障时闭锁保护的措施。这样，零序电压继电器的动作电压只需按躲过正常运行时的不平衡电压整定。

为防止TV回路断线时造成保护误动作，因此需要装设电压回路断线闭锁装置。

反映零序电压的匝间短路保护，还能反映定子绕组开焊故障。该保护原理简单，灵敏度较高，适于中性点只有3个引出端的发电机匝间短路保护。

7.3.3　反映转子回路2次谐波电流的匝间短路保护

发电机定子绕组发生匝间短路时，在转子回路中将出现2次谐波电流，因此利用转子中的2次谐波电流，可以构成匝间短路保护，如图7-8所示。

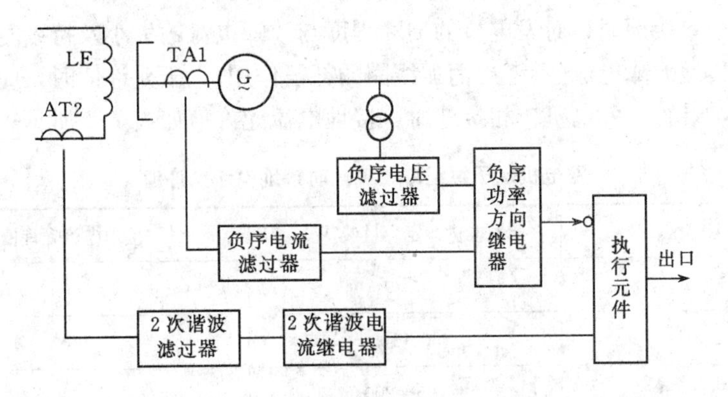

图7-8　反应转子回路2次谐波电流的匝间短路保护原理框图

在正常运行、三相对称短路及系统振荡时，发电机定子绕组三相电流对称，转子回路中没有2次谐波电流，因此保护不会动作。但是，在发电机不对称运行或发生不对称短路时，在转子回路中将出现2次谐波电流。为了避免这种情况下保护的误动，采用负序功率方向继电器闭锁的措施。因为匝间短路时的负序功率方向与不对称运行时或发生不对称短路时的负序功率方向相反。所以，不对称状态下负序功率方向继电器将保护闭锁，匝间短路时则开放保护。保护的动作值只需按躲过发电机正常运行时允许最大的不对称度(一般为5%)相对应的转子回路中感应的2次谐波电流来整定，故保护具有较高灵敏度。

7.4 发电机定子绕组单相接地保护

为了安全起见，发电机的外壳、铁芯都要接地。所以只要发电机定子绕组与铁芯间绝缘在某一点上遭到破坏，就可能发生单相接地故障。发电机的定子绕组的单相接地故障是发电机的常见故障之一。

长期运行的实践表明，发生定子绕组单相接地故障的主要原因是高速旋转的发电机，特别是大型发电机的振动，造成机械损伤而接地；对于水内冷的发电机，由于漏水致使定子绕组接地。

发电机定子绕组单相接地故障时的主要危害有两点：

(1) 接地电流会产生电弧，烧伤铁芯，使定子绕组铁芯叠片烧结在一起，造成检修困难。

(2) 接地电流会破坏绕组绝缘，扩大事故，若一点接地而未及时发现，很有可能发展成绕组的匝间或相间短路故障，严重损伤发电机。

定子绕组单接地时，对发电机的损坏程度与故障电流的大小及持续时间有关。当发电机单相接地故障电流(不考虑消弧线圈的补偿作用)大于允许值时，应装设有选择性的接地保护装置。发电机单相接地时，接地电流允许值如表7-1所示。

表7-1　发电机定子绕组单相接地时接地电流允许值

发电机额定电压(kV)	发电机额定容量(MW)	接地电流允许值(A)
6.3	≤50	4
10.5	50～100	3
13.8～15.75	125～200	2*
18～20	300	1

对大中型发电机定子绕组单相接地保护应满足以下两个基本要求：

(1) 绕组有100%的保护范围。

(2) 在绕组匝内发生经过渡电阻接地故障时，保护应有足够灵敏度。

7.4.1 反映基波零序电压的接地保护

1. 原理

设在发电机内部A相距中性点α处(由故障点到中性点绕组匝数占全相绕组匝数的百分数)，K点发生定子绕组接地，如图7-9(a)所示。每相对地电压为

$$\left.\begin{aligned}\dot{U}_{AG\alpha}&=(1-\alpha)\dot{E}_A\\\dot{U}_{BG\alpha}&=\dot{E}_B-\alpha\dot{E}_A\\\dot{U}_{CG\alpha}&=\dot{E}_C-\alpha\dot{E}_A\end{aligned}\right\}\tag{7-10}$$

故障点零序电压为

$$\dot{U}_{k0\alpha}=\frac{1}{3}(\dot{U}_{AG\alpha}+\dot{U}_{BG\alpha}+\dot{U}_{CG\alpha})=-\alpha\dot{E}_A\tag{7-11}$$

可见故障点零序电压与α成正比，故障点离中性点越远，零序电压越高。当$\alpha=1$，即机端接地时，$\dot{U}_{k0\alpha}=-\dot{E}_A$；而当$\alpha=0$，即中性点处接地时，$\dot{U}_{k0\alpha}=0$。$U_{k0\alpha}$与$\alpha$的关系曲线如图7-9(b)所示。

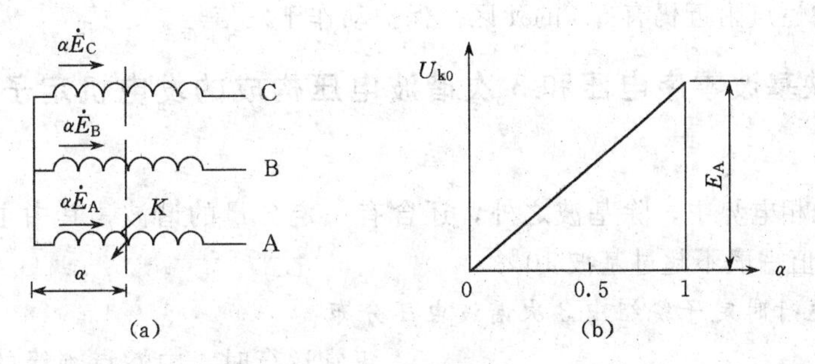

图7-9 发电机定子绕组单相接地时的零序电压

(a)网络图；(b)零序电压随α变化的关系

2. 保护的构成

反映零序电压接地保护的原理接线如图7-10所示。过电压继电器通过3次谐波滤过器接于机端电压互感器TV开口三角形侧两端。

保护的动作电压应躲过正常运行时开口三角形侧的不平衡电压，另外，还要躲过在变压器高压侧接地时，通过变压器高、低压绕组间电容耦合到机端的零序电压。

由图7-9(b)可知，故障点离中性点越近零序电压越低。当零序电压小于电压继电器的动作电压时，保护不动作，因此该保护存在死区。死区大小与保护定值的大小有关。为了减小死区，可采取下列措施降低保护定值，提高保护灵敏度：

(1) 加装3次谐波滤过器。

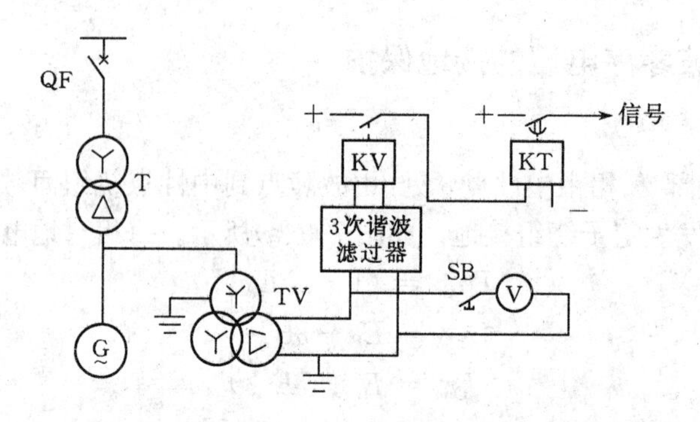

图 7-10　反映零序电压的发电机定子绕组接地保护原理图

（2）高压侧中性点直接接地电网中，利用保护延时躲过高压侧接地故障。

（3）高压侧中性点非直接接地电网中，利用高压侧接地出现的零序电压闭锁或者制动发电机接地保护。

采用上述措施后，接地保护只需按躲过不平衡电压整定，其保护范围可达到95%，但在中性点附近仍有5%的死区。保护动作于发信号。

7.4.2　反映基波零序电压和 3 次谐波电压构成的发电机定子 100%接地保护

在发电机相电势中，除基波之外，还含有一定分量的谐波，其中主要是 3 次谐波，3 次谐波值一般不超过基波 10%。

1. 正常运行时定子绕组中 3 次谐波电压分布

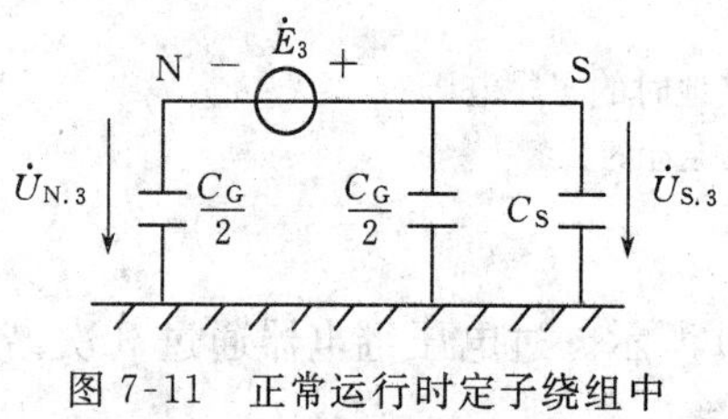

图 7-11　正常运行时定子绕组中 3 次谐波电压

正常运行时，中性点绝缘的发电机机端电压与中性点 3 次谐波电压分布如图 7-11 所示。图中 C_G 为发电机每相对地等效电容，且看作集中在发电机端 S 和中性点 N，并均为 $C_G/2$。C_S 为机端其他连接元件每相对地等效电容，且看作集中在发电机端。E_3 为每相 3 次谐波电压，机端 3 次谐波电压 $U_{S.3}$ 和中性点 3 次谐波电压 $U_{N.3}$ 分别为

$$U_{S.3}=E_3\frac{C_G}{2(C_G+C_S)}$$

$$U_{N.3}=E_3\frac{C_G+2C_S}{2(C_G+C_S)}$$

$U_{S.3}$与$U_{N.3}$比值为

$$\frac{U_{S.3}}{U_{N.3}}=\frac{C_G}{C_G+2C_S}<1$$

即
$$U_{S.3}<U_{N.3} \tag{7-12}$$

正常情况下，机端3次谐波电压总是小于中性点3次谐波电压。若发电机中性点经消弧线圈接地，上述结论仍然成立。

2. 定子绕组单相接地时3次谐波电压的分布

设发电机定子绕组距中性点α处发生金属性单相接地，如图7-12所示。无论发

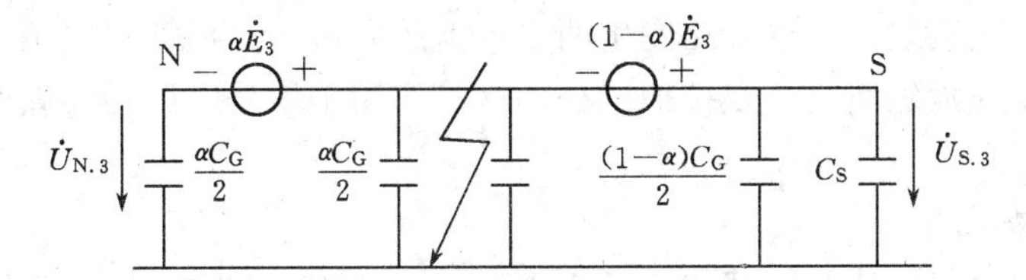

图7-12　定子绕组单相接地时3次谐波电压分布

电机中性点是否接有消弧线圈，恒有$U_{N.3}=\alpha E_3$，$U_{S.3}=(1-\alpha)E_3$。且其比值为

$$\frac{U_{S.3}}{U_{N.3}}=\frac{1-\alpha}{\alpha} \tag{7-13}$$

当$\alpha<50\%$时，$U_{S.3}>U_{N.3}$；当$\alpha>50\%$时，$U_{S.3}<U_{N.3}$。

$U_{S.3}$与$U_{N.3}$随α变化的关系如图7-13所示。

综上所述，正常情况下，$U_{S.3}<U_{N.3}$；定子绕组单相接地时，$\alpha<50\%$的范围内，$U_{S.3}>U_{N.3}$。故可利用$U_{S.3}$作为动作量，利用$U_{N.3}$作为制动量，构成接地保护，其保护动作范围在$\alpha=0\sim0.5$内，且越靠近中性点保护越灵敏。可与其他保护一起构成发电机定子100%接地保护。

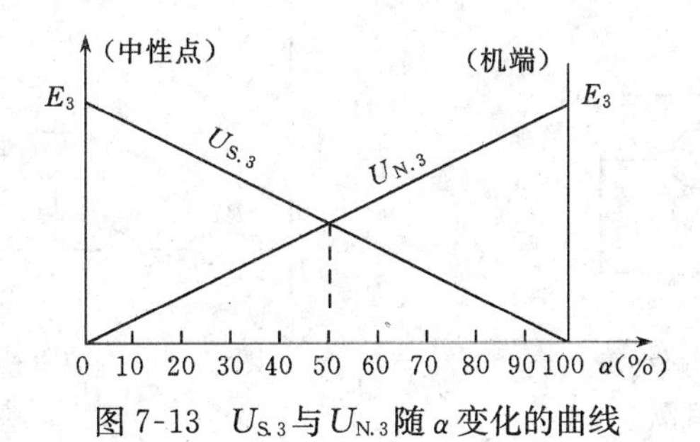

图7-13　$U_{S.3}$与$U_{N.3}$随α变化的曲线

7.5 发电机励磁回路接地保护

7.5.1 励磁回路一点接地保护

发电机正常运行时，励磁回路与地之间有一定的绝缘电阻和分布电容。当励磁绕组绝缘严重下降或损坏时，会引起励磁回路的接地故障，最常见的是励磁回路一点接地故障。发生励磁回路一点接地故障时，由于没有形成接地电流通路，所以对发电机运行没有直接影响。但是发生一点接地故障后，励磁回路对地电压将升高，在某些条件下会诱发第二点接地，励磁回路发生两点接地故障将严重损坏发电机。因此，发电机必须装设灵敏的励磁回路一点接地保护，保护作用于信号，以便通知值班人员采取措施。

1. 绝缘检查装置

励磁回路绝缘检查装置原理如图7-14所示。正常运行时，电压表V1，V2的读数相等。当励磁回路对地绝缘水平下降时，V1与V2的读数不相等。

值得注意的是，在励磁绕组中点接地时，V1与V2的读数也相等，因此该检测装置有死区。

2. 直流电桥式一点接地保护

直流电桥式一点接地保护原理如图7-15所示。发电机励磁绕组LE对地绝缘电阻用接在LE中点M处的集中电阻R来表示。LE的电阻以中点M为界分为两部分，和外接电阻$R1$、$R2$构成电桥的四个臂。励磁绕组正常运行时，电桥处于平衡状态，此时继电器不动作。当励磁绕组发生一点接地时，电桥失去平衡，流过继电器的电流大于其动作电流，继电器动作。显而易见，接地点靠近励磁回路两极时保护灵敏度

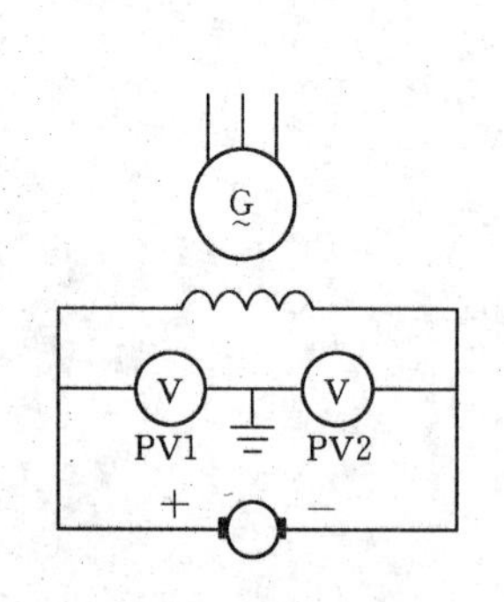

图7-14 励磁回路绝缘检查装置原理图

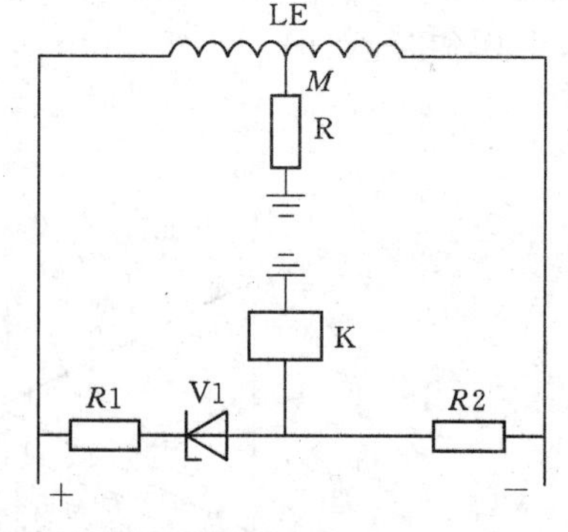

图7-15 直流电桥式一点接地保护原理图

高，而接地点靠近中点 M 时，电桥几乎处于平衡状态，继电器无法动作，因此，在励磁绕组中点附近存在死区。

为了消除死区采用了下述两项措施：

(1) 在电阻 $R1$ 的桥臂中串接了非线性元件稳压管，其阻值随外加励磁电压的大小而变化，因此，保护装置的死区随励磁电压改变而移动位置。这样在某一电压下的死区，在另一电压下则变为动作区，从而减小了保护拒动的几率。

(2) 转子偏心和磁路不对称等原因产生的转子绕组的交流电压，使转子绕组中点对地电压不保持为零，而是在一定范围内波动。利用这个波动的电压来消除保护死区。

7.5.2 励磁回路两点接地保护

励磁回路发生两点接地故障，由于故障点流过相当大的短路电流，将产生电弧，因而会烧伤转子；部分励磁绕组被短接，造成转子磁场发生畸变，力矩不平衡，致使机组振动；接地电流可能使汽轮机汽缸磁化。

因此，励磁回路发生两点接地会造成严重后果，必须装设励磁回路两点接地保护。

励磁回路两点接地保护可由电桥原理构成。直流电桥式励磁回路两点接地保护原理接线如图 7-16 所示。在发现发电机励磁回路一点接地后，将发电机励磁回路两点接地保护投入运行。当发电机励磁回路两点接地时，该保护经延时动作于停机。

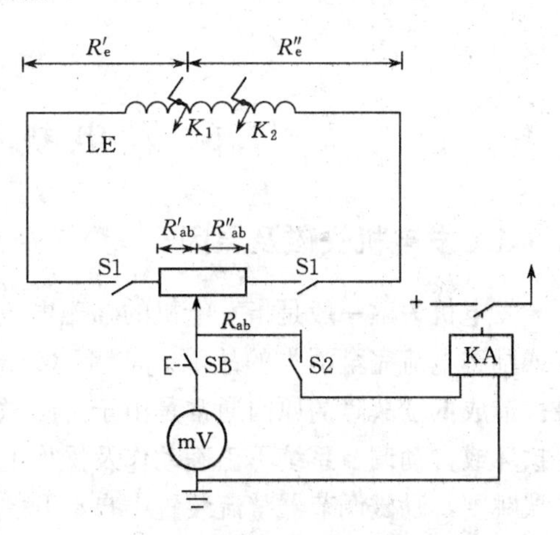

图 7-16 直流电桥式励磁回路两点接地保护原理接线图

励磁回路的直流电阻 R_e 和附加电阻 R_{ab} 构成直流电桥的四臂（R'_e、R''_e、R'_{ab}、R''_{ab}）。毫伏表和电流继电器 KA 接于 R_{ab} 的滑动端与地之间，即电桥的对角线上。当励磁回路 K_1 点发生接地后，投入刀闸 S1 并按下按钮 SB，调节 R_{ab} 的滑动触点，使毫伏表指示为零，此时电桥平衡，即

$$\frac{R'_e}{R''_e}=\frac{R'_{ab}}{R''_{ab}} \tag{7-14}$$

然后松开 SB，合上 S2，接入电流继电器 KA，保护投入工作。

当励磁回路第二点发生接地时，R''_e 被短接一部分，电桥平衡遭到破坏，电流继电器中有电流通过，若电流大于继电器的动作电流，保护动作，断开发电机出口断路器。

由电桥原理构成的励磁回路两点接地保护有下列缺点：

若第二个故障点 K_2 点离第一个故障点 K_1 点较远，则保护的灵敏度较好；反之，若 K_2 点离 K_1 点很近，通过继电器的电流小于继电器动作电流，保护将拒动，因此保护存在死区，死区范围在 10%左右。

若第一个接地点 K_1 点发生在转子绕组的正极或负极端，则因电桥失去作用，不论第二点接地发生在何处，保护装置将拒动，死区达 100%。

由于两点接地保护只能在转子绕组一点接地后投入，所以对于发生两点同时接地，或者第一点接地后紧接着发生第二点接地的故障，保护均不能反应。

上述两点接地保护装置虽然有这些缺点，但是接线简单，价格便宜，因此在中、小型发电机上仍然得到广泛应用。

目前，采用直流电桥原理构成的集成电路励磁回路两点接地保护，在大型发电机上得到广泛应用。

7.6 发电机的失磁保护

7.6.1 发电机失磁及原因

发电机失磁一般是指发电机的励磁电流异常下降超过了静态稳定极限所允许的程度或励磁电流完全消失的故障。前者称为部分失磁或低励故障，后者则称为完全失磁。造成低励故障的原因通常是由于主励磁机或副励磁机故障；励磁系统有些整流元件损坏或自动调节系统不正确动作及操作上的错误。完全失磁通常是由于自动灭磁开关误跳闸，励磁调节器整流装置中自动开关误跳闸，励磁绕组断线或端口短路以及副励磁机励磁电源消失等原因造成的。

为了保证发电机和电力系统的安全运行，在发电机特别是大型发电机上，应装设失磁保护。对于不允许失磁后继续运行的发电机，失磁保护应动作于跳闸。当发电机允许失磁运行时，保护可作用于信号，并要求失磁保护与切换励磁、自动减载等自动控制相结合，以取得发电机失磁后的最好处理效果。

7.6.2 发电机失磁后机端测量阻抗的变化规律

发电机失磁后或在失磁发展的过程中，机端测量阻抗要发生变化。测量阻抗为从

发电机端向系统方向所看到的阻抗。失磁后机端测量阻抗的变化是失磁保护的重要判据。以图 7-17 所示发电机与无穷大系统并列运行为例，讨论发电机失磁后机端测量阻抗的变化规律。发电机从失磁开始至进入稳态异步运行，一般可分为失磁后到失步前($\delta<90°$)、静稳极限($\delta=90°$)即临界失步点和失步后三个阶段。

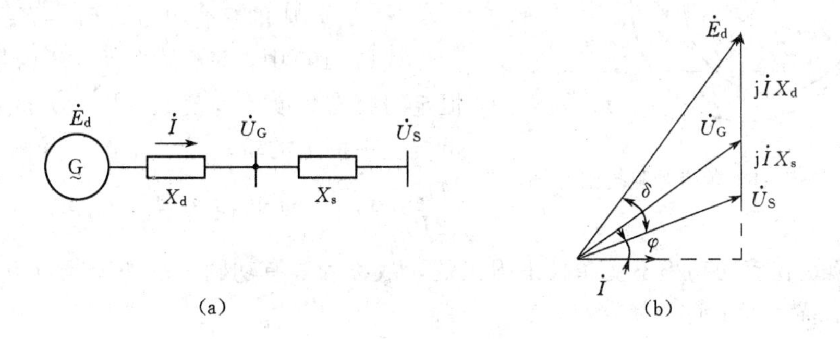

图 7-17 发电机与无穷大系统并列运行

1. 失磁后到失步前的阶段

失磁后到失步前，由于发电机转子存在惯性，转子的转速不能突变，因而原动机的调速器不能立即动作。另外，失步前的失磁发电机滑差很小，发电机输出的有功功率基本上保持失磁前输出的有功功率值，即可近似看作恒定，而无功功率则从正值变为负值。此时从发电机端向系统看，机端的测量阻抗 Z_m 可用图 7-17(b) 计算。

$$\dot{U}_G=\dot{U}_S+j\dot{I}X_s \tag{7-15}$$

$$S=\dot{U}_S^*\dot{I}=P-jQ \tag{7-16}$$

$$P=\frac{E_dU_S}{X_\Sigma}\sin\delta \tag{7-17}$$

$$Q=\frac{E_dU_S}{X_\Sigma}\cos\delta-\frac{U_S^2}{X_\Sigma} \tag{7-18}$$

$$\begin{aligned}Z_m&=\frac{\dot{U}_G}{\dot{I}}=\frac{\dot{U}_S+j\dot{I}X_s}{\dot{I}}=\frac{U_S^2}{P-jQ}+jX_s\\&=\frac{U_S^2}{2P}\left(1+\frac{P+jQ}{P-jQ}\right)+jX_s=\frac{U_S^2}{2P}+jX_s+\frac{U_S^2}{2P}e^{j\varphi}\end{aligned} \tag{7-19}$$

$$\varphi=2\mathrm{tg}^{-1}\frac{Q}{P}$$

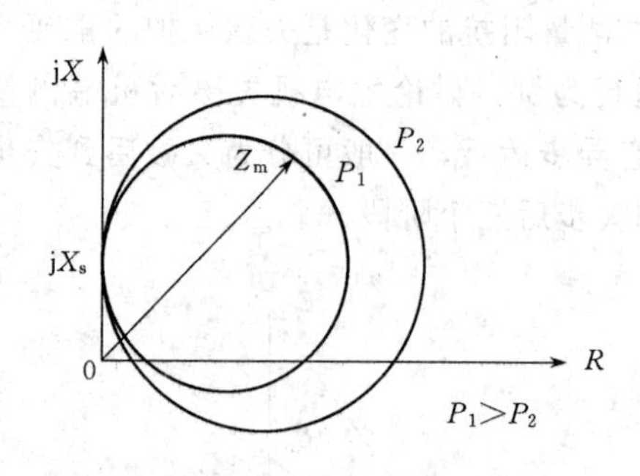

图 7-18　等有功阻抗圆

式中　P——发电机送至系统的有功功率；

Q——发电机送至系统的无功功率；

S——发电机送至系统的视在功率；

X_Σ——由发电机同步电抗及系统电抗构成的综合电抗，$X_\Sigma=X_d+X_s$。

式(7-19)中，X_s 为常数，P 为恒定，U_S 恒定，只有角度 φ 为变数，因此，式(7-19)在阻抗复平面上的轨迹是一个圆，其圆心坐标为 $\left(\frac{U_S^2}{2P},\ X_s\right)$，圆半径为 $\frac{U_S^2}{2P}$，如图 7-18 所示。由于该圆是在有功功率不变条件下得出的，故称为等有功圆，圆的半径与 P 成反比。

2. 临界失步点($\delta=90°$)

$$Q=\frac{E_d U_S}{X_\Sigma}\cos\delta-\frac{U_S^2}{X_\Sigma}=-\frac{U_S^2}{X_\Sigma} \tag{7-20}$$

式(7-20)中的 Q 为负值，表示临界失步时发电机从系统中吸收无功，且为常数。机端测量阻抗为

$$\begin{aligned}Z_m&=\frac{\dot{U}_G}{\dot{I}}=\frac{U_S^2}{P-jQ}+jX_s\\&=\frac{U_S^2}{-2jQ}\times\frac{P-jQ-(P+jQ)}{P-jQ}+jX_s\\&=j\left(\frac{U_S^2}{2Q}+X_s\right)-j\,\frac{U_S^2}{2Q}e^{j\varphi}\end{aligned} \tag{7-21}$$

将式(7-20)代入式(7-21)中，经化简后得

$$Z_m=-j\,\frac{1}{2}(X_s-X_d)+j\,\frac{1}{2}(X_s+X_d)e^{j\varphi} \tag{7-22}$$

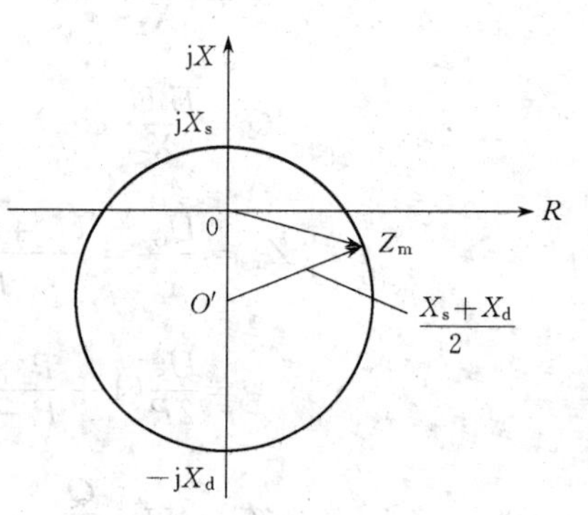

图 7-19　等无功阻抗圆

式(7-22)中，X_s，X_d 为常数。式(7-22)在阻抗复平面上的轨迹是一个圆，圆心坐标为 $\left(0,\ -j\,\frac{X_d-X_s}{2}\right)$，半径为 $\frac{X_d+X_s}{2}$，该圆是在 Q 不变的条件下得出来的，又称为等无功圆，如图 7-19 所示。圆内为失步区，圆外为稳定工作区。

3. 失步后异步运行阶段

发电机失步后异步运行时的等值电路如图 7-20 所示。按图示正方向，机端测量阻抗为

$$Z_{m}=-\left[jX_{1}+\frac{jX_{ad}\left(\frac{R'_{2}}{s}+jX'_{2}\right)}{\frac{R'_{2}}{s}+j(X_{ad}+X'_{2})}\right] \tag{7-23}$$

机端测量阻抗与转差率有关，当失磁前发电机在空载下失磁，即 $s=0$，$\frac{R'_{2}}{s}\to\infty$，机端测量阻抗为最大，即

$$Z_{m.max}=-j(X_{1}+X_{ad})=-jX_{d} \tag{7-24}$$

若失磁前发电机的有功负荷很大，极限情况 $s\to\infty$，$\frac{R'_{2}}{s}\to 0$，则机端量阻抗为最小，其值为

$$Z_{m.min}=-j\left(X_{1}+\frac{X'_{2}X_{ad}}{X'_{2}+X_{ad}}\right)=-jX'_{d} \tag{7-25}$$

一般情况下，发电机在稳定异步运行时，测量阻抗落在 $-jX'_{d}$ 到 $-jX_{d}$ 的范围内，如图 7-21 所示。

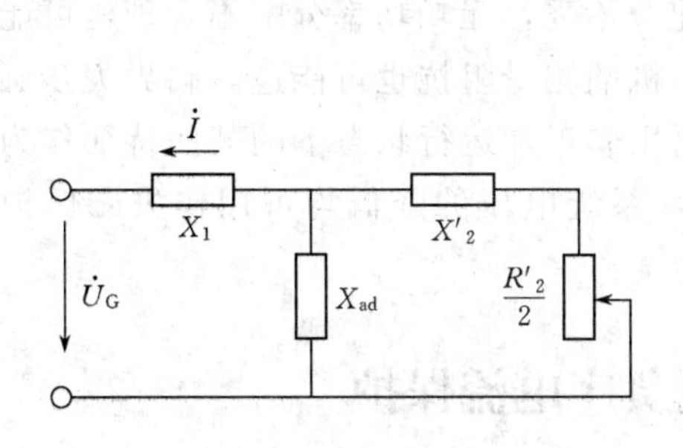

图 7-20 发电机异步运行时等值电路图

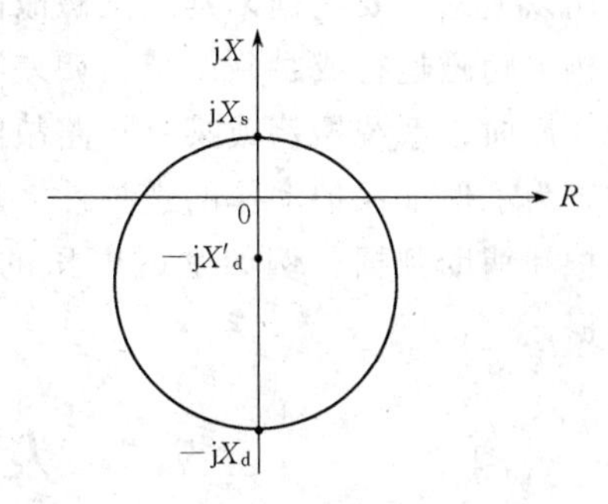

图 7-21 异步边界阻抗圆

由上述分析可见，发电机失磁后，其机端测量阻抗的变化情况如图 7-22 所示。发电机正常运行时，其机端测量阻抗位于阻抗复平面第一象限的 a 点。失磁后其机端测量阻抗沿等有功圆向第四象限变化。临界失步时达到等无功阻抗圆的 b 点。异步运行后，Z_{m} 便进入等无功阻抗圆，稳定在 c 或 c′点附近。

根据失磁后机端测量阻抗的变化轨迹，可采用最大灵敏角为 $-90°$ 的具有偏移特性的阻抗继电器构成发电机的失磁保护，如图 7-23 所示。为躲开振荡的影响，取 $X_A=0.5X'_d$。考虑到保护在不同滑差下异步运行时能可靠动作，取 $X_B=1.2X_d$。

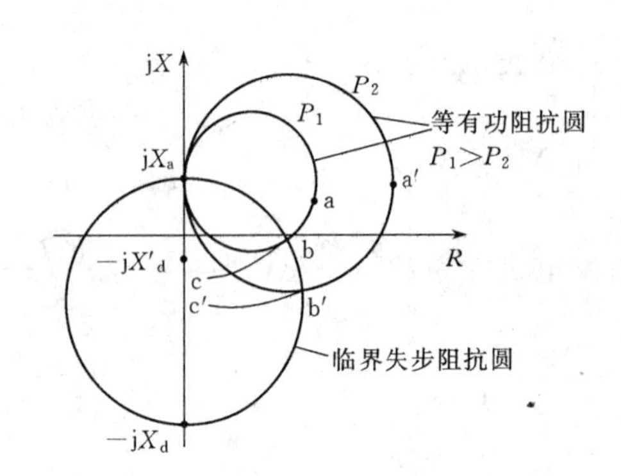

图 7-22 失磁后的发电机机端测量阻抗的变化

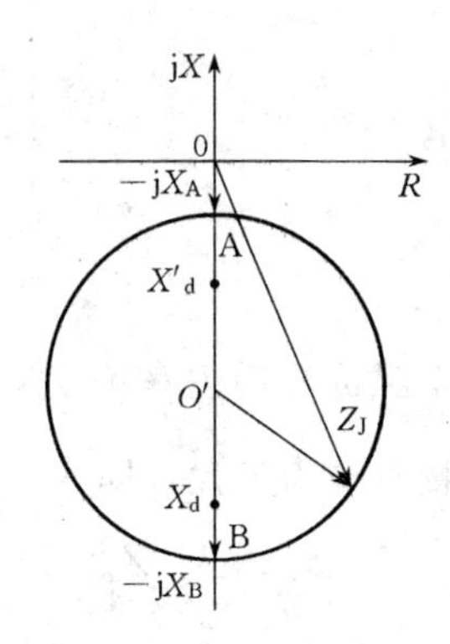

图 7-23 失磁保护用阻抗元件特性曲线

7.6.3 失磁保护的构成

发电机的失磁故障可采用无功功率改变方向、机端测量阻抗超越静稳边界圆的边界、机端测量阻抗进入异步静稳边界阻抗圆为主要判据，来检测失磁故障。但是仅用以上的主要判据来判断失磁故障是不全面的，而且可能判断错误。例如有时发电机欠励磁运行或励磁调节器调差特性配合不妥，无功功率分配不合理，可能出现无功反向；系统振荡或某些短路故障时，机端测量阻抗也可能进入临界失步圆。因此，为了保证保护动作的选择性，还需要用非正常运行状态下的某些特征作为失磁保护和辅助判据。例如励磁电压的下降，系统电压的降低均可用作失磁保护辅助判据。

7.7 发电机负序电流保护

对于大、中型的发电机，为了提高不对称短路的灵敏度，可采用负序电流保护，同时还可以防止转子回路的过热。

正常运行时发电机的定子旋转磁场与转子同方向同速运转，因此不会在转子中感应电流；当电力系统中发生不对称短路，或三相负荷不对称时，将有负序电流流过发电机的定子绕组，该电流在气隙中建立起负序旋转磁场，以同步速朝与转子转动方向相反的方向旋转，并在转子绕组及转子铁芯中产生 100Hz 的电流。该电流使转子相

应部分过热、灼伤，甚至可能使护环受热松脱，导致发电机严重事故。同时，有100Hz的交变电磁转矩，引起发电机振动。因此，为防止发电机的转子遭受负序电流的损伤，大型汽轮发电机都要装设比较完善的负序电流保护，它由定时限和反时限两部分组成。

发电机承受负序电流的能力 I_2，是负序电流保护的整定依据之一。当出现超过 I_2 的负序电流时，保护装置要可靠动作，发出声光信号，以便及时处理。当其持续时间达到规定时间，而负序电流尚未消除时，则应动作于切除发电机，以防遭受负序电流造成的损害。

发电机能长期承受的负序电流值由转子各部件能承受的温度决定，通常为额定电流的4%到10%。

发电机承受负序电流的能力，与负序电流通过的时间有关，时间越短，允许的负序电流越大；时间越长，允许的负序电流越小。因此负序电流在转子中所引起的发热量，正比于负序电流的平方与所持续的时间的乘积。发电机短时承受负序电流的能力可表达为

$$t=\frac{A}{I_{*2}^{2}} \tag{7-26}$$

式中 A——与发电机形式及其冷却方式有关的常数。表示发电机承受负序电流的最大能力。对表面冷却的汽轮发电机可取为30，对直接冷却式100～300MW的汽轮发电机可取为6～15。

发电机在任意时间内承受负序电流的能力，其表达式为

$$t=\frac{A}{I_{*2}^{2}-\alpha} \tag{7-27}$$

式中 α——与发电机允许长期运行的负序电流分量 I_{*2} 有关的系数，一般取 $\alpha=0.6I_{*2}^{2}$。

7.7.1 定时限负序电流保护

对于中、小型发电机，负序过电流保护大多采用两段式定时限负序电流保护，定时限负序电流保护由动作于信号的负序过负荷保护和动作于跳闸的负序过电流保护组成。

负序过负荷保护的动作电流按躲过发电机允许长期运行的负序电流整定。对汽轮发电机，长期允许负序电流为额定电流的6%～8%，对水轮发电机长期允许负序电流为额定电流的12%。通常取为 $0.11I_N$。保护时限大于发电机的后备保护的动作时限，可取5～10s。

负序过电流保护的动作电流，按发电机短时允许的负序电流整定。对于表面冷却

的发电机其动作值常取为(0.5～0.6)I_N。此外，保护的动作电流还应与相邻元件的后备保护在灵敏度上相配合。一般情况下可以只与升压变压器的负序电流保护在灵敏度上配合。保护的动作时限按阶梯原则整定。一般取3～5s。

保护动作时限特性与发电机允许的负序电流曲线的配合情况如图7-24所示。

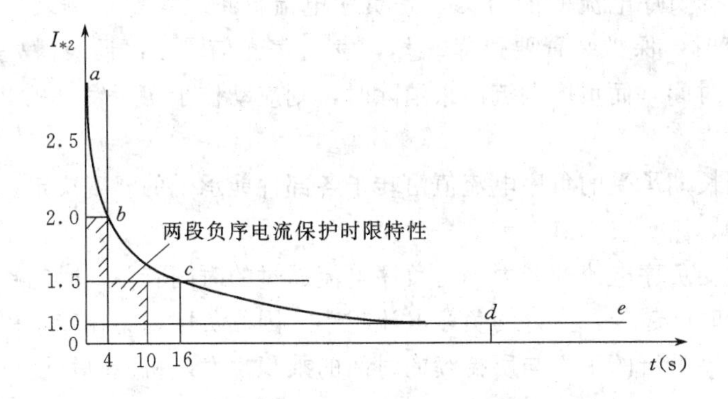

图7-24　两段式负序定时限过电流保护时限特性与发电机允许的负序电流曲线的配合

在曲线 ab 段内，保护装置的动作时间大于发电机允许的时间，因此可能出现发电机已损坏而保护未动作的情况；在曲线 bc 段内，保护装置的动作时间小于发电机允许的时间，没有充分利用发电机本身所具有的承受负序电流的能力；在曲线 cd 段内，保护动作于信号，由运行人员来处理，可能值班人员还未来得及处理时，发电机已超过了允许时间，所以此段只给信号也不安全；在曲线 de 段内，保护根本不反应。

两段式定时限负序电流保护接线简单，既能反映负序过负荷，又能反映负序过电流，对保护范围内故障有较高的灵敏度。在变压器后短路时，其灵敏度与变压器的接线方式无关。但是两段式定时限负序电流保护的动作特性与发电机发热允许的负序电流曲线不能很好的配合，存在着不利于发电机安全及不能充分利用发电机承受负序电流的能力等问题，因此，在大型发电机上一般不采用。大型汽轮发电机应装设能与负序过热曲线配合较好的具有反时限特性的负序电流保护。

7.7.2　反时限负序电流保护

反时限特性是指电流大时动作时限短，而电流小时动作时限长的一种时限特性。通过适当调整，可使保护时限特性与发电机的负荷发热允许电流曲线相配合，以达到保护发电机免受负序电流过热而损坏的目的。

采用式 $t=\frac{A}{I_{*2}^{2}-\alpha}$ 构成负序电流保护的判据。

发电机负序电流保护时限特性与允许负序电流曲线（$t=A/I_{*2}^{2}$）的配合如图7-25所示。图中，虚线为保护的时限特性，实线为允许负序电流曲线。由图可见，发电机负序电流保护的时限特性具有反时限特性，保护动作时间随负序电流的增大而减少，较好地与发电机承受负序电流的能力相匹配，这样既可以充分利用发电机承受负序电流的能力，避免在发电机还没有达到危险状态的情况下被切除，又能防止发电机损坏。

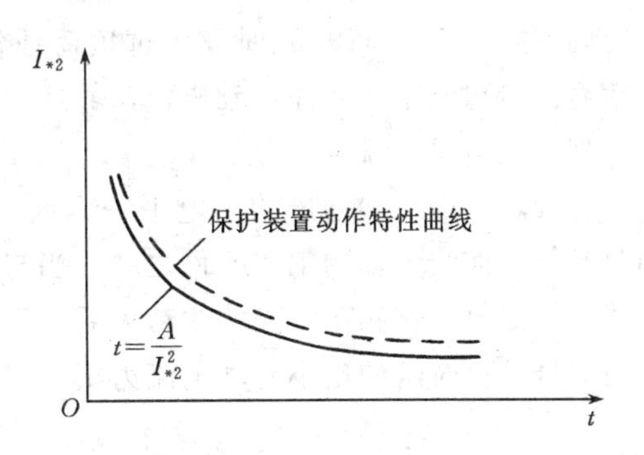

图 7-25　负序反时限过电流保护动作特性与发电机 $A=tI_{*2}^{2}$ 的配合情况

图 7-26 为负序过流保护装置方框图。该保护用于大中型同步发电机作为不对称故障和不对称运行时防止负序电流引起发电机转子表面过热之用，可兼作系统不对称故障的后备保护。

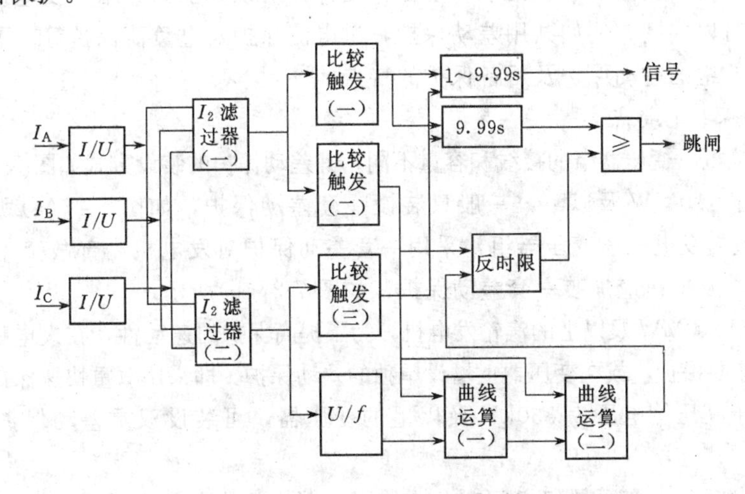

图 7-26　负序反时限过流保护装置方框图

正常运行时，保护装置中电压形成电路没有或只有很小的负序电流 I_2 流入，负序电流滤过器输出极小的不平衡电压，保护不会动作。

当发电机发生故障或系统发生不对称运行时，负序电流滤过器（一）输出电压给比较触发器（一）、（二）。比较触发器（一）、（二）分别输出一高电平，定、反时限起动元件被起动。同时 I_2 滤过器(二)输出电压给比较触发器(三)起动定时限闭锁电路，以及输出电压给 U/f 电压—频率变换电路。比较触发器(一)、(三)输出高电平，起动其时间回路经 1～9.99s 延时发出过负荷预告信号，经 9.99s 延时发出跳闸命令与跳闸信号。定时限最小负序起动电流(I_{op1})为 $5\% I_N$，当 $I_{op1} < I_2 \leqslant I_{op2}$ 时，若在 9.99s 内不处理，发电机将跳闸。

比较触发器(二)输出的高电平一方面起动 1～9.99s 延时回路(即曲线的上限)，同时又作为曲线计算的工作条件之一。当与 I_2 成正比的电压经 U/f 变换电路后，为曲线计算提供工作频率，经曲线计算后，即与曲线的上限"与"出口，发出跳闸命令与跳闸信号。反时限的最小起动电流为 $I_{op2} = 7\% I_N$。

7.8 发电机—变压器组保护的特点及其配置

7.8.1 发电机—变压器组继电保护的特点

随着电力系统的发展，发电机—变压器组单元接线方式在电力系统中获得广泛应用。由于发电机—变压器组相当于一个工作元件，所以，前面介绍的发电机、变压器的某些保护可以共用，例如共用差动保护，过电流保护及过负荷保护等。下面介绍发电机—变压器组的差动保护及后备保护的特点。

1. 差动保护的特点

根据发电机—变压器组的接线和容量不同，其差动保护的装设方式如图 7-27 所示。

(1) 对于 100MW 及以下，一般只装设一套差动保护，如图 7-27(a)所示。对于 100MW 以上的发电机—变压器组，采用一套差动保护对发电机内部故障不能满足灵敏性要求时，发电机应加装一套差动保护，如图 7-27(b)所示。

(2) 对于 200MW 及以上的汽轮发电机，为了提高保护的速动性，在发电机端还宜增设复合电流速断保护，或在变压器上增设单独的差动保护，即采用双重快速保护方式。

(3) 对于高压侧电压为 330kV 及以上的变压器，可装设双重差动保护，如图 7-27(c)所示。

(4) 当发电机—变压器组之间有分支线时，分支线应包括在差动保护范围内，如图 7-27(d)所示。

2. 后备保护的特点

发电机—变压器组一般装设共用的后备保护。当实现远后备保护会使保护接线复杂化时，可缩短对相邻线路后备保护的范围，但在相邻母线上三相短路时应有足够灵敏度。

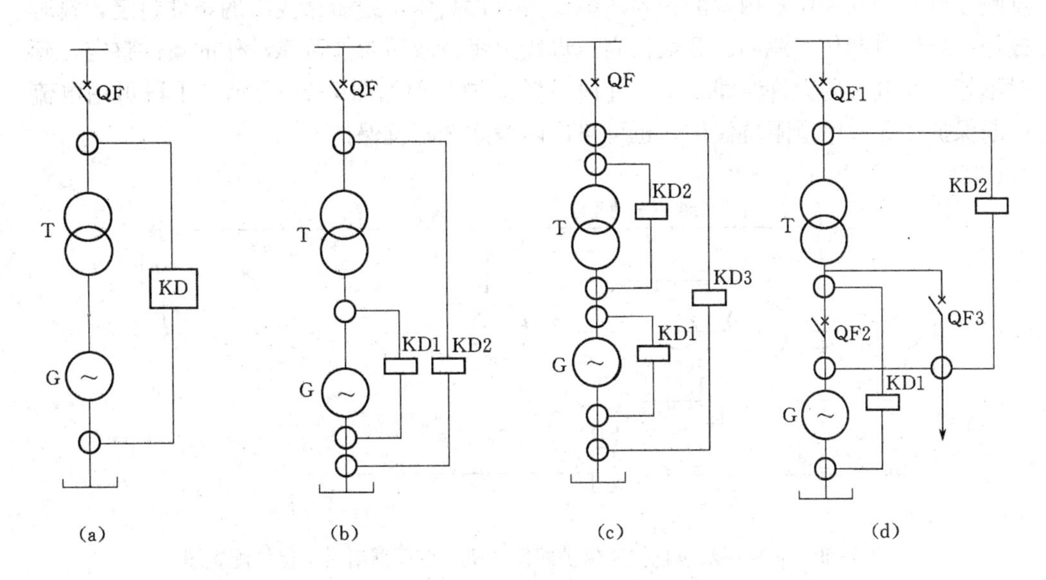

图 7-27 发电机—变压器组差动保护配置方式

(a)共用一套差动保护；(b)共用一套差动保护及发电机一套差动保护；(c)双重化差动保护；(d)发电机—变压器组及厂用电分支的差动保护

对于采用双重化快速保护的大型发电机—变压器组，其高压侧可装设一套后备保护，如图 7-28 的所示。图中全阻抗保护 KR 用于消除变压器高压侧电流互感器与断路器之间的死区和作为母线保护的后备。动作阻抗按母线短路时保证能可靠动作整定(即灵敏系数≥1.25)，以延时躲过振荡，一般动作时间可取 0.5～1s。

发电机—变压器组差动保护未采用双重化配置时，则采用两段式后备保护。Ⅰ段

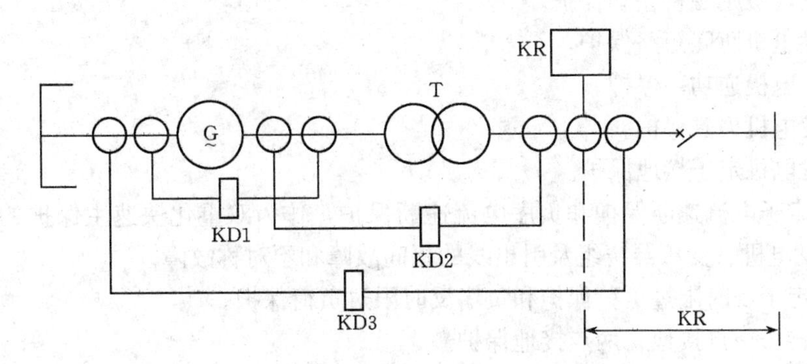

图 7-28 采用双重化快速保护的发电机—变压器组后备保护配置图

反映发电机端和变压器内部的短路故障，按躲过高压母线短路故障的条件整定，瞬时或经一短延时动作于跳闸；Ⅱ段按高压母线上短路故障时能可靠动作的条件整定，延时不超过发电机的允许时间。Ⅰ、Ⅱ段后备保护范围如图 7-29 所示。Ⅰ段可用电流速断保护；Ⅱ段用全阻抗保护，也可采用两段式全阻抗保护。

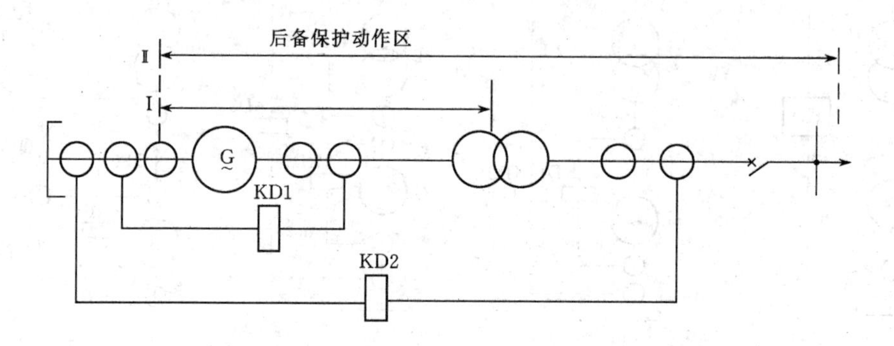

图 7-29　未采用双重化快速保护的发电机—变压器组后备保护配置图

7.8.2　300MW 发电机—变压器组继电保护配置框图

保护配置如图 7-30 所示，保护配置情况如下：

(1) 发电机差动保护，采用比率制动继电器。

(2) 主变压器差动保护，采用 2 次谐波制动比率差动继电器。

(3) 发电机—变压器组差动保护，采用 2 次谐波制动比率差动继电器。

(4) 高压厂用变压器差动保护。

(5) 发电机励磁机差动保护。

(6) 发电机匝间短路保护。

(7) 发电机逆功率保护。

(8) 发电机失磁保护。

(9) 发电机定子接地保护。

(10) 定子电流速断保护和负序电流速断保护，作为双重化快速主保护的后备保护，反映发电机、变压器绕组及引出线的相间故障和不对称故障。

(11) 定子反时限过负荷保护和负序反时限过负荷保护。

(12) 转子一点接地、两点接地保护。

(13) 阻抗保护，作为主变压器和母线相间故障的后备保护。

(14) 主变压器过励磁保护。

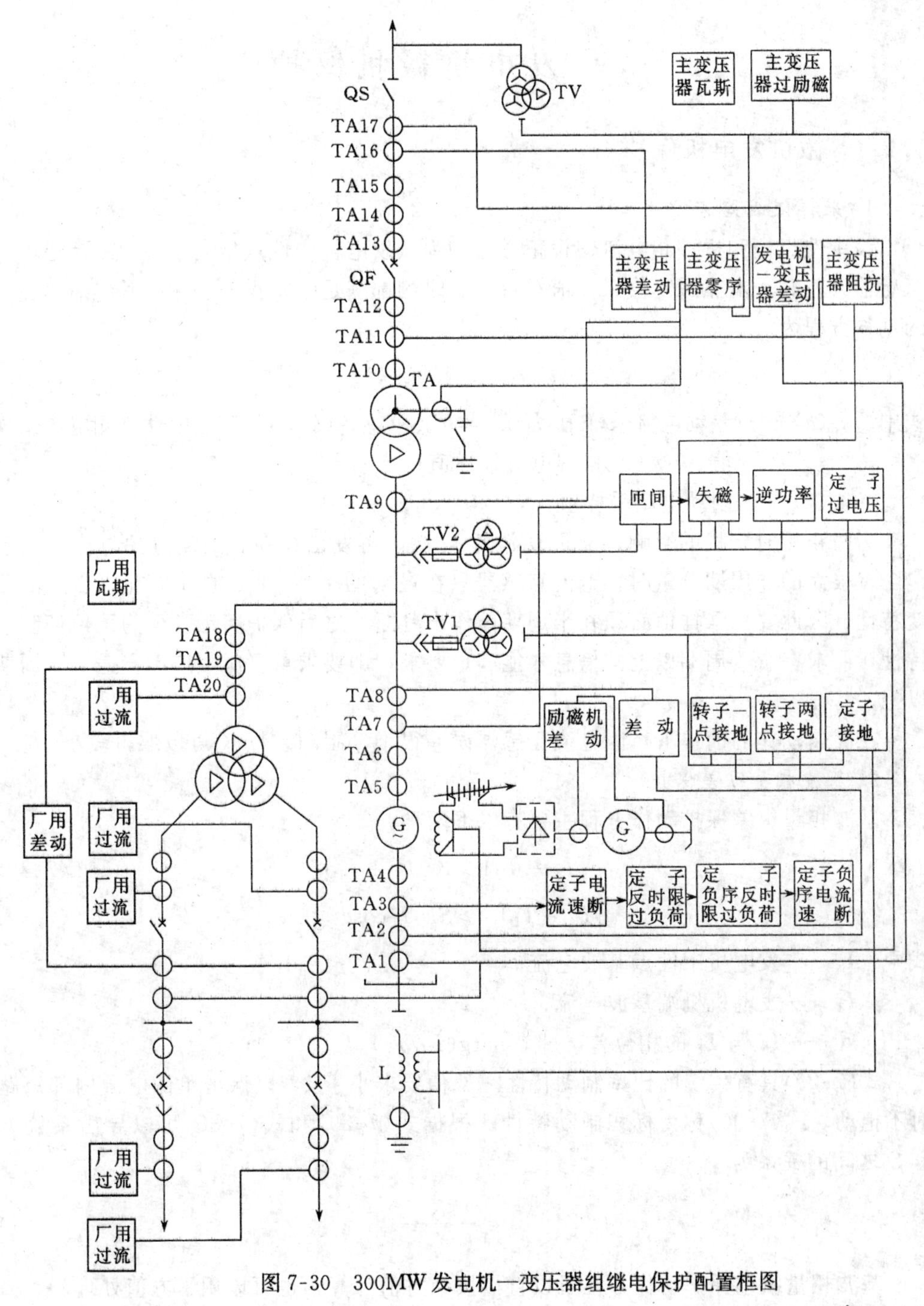

图 7-30　300MW 发电机—变压器组继电保护配置框图

7.9 发电机微机保护

7.9.1 微机发电机保护

1. 采样值纵差保护

设中性点侧和机端相电流假设正方向均为从发电机中性点指向系统，不考虑电流互感器误差时，电流瞬时值采样值在每一个时刻都满足基尔霍夫定律。其绝对值比较的动作方程为

$$|i_d(k)| > K|i_r(k)| \tag{7-28}$$

式中 $i_d(k)$——差动电流采样值，$i_d(k)=i_N(k)-i_T(k)$，$i_N(k)$ 是中性点侧电流采样值、$i_T(k)$ 是机端电流采样值；

$i_r(k)$——制动电流采样值，$i_r(k)=i_N(k)+i_T(k)$。

为防止短时干扰的影响，应重复判断 M 次，再发出命令。当流过的电流很大且包含有很大的非周期分量时，电流互感器只在最初的 1/4～1/2 周期以前有良好的传变特性，因此要求采样值必须在半周期前作出判断，之后保护闭锁。但为了保证制动特性，要求有 1/4 周期以上的信息才能满足要求，即要求重复次数应能覆盖 1/4 周期以上。

在高速动作的前提下，因电流互感器误差很小，制动系数 K 可以取得较小。

2. 基波相量纵差保护

基波相量纵差保护动作方程主要有以下两种

$$|\dot{I}_N-\dot{I}_T|>K|\dot{I}_N+\dot{I}_T| \tag{7-29}$$

$$|\dot{I}_N-\dot{I}_T|^2>SI_NI_T\cos\theta \tag{7-30}$$

式中 $\dot{I}_N$——发电机中性点基波电流；

$\dot{I}_T$——发电机机端基波电流；

θ——$\dot{I}_N$ 与 $\dot{I}_T$ 的相位差，即 $\theta=\arg(\dot{I}_N/\dot{I}_T)$。

式(7-29)具有传统的比率制动特性。K 值要求小于 1，以保证单侧电源内部短路时不拒动。式(7-30)称为标积制动特性。根据式(7-29)和式(7-30)可以导出系数 K 和 S 之间的关系为

$$S=\frac{4K^2}{1-K^2} \tag{7-31}$$

基波相量纵差保护动作方程可以直接按绝对值计算，也可以用平方值处理。

为了提高差动保护的灵敏度，可以利用反映故障分量实现的纵差保护，其动作方程为

$$|\Delta\dot{I}_N - \Delta\dot{I}_T| > S\Delta I_N I_T \cos\theta \tag{7-32}$$

式中 $\Delta\dot{I}_N$——发电机中性点故障分量，$\Delta\dot{I}_N = \dot{I}_N - \dot{I}_L$（$\dot{I}_L$ 为负荷电流）；

$\Delta\dot{I}_T$——发电机中性点故障分量，$\Delta\dot{I}_T = \dot{I}_T - \dot{I}_L$；

θ——两侧电流相位差，$\theta = \arg(\Delta\dot{I}_N/\Delta\dot{I}_T)$。

在式(7-32)中，$\cos\theta$ 的符号明确地表达了内、外部故障。当外部故障时不等式的右侧为正值，表现为一较大的制动量；当内部故障时，不等式右侧为负值，表现为较大的动作量。这样 S 可适当取大一些，以确保外部故障时的制动量，不会对内部故障产生不利影响。

故障分量差动算法，只需将方程(7-29)用相应的故障分量电流即可，其动作方程为

$$|\Delta i_N(k) - \Delta i_T(k)| > K|\Delta i_N(k) + \Delta i_T(k)| \tag{7-33}$$

7.9.2 反映定子不对称故障的故障分量保护

由于内部故障与外部故障时机端负序电压与负序电流的故障分量的相位差接近π。因此，比较机端负序电压和电流故障分量的相位就能正确确定发电机内、外部故障。同时，流过发电机定子绕组的负序电流故障分量将在转子回路中产生 2 次谐波分量电流，它可以用来作为故障检测之用。

其判据可分为并列前和并列后两种情况：

(1) 发电机与系统并列运行时的判据为

$$(|\Delta\dot{I}_{f2}| > \varepsilon_{f2}) \cap (\Delta S_2 > \varepsilon_2) \tag{7-34}$$

式中 $\Delta\dot{I}_{f2}$——转子回路二次谐波电流；

ΔS_2——故障分量负序正方向的量；

ε_{f2}、ε_2——保护的门坎值。

(2) 发电机与系统解列运行时的判据为

$$(|\Delta\dot{I}_{f2}| > \varepsilon_{f2}) \cap (|\Delta\dot{I}_2| \leqslant \varepsilon_I) \cap (|\Delta\dot{U}_2 > \varepsilon_{U2}|) \tag{7-35}$$

式中 $\Delta\dot{I}_2$——负序电流故障分量；

$\Delta\dot{U}_2$——负序电压故障分量；

ε_I、ε_{U2}——保护的门坎值。

当规定流过机端电流互感器的电流方向是自发电机流向系统，则发电机内部发生短路故障时，故障分量电流将比故障分量电压落后 70°～90°。外部短路故障时，变为

超前90°～110°。可以利用相位比较式进行比较，其动作方程为

$$360° \geqslant \arg \frac{\Delta \dot{I}_2}{\Delta \dot{U}_2} \geqslant 180° \tag{7-36}$$

或表示为

$$\sin\left(\arg \frac{\Delta \dot{I}_2}{\Delta \dot{U}_2}\right) \leqslant 0 \tag{7-37}$$

则 ΔS_2 可用虚部、实部表示为

$$\Delta S_2 = \Delta I_{2R}\Delta U_{2I} - \Delta I_{2I}\Delta U_{2R} \geqslant \varepsilon_2 \tag{7-38}$$

为了保证可靠地进行相位比较，还要增加一个辅助判据，即

$$\begin{cases} \Delta I_2 \geqslant \varepsilon_I \\ \Delta U_2 \geqslant \varepsilon_U \end{cases} \tag{7-39}$$

7.9.3 定子绕组接地故障保护

我国微机式发电机定子绕组接地故障保护大都是基于3次谐波电压原理的保护。传统的100%定子接地故障保护方案之一就是利用基波零序电压和3次谐波电压构成100%接地保护。实践证明，由于3次谐波电压随负荷和励磁电流大小变化而变化，通常都利用机端和中性点3次谐波电压相对变化，比较典型的方案如下式

$$K_g|\dot{U}_{3N}| < |\dot{U}_{3N} + \dot{K}_p\dot{U}_{3T}| \tag{7-40}$$

式中 K_g、K_p——事先整定的常数。

正常运行时，$\dot{U}_{3N}$和$\dot{U}_{3T}$的大小不相等，且相位也不相反，需按具体发电机调整复系数$\dot{K}_p$使正常运行时的动作量最小，从而使得制动系数量K_g尽量小，以保证发生接地故障时保护有较高的灵敏度。式(7-40)用微机实现十分方便。实践证明，$\dot{U}_{3N}$和$\dot{U}_{3T}$及比值均随运行工况不同而改变；不同的发电机变化范围不同，并无确定的规律，水轮发电机尤为突出。用固定的$\dot{K}_p$值很难满足不误动和高灵敏的要求。若能自动跟踪$\dot{U}_{3N}/\dot{U}_{3T}$的变化，就能提高保护的灵敏度。这就是自适应式定子接地保护原理的基本思想。

1. 系数自调整式3次谐波电压接地保护

$$|\dot{U}_{3N}(t) - \dot{N}_c(t-t_{cc})\dot{U}_{3T}(t)| > K_g\dot{U}_{3N} \tag{7-41}$$

式中 $\dot{N}_c = \dot{U}_{3N}(t)/\dot{U}_{3T}(t)$；

t_{cc}——计算周期，可选择尽量短；

K_g——整定门坎值。

式(7-41)与式(7-40)类似，但是复比例系数$\dot{N}_c$是可实时调整的。这就保证了正

常运行情况下式(7-41)的动作量很小，从而使整定值 K_g 可以选得很小。

2. 3 次谐波电压比突变量式接地保护

电压比突变量式保护有两种型式，包括幅值比突变量式和相量比突变量式。幅值比突变量式动作方程为

$$\frac{|\dot{U}_{3T}(t)|}{|\dot{U}_{3N}(t)|}-\frac{|\dot{U}_{3T}(t-t_{cc})|}{|\dot{U}_{3N}(t-t_{cc})|}>\Delta P_{set} \tag{7-42}$$

相量比突变量动作方程为

$$\left|\frac{\dot{U}_{3T}(t)}{\dot{U}_{3N}(t)}-\frac{\dot{U}_{3T}(t-t_{cc})}{\dot{U}_{3N}(t-t_{cc})}\right|>\Delta P_{set} \tag{7-43}$$

由于 $\dot{U}_{3N}/\dot{U}_{3T}$ 比值在各种工况下变化较为稳定，所以上述方案在各种工况下灵敏度的稳定性较好。

小　　结

发电机是电力系统中最重要的设备，本章分析了发电机可能发生的故障及应装设的保护。

反映发电机相间短路故障的主保护采用纵差保护，纵差保护应用的十分广泛，其原理与输电线路基本相同，但实现起来要比输电线路容易的多。但是，应注意的是，保护存在动作死区。在微机保护中，广泛采用比率制动式纵差保护。

反映发电机匝间短路故障，可根据发电机的结构，可采用横联差动保护、零序电压保护、转子 2 次谐波电流保护等。

反应发电机定子绕组单相接地，可采用反映基波零序电压保护、反映基波和 3 次谐波电压构成的 100％接地保护等。保护根据零序电流的大小分别作用于跳闸或发信号。

转子一点接地保护只作用于信号，转子两点接地保护作用于跳闸。

对于小型发电机，失磁保护通常采用失磁联动，中、大型发电机要装设专用的失磁保护。失磁保护是利用失磁后机端测量阻抗的变化就可以反映发电机是否失磁。

对于中、大型发电机，为了提高相间不对称短路故障的灵敏度，应采用负序电流保护。为了充分利用发电机热容量，负序电流保护可根据发电机形式采用定时限或反时限特性。

发电机—变压器组单元接线，在电力系统中获得广泛应用，由于发电机、变压器

相当于一个元件。因此，可根据其接线的特点配置保护方式。

发电机相间短路后备保护的其他形式可参见变压器保护。

本章分析了采样值纵差保护原理、基波相量纵差保护原理，为了提高纵差保护的灵敏度，分析了反映故障分量标积制动式纵差保护原理，反映故障分量原理差动保护克服了负荷电流分量对保护的影响。

反映故障分量原理实现的定子绕组不对称短路故障的保护，故障分量原理的保护能有效克服不平衡负荷电流的影响，改善保护性能。

为了提高接地保护的灵敏度，分析了系数自调整式3次谐波电压接地保护和3次谐波电压比突变量式接地保护，克服了由于$\dot{U}_{3N}/\dot{U}_{3T}$随励磁电流和输出功率发生变化较大变化的影响。显然，其性能要比传统式保护优越。

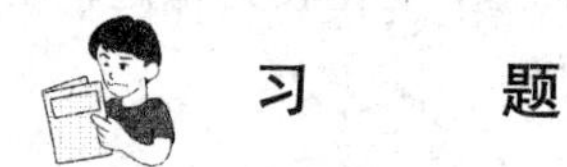

习　　题

7-1　发电机可能发生哪些故障和不正常工作方式？应配置哪些保护？

7-2　发电机的纵差保护的方式有哪些？各有何特点？

7-3　发电机纵差保护有无死区？为什么？

7-4　试简述发电机的匝间短路保护几个方案的基本原理、保护的特点及适用范围。

7-5　如何构成100%发电机定子绕组接地保护？

7-6　转子一点接地、两点接地有何危害？

7-7　试述直流电桥式励磁回路一点接地保护基本原理及励磁回路两点接地保护基本原理。

7-8　发电机失磁后的机端测量阻抗的变化规律如何？

7-9　如何构成失磁保护？

7-10　为何装设发电机的负序电流保护？为何要采用反时限特性？

7-11　发电机—变压器组保护有何特点？

第 8 章

母 线 保 护

【教学要求】 了解母线保护配置原则；掌握完全电流差动保护的工作原理；掌握电流比相式母线保护工作原理，熟悉双母线保护。

8.1 装设母线保护基本原则

8.1.1 母线的短路故障

母线是电能集中和分配的重要设备，是电力系统的重要组成元件之一。母线发生故障，将使接于母线的所有元件被迫切除，造成大面积用户停电，电气设备遭到严重破坏，甚至使电力系统稳定运行破坏，导致电力系统瓦解，后果是十分严重的。

母线故障的原因有：母线绝缘子和断路器套管的闪络，装于母线上的电压互感器和装在母线和断路器之间的电流互感器的故障，母线隔离开关和断路器的支持绝缘子损坏，运行人员的误操作等。

母线上发生的短路故障，主要是各种类型的接地和相间短路。

8.1.2 母线故障的保护方式

母线故障，如果保护动作迟缓，将会导致电力系统的稳定性遭到破坏，从而使事故扩大。因此，母线必须选择合适的保护方式。母线故障的保护方式有两种：一种是利用供电元件的保护兼母线故障的保护；另一种是采用专用母线保护。

1. 利用其他供电元件的保护装置来切除母线故障

(1) 如图 8-1 所示，对于降压变电所低压侧采用分段单母线的系统，正常运行时 QF5 断开，则 K 点故障就可以由变压器 T1 的过电流保护使 QF1 及 QF2 跳闸予以切除。

（2）如图 8-2 所示，对于采用单母线接线的发电厂，其母线故障可由发电机过电流保护分别使 QF1 及 QF2 跳闸予以切除。

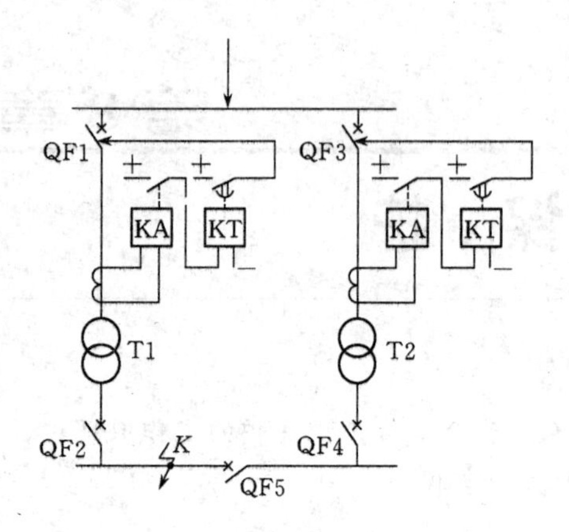

图 8-1 利用变压器的过电流保护切除低压母线故障

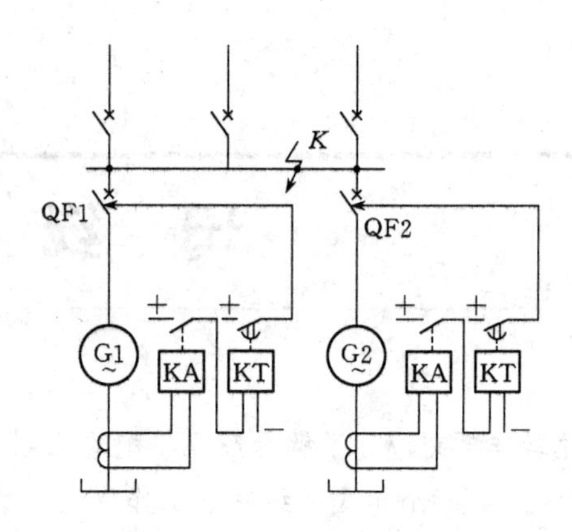

图 8-2 利用发电机的过电流保护切除母线故障

（3）如图 8-3 所示，双电源辐射形网络，在 B 母线上发生故障时，可以利用线路保护 1 和保护 4 的第Ⅱ段将故障切除。

利用供电元件的保护来切除母线故障，不需另外装设保护，简单、经济，但故障切除的时间一般较长。并且，当双母线同时运行或母线为分段单母线时，上述保护不能选择故障母线。因此，必须装专用母线保护。

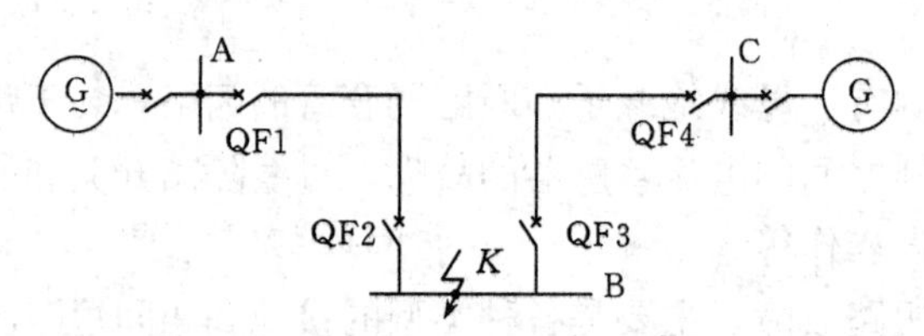

图 8-3 在双电源辐射形利用线路保护切除母线故障

2. 专用母线保护

根据《继电保护和安全自动装置技术规程》的规定，在下列情况下应装设专用母线保护：

（1）110kV 及以上双母线和分段母线，为了保证有选择地切除任一母线故障。

（2）110kV 单母线，重要发电厂或 110kV 以上重要变电所的 35～66kV 母线，按电力系统稳定和保证母线电压等要求，需要快速切除母线上的故障时。

(3) 35～66kV 电力网中主要变电所的 35～66kV 双母线或分段单母线，当在母联或分段断路器上装设解列装置和其他自动装置后，仍不满足电力系统安全运行的要求时。

(4) 对于发电厂和主要变电所的 1～10kV 分段母线或并列运行的双母线，须快速而有选择地切除一段或一组母线上故障时，或者线路断路器不允许切除线路电抗器前的短路时。

为保证快速性和选择性，母线保护都按差动原理构成。

8.2 完全电流差动母线保护

8.2.1 完全电流差动母线保护的工作原理

完全电流差动母线保护的原理接线如图 8-4 所示。在母线的所有连接元件上装设具有相同的变比和特性的电流互感器。所有电流互感器的二次绕组极性相同的端子相互连接，然后接入差动电流继电器。

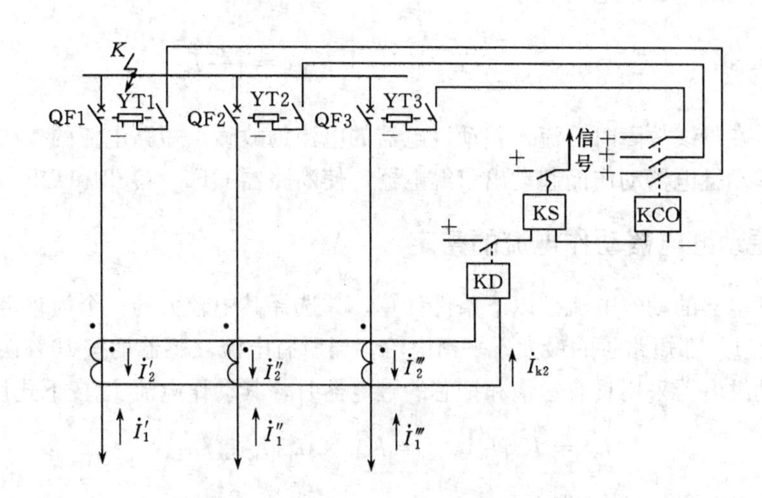

图 8-4 母线完全电流差动保护的原理图

对于中性点直接接地系统母线保护采用三相式接线，对于中性点非直接接地系统母线保护一般采用两相式接线。

下面分别讨论在各种运行条件下母线保护的工作情况。

(1) 正常运行情况或外部故障时。由基尔霍夫电流定律可知，流入母线的电流和流出母线的电流之和等于零。即 $\dot{I}'_1+\dot{I}''_1+\dot{I}'''_1=0$。流入差动继电器的电流 I_{k2} 为各连

接元件电流互感器的二次电流之和，即

$$\begin{aligned}\dot{I}_{k2} &= \dot{I}'_2 + \dot{I}''_2 + \dot{I}'''_2 \\ &= \frac{1}{n_{TA}}[(\dot{I}'_1 - \dot{I}'_e) + (\dot{I}''_1 + \dot{I}''_e) + (\dot{I}'''_1 - \dot{I}'''_e)] \\ &= \dot{I}_{unb}\end{aligned} \quad (8\text{-}1)$$

式中　$\dot{I}'_e$、$\dot{I}''_e$、$\dot{I}'''_e$——各电流互感器励磁电流；

n_{TA}——各电流感器变比；

$\dot{I}_{unb}$——不平衡电流，为各电流互感器励磁电流之和的二次值。

因此，在正常运行或外部故障时，流入差动继电器的电流为不平衡电流。

(2) 母线故障时。当母线发生故障时，可得

$$\dot{I}_k = \dot{I}'_1 + \dot{I}''_1 + \dot{I}'''_1 \quad (8\text{-}2)$$

式中　$\dot{I}_k$——流入母线故障点的短路电流。

流入差动继电器的电流 $\dot{I}_{k2}$ 为

$$\dot{I}_{k2} = \frac{1}{n_{TA}}(\dot{I}'_1 + \dot{I}''_1 + \dot{I}'''_1) = \frac{1}{n_{TA}}\dot{I}_k \quad (8\text{-}3)$$

因此，在母线故障时，流入差动继电器的电流为故障点短路电流的二次值，该电流足够使差动继电器动作而起动出口继电器，使断路器 QF1、QF2 和 QF3 跳闸。

8.2.2　差动继电器动作电流的整定

差动继电器的动作电流按以下条件计算，并选择其中较大的一个为整定值。

(1) 躲过外部短路时的最大不平衡电流。当所有电流互感器均按 10%误差曲线选择，且差动继电器采用具有速饱和铁芯的继电器时，其动作电流 I_{op} 按下式计算

$$I_{op} = K_{rel} I_{unb.max} = K_{rel} \times 0.1 I_{k.max}/n_{TA} \quad (8\text{-}4)$$

式中　K_{rel}——可靠系数，取 1.3；

$I_{k.max}$——保护范围外短路时，流过差动保护电流互感器的最大短路电流；

n_{TA}——母线保护用电流互感器变比。

(2) 按躲过最大负荷电流计算

$$I_{op} = K_{rel} I_{L.max}/n_{TA} \quad (8\text{-}5)$$

在保护范围内部故障时，应按下式校验灵敏系数

$$K_{sen} = \frac{I_{k.min}}{I_{op}} \tag{8-6}$$

式中 $I_{k.min}$——母线故障时最小短路电流。

其灵敏系数应不小于2。

8.3 电流比相式母线保护

电流比相式母线保护的工作原理是根据母线外部故障或内部故障时连接在该母线上各元件电流相位的变化来实现的，如图8-5所示。假设母线上只有两个元件，当线路正常运行或外部(K_1点)故障时如图8-5(a)所示，电流$I_{Ⅰ}$流入母线，电流$I_{Ⅱ}$由母线流出，两者大小相等、相位相反。当母线上K_2点故障时，电流$I_{Ⅰ}$或$I_{Ⅱ}$都流向母线，在理想情况下两者相位相同，如图8-5(b)所示，显然，利用比相元件比较各元件电流的相位，便可判断内部或外部故障，从而确定保护的动作情况。

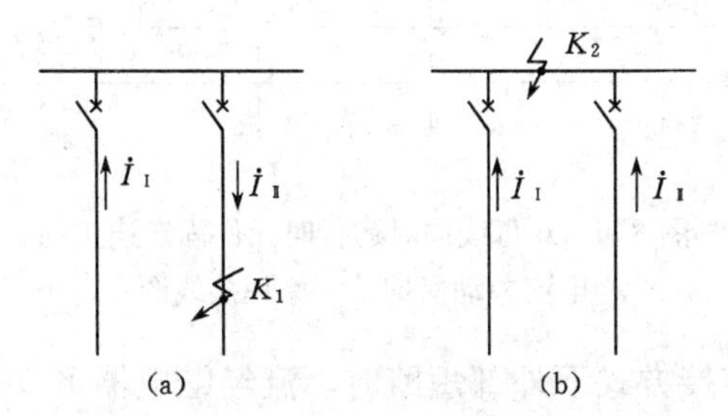

图8-5 母线内、外部发生短路故障时的电流分布

(a)外部故障；(b)内部故障

8.4 双母线同时运行时母线保护

为了提高供电的可靠性，在发电厂以及重要变电所的高压母线上，一般采用双母线同时运行的方式，并且将供电和受电元件(约各占1/2)分别接在每组母线上。这样当任一组母线上故障后，要求母线保护具有选择地切除故障母线，缩小停电范围。因此，双母线同时运行时，要求母线保护具有选择故障母线的能力。下面介绍几种实现方法。

图8-6所示为双母线同时运行时元件固定连接的电流差动保护单相原理接线图。

图8-6所示母线保护由三组差动保护组成。第一组由L1、L2、母联及差动继

电器 KD1 组成，KD1 为Ⅰ组母线故障选择元件。KD1 动作后，作用于断路器 QF1、QF2 跳闸。第二组由 L3、L4、母联及差动继电器 KD2 组成，KD2 为Ⅱ组母线故障选择元件。KD2 动作后，作用于断路器 QF3、QF4 跳闸。第三组由 L1～L4 及差动继电器 KD3 组成，反映两组母线上的故障，并作为整个保护的起动元件，KD3 动作后作用于母联断路器 QF5 跳闸。保护的动作情况用图 8-7 说明如下：

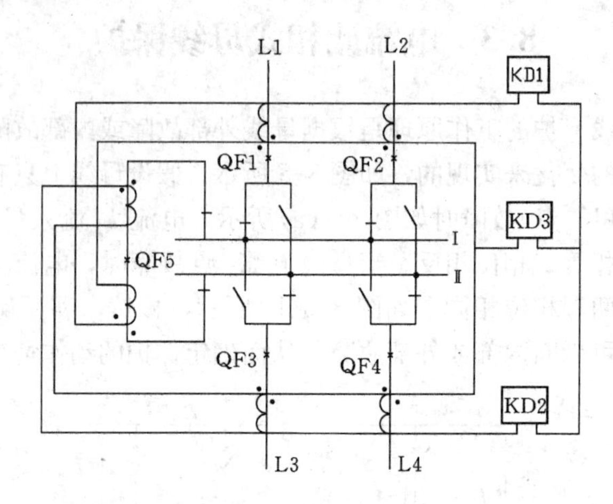

图 8-6　双母线同时运行时元件固定连接的
电流差动保护单相原理接线图

(1) 当元件固定连接方式下外部短路时，流经继电器 KD1～KD3 的电流均为不平衡电流，保护装置已从定值上躲过，故保护不会误动作，如图 8-7(a)所示。元件固定连接且Ⅰ组母线故障时，KD1、KD3 通过短路点全部短路电流而起动，并作用于 QF1、QF2 及 QF5 跳闸，切除故障母线(Ⅰ组)。

(2) 当元件固定连接破坏后(例如Ⅰ组母线上一个元件倒换到Ⅱ组母线上运行)，发生外部短路时，起动元件中 KD3 中流过不平衡电流，因此，保护不会误动作，如图 8-7(c)所示。若Ⅰ组母线短路，KD1、KD2、KD3 都通过短路电流，它们都能起动，因此，两组母线上所有断路器将跳闸，保护动作失去选择性，如图 8-7(d)所示。

综上所述，当母线按照固定连接方式运行时，保护装置将有选择地切除一组故障母线，而另一组母线可以继续运行。当固定连接方式破坏时，任一母线故障时，保护将失去选择性，同时切除两条母线。因此，从保护角度来看，应尽量保证元件固定连接的运行方式不被破坏，这就限制了母线运行的灵活性，这是该保护的主要缺点。

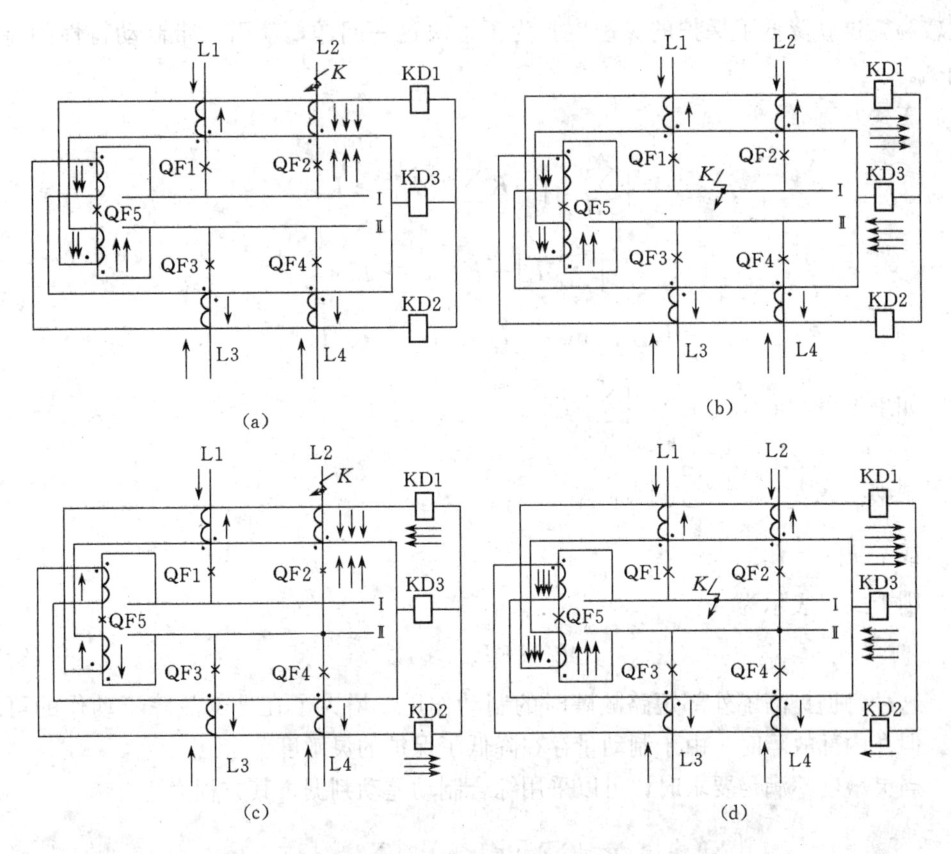

图 8-7 元件固定连接双母线电流差动保护中的电流分布

(a)元件固定连接方式下外部故障；(b)元件固定连接方式下内部故障；
(c)元件固定连接破坏后外部故障；(d)元件固定连接破坏后内部故障

8.5 微 机 母 线 保 护

微机母线保护仍可分为：差动原理和相位比较原理。

8.5.1 差动原理

差动保护的实质就是基尔霍夫第一电流定律，将母线当作一个节点。在正常运行及外部短路故障过程中，由于内部没有分流，$\sum\dot{I}=0$。而在内部发生短路故障时，$\sum\dot{I}\neq0$。

为了防止电流互感器二次断线引起保护误动作，以及躲过不平衡电流，整定值就比较高，这就降低了保护的灵敏度，为了解决这一问题，就引入带制动特性的差动判据。

主要判据有

$$\left|\sum_{i=1}^{N}\dot{I}_{\mathrm{i}}\right|-K\sum_{i=1}^{N}\left|\dot{I}_{\mathrm{i}}\right|\geqslant I_{\mathrm{set}}$$

$$\left|\sum_{i=1}^{N}\dot{I}_{\mathrm{i}}\right|-KI_{\mathrm{imax}}\geqslant I_{\mathrm{set}}$$

$$I_{\mathrm{imax}}=\max[\,|\dot{I}_1|、|\dot{I}_2|、\cdots、|\dot{I}_{\mathrm{N}}|\,]$$

如果设差动电流为 $I_{\mathrm{d}}=\left|\sum_{i=1}^{N}\dot{I}_{\mathrm{i}}\right|$

制动电流为 $I_{\mathrm{res}}=\sum_{i=1}^{N}|\dot{I}_{\mathrm{i}}|$

或 $I_{\mathrm{res}}=I_{\mathrm{imax}}$

则上式可表示为

$$I_{\mathrm{d}}-KI_{\mathrm{res}}\geqslant I_{\mathrm{set}} \tag{8-7}$$

这种判据提高了外部短路故障时的制动作用，增大了在外部故障不动作的可靠性。但在内部故障时，由于制动量存在降低了保护的灵敏度。

当灵敏度不满足要求时，可以采用综合制动差动判据，其方程为

$$\left|\sum_{i=1}^{N}\dot{I}_{\mathrm{i}}\right|-K_1\left\{\sum_{i=1}^{N}|\dot{I}_{\mathrm{i}}|-K_2\left|\sum_{i=1}^{N}\dot{I}_{\mathrm{i}}\right|\right\}^{+}\geqslant I_{\mathrm{set}} \tag{8-8}$$

式中当 $K_1<1$、$K_2>1$ 时，当 $K>0$，$\{K\}^{+}=K$；当 $K\leqslant0$ 时，$\{K\}^{+}=0$。

在正常运行、外部故障时，差动电流 $\left|\sum_{i=1}^{N}\dot{I}_{\mathrm{i}}\right|\approx0$，使得制动电流 I_{res} 较大，所以有较大的制动量。在内部故障时，$\left|\sum_{i=1}^{N}\dot{I}_{\mathrm{i}}\right|\approx\sum_{i=1}^{N}|\dot{I}_{\mathrm{i}}|$，所以制动量接近于零。即使内部故障时母线有电流流出的情况，此判据也有足够的灵敏度。

8.5.2 相位比较原理

在正常运行或外部短路故障时，由于流入母线各支路电流的相量和为零。有一部分支路电流瞬时值为正，另一部分支路电流瞬时值为负，也就是说不会出现只有负向电流而没有正向电流的情况。

在内部发生短路故障时，各支路电流方向基本相同，此时就会出现一段时间全为

正值瞬时电流，而另一段时间全为负值电流。这样，就可以依据判别电流的正方向是否有间隙来区分故障是否在保护区内。

由于相位比较式只比较相位，而与电流幅值无关，因此无需考虑电流互感器同一型号和同变比的问题，提高了保护的灵敏度和使用的灵活性。但是，应该注意，这种保护难于满足母线内部故障有电流流出和外部短路电流互感器严重饱和的情况。

只要电流互感器是线性传变的，在任一时刻，差动关系对任何瞬时时刻都成立，即 $|\Sigma i_i = 0|$ ，具体地采样值算法或富氏算法都能满足要求。

小　结

母线是电力系统中非常重要的元件之一，母线发生短路故障，将造成非常严重后果。母线保护方式有两种，即利用供电元件的保护作为母线保护和设专用母线保护。

完全电流差动保护其工作原理是基于基尔霍夫定律，即 $\Sigma\dot{I}=0$。若成立，则母线处于正常运行状况；若 $\Sigma\dot{I}=\dot{I}_k$，则母线发生短路故障。

比相式母线保护是通过比较接在母线上所有线路的电流相位，正常运行时，至少有一回路线路的电流方向与其他回路方向不同。当采用微机保护来实现时，比相式母线保护是非常容易实现的，因此，对于新投入运行的变电所基本都采用微机保护。

当双母线元件固定连接被破坏后，电流差动保护将发生误动作，也就是此种保护存在的不足。

微机母线差动保护实现的基本原理也是基尔霍夫电流定律，当灵敏度不满足要求时，可采用综合制动差动判据，其灵活性和灵敏度均高于传统保护。

习　题

8-1　母线保护的方式有哪些？

8-2　简述母线保护的装设原则。

8-3　简述单母线完全电流差动保护的工作原理。

8-4　双母线保护方式有哪些？

8-5　电流比相式母线差动保护的原理及特点是什么？

8-6　双母线差动保护如何选择故障母线？

8-7　简述元件固定连接的双母线完全电流差动保护的工作原理。

参 考 文 献

1 葛耀中编著．新型继电保护与故障测距原理和技术．西安：西安交通大学出版社，1996
2 许正亚编著．输电线路新型距离保护．北京：中国水利水电出版社，2002
3 许建安编著．电力系统微机继电保护．北京：中国水利水电出版社，2001
4 许建安主编．继电保护整定计算．北京：中国水利水电出版社，2001
5 陈德树等编著．微机继电保护．北京：中国电力出版社，2000
6 许建安主编．电力系统继电保护．中国水利水电出版社，2004
7 罗士萍主编．微机保护实现原理及装置．北京：中国电力出版社，2001
8 陈德树等编著．微机继电保护．北京：中国电力出版社，2000
9 中华人民共和国电力工业部．电力工程制图标准．北京：地震出版社，1994